U0617302

# Simulink 动态系统建模与仿真

## （第二版）

主　编　李　颖

副主编　薛海斌　朱伯立　刘春慧

西安电子科技大学出版社

## 内 容 简 介

本书介绍的是由 MathWorks 公司开发的 MATLAB (R2007a)中的 Simulink 6.6 软件包。全书共 12 章，从 Simulink 的基本概念开始，全面介绍了 Simulink 软件包中各种模块的特性及使用方法，重点介绍了利用 Simulink 工具进行动态系统建模、仿真、分析和调试的方法，包括连续系统、离散系统和混合系统。同时，书中通过大量例程说明了 Simulink 中各种功能的实现途径。

本书适用于初学 Simulink 的工程设计人员及从事控制工程或系统工程方面工作的工程师和研究人员，还可作为高等工科院校相关专业教师、本科生和研究生的参考书。

**图书在版编目(CIP)数据**

Simulink 动态系统建模与仿真 / 李颖主编. —2 版.

—西安：西安电子科技大学出版社，2009.11(2020.1 重印)

ISBN 978-7-5606-2347-4

Ⅰ. S… Ⅱ. 李… Ⅲ. 计算机辅助计算—软件包，Simulink Ⅳ. TP391.75

**中国版本图书馆 CIP 数据核字(2009)第 179248 号**

策　　划　毛红兵
责任编辑　邵汉平　毛红兵
出版发行　西安电子科技大学出版社(西安市太白南路 2 号)
电　　话　(029)88242885　88201467　　邮　　编　710071
网　　址　www.xduph.com　　　　　电子邮箱　xdupfxb001@163.com
经　　销　新华书店
印刷单位　西安日报社印务中心
版　　次　2009 年 11 月第 2 版　　2020 年 1 月第 3 次印刷
开　　本　787 毫米×1092 毫米　1/16　印　张　28.75
字　　数　678 千字
印　　数　4001~4500 册
定　　价　59.00 元
ISBN 978-7-5606-2347-4/TP
XDUP 2639002-3
***如有印装问题可调换***
本社图书封面为激光防伪覆膜，谨防盗版。

# 前　言

本书是《Simulink 动态系统建模与仿真基础》(西安电子科技大学出版社，2004)的修订版。随着软件技术的快速发展，MATLAB 已由 1999 年的 5.3 版本发展到 2008 年的 R2008a(7.6) 版本，而作为 MATLAB 软件重要组成部分的 Simulink 软件包，也已由当时的 3.0 版本发展到 7.1 版本。编者在多年的使用和学习中体会到，Simulink 软件包带给用户的不仅是灵活便利的操作和精致的界面效果，更由于其功能的日趋强大和完善，满足了各个学科、不同工程领域中设计人员和研究人员的建模与仿真需求。欧美许多公司在进行产品研制阶段进行的仿真试验中主要使用的就是 Simulink。因此，多年以来，编者一直关注着该软件包的功能更新，并为每次发布的新功能感到欣喜；同时，也希望能有机会对《Simulink 动态系统建模与仿真基础》一书进行升级修订，向读者介绍这个经受了多年考验、在各个领域广受欢迎的强大软件。

本书是应读者要求和市场需求而对第一版书的功能升级和补充。本书介绍的是 MATLAB R2007a 版，即 MATLAB 7.4 中的 Simulink 6.6 软件包。在这个版本中，MATLAB 的整个产品包中更新了多个模块，增加了 350 个新特性，对于 MATLAB 仿真工具的 Simulink 软件包，也增加了很多新特性。下面列出的是读者在实际工作中经常会用到的 Simulink 6.6 新特性：

● 增加了支持多维信号的模块。关于多维信号及信号操作可参看第 3 章。

● 新增了模块的回调函数。关于模块的回调函数可参看第 2.5 节。

● 几乎在所有的模块库中新添了模块。关于 Simulink 的模块名称及功能简介，可以参看附录 C。

● 对仿真模型的参数设置做了较大的改动，尤其是在仿真模型的诊断选项中增加了更多的可设置参数。关于仿真参数的设置内容可参看第 7 章。

● 在执行连续状态的模块中可以指定状态名称，既可以用 ContinuousStateAtrributes 参数指定状态名称，也可以在模块的参数对话框中指定状态名称。下面的模块可以指定连续状态的名称：Interator、State-Space、Transfer Fcn、Variable Transport Delay、Zero-Pole。由于篇幅有限，附录 A 中只列出了常用的 Continuous 库、Discontinuous 库和 Discrete 库模块的专用参数。

● 由于仿真参数设置的内容改动较大，因此增加了 Simulink 模型的默认参数设置。关于默认参数的设置可参看第 1.7 节。

与第一版相比，本书在保持原书结构和风格的基础上，对部分内容进行了扩充，并增加了部分仿真实例；同时，介绍了 Simulink 6.6 软件包中的部分新特性，尤其对 Simulink 6.6 仿真参数设置中新增的各种属性进行了较为详细的介绍。限于篇幅和本书的侧重点，本书对某些新特性并没有涉及，如 Simulink 6.6 中新增的对 MATLAB 表达式中可调参数的支持等功能。读者如果有兴趣，可以登录 MathWorks 公司的网站进行查询。要把 Simulink 软件包的所有功能用得得心应手，唯一有效的途径就是在工程实践中多尝试，并不断地进行经验总结。

感谢西安电子科技大学出版社对本书的肯定，使本书得以再版。书中的不足之处还请广大读者不吝赐教。

编　者

2009 年 7 月

# 第 一 版 前 言

MathWorks 公司创建于 1984 年，该公司推出的 MATLAB 软件，一直以其强大的功能在同类数值计算软件中独领风骚。目前，MATLAB 软件的最新版本 6.5.1，即 MATLAB Release 13 SP1，已经发展为多学科、跨平台的功能强大的软件包，在全球 100 多个国家和地区拥有数以百万计的正式用户。

在过去几年中，Simulink 已经成为院校和工程领域中广大师生及研究人员用来建模和仿真动态系统的软件包。Simulink 鼓励人们去尝试，可以用它轻松地搭建一个系统模型，并设置模型参数和仿真参数。由于 Simulink 是交互式的应用程序，因此在仿真过程中，可以在线修改仿真参数，并立即观察到改变后的仿真结果。

利用 Simulink，可以建立更趋于真实的非线性模型，如考虑摩擦中的各个因素、空气阻力、齿轮的传动损耗以及其他描述真实世界中各种现象的干扰因素。安装了 Simulink 的计算机就如真正的建模和系统分析实验室一样，在这个实验室中，可以分析汽车离合器系统的动作过程、飞机机翼的抖动方式、经济学中的货币规律以及其他可以用数学方式描述的动态系统，这是非常重要的。因为在真实世界中的系统不可能都是线性系统，更多的系统需要考虑各种复杂的非线性环节，对系统的真实建模对于分析结论的正确性及系统设计都具有非常重要的意义。正因为如此，全球数以万计的工程人员都使用 Simulink 创建模型并寻找解决实际问题的方法，掌握 Simulink 已经成为专业技术人员必不可少的一项技能。

本书介绍的是目前最新的 MATLAB Release 13 SP1 版本下的 Simulink 5.1 软件包。

全书共分 12 章，从各个方面介绍了 Simulink 软件包的强大功能：

第 1 章：Simulink 基础。介绍什么是 Simulink，以及 Simulink 的主要特性，并引导读者建立一个简单的 Simulink 模型，同时还介绍了如何保存和打印 Simulink 模型。

第 2 章：Simulink 模块操作。介绍构成 Simulink 模型的基本要素——模块，包括在模型中模块操作的各种方式。

第 3 章：Simulink 信号操作。介绍 Simulink 中的信号概念，以及如何判别不同的信号类型，如何在模型中标识信号等。

第 4 章：Simulink 动态系统建模。介绍在 Simulink 中建立动态系统模型的要素，以及如何在 Simulink 中实现动态系统的数学模型，并给出模型创建过程中的注意事项。

第 5 章：Simulink 仿真设置。介绍如何根据用户模型设置模型仿真中的各种参数，包括仿真时间、仿真算法、仿真步长和误差容限，这是 Simulink 仿真中非常重要的一部分。

第 6 章：Simulink 动态系统仿真。介绍了 Simulink 仿真动态系统的过程，还详细说明了如何在 Simulink 中仿真连续系统、离散系统、混合系统和多速率系统模型，并给出建模实例说明动态系统建模和仿真的实现过程。

第 7 章：高级仿真概念。介绍如何在 Simulink 中利用仿真的高级选项仿真模型，以获得更准确的仿真结果，包括：过零检测、代数环、高级积分器和仿真参数对话框的高级选项设置。

第 8 章：使用命令行仿真。介绍如何在 MATLAB 命令窗口中利用 Simulink 的仿真命令仿真系统模型，如果用户想要重复运行仿真或者分析、比较在不同参数下的仿真结果，那么利用命令行进行仿真则更有优势。

第 9 章：使用子系统。子系统是 Simulink 中的一个重要概念，这里介绍了 Simulink 中子系统的分类，即虚拟子系统和非虚拟子系统。本章还给出了例程说明如何在 Simulink 中创建条件执行子系统，以及如何创建类似 C 语言的控制流子系统。

第 10 章：封装子系统。用户可以利用 Simulink 中的封装子系统功能建立自定义的用户模块，本章以实例说明如何利用封装编辑器创建自定义模块和可配置子系统。

第 11 章：Simulink 调试器。调试器是调试模型和查找模型错误的重要工具，本章介绍了 Simulink 中的调试器类型，以及如何利用不同类型的调试器调试模型，并显示仿真信息和模型信息。

第 12 章：编写 M 语言 S-函数。S-函数是系统函数，它扩展了 Simulink 的功能。本章介绍了什么是 S-函数，并给出实例说明了编写连续状态、离散状态和混合状态的 M 语言 S-函数的方法。

在本书的编写过程中，作者收集了国内外大量的、最新的权威资料，结合了 MathWorks 公司中国独家代理商——北京经纬恒润科技有限公司多年来在 MATLAB 软件应用以及培训教学方面的经验。本书适用于从事理工科学习和研究的各行各业的工程设计人员、大专院校的教师和学生，也可供研究人员学习 Simulink 工具时使用。

如果中国国内的用户需要购买 MATLAB 软件，请按照下列地址与北京经纬恒润科技有限公司联系：

■ **公司总部**
○ 地址：北京市朝阳区安翔北里甲 11 号北京创业大厦 B 座 8 层
○ 邮编：100029
○ 电话：010-82011456
○ 传真：010-62073600

■ **上海办事处**
○ 地址：上海市徐汇区漕宝路 70 号光大会展中心 D 座 505 室
○ 邮编：200235
○ 电话：021-64325413/5/6
○ 传真：021-64325144

■ **成都办事处**
○ 地址：成都市人民南路一段 86 号城市之心大厦 23 楼 N 座
○ 邮编：610016
○ 电话：028-86203381/2/3
○ 传真：028-86203381

北京经纬恒润科技有限公司的互联网地址：www.hirain.com。

北京经纬恒润科技有限公司的技术论坛：www.hirain.com/forum/。

在本书的编写过程中，得到了西安电子科技大学出版社毛红兵编辑的大力支持，同时也得到了 MathWorks 公司中国独家代理商——北京经纬恒润科技有限公司的鼎力协助，在这里对他们表示衷心的感谢。

由于时间仓促，书中难免存在一些不妥之处，诚望广大读者谅解，并且提出宝贵的意见和建议，以便我们在再版时改进。

作　者

2004 年 4 月

# 目　录

第 1 章　Simulink 基础 ........................ 1

1.1　Simulink 简介 ............................ 1

1.2　运行 Simulink 演示程序 ................. 2

　1.2.1　运行房屋热力学系统演示模型 ... 2

　1.2.2　房屋热力学系统模型说明 ......... 4

　1.2.3　其他 Simulink 演示程序 ......... 7

1.3　建立一个简单的 Simulink 模型 ........ 7

1.4　保存 Simulink 模型 ..................... 11

1.5　打印及 HTML 报告 ..................... 13

　1.5.1　打印模型 ........................... 13

　1.5.2　生成模型报告 ..................... 15

1.6　打印边框编辑器 ......................... 16

　1.6.1　用户接口 ........................... 17

　1.6.2　设计打印边框 ..................... 17

　1.6.3　打印边框示例 ..................... 19

1.7　Simulink 参数设置 ..................... 21

　1.7.1　常用 Simulink 参数 .............. 21

　1.7.2　Simulink 字体参数 .............. 24

　1.7.3　Simulink 仿真参数 .............. 25

第 2 章　Simulink 模块操作 ............... 27

2.1　模块操作 ................................. 27

　2.1.1　Simulink 模块类型 .............. 27

　2.1.2　自动连接模块 ..................... 28

　2.1.3　手动连接模块 ..................... 30

2.2　改变模块外观 ........................... 30

　2.2.1　改变模块方向 ..................... 31

　2.2.2　改变模块名称 ..................... 31

　2.2.3　指定方块图颜色 .................. 32

2.3　设置模块参数 ........................... 33

　2.3.1　设置模块特定参数 .............. 33

　2.3.2　来自工作区的模块参数 ......... 34

2.4　标注方块图 .............................. 35

　2.4.1　编辑标注 ........................... 35

　2.4.2　在标注中使用 TeX 格式命令 .......... 35

2.5　模块属性对话框 ......................... 36

2.6　显示模块输出 ........................... 39

　2.6.1　设置输出提示 ..................... 39

　2.6.2　模块输出提示选项 .............. 41

2.7　控制和显示模块的执行顺序 .......... 41

　2.7.1　指定模块优先级 .................. 41

　2.7.2　显示模块执行顺序 .............. 42

2.8　查表编辑器 .............................. 42

　2.8.1　编辑查询表数值 .................. 42

　2.8.2　显示 N-维表 ...................... 45

　2.8.3　绘制 LUT 表曲线 ............... 46

　2.8.4　编辑自定义 LUT 模块 ......... 46

2.9　鼠标和键盘操作概述 .................. 47

第 3 章　Simulink 信号操作 ............... 50

3.1　信号基础 ................................. 50

　3.1.1　信号属性及分类 .................. 50

　3.1.2　信号的线型 ....................... 54

　3.1.3　确定输出信号的维数 ........... 54

　3.1.4　确定信号及参数维数的准则 ......... 55

　3.1.5　输入和参数的标量扩展 ......... 56

　3.1.6　设置信号属性 .................... 57

3.2　信号及示波器管理器 .................. 60

　3.2.1　信号及示波器管理器对话框 ......... 60

　3.2.2　信号选择对话框 .................. 63

3.3　显示信号 ................................. 67

　3.3.1　显示信号属性 .................... 68

　3.3.2　信号标签 ........................... 69

　3.3.3　信号标签的传递 .................. 70

　3.3.4　操作信号标签 ..................... 71

3.4　多维数组信号的连接 .................. 71

3.5　信号组操作 .............................. 73

　3.5.1　创建信号组 ....................... 74

3.5.2　编辑信号组............ 75

3.5.3　编辑信号................ 76

3.5.4　编辑波形................ 78

3.5.5　设置输入信号的时间范围... 80

3.5.6　输出信号组数据及波形..... 81

3.5.7　用信号组仿真............ 81

3.5.8　仿真选项对话框.......... 82

3.6　复合信号........................ 84

3.6.1　混合信号................ 85

3.6.2　总线信号................ 86

3.6.3　总线对象................ 88

第4章　Simulink 动态系统建模...... 91

4.1　创建动态系统模型的要素...... 91

4.1.1　方块图.................. 91

4.1.2　系统函数................ 92

4.1.3　状态.................... 92

4.1.4　模块参数................ 94

4.1.5　模块采样时间............ 95

4.1.6　用户模块................ 95

4.1.7　系统和子系统............ 95

4.1.8　信号.................... 96

4.1.9　模块方法和模型方法...... 96

4.1.10　仿真算法............... 97

4.2　Simulink 开放式动态系统建模... 98

4.3　动态系统数学模型分类......... 99

4.3.1　常微分方程.............. 99

4.3.2　差分方程............... 101

4.3.3　代数方程............... 102

4.3.4　组合系统............... 103

4.4　建立方程模型.................. 104

4.4.1　建立代数方程模型....... 104

4.4.2　建立简单的连续系统模型... 108

4.4.3　选择最佳的数学模型..... 109

4.4.4　避免无效循环...........111

4.4.5　建模提示............... 113

第5章　Simulink 仿真设置......... 114

5.1　仿真基础...................... 114

5.1.1　设定仿真参数........... 114

5.1.2　控制仿真执行........... 115

5.1.3　交互运行仿真........... 116

5.2　设置仿真算法.................. 116

5.2.1　设置仿真时间........... 117

5.2.2　设置仿真算法........... 117

5.2.3　设置仿真步长........... 122

5.2.4　计算仿真步长........... 125

5.2.5　设置误差容限........... 126

5.3　工作区输入/输出设置.......... 128

5.3.1　从基本工作区中装载输入... 129

5.3.2　把输出结果保存到工作区... 132

5.3.3　装载和保存状态......... 134

5.3.4　设置输出选项........... 134

5.4　输出信号的显示............... 136

5.4.1　Scope 模块和 XY Graph
　　　　模块的使用........... 136

5.4.2　悬浮 Scope 模块和 Display
　　　　模块的使用........... 138

5.4.3　返回变量的使用......... 141

5.4.4　To Workspace 模块的使用... 141

第6章　Simulink 动态系统仿真...... 144

6.1　Simulink 动态系统仿真过程... 144

6.1.1　模型编译阶段........... 144

6.1.2　模型链接阶段........... 145

6.1.3　仿真循环阶段........... 146

6.1.4　求解器的分类........... 148

6.2　离散系统仿真.................. 149

6.2.1　差分方程的实现......... 149

6.2.2　指定采样时间........... 150

6.2.3　采样时间的传递......... 152

6.2.4　确定离散系统的步长..... 154

6.2.5　多速率系统............. 155

6.2.6　线性离散系统........... 157

6.3　连续系统仿真.................. 159

6.3.1　微分方程的实现......... 159

6.3.2　线性连续系统........... 160

6.4　混合系统仿真.................. 166

6.5　模型离散化.................... 169

6.5.1　模型离散化 GUI......... 170

6.5.2　查看离散化模型......... 174

6.5.3 从 Simulink 模型中离散化模块...... 175

6.6 诊断仿真错误.................. 176

  6.6.1 仿真诊断查看器.............. 177

  6.6.2 创建用户仿真错误消息.......... 178

6.7 改善仿真性能和精度............ 179

  6.7.1 提高仿真速度............... 180

  6.7.2 改善仿真精度............... 180

6.8 综合实例.................... 182

  6.8.1 坐标系及其转换............. 183

  6.8.2 转换矩阵算法的

      Simulink 实现............. 183

  6.8.3 惯性测量输出的

      Simulink 实现............. 186

  6.8.4 刚体角速度在惯性空间中

      矢量的 Simulink 实现......... 188

  6.8.5 空间姿态角计算............. 188

**第 7 章 高级仿真概念**................ 191

7.1 过零检测.................... 191

  7.1.1 过零检测的工作方式.......... 191

  7.1.2 过零检测的实现方式.......... 192

  7.1.3 使用过零检测............... 194

  7.1.4 关闭过零检测............... 197

7.2 处理代数循环................ 199

  7.2.1 代数约束.................. 199

  7.2.2 非代数的直接馈通环.......... 201

  7.2.3 切断代数环................ 202

  7.2.4 消除代数环................ 203

  7.2.5 高亮显示代数环............. 205

7.3 高级积分器.................. 206

  7.3.1 积分器模块参数对话框........ 207

  7.3.2 创建自重置积分器........... 211

  7.3.3 在使能子系统间传递状态...... 213

7.4 仿真诊断选项设置............ 215

  7.4.1 仿真算法诊断设置........... 215

  7.4.2 采样时间诊断设置........... 219

  7.4.3 数据验证诊断设置........... 220

  7.4.4 类型转换诊断设置........... 225

  7.4.5 连接诊断设置.............. 225

  7.4.6 兼容性诊断设置............. 228

7.4.7 模型引用诊断设置............ 232

7.5 仿真性能优化设置............ 234

**第 8 章 使用命令行仿真**............ 238

8.1 通过命令行仿真.............. 238

  8.1.1 基本命令行语法——

      sim 命令.................. 238

  8.1.2 设置仿真参数——

      simset 命令............... 243

  8.1.3 获取仿真参数——

      simget 命令............... 247

  8.1.4 获取模型属性——

      get_param 命令............ 248

  8.1.5 设置模型参数——

      set_param 命令............ 250

  8.1.6 绘制仿真曲线——

      simplot 命令.............. 251

  8.1.7 确定模型状态.............. 252

8.2 模型线性化.................. 253

  8.2.1 模型线性化命令............. 253

  8.2.2 连续系统模型线性化......... 255

  8.2.3 离散系统模型线性化......... 257

  8.2.4 线性化模型分析............. 257

8.3 寻找平衡点.................. 258

8.4 编写模型和模块的回调函数...... 263

  8.4.1 跟踪回调函数.............. 263

  8.4.2 创建模型回调函数........... 264

  8.4.3 创建模块回调函数........... 264

**第 9 章 使用子系统**................ 266

9.1 创建子系统.................. 266

  9.1.1 Simulink 子系统定义........ 266

  9.1.2 创建子系统................ 268

  9.1.3 浏览层级子系统............. 269

9.2 创建条件执行子系统.......... 271

  9.2.1 使能子系统................ 272

  9.2.2 触发子系统................ 278

  9.2.3 触发使能子系统............. 284

  9.2.4 创建交替执行子系统......... 285

  9.2.5 函数调用子系统............. 288

9.3 控制流语句.................. 290

9.3.1 If-Else 控制流语句 ........................ 290

9.3.2 Switch 控制流语句 ........................ 293

9.3.3 While 控制流语句 ........................ 296

9.3.4 For 控制流语句 ........................ 301

9.3.5 Stateflow 图和控制流

语句的比较 ........................ 305

第 10 章 封装子系统 ........................ 308

10.1 封装子系统概述 ........................ 308

10.1.1 封装特征 ........................ 308

10.1.2 封装举例 ........................ 310

10.2 封装编辑器 ........................ 313

10.2.1 Icon 选项页的设置 ........................ 313

10.2.2 Parameters 选项页的设置 ........................ 317

10.2.3 Initialization 选项页的设置 ........ 320

10.2.4 Documentation 选项页的设置 ..... 322

10.3 创建封装模块的动态对话框 ........ 323

10.3.1 设置封装模块对话框参数 ........ 324

10.3.2 预定义封装对话框参数 ........ 324

10.4 自定义库操作 ........................ 329

10.4.1 建立和使用库 ........................ 330

10.4.2 库连接状态 ........................ 332

10.4.3 显示库关联及信息 ........................ 333

10.4.4 把用户库添加到 Simulink 库

浏览器中 ........................ 334

10.5 可配置子系统 ........................ 334

10.5.1 创建可配置子系统 ........................ 335

10.5.2 映射 I/O 端口 ........................ 336

第 11 章 Simulink 调试器 ........................ 340

11.1 调试器概述 ........................ 340

11.1.1 启动调试器 ........................ 340

11.1.2 调试器的图形用户接口 ........ 341

11.1.3 调试器的命令行接口 ........ 341

11.1.4 调试器命令 ........................ 343

11.2 调试器控制 ........................ 344

11.2.1 连续运行仿真 ........................ 344

11.2.2 继续仿真 ........................ 344

11.2.3 单步运行仿真 ........................ 346

11.3 设置断点 ........................ 348

11.3.1 设置无条件断点 ........................ 349

11.3.2 设置有条件断点 ........................ 350

11.4 显示仿真信息 ........................ 352

11.4.1 显示模块 I/O ........................ 352

11.4.2 显示代数环信息 ........................ 353

11.4.3 显示系统状态 ........................ 354

11.4.4 显示求解器信息 ........................ 354

11.5 显示模型信息 ........................ 355

11.5.1 显示模型中模块的执行顺序 ....... 355

11.5.2 显示模块 ........................ 356

第 12 章 编写 M 语言 S-函数 ........................ 360

12.1 S-函数 ........................ 360

12.1.1 S-函数的定义 ........................ 360

12.1.2 S-函数的工作方式 ........................ 361

12.2 在模型中创建 S-函数 ........................ 363

12.2.1 在模型中使用 S-函数 ........................ 363

12.2.2 向 S-函数中传递参数 ........................ 364

12.2.3 何时使用 S-函数 ........................ 365

12.3 S-函数的概念 ........................ 365

12.3.1 直接馈通 ........................ 366

12.3.2 动态设置数组维数 ........................ 366

12.3.3 设置采样时间和偏移量 ........................ 367

12.4 编写 M 语言 S-函数 ........................ 368

12.4.1 M 文件 S-函数模板 ........................ 368

12.4.2 定义 S-Function 模块特征 ........... 370

12.5 M 文件 S-函数范例 ........................ 370

12.5.1 无状态 M 文件 S-函数 ........................ 371

12.5.2 连续状态 S-函数 ........................ 376

12.5.3 离散状态 S-函数 ........................ 382

12.5.4 混合系统 S-函数 ........................ 388

附录 ........................ 391

附录 A 模型和模块参数 ........................ 391

A.1 模型参数 ........................ 391

A.2 共用模块参数 ........................ 411

A.3 专用模块参数 ........................ 415

A.4 封装参数 ........................ 425

附录 B 模型和模块回调函数 ........................ 429

B.1 模型回调函数 ........................ 429

B.2 模块回调函数 ........................ 429

附录 C Simulink 模块简介 ........................ 432

C.1 输入源模块库(Sources).....................432

C.2 接收模块库(Sinks) ..........................433

C.3 连续系统模块库(Continuous)..........434

C.4 离散系统模块库(Discretes) ............435

C.5 数学运算模块库
(Math Operations)...........................436

C.6 信号路由模块库(Signal Routing) .....437

C.7 信号属性模块库
(Signal Attributes) ............................439

C.8 非线性模块库(Discontinuous) ..........440

C.9 查询表模块库(Look-Up Tables)........441

C.10 用户定义函数模块库
(User-Defined Functions).................441

C.11 模型验证模块库
(Model Verification) .........................442

C.12 端口和子系统模块库
(Ports & Subsystems) .......................443

C.13 模型实用模块库
(Model-Wide Utilities) .....................444

附录 D MATLAB 可用的 TeX 字符集........446

# 第 1 章　　Simulink 基础

　　本章主要介绍 Simulink 的基本知识，读者通过阅读本章可以对 MATLAB 中的 Simulink 软件包有一个感性的认识。本章的主要内容包括：

| | |
|---|---|
| ➢　Simulink 简介 | 什么是 Simulink，以及利用 Simulink 可以完成的工作 |
| ➢　运行 Simulink 演示程序 | 如何启动 Simulink，并以 Simulink 中的房屋热力学系统演示程序为例，简要说明 Simulink 模型的功能及运行方式 |
| ➢　建立简单的 Simulink 模型 | 引导读者建立一个简单的 Simulink 模型，以此来了解 Simulink 模型的基本构建方式 |
| ➢　保存 Simulink 模型 | 介绍 Simulink 模型文件的类型，以及如何将 Simulink 模型保存在不同的 Simulink 版本下 |
| ➢　打印模型及报告 | 介绍如何打印 Simulink 中的层级模型，以及如何生成模型报告 |
| ➢　打印边框编辑器 | 介绍如何设计打印边框，以及如何打印带有边框的模型方块图 |
| ➢　Simulink 参数设置 | 介绍如何设置 Simulink 模型的默认参数，包括模型默认的常用参数、模型中的默认字体以及模型仿真的缺省参数 |

## 1.1　Simulink 简介

　　Simulink 是一个用来建模、仿真和分析动态系统的软件包。它基于 MATLAB 的框图设计环境，支持线性系统和非线性系统，可以用连续采样时间、离散采样时间或两种混合的采样时间进行建模，它也支持多速率系统，也就是系统中的不同部分具有不同的采样速率。为了创建动态系统模型，Simulink 提供了一个建立模型方块图的可视的图形用户接口(GUI)，用户可以在这个可视窗口中通过单击和拖动鼠标操作来完成系统建模。利用这个接口，用户可以像用笔在草纸上绘制模型一样，只要构建出系统的方块图即可。这与以前的仿真软件包要求解算微分方程和编写算法语言程序不同，它提供的是一种更快捷、更直接明了的方式，而且用户可以立即看到系统的仿真结果。

　　Simulink 中包括了许多实现不同功能的模块库。在 Simulink 6.6 中共有 16 个模块库，这些模块库把各种功能不同的模块分类存放，如 Sources(输入源模块库)、Sinks(输出模块库)、Math Operations(数学模块库)以及线性模块和非线性模块等各种组件模块库。用户也可以自定义和创建自己的模块。利用这些模块，用户可以创建层级式的系统模型，可以自上而下或自下而上地阅读模型，也就是说，用户可以浏览最顶层的系统，然后用鼠标双击模型中的子系统模块，打开并查看该子系统模型。这不仅方便了工程人员的设计，而且可以使自己的模型方块图功能更清晰，结构更合理。

创建了系统模型后，用户可以利用 Simulink 菜单或在 MATLAB 命令窗口中键入命令的方式选择不同的积分方法来仿真系统模型。对于交互式的仿真过程，使用菜单是非常方便的，但要运行大量的仿真，使用命令行方法则更为有效。例如，执行蒙特卡洛仿真或想要扫描某一范围的参数值时，可以在命令行中输入变参数值，观察参数值改变后的系统输出。此外，利用示波器模块或其他的显示模块，用户可以在仿真运行的同时观察仿真结果，而且可以在仿真运行期间改变仿真参数，并同时观察改变后的仿真结果。最后的结果数据可以输出到 MATLAB 工作区进行后续处理，或利用命令行命令在图形窗口中绘制仿真曲线。

Simulink 中的模型分析工具包括线性化工具和调整工具，这可以从 MATLAB 命令行获取。MATLAB 及其工具箱内还有许多其他的适用于不同工程领域的分析工具。由于 MATLAB 和 Simulink 是集成在一起的，因此无论何时用户都可以在这两个环境中仿真、分析和修改模型。

Simulink 系统建模的主要特性如下：

● 框图式建模。Simulink 提供了一个图形化的建模环境，通过鼠标单击和拖拉操作 Simulink 模块，用户可以在图形化的可视环境中进行框图式建模。

● 支持非线性系统。

● 支持混合系统仿真，即系统中包含连续采样时间和离散采样时间的系统。

● 支持多速率系统仿真，即系统中存在以不同速率运行的组件。

● Simulink 建立的系统模型可以是层级模型，因此用户可以采用自下而上或自上而下的方式建立模型，并一层一层地查看各级模型。

● 用户可以根据需要建立自定义子系统，并把自定义子系统内的模块进行封装，封装后的自定义子系统具有与 Simulink 内嵌模块同样的属性，并可由用户设置模块的属性参数。所有的自定义子系统均可在系统模型中使用。

● MATLAB 与 Simulink 集成在一起，因此，无论何时在这两个环境中的任一环境下都可以建模、分析和仿真用户模型。

## 1.2　运行 Simulink 演示程序

Simulink 自带了许多模型演示程序，这些演示程序分别说明了利用 Simulink 模块搭建的功能不同的模型系统。这里以房屋热力学系统模型为例介绍系统模型的组成及功能，以使读者对 Simulink 有一个基本认识。

### 1.2.1　运行房屋热力学系统演示模型

首先运行 MATLAB，在 MATLAB 的命令窗口内键入下列命令(如图 1-1 所示)：

&gt;&gt; mdl='sldemo_househeat';

&gt;&gt; open_system(mdl);

图 1-1

执行该命令后，可启动 Simulink，并打开名称为"sldemo_househeat"的热力学系统模型窗口，如图 1-2 所示。

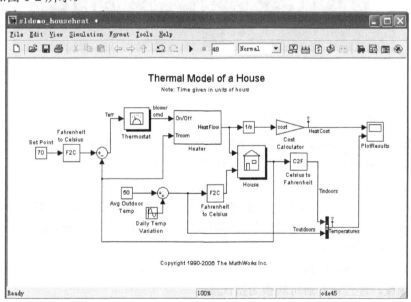

图 1-2

图 1-2 显示的是房屋热力学系统模型的全貌。在模型图的最右侧有一个标注为 PlotResults (系统曲线图)的模块，它实际上实现的就是示波器功能，双击该模块，可以打开示波器。在这个例程中，示波器中显示的是 Indoor vs. Outdoor Temp(室内与室外温度)和 Heat Cost(加热费用)三条曲线。

为了仿真这个模型系统，首先需要设置仿真参数，这里利用演示模型中已设置好的仿真参数进行仿真。选择 **Simulation** 菜单下的 **Start** 命令，或者单击 Simulink 工具栏上的"开始"按钮 ▶，系统开始按照模型中设置的参数进行仿真，仿真结果曲线将显示在示波器中。当打开加热器时，系统会自动计算加热所需要的费用，并将加热费用(Heat Cost($))曲线在示波器中显示出来，而室内温度(Indoor Temp)也同时显示在示波器中。若要停止仿真，可选择**Simulation** 菜单下的 **Stop** 命令，或者单击 Simulink 工具栏上的"停止"按钮 ■。仿真结束后，选择 **File** 菜单下的 **Close** 命令关闭模型。图 1-3 是显示在示波器中的房屋热力学系统模型仿真结果曲线。

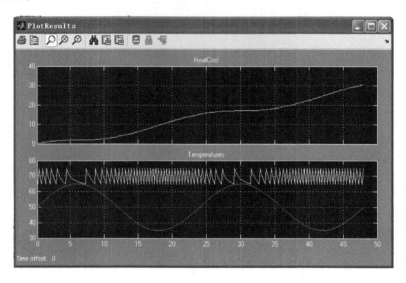

图 1-3

## 1.2.2　房屋热力学系统模型说明

演示程序使用 Simulink 模块建立了简单的房屋热力学系统模型，该模型使用 Simulink 中子系统模型的概念来简化模型图，并创建了可重用系统。

Simulink 中的子系统是一组由 Subsystem(子系统)模块表示的模块组。房屋热力学系统模型包括 5 个子系统：Thermostat(恒温器)子系统、House(房屋)子系统、Heater(加热器子系统)、Fahrenheit to Celsius(将华氏温度转换为摄氏温度)子系统和 Celsius to Fahrenheit(将摄氏温度转换为华氏温度)子系统。

模型最前端的"Set Point"模块是常值模块，它设置了屋内的恒温值，这里给出的缺省值是 70 华氏度，经过计算后可转换为摄氏度。

图 1-4 显示的是恒温器子系统模型，双击模型中的"Thermostat"模块，可打开该子系统。模型中的恒温器(Thermostat)系统设置为 70 华氏度，这个温度受户外温度的影响，并按照幅值为 15 华氏度、基值温度为 50 华氏度的正弦波变化，这个模型模拟了每天的温度波动。该子系统由一个继电器模块组成，该模块将模块输入与阈值相比较，并输出指定的"打开"值和"关闭"值，它实际上控制了加热器系统的打开和关闭时间。

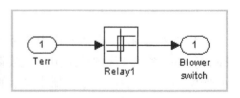

图 1-4

图 1-5 显示的是加热器子系统模型，双击模型中的"Heater"模块，可打开该子系统。

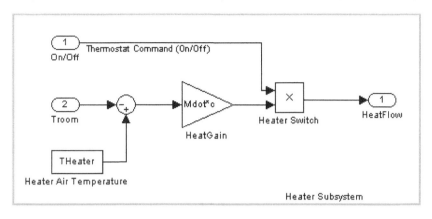

图 1-5

　　加 热 器 子 系 统 是 一 个 常 值 空 气 流 速 子 系 统 ， 子 系 统 中 的 Mdot 值 在 sldemo_househeat_data.m 文件中设置，它表示空气流速，Mdot = 1 kg/s = 3600 kg/h。该子系统的打开和关闭由其输入端的恒温器子系统的输出信号进行控制。当加热器打开时，它以常值的空气流动速率 Mdot 吹进温度为 Theater 的热空气，缺省时，Theater 等于 50 摄氏度，即 122 华氏度。加热器子系统的热流速公式如下：

$$\frac{\mathrm{d}Q}{\mathrm{d}t} = (T_{\mathrm{heater}} - T_{\mathrm{room}}) \cdot \mathrm{Mdot} \cdot C$$

其中：$\dfrac{\mathrm{d}Q}{\mathrm{d}t}$——从加热器到房屋的热流速；

　　　　$C$——常压下的空气热容量；

　　　　Mdot——通过加热器的空气质量流速(kg/h)；

　　　　$T_{\mathrm{heater}}$——加热器的热空气温度；

　　　　$T_{\mathrm{room}}$——房屋当前的空气温度。

　　图 1-6 显示的是房屋子系统模型，双击模型中的"House"模块，可打开该子系统。内部温度和外部温度均传送到该子系统，并由该子系统经过转换后更新和输出内部温度。房屋子系统用来计算房间的温度变动，它考虑了加热器的热流和环境中的热量损失。热量损失及温度的时间导数方程分别如下：

$$\left(\frac{\mathrm{d}Q}{\mathrm{d}t}\right)_{\mathrm{losses}} = \frac{T_{\mathrm{room}} - T_{\mathrm{out}}}{R_{\mathrm{eq}}}$$

$$\frac{\mathrm{d}T_{\mathrm{room}}}{\mathrm{d}t} = \frac{1}{M_{\mathrm{air}} \cdot C} \cdot \left(\frac{\mathrm{d}Q_{\mathrm{heater}}}{\mathrm{d}t} - \frac{\mathrm{d}Q_{\mathrm{losses}}}{\mathrm{d}t}\right)$$

其中：$M_{\mathrm{air}}$——房内的空气质量；

　　　　$R_{\mathrm{eq}}$——房屋的等效热电阻。

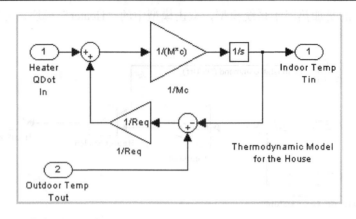

图 1-6

图 1-7 显示的是温度转换子系统，双击 Fahrenheit to Celsius 模块，可打开该子系统。该子系统将外部温度和内部温度由华氏温度转换到摄氏温度，转换公式为 $C=5/9*(F-32)$，其中，F 为华氏温度，C 为摄氏温度。

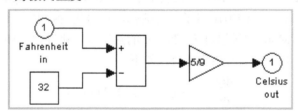

图 1-7

房屋热力学系统是一个很典型的系统，它包括了模型创建过程中通常需要完成的工作，主要有：

(1) 运行模型仿真时需要指定仿真参数，并利用 **Start** 命令开始仿真。

(2) 用户可以把一组相关的模块组包含在一个模块中，这个模块称为子系统模块。

(3) 在 sldemo_househeat 模型中，所有的子系统都利用封装特性创建了自定义图标，用户也可以利用封装特性为模块创建自定义的图标，并设计模块对话框。

(4) Scope 模块与实际的示波器模块一样可以显示图形输出。

读者可以试一试下面的几种方法，在示波器中察看模型的不同参数设置是如何影响响应曲线的。

● 每个 Scope 模块可以设置多个信号显示窗口，用户可以控制每个窗口中显示的信号数目，并设置显示的信号范围，如果需要，用户也可以放大显示信号曲线。在每个信号显示区域内，水平轴代表的是时间值，垂直轴代表的是信号值。

● 标有 Set Point(在模型的左上角)的 Constant(常值)模块用来设置所希望的温度值，打开该模块，并将温度值重新设置为 80 度，看看室内温度和加热费用是如何变化的。也可以调整室外温度(Arg Outdoor Temp 模块)，看看它对仿真结果有何影响。

● 打开标有 Daily Temp Variation(每日温度变化)的 Sine Wave(正弦波)模块，改变 Amplitude(幅值)参数，调整每日的温度变化值，观察输出曲线的变化。

### 1.2.3　其他 Simulink 演示程序

　　Simulink 还提供了其他演示程序，用以说明 Simulink 中的各种建模和仿真概念，用户可以从 MATLAB 的命令窗口中打开这些演示程序。

　　首先在 MATLAB 命令窗口的左下角单击 **Start** 按钮，打开 **Start** 菜单，如图 1-8 所示。在菜单中选择 **Demos** 命令，MATLAB 的帮助浏览器会显示 Simulink 的 **Demos** 选项面板，单击 Simulink 显示演示程序的目录，双击这些条目就可以启动相应的演示程序，如图 1-9 所示。

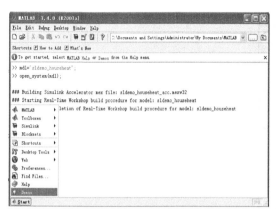 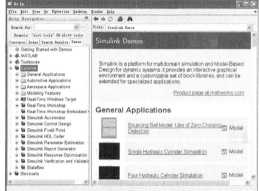

图 1-8　　　　　　　　　　　　　　　　　　　　图 1-9

## 1.3　建立一个简单的 Simulink 模型

　　本节引导读者创建一个如图 1-10 所示的简单的 Simulink 模型，模型中的输入是一个正弦波信号，该信号经过增益器放大 5 倍。

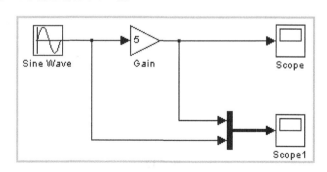

图 1-10

　　图 1-10 中用两个示波器显示波形，标注为 Scope 的示波器用来显示经过放大后的正弦波信号，标注为 Scope1 的示波器用来显示原正弦波信号和经过放大的正弦波信号的比较波形。

　　为了创建系统模型图，首先在 MATLAB 命令窗口中键入 Simulink 命令，或者单击工具条上的"Simulink"按钮 ，打开 Simulink 库浏览器，如图 1-11 所示。

从图中可以看到，Simulink 库浏览器是一个以树状结构排列的浏览器，在 Simulink 目录下列举的是 Simulink 的模块库，不同功能的模块分类存放在各个模块库中。关于 Simulink 模块库中各模块的功能，读者可以参看附录 C "Simulink 模块简介"。

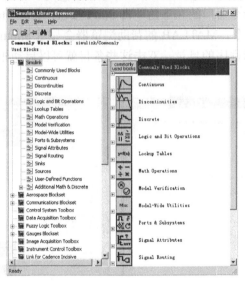

图 1-11

接下来，在 Simulink 库浏览器的工具条上选择"新建"按钮 ，将打开一个空白的模型创建窗口，如图 1-12 所示。

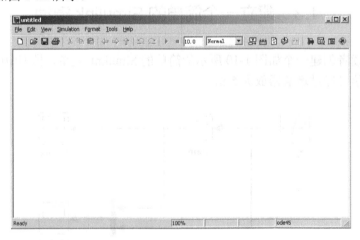

图 1-12

为了创建图 1-10 所示的模型，需要在 Simulink 模块库中选择如下模块：

- Sine Wave 模块 (Sources 库)；
- Scope 模块(Sinks 库)；
- Gain 模块(Math Operations 库)；
- Mux 模块(Signals Routing 库)。

现在，将模块拷贝到模型窗口中。在 Simulink 库浏览器中单击 Sources 库，选中 Sine Wave(正弦波)模块，如图 1-13 所示，或者在 Sources 库上单击鼠标右键，在弹出的快捷菜单中选择"Open the Soures Library"命令，打开 Library：Simulink/Sources 库窗口，选中 Sine Wave 模块，如图 1-14 所示。单击 Sine Wave 模块并将其拖动到模型窗口中，如图 1-15 所示，然后释放鼠标。

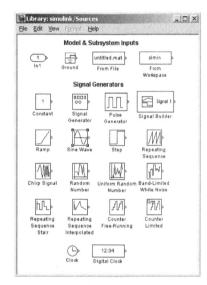

图 1-13　　　　　　　　　　　　　　　　　　　　　图 1-14

按照这种方法，依次在 Sinks 库、Math Operations 库和 Signals Routing 库中将 Scope 模块、Gain 模块和 Mux 模块(即图 1-16 中有两个输入和一个输出的模块)拷贝到模型窗口中，并移动模块将其排列在适当位置，如图 1-16 所示。

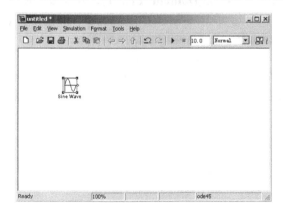

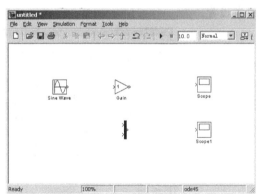

图 1-15　　　　　　　　　　　　　　　　　　　　　图 1-16

在连接模块之前，先介绍一下模块上的">"符号，该符号用来表示进出模块的信号端口。其中，指向模块的">"符号表示模块的输入端口，指出模块的">"符号表示模块的输出端口，信号由输出端口传出，并经由"信号线"传递到下一个模块的输入端口，当模块被连接后，端口符号就会自动消失。

将鼠标光标定位在 Sine Wave 模块的输出端口，按住鼠标左键拖动光标至 Gain 模块的输入端口，释放鼠标，这时两个模块将用一个带有单箭头的线段连接起来，如图 1-17 所示。

这里以 Mux 模块为例介绍分支信号线的连接。图 1-16 中的 Mux 模块有两个输入端口，分别接收原正弦波信号和经过放大的正弦波信号，这样在传送这两个信号的信号线上就应该分别引出分支信号线。先选中 Sine Wave 模块和 Gain 模块之间的连线，然后按住 Ctrl 键并在连线的任意位置上单击鼠标，鼠标光标变成"十"字，拖动光标至 Mux 模块的输入端口，这时会发现，鼠标在拖动过程中绘制的分支线是虚线，如图 1-18 所示，当拖动到 Mux 模块的输入端口时释放鼠标，连接线变为实线。按照这样的方法再连接另一个分支线，最后绘制的模块方框图如图 1-10 所示。

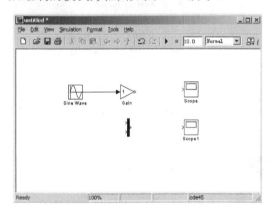

图 1-17

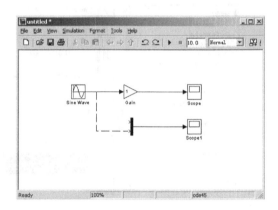

图 1-18

现在就可以仿真运行这个模型了，单击 **Simulation** 菜单下的 **Configuration Parameters** 命令，打开如图 1-19 所示的参数配置对话框，在这个对话框内设置仿真参数。选择 **Select** 树型结构中的 **Solver** 选项，设置仿真起始时间 **Start time** 为 0，终止时间 **Stop time** 为 10 秒，**Type** 参数设置为 **Variable-step**，**Solver** 参数设置为 **ode45(Domand-Prince)**，其他参数使用缺省设置。

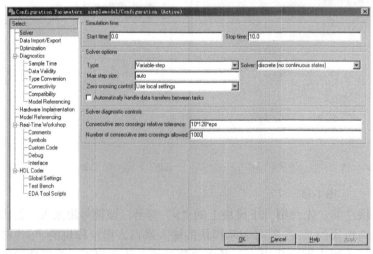

图 1-19

单击工具条上的"开始"按钮 ▶ 运行仿真，同时打开 Scope 和 Scope1 示波器观察输出波形，最后的输出波形如图 1-20 所示。

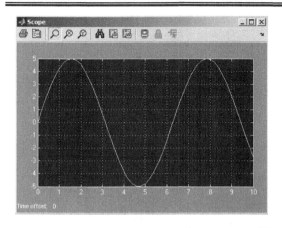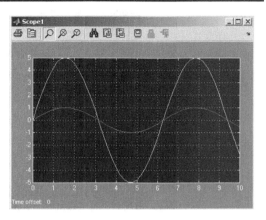

图 1-20

# 1.4　保存 Simulink 模型

用户可以选择模型窗口中 **File** 菜单下的 **Save** 命令或 **Save As** 命令保存所创建的模型，Simulink 通过生成特定格式的文件即模型文件(model file)来保存模型，文件的扩展名为 .mdl。模型文件中包含模型的方块图和模块属性。

如果是第一次保存模型，使用 **Save** 命令可以为模型文件命名并指定文件的保存位置。模型文件的名称必须以字母开头，最多不能超过 63 个字母、数字和下画线。需要注意的是，模型文件名不能与 MATLAB 命令同名。

如果要保存一个已保存过的模型文件，则可以用 **Save** 命令替代原文件，或者用 **Save As** 命令为模型文件重新指定文件名和保存位置。此外，也可以用 **Save As** 命令以与旧版本 Simulink 相兼容的格式来保存模型文件。

Simulink 在保存模型时执行下面的步骤：

(1) 如果模型的 mdl 文件已经存在，则将该文件重新命名为临时文件。

(2) Simulink 执行所有模块的 PreSaveFcn 回调函数，然后执行方块图的 PreSaveFcn 回调函数。

(3) Simulink 用相同的名称和 mdl 扩展名将模型文件写到新文件中。

(4) Simulink 执行所有模块的 PostSaveFcn 回调函数，然后执行方块图的 PostSaveFcn 回调函数。

(5) Simulink 删除临时文件。

如果在这个保存过程中出现错误，则 Simulink 会将临时文件重新命名为原模型文件的名称，并将当前的模型版本写入扩展名为 .err 文件中，同时发出错误消息。即使在前几步中出现错误，Simulink 也会执行步骤(2)到步骤(4)。

此外，**Save As** 命令还允许用户把在最新版本的 Simulink 环境下创建的模型以旧版本的格式保存，包括 Simulink 3(R11)、Simulink 4(R12)和 Simulink 4.1(R12.1)格式。

选择模型文件中 **File** 菜单下的 **Save As** 命令，Simulink 会显示 **Save As** 对话框，如图 1-21 所示，可以从"保存类型"列表中选择一种文件格式。

图 1-21

　　当用旧版本的格式保存模型时，Simulink 会忽略模型中包含的新版本模块和引用的新版本特征，而以旧版本的格式保存模型。如果模型中的确包含了旧版本之后的新模块和新使用特性，那么当在旧版本下运行该模型时，模型不会给出正确的结果。例如，矩阵和框图信号不能运行在 R11 版本下，因为 R11 不支持矩阵和框图。同理，包含标记了 **"Treat as atomic unit"**(作为原子单位)的无条件执行子系统的模型在 R11 版本下可能也会产生不同的结果，因为 R11 不支持无条件执行的原子子系统。

　　Simulink 命令会将旧版本之后的模块转变为以黄色标记的空的封装子系统模块。例如，在 R11 版本之后的模块包括：

- Look-Up Table(n-D)
- Assertion
- Rate Transition
- PreLook-Up Index Search
- Interpolation(n-D)
- Direct Look-Up Table(n-D)
- Polynomial
- Matrix Concatenation
- Signal Specification
- Bus Creator
- If，WhileIterator，ForIterator，Assignment
- SwitchCase
- Bitwise Logical Operator

　　若把包含有上述模块的模型保存在 R11 版本下，那么当在 R11 版本之后的新版本中打开模型时，这些模块会被标识为未连接模块。

# 1.5　打印及 HTML 报告

用户可以选择 Simulink 模型窗口中 **File** 菜单下的 **Print** 命令来打印模型方块图(在 Microsoft Windows 系统下)，该命令会打印当前窗口中的方块图，也可以在 MATLAB 命令窗口中使用 print 命令(在所有的系统平台上)打印方块图。

## 1.5.1　打印模型

当用户选择 Simulink 模型窗口中 **File** 菜单下的 **Print** 命令时，Simulink 会打开 **Print Model** 对话框，该对话框可以使用户有选择地打印模型内的系统。图 1-22 显示的是 **Print Model** 对话框中的 **Options** 选项区，这是在 Microsoft Windows 系统下的选项，图中选择的是打印当前系统。

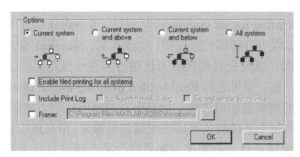

图 1-22

在 **Options** 选项区内，用户可以选择下列方式进行打印：

● **Current system**：只打印当前系统。

● **Current system and above**：打印当前系统和模型层级中在此系统之上的所有系统。

● **Current system and below**：打印当前系统和模型层级中在此系统之下的所有系统，并带有查看封装模块和库模块内容的选项。

● **All systems**：打印模型中的所有系统，并带有查看封装模块和库模块内容的选项。

在打印时，每个系统方块图都会带有轮廓框，当选择 **Current system and below** 或 **All systems** 选项时，会激活 **Options** 选项区中的 **Look under mask dialog** 和 **Expand unique library links** 选项，图 1-23 是选择 **All system** 选项后的对话框窗口。

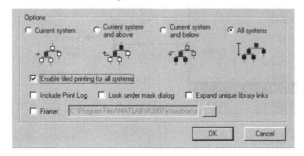

图 1-23

用户可以根据需要选择下面的复选框：

● **Include Print Log**：打印记录列出被打印的模块和系统。若要打印打印记录，可选择 **Include Print Log** 复选框。

● **Look under mask dialog**：当打印所有系统时，最顶层的系统被看做是当前系统，若当前系统模块中有封装子系统或者在当前系统模块之下有封装子系统，则 Simulink 会查看当前系统之下的任何封装模块。选择 **Look under mask dialog** 复选框后，可打印封装子系统中的内容。

● **Expand unique library links**：当库模块是系统时，选择 **Expand unique library links** 复选框后，可打印库模块中的内容。不管模型中包含的模块被拷贝了多少次，打印时只拷贝一次模块。

● **Frame**：选择 **Frame** 复选框后，可在每个方块图上打印带有标题的模块框图(可在相邻的编辑框内键入这个标题模块框图的路径)。用户也可以用 MATLAB 打印框图编辑器 (**PrintFrame Editor**)创建用户化的标题模块框图，详细内容参看 1.6 节。

● **Enable tiled printing for all systems**：缺省时，Simulink 为了使模块方块图适合打印纸的大小，会在打印过程中自动缩放方块图，也就是说，Simulink 会放大比较小的方块图或者缩小比较大的方块图，以便把这些模型方块图打印在一张纸上，当然，经过缩放后的方块图在可读性上要差一些。如果选择 **Enable tiled printing for all systems** 复选框，那么在打印时就不会损失模型的清晰度和可读性。用户可以控制所打印方块图的页数和大小，而且，Simulink 会为模型中的每个系统提供不同的平铺打印设置。用户还可以自定义所打印图像的外观，以便最大限度地满足自己的需求。如果要为某个模型打开平铺打印设置项，则可以在模型窗口中选择 **File** 菜单下的 **Enable Tiled Printing** 命令，如图 1-24 所示。如果要为所有的模型打开平铺打印设置项，则需要选择打印对话框中的 **Enable tiled printing for all systems** 复选框，那么所有的模型都会拥有平铺打印功能，而且此项设置会自动修改单个模型中的该项设置。

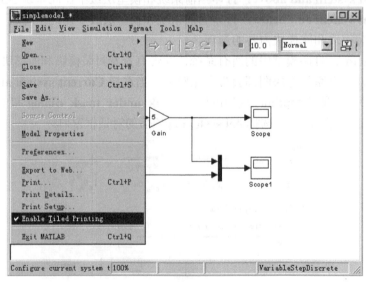

图 1-24

## 1.5.2　生成模型报告

Simulink 模型报告是描述模型结构和内容的 HTML 文档，报告包括模型方块图和子系统，以及模块参数的设置。

要生成当前模型的报告，可从模型窗口的 **File** 菜单下选择 **Print details** 命令，打开 **Print Details** 对话框，如图 1-25 所示。

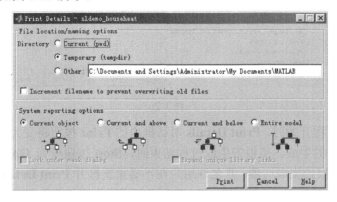

图 1-25

这个对话框有两个选项区：**File location/naming options**(文件位置/名称选项)和 **System reporting options**(系统报告选项)。

在 **File location/naming options** 选项区内，用户可以利用 **Directory**(路径)参数指定报告文件的保存位置和名称，Simulink 会在用户指定的路径下保存生成的 HTML 报告。**Directory** 参数有三个选项：**Current(pwd)**选项用于指定系统的当前路径；**Temporary(tempdir)**选项用于指定系统的临时路径(缺省值)；**Other** 选项用于在相邻的编辑框内指定其他的路径。

**Increment filename to prevent overwriting old files** 复选框增加文件名以防止复写旧文件，也就是每次在当前会话期为相同的模型生成报告时都生成唯一的报告文件名，这样就保护了每一个报告。

在 **System reporting options** 选项区内，用户可以选择下列报告选项：
- **Current object**：在报告中只包括当前所选对象；
- **Current and above**：在报告中包括当前对象和在当前对象之上的所有模型级别；
- **Current and below**：在报告中包括当前对象和在当前对象之下的所有模型级别；
- **Entire model**：在报告中包括整个模型；
- **Look under mask dialog**：在报告中包括封装子系统的内容；
- **Expand unique library links**：在报告中包括子系统的库模块内容，每个子系统在报告中只描述一次，也就是说，即使这个子系统在模型中的多处位置上出现，报告中也只会给出一次说明。

完成报告选项的设置后，单击 **Print** 按钮，Simulink 会在系统缺省的 HTML 浏览器内生成 HTML 报告并在消息面板内显示状态消息。

这里以房屋热力学系统模型为例，使用缺省设置生成该系统的模型报告，单击 **Print** 按钮后，模型的消息面板替换了 **Print Details** 对话框，用户可以在消息面板的顶部单击"向下"按钮，从列表中选择消息的详细级别，如图 1-26 所示。

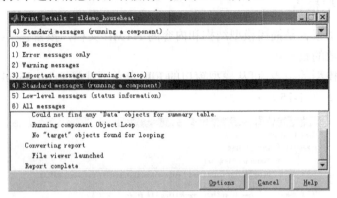

图 1-26

在报告生成过程开始时，**Print Details** 对话框内的 **Print** 按钮将变为 **Stop** 按钮，单击这个按钮可终止报告的生成。当报告生成过程结束时，**Stop** 按钮变为 **Options** 按钮，单击这个按钮后，将显示报告生成选项，并允许用户在不必重新打开 **Print Details** 对话框的情况下生成另一个报告。

图 1-27 是 Thermal Model of a House 系统的 HTML 模型报告，报告中详细列出了模型层级、仿真参数值、组成系统模型的模块名称和各模块的设置参数值等。

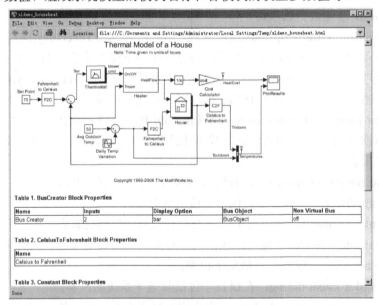

图 1-27

# 1.6 打印边框编辑器

打印边框编辑器(**PrintFrame Editor**)是一个图形用户接口，用户可以用它创建和编辑 Simulink 方块图和 Stateflow 方块图的打印边框。在这个边框内，用户可以添加被打印模型的文本描述。这是一个很有用的功能，在打印项目报告时可以利用它来说明模型方块图的信息。

## 1.6.1　用户接口

在 MATLAB 命令行中键入 frameedit 命令，可以打开一个带有缺省打印边框的 **PrintFrame Editor** 窗口，如图 1-28 所示。

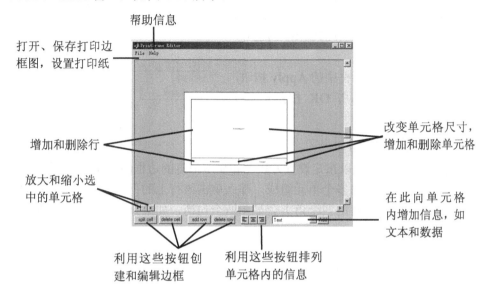

图 1-28

用户也可以用 frameedit filename 命令打开特定文件名的 **PrintFrame Editor** 窗口，这个文件是一个扩展名为 fig 的图形文件。

缺省时的打印边框是一个只有两行的表格，上面一行有一个单元格，下面一行有两个单元格，单元格中显示的是缺省信息，用户可以保留或删除这些缺省信息，也可以增加新的单元格。

## 1.6.2　设计打印边框

在利用 **PrintFrame Editor** 窗口创建打印边框之前，首先应考虑用户想要在边框内包含的信息以及这些信息的显示方式。这些信息包括变量信息和静态信息。变量信息在打印时自动提供，如方块图正在打印的数据；静态信息是指由用户输入的信息，如模型方块图的名称和地址。在设计打印边框时，可以为一个特定的方块图设计打印边框，也可以设计适用于不同方块图的通用打印边框。

### 1．设置纸张

建议用户先指定打印边框使用的纸张。这是因为，如果用户先创建了边界并添加了某些信息，然后再改变纸张设置，那么新纸张中单元格内的信息可能与单元格不匹配，用户可能不得不重新更改边界和信息位置。

在 **PrintFrame Editor** 窗口中选择 **File** 菜单下的 **Page Setup** 命令，打开 **PrintFrame Page**

Setup 对话框，如图 1-29 所示。

用户可以在 **PrintFrame Page Setup** 对话框内设置如下参数：

● **Paper Type**：纸张类型，如 A4。

● **Paper Orientation**：纸张方向，有两个选项，**Portrait** 为纵向，**Iandscape** 为横向。

● **Margins**：页边界，分别指定纸张的 **Top**(上)、**Bottom**(下)、**Left**(左)、**Right**(右)边界，**Units** 为边界值的单位。

设置完成后，单击对话框中的 **Apply** 按钮，观看设置后的纸张效果，单击 **OK** 按钮关闭对话框。

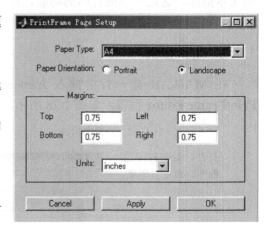

图 1-29

### 2．创建边框(行和单元)

设置完纸张后，用户可以指定设置方块图和显示信息的边框(单元)。在已有的行上单击即可选中该行，如果一行由多个单元组成，那么单击该行上的任一单元都能选中这一行。当该行被选中时，在单元格的四个角上会显示四个句柄，如果只有两个句柄，那么选中的是线，而不是行，如图 1-30 所示。

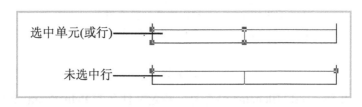

图 1-30

用户可以利用 **PrintFrame Editor** 窗口中的下列按钮编辑打印边框中的行或单元格。

● "添加行"按钮 add row ：单击该按钮可添加新行，新行会出现在选中行的上端；

● "删除行"按钮 delete row ：单击该按钮可删除选中的行；

● "分割单元"按钮 split cell ：单击该按钮可将选中的行分割为两个单元格，如果该行已有多个单元格，则选中的单元格被分割为两个单元格；

● "删除单元"按钮 delete cell ：单击该按钮可删除选中的单元格。

用户可以通过鼠标拖动的方式改变单元格的大小。例如，若用鼠标选中单元格的上线，并向上拖动鼠标拉宽单元格，那么上一行的高度也减少相同的量值。

### 3．向单元格内添加信息

首先选中需要添加内容的单元格，然后从下拉列表中选择一种信息类型，如图 1-31 所示，单击"添加"按钮 Add ，在选中的单元格内就会出现包含所需信息类型的编辑框。

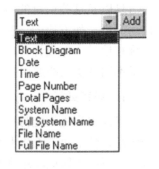

图 1-31

当向单元格内添加 Text 信息类型时，可在单元编辑框内键入所需的文本内容，如组织结构图的名称等，并用"对齐"按钮 ≡|≡|≡ 排列文本内容。

其他的信息类型包括：

● **Block Diagram**：这个选项指定方块图的打印位置，是一个必选项，如果在任何一个单元格内均未选择该选项，则无法保存打印边框，因此也就不能打印带有打印边框的方块图。

● **Date**：打印方块图和打印边框的日期，格式为 dd-mmm-yyyy，例如 05-Dec.-1997。

● **Time**：打印方块图和打印边框的时间，格式为 hh:mm，例如 14:22。

● **Page Number**：方块图的打印页码。

● **Total Pages**：被打印方块图的总页数，它取决于用户的打印选项。

● **System Name**：被打印方块图的名称。

● **Full System Name**：被打印方块图的名称，包括从根系统到当前系统的位置，例如 engine/Throttle & Manifold。

● **File Name**：方块图的文件名，例如 engine.mdl。

● **Full File Name**：方块图的完整路径和文件名，例如 \\matlab\toolbox\simulink\simdemos\ engine.mdl。

---

注意：添加系统名或添加文件名并不表示用户要在打印边框编辑器内指定 Simulink 或 Stateflow 系统名或文件名，它的意思是指当用户从 Simulink 或 Stateflow 中打印方块图时，Simulink 或 Stateflow 方块图中的系统名或文件名会自动打印在打印边框中指定的单元。

---

用户可以在一个单元格内添加多个信息条目或文本，当添加非文本类型的变量信息类型时，在信息编辑框内会自动添加一个百分号%，并在其后用角括号<>来标识信息类型，如选择 **Page Number** 时，编辑框内会显示%<page>。

---

注意：在包含模型方块图的单元格内，如图 1-32 中信息类型为%<blockdiagram>的单元格，用户不能再添加其他的信息条目或文本，%<blockdiagram>必须是单元格内的唯一信息类型，如果还有其他的信息类型，那么 Simulink 无法保存打印边框，因此也就不能打印带有方块图的打印边框。

---

## 1.6.3　打印边框示例

这里以 Simulink 中的房屋热力学系统演示模型为例，说明如何创建打印边框，并利用打印边框打印房屋热力学系统模型。

(1) 在 MATLAB 命令行中键入 **frameedit** 命令，打开 **PrintFrame Editor** 对话框，选择 **File** 菜单下的 **Page Setup** 命令，设置打印纸。这里设置 **Paper Type** 为 A4 纸，**Paper Orientation** 选择为 **Landscape**，**Margins** 设置为 0.75 inches，单击 **OK** 按钮关闭 **Page Setup** 对话框。

　　(2) 按图 1-32 的设计方式编辑打印边框，单击"添加行"按钮 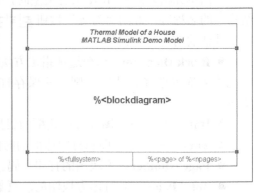，在缺省的打印边框页面中的上一行添加新行，并输入一段文本信息："Thermal Model of a House，MATLAB Simulink Demo Model"，然后单击鼠标右键，在弹出的菜单中设置文本字体的大小及格式。

　　(3) 编辑完打印边框后，将打印边框保存为 MyPrintFrame.fig。

　　(4) 在 Simulink 窗口中打开 sldemo_househeat 模型，双击模型中的 House 子系统模块，该子系统将在一个新窗口中打开。选择新窗口中 **File** 菜单下的 **Print** 命令，打开 **Print Model**

图 1-32

对话框，在对话框的 **Options** 选项区内选择 **Frame** 复选框，并单击编辑框右侧的 按钮，选择已保存的打印边框文件，如图 1-33 所示。

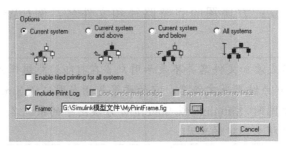

图 1-33

　　(5) 设置完其他的打印选项后，单击 **OK** 按钮打印带有打印边框的 Sldemo_househeat /House 子系统，最终的打印结果如图 1-34 所示。

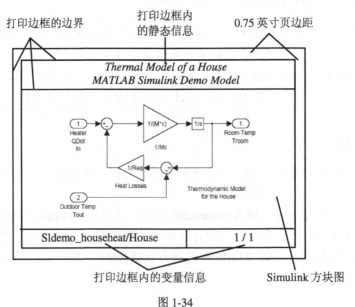

图 1-34

# 1.7　Simulink 参数设置

用户可以为 Simulink 模型指定缺省选项, 这可以在 Simulink 的 **Preferences** 对话框中实现。首先在模型窗口中选择 **File** 菜单中的 **Preferences** 命令, 打开如图 1-35 所示的 **Preferences** 对话框。

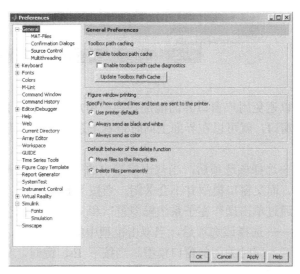

图 1-35

## 1.7.1　常用 Simulink 参数

在 **Preferences** 对话框的左侧面板中选择 **Simulink** 结点, 则在对话框的右侧显示 **Simulink Preferences** 选项区, 如图 1-36 所示。在这个选项区中, 用户可以设置所有 Simulink 模型的缺省选项。

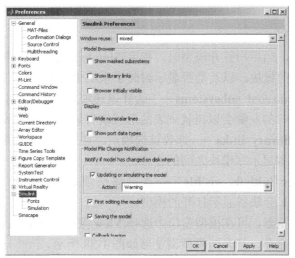

图 1-36

### 1. Window reuse

该选项用来指定 Simulink 是使用当前窗口还是打开新窗口来显示模型子系统。可以选择的参数如图 1-37 所示。

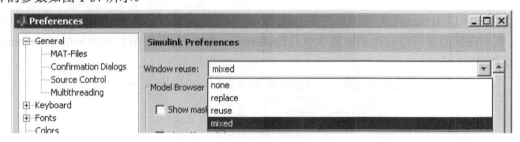

图 1-37

重新分配窗口可以避免用户窗口界面混乱。如果用户想要查看子系统模型，那么为子系统模型再打开一个窗口，就可以在界面上同时查看子系统模型及其上层系统的模型(即父窗口中的模型)。

- **none**——选择该选项后，当双击模型中的子系统时，子系统模型会在新窗口中打开，而父窗口模型并不会关闭。当按下 Esc 键时，会将焦点移到父窗口，也可以通过单击操作在子系统模型窗口和父窗口模型之间切换。
- **replace**——选择该选项后，当双击模型中的子系统时，子系统模型会在新窗口中打开，同时关闭父窗口模型。当按下 Esc 键时，父窗口模型显示，而子系统模型关闭。
- **reuse**——选择该选项后，当双击模型中的子系统时，子系统模型会在当前窗口中打开，同时关闭父窗口模型。当按下 Esc 键时，会在当前窗口中显示父窗口模型。
- **mixed**——选择该选项后，当双击模型中的子系统时，子系统模型会在新窗口中打开，而父窗口模型并不会关闭。当按下 Esc 键时，将关闭子系统模型窗口。

### 2. Model Browser

该选项的作用是，当用户打开模型时，指定 Simulink 是否显示模型浏览器，是否在浏览器中显示子系统中的模块，以及是否显示封装子系统中的内容。

- **Show masked subsystems**——选择该选项后，在用户打开模型浏览器时，浏览器窗口的左侧会以树状列表的形式缺省显示封装子系统。
- **Show library links**——选择该选项后，在用户打开模型浏览器时，浏览器窗口将缺省显示库模块之间的连接。
- **Browser initially visible**——选择该选项后，在用户打开模型浏览器时，Simulink 会缺省显示打开的模型。

为了显示模型浏览器，可在模型窗口中选择 **View** 菜单中 **Model Browser Options** 菜单下的 **Model Browser** 命令，打开的模型浏览器如图 1-38 所示。

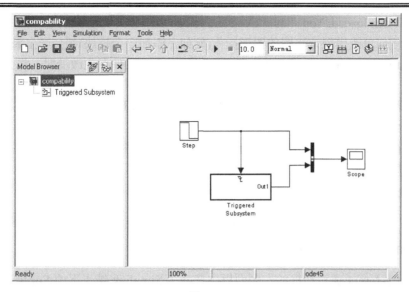

图 1-38

### 3. Display

该选项用来指定是否用粗线显示模块之间相连的非标量信号线，是否在模型方块图中显示端口的数据类型。

● **Wide nonscalar lines**——选择该选项后，表示用加宽的线条绘制非标量的信号线，即加宽绘制向量信号或矩阵信号。

● **Show port data types**——选择该选项后，表示在模块的输出端口处显示端口的数据类型。

### 4. Model File Change Notification

该选项的作用是，当用户更新、仿真、编辑或保存模型时，指定是否通知用户磁盘中保存的模型已发生改变。当多用户操作时会出现这种情况。

● **Updating or simulating the model**：如果选择这个复选框，则可以 Action 列表中的选项指定通知的形式。

■ **Warning**——在 MATLAB 命令窗口中通知。

■ **Error**——如果是用命令行仿真，则在 MATLAB 命令窗口中通知；如果从菜单项中仿真，则在仿真诊断窗口中通知。

■ **Reload model (if unmodified)**——如果修改了模型，则会显示提示窗口；如果未修改模型，则重新加载模型。

■ **Show prompt dialog**——在对话框中通知，用户可以选择关闭并重新加载模型，或者忽略所做的更改。

● **First editing the model**：如果选择这个复选框，那么当磁盘上的文件发生改变，而且模块方块图在 Simulink 中未更改时，

■ 任何改变模型方块图的命令行操作(例如，set_param 命令)都会产生如下的警告信息：

Warning：Block diagram 'mymodel' is being edited but file has changed on disk since it was loaded. You should close and reload the block diagram.

■　任何更改模型方块图的图形操作(例如，添加一个模块)都会产生警告提示框。

● **Saving the model**——选择该选项后，当磁盘上的文件发生改变时，将会按下列方式进行处理：

■　除非在 save_system 函数中使用了 OverwriteIfChangedOnDisk 参数，否则该函数会提示错误消息。

■　在选择 **File** 菜单下的 **Save** 命令保存模型，或者使用键盘快捷键显示对话框时，用户可以选择覆盖原文件，以新名称保存文件，或者取消操作。

### 5. Callback tracing

如果选择该选项，那么当仿真模型时，系统会缺省显示 Simulink 执行的模型回调函数。

## 1.7.2　Simulink 字体参数

如果在 **Preferences** 对话框的左侧面板中选择了 Simulink 结点下的 **Fonts** 选项，则会在对话框的右侧面板中显示 **Simulink Fonts Preferences** 选项页，如图 1-39 所示。在这个选项页中，用户可以根据自己的喜好设置 Simulink 模型的默认字体参数。

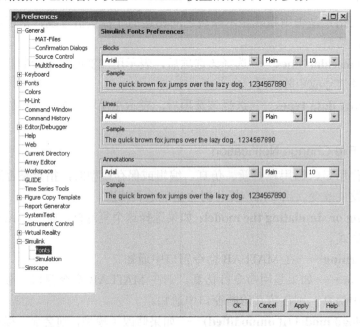

图 1-39

**Simulink Fonts Preferences** 选项页中共有三个选项区，分别用来设置模块、线和标注的字体参数。**Blocks** 选项区用来设置模型中所有模块的默认字体；**Lines** 选项区用来设置模型中连线的默认字体；**Annotations** 选项区用来设置模型中标注的默认字体。当用户选择不同的字体、字形和字号时，每个选项区都会有示例显示用户的选择效果。

图 1-40 设置的模块的字体是 Arial，字形是 Bold，字号是 14；设置的连线的字体是宋体，字形是 Plain，字号是 18；设置的标注的字体是黑体，字形是 Italic，字号是 24。

图 1-40

## 1.7.3　Simulink 仿真参数

　　如果在 **Preferences** 对话框的左侧面板中选择了 Simulink 结点下的 **Simulation** 选项，则会在对话框的右侧面板中显示 **Simulink Simulation Preferences** 选项页，如图 1-41 所示。

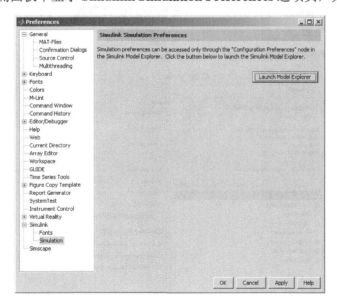

图 1-41

　　在 **Simulink Simulation Preferences** 选项页中有一个 Launch Model Explorer 按钮，单击该按钮可以打开模型浏览器。用户可以在模型浏览器中设置模型的仿真参数，如仿真的起始时间和结束时间等。打开的模型浏览器窗口如图 1-42 所示。

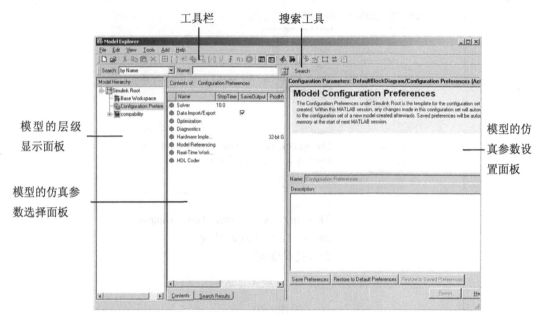

图 1-42

当选择模型仿真参数选择面板中的 **Solver** 选项时，模型的仿真参数设置面板如图 1-43 所示，用户可以在这个面板中设置模型仿真时的缺省参数。在具体仿真某个模型时，用户也可以选择模型窗口中 **Simulation** 菜单下的 **Configuration Parameters** 命令，在打开的 **Configuration Parameters** 对话框内设置当前模型的仿真参数。关于如何设置仿真参数，可以参看第 5 章和第 7 章。

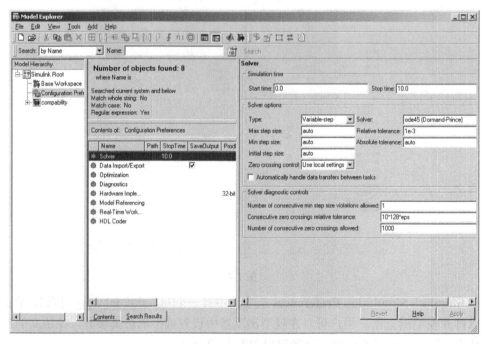

图 1-43

# 第 2 章　Simulink 模块操作

Simulink 模块是构成 Simulink 模型的基本元素，本章介绍 Simulink 模块的操作方式。
本章的主要内容包括：

➢　连接模块　　　　　介绍如何利用 Simulink 自动连接模块，以及如何以手动方式连接
　　　　　　　　　　　模块
➢　改变模块外观　　　介绍如何改变模块方向和更改模块名称，如何为方块图指定颜色
➢　设置模块参数　　　介绍如何在模块参数对话框和 MATLAB 工作区内设置模块参数
➢　标注模型图　　　　介绍如何在模型图中利用 TeX 命令编辑带有数学符号、希腊字母
　　　　　　　　　　　和其他字符的模型标签
➢　模块属性对话框　　介绍如何设置模块属性，包括模块优先级和编辑指定模块标注
➢　模块优先级　　　　介绍如何控制和显示模型中模块的优先级
➢　查表编辑器　　　　介绍如何利用查表编辑器编辑和显示查表模块和自定义 LUT 模块

## 2.1　模　块　操　作

模块是构成 Simulink 模型的基本元素，用户可以通过连接模块来构造任何形式的动态
系统模型。在 Microsoft Windows 系统下，Simulink 在弹出的模块属性对话框中显示模块信
息。若要关闭这个特性或者控制显示所包含的信息，可选择 Simulink 中 **View** 菜单下的 **Data
tips options** 命令。

### 2.1.1　Simulink 模块类型

用户在创建模型时必须知道，Simulink 把模块分为两种类型：非虚拟模块和虚拟模块。
非虚拟模块在仿真过程中起作用，如果用户在模型中添加或删除了一个非虚拟模块，那么
Simulink 会改变模型的动作方式；相比而言，虚拟模块在仿真过程中不起作用，它只是帮助
以图形方式管理模型。此外，有些 Simulink 模块在某些条件下是虚拟模块，而在其他条件
下则是非虚拟模块，这样的模块称为条件虚拟模块。表 2-1 列出了 Simulink 中的虚拟模块
和条件虚拟模块。

### 表 2-1　虚拟模块和条件虚拟模块

| 模块名称 | 作为虚拟模块的条件 |
|---|---|
| Bus Selector | 总是纯虚模块 |
| Demux | 总是纯虚模块 |
| Enable | 当与 Outport 模块直接连接时是非虚模块，否则总是纯虚模块 |
| From | 总是纯虚模块 |
| Goto | 总是纯虚模块 |
| Goto Tag Visibility | 总是纯虚模块 |
| Ground | 总是纯虚模块 |
| Inport | 除非把模块放置在条件执行子系统内，而且与输出端口模块直接连接，否则就是纯虚模块 |
| Mux | 总是纯虚模块 |
| Outport | 当模块放置在任何子系统模块(条件执行子系统或无条件执行子系统)内，而且不在最顶层的 Simulink 窗口中时才是纯虚模块 |
| Selector | 除了在矩阵模式下不是虚拟模块，其他都是纯虚模块 |
| Signal Specification | 总是纯虚模块 |
| Subsystem | 当模块依条件执行，并且选择了模块的 **Treat as Atomic Unit** 选项时，该模块是纯虚模块 |
| Terminator | 总是纯虚模块 |
| Trigger Port | 当输出端口未出现时是纯虚模块 |

　　在建立 Simulink 模型时，用户可以从 Simulink 模块库(或其他库)或已有的模型窗口中将模块拷贝到新的模型窗口，拖动到目标模型窗口中的模块可以利用鼠标或键盘上的 **up**、**down**、**left** 或 **right** 键移动到新的位置。在拷贝模块时，新模块会继承源模块的所有参数值。如果要把模块从一个窗口移动到另一个窗口，则在选择模块的同时要按下 **Shift** 键。

　　Simulink 会为每个被拷贝模块分配名称，如果这个模块是模型中此种模块类型的第一个模块，那么模块名称会与源窗口中的模块名称相同。例如，如果用户从 Math Operations 模块库中向用户模型窗口中拷贝 Gain 模块，那么这个新模块的名称是 Gain；如果模型中已经包含了一个名称为 Gain 的模块，那么 Simulink 会在模块名称后添加一个序列号(如 Gain1，Gain2)。当然，用户也可以为模块重新命名。

　　**注意**：在把 Sum、Mux、Demux、Bus Creator 和 Bus Selector 模块从模块库中拷贝到模型窗口中时，Simulink 会隐藏这些模块的名称，这样做是为了避免模型图不必要的混乱，而且这些模块的形状已经清楚地表明了它们各自的功能。

## 2.1.2　自动连接模块

　　Simulink 方块图中使用线表示模型中各模块之间信号的传送路径，用户可以用鼠标从模块的输出端口到另一模块的输入端口绘制连线，也可以由 Simulink 自动连接模块。

　　如果要 Simulink 自动连接模块，可先用鼠标选择模块，然后按下 **Ctrl** 键，再用鼠标单击目标模块，则 Simulink 会自动把源模块的输出端口与目标模块的输入端口相连。如果需要，Simulink 还会绕过某些干扰连接的模块，如图 2-1 所示。

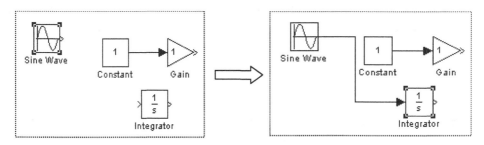

图 2-1

在连接两个模块时，如果两个模块上有多个输出端口和输入端口，则 Simulink 会尽可能地连接这些端口，如图 2-2 所示。

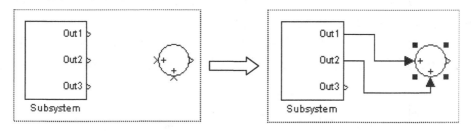

图 2-2

如果要把一组源模块与一个目标模块连接，则可以先选择这组源模块，然后按下 **Ctrl** 键，再用鼠标单击目标模块，如图 2-3 所示。

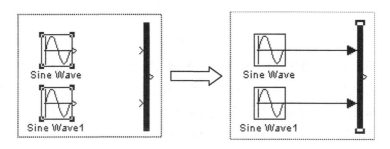

图 2-3

如果要把一个源模块与一组目标模块连接，则可以先选择这组目标模块，然后按下 **Ctrl** 键，再用鼠标单击源模块，如图 2-4 所示。

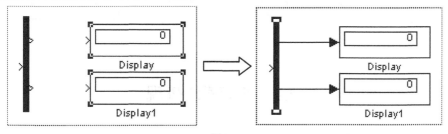

图 2-4

### 2.1.3　手动连接模块

如果要手动连接模块，可先把鼠标光标放置在源模块的输出端口，不必精确地定位光标位置，光标的形状会变为十字形，然后按下鼠标按钮，拖动光标指针到目标模块的输入端口，如图 2-5 所示。当释放鼠标时，Simulink 会用带箭头的连线替代端口符号，箭头的方向表示了信号流的方向。

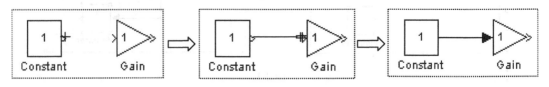

图 2-5

用户也可以在模型中绘制分支线，即从已连接的线上分出支线，携带相同的信号至模块的输入端口，利用分支线可以把一个信号传递到多个模块。首先用鼠标选择需要分支的线，按下 **Ctrl** 键，同时在分支线的起始位置单击鼠标，拖动鼠标指针到目标模块的输入端口，然后释放 **Ctrl** 键和鼠标按钮，Simulink 会在分支点和模块之间建立连接，如图 2-6 所示。

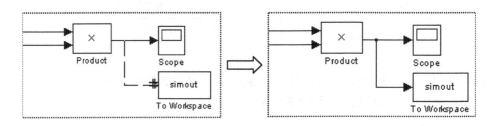

图 2-6

**注意：** 如果要断开模块与线的连接，可按下 **Shift** 键，然后将模块拖动到新的位置即可。

用户也可以在连线上插入模块，但插入的模块只能有一个输入端口和一个输出端口。首先用鼠标选择要插入的模块，然后拖动模块到连线上，释放鼠标按钮并把模块放置到线上，Simulink 会在连线上自动插入模块，如图 2-7 所示。

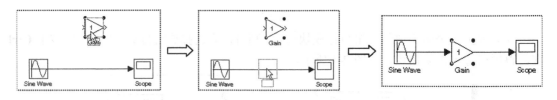

图 2-7

## 2.2　改变模块外观

Simulink 编辑器允许用户改变方块图中模块的大小、方向、颜色和标签位置。

## 2.2.1　改变模块方向

缺省时，Simulink 模型中的信号从左向右在模块中传递，通常输入端口在左边，输出端口在右边。用户可以选择模型窗口中 **Format** 菜单的下列命令改变模块的方向：

● **Flip Block** 命令：把模块旋转 180°；

● **Rotate Block** 命令：顺时针旋转模块 90°。

图 2-8 说明了对模块使用 **Rotate Block** 命令和 **Flip Block** 命令后，Simulink 是如何改变模块端口的顺序的。

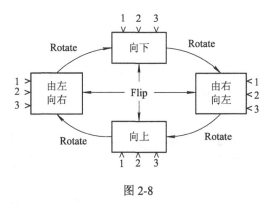

图 2-8

## 2.2.2　改变模块名称

模型中所有模块的名称都必须是唯一的，而且至少包含一个字符。缺省时，若模块端口位于模块左右两侧，则模块名称位于模块下方；若模块输入端口位于模块顶部，输出端口位于模块底部，则模块名称位于模块左侧，如图2-9 所示。

图 2-9

### 1．改变模块名称

用户可以用鼠标双击模块名称，在激活的文本框内输入新的名称，即可更改模块的名称。当在模型中的任一位置单击鼠标或执行其他操作时，Simulink 会停止模块名称的编辑。如果把模块的名称改变为模型中已有模块的名称，或者名称中不含有任何字符，那么Simulink 会显示一个错误消息。

### 2．改变模块名称的字体

如果用户想要改变模块名称的字体，可以先选中模块，然后选择模型窗口中 **Format** 菜单下的 **Font** 命令，从弹出的 **Set Font** 对话框中选择一种字体，这个过程也会改变模块图标上的文本字体。

### 3．改变模块名称的位置

如果用户想要改变模块名称的位置，可以利用如下两种方式：

● 把模块名称拖动到模块对面的位置，也就是位于模块下方的名称拖动到模块上方，位于模块左侧的名称拖动到模块右侧。这是因为，Simulink 不允许用户任意安排模块名称的位置，若用户强行将名称拖动到其他位置，Simulink 会忽视用户操作。

● 选择 **Format** 菜单下的 **Flip Name** 命令，这个命令可将模块名称的位置改变到模块对面位置。

### 4．是否显示模块名称

如果用户想要隐藏模块的名称，可先选中这个模块，然后选择 **Format** 菜单下的 **Hide Name** 命令，即可隐藏该名称。之后，若再选中这个模块，该命令将变为 **Show Name**，选择这个命令后，会显示被隐藏的模块名称。

### 5．显示模块阴影

用户可以为模型中的模块添加阴影，以使整个模型的外观更漂亮一些。选择 **Format** 菜单下的 **Show Drop Shadow** 命令，可以为选中的模块添加阴影，阴影的颜色将与模块的前景色相同。之后，再次选中这个模块，该命令将改变为 **Hide Drop Shadow**，选择这个命令，则会取消模块的阴影。图 2-10 是添加阴影后的模型图。

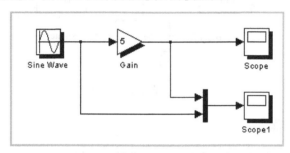

图 2-10

## 2.2.3  指定方块图颜色

Simulink 允许用户在方块图中指定任何模块或标注的前景色和背景色，也可以指定方块图的背景色。

若要设置方块图的背景色，可选择 Simulink 模型窗口中 **Format** 菜单下的 **Screen color** 命令；若要设置模块或标注的背景色，可首先选择这些模块或标注，然后选择 Simulink 模型窗口中 **Format** 菜单下的 **Background color** 命令；若要设置模块或标注的前景色，可首先选择这些模块或标注，然后选择 Simulink 模型窗口中 **Format** 菜单下的 **Foreground color** 命令。不管选择了哪些命令，Simulink 都会显示一个颜色选择菜单，从这个菜单中选择希望的颜色，Simulink 就会按照选择的颜色更改前景色或背景色。

如果选择了 **Custom** 命令，则 Simulink 会显示 **Choose Custom Color** 对话框，如图 2-11 所示，用户可以在调色板中选择自定义颜色。

用户也可以在 MATLAB 命令行或 M 文件中利用

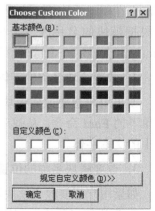

图 2-11

set_param 命令中的参数来设置方块图的背景色或模块的前景色和背景色。表 2-2 给出了
set_param 命令中用来控制模块方块图的参数。

表 2-2　控制模块方块图的参数

| 参　数 | 定　义 |
|---|---|
| ScreenColor | 模型方块图的背景色 |
| BackgroundColor | 模块和标注的背景色 |
| ForegroundColor | 模块和标注的前景色 |

用户可以把这些参数设置为如下任一值：

● 'black'，'white'，'red'，'green'，'blue'，'cyan'，'magenta'，'yellow'，'gray'，'lightBlue'，
'orange'，'darkGreen'。

● '[r, g, b]'：这里，r、g 和 b 是颜色分量中的红、绿和蓝分量，范围为 0.0～1.0。

例如，下面的命令把当前选择的系统或子系统的背景色设置为淡绿色：

　　　　set_param (gcs, 'ScreenColor', '[0.3, 0.9, 0.5]')

用户也可以选择 Format 菜单下的 **Show Drop Shadow** 命令为所选模块添加阴影。

# 2.3　设置模块参数

所有的 Simulink 模块都有一组共同的参数，称为模块属性，用户可以在模块属性对话
框内设置这些属性。此外，许多 Simulink 模块都有一个或多个模块专用参数，通过设置这
些参数，用户可以自定义这些模块的行为，以满足用户的特定要求。

## 2.3.1　设置模块特定参数

带有特定参数的模块都有一个模块参数对话框，用户可以在对话框内查看和设置这些
参数。用户可以利用如下几种方式打开模块参数对话框：

● 在模型窗口中选择模块，然后选择模型窗口中 **Edit** 菜单下的 **BLOCK parameters**
命令。这里 **BLOCK** 是模块名称，对于每个模块会有所不同。

● 在模型窗口中选择模块，用鼠标右键单击模块，从模块的上下文菜单中选择 **BLOCK**
**parameters** 命令。

● 用鼠标双击模型或模块库窗口中的模块图标，打开模块参数对话框。

-----

注意：上述方式对包含特定参数的所有模块都是适用的，但不包括 Subsystem 模块，
　　　用户必须用模型窗口中 **Edit** 菜单下的 **Subsystem parameters** 命令或上下文
　　　菜单才能打开 Subsystem 模块的参数对话框。

-----

对于每个模块，模块的参数对话框也会有所不同，用户可以用任何 MATLAB 常值、变
量或表达式作为参数对话框中的参数值。

例如，图 2-12(a)在模型窗口中选择的是 Signal Generator 模块，利用 **Edit** 菜单下的 **Signal**
**Generator parameters** 命令打开模块参数对话框，或者双击该模块打开模块参数对话框；图

2-12(b)是该模块的参数对话框。由于 Signal Generator 模块是信号发生器模块，因此用户可以在参数对话框内利用 Wave form 参数选择不同的信号波形，并设置相应波形的参数值。

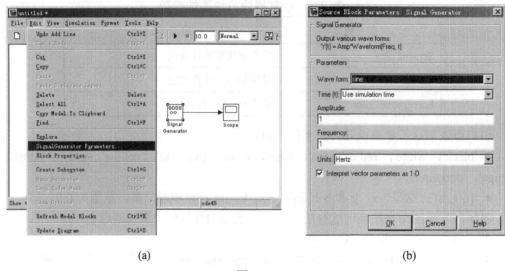

(a)                                              (b)

图 2-12

### 2.3.2　来自工作区的模块参数

用户可以在模块参数对话框内直接设置模块的参数值。模块的参数可以是数值，也可以是来自 MATLAB 工作区的变量。当有若干个模块的参数依赖于同一个变量时，这个功能就非常有用。

以图 2-13 为例，如果 a 是定义在 MATLAB 工作区的变量，那么下列变量定义可以作为 Simulink 模块的有效参数：a、a^2+5 和 exp(−a)。

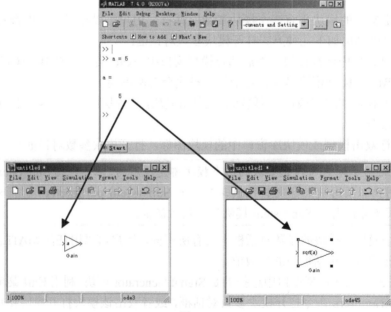

图 2-13

　　图 2-13 中的两个 Gain 模块分别用变量 a 和 sqrt(a)作为模块的增益值,这样在 MATLAB
工作区中为变量 a 赋值后，定义的参数值可以传递到模块参数中。

　　模块的参数也可以是数学表达式，MATLAB 在开始仿真模型之前会计算参数表达式
的值。

## 2.4　标注方块图

　　用户可以在 Simulink 模型窗口中为模型添加文本标注。文本标注可以添加在模型窗口
中的任一空白位置，作为模型功能的简短说明。

### 2.4.1　编辑标注

　　为了创建模型标注，在模型窗口中的任一空白位置处单击鼠标左键，此时会出现一个
文本编辑框，光标也会变成插入状态，这时就可以在文本框内键入需要的标注内容，如图
2-14 所示。

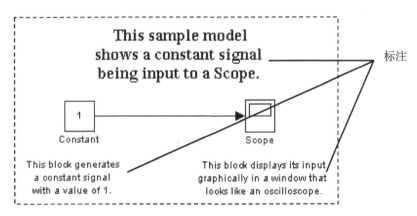

图 2-14

　　若要把标注移动到其他位置，可用鼠标拖动标注到新位置；若要编辑标注，可用鼠标
左键单击标注，此时标注内的文本变为编辑状态，用户可以重新编辑文本信息；若要删除
标注，可按下 **Shift** 键，同时选择标注，然后按 **Delete** 键或 **Backspace** 键。

　　若要改变标注的字体，可首先选择标注内需要改变字体的文本，然后选择 **Format** 菜单
下的 **Font** 命令，从弹出的 **Set Font** 对话框内设置文本的字体和大小。

　　若要改变标注内文本的对齐方式，可首先选择标注，然后选择模型窗口中 **Format** 菜单
下的 **Text Alignment** 命令，在该命令的子菜单中选择一种对齐方式，例如，**left**(左对齐)、
**center**(中间对齐)或 **right**(右对齐)。

### 2.4.2　在标注中使用 TeX 格式命令

　　用户也可以利用 TeX 格式命令编辑模型方块图中的标签，并在标签中编辑数学符号、
希腊字母和其他符号，从而更明确地说明方块图的作用。

　　若要在标注内使用 TeX 命令，可首先在模型窗口中的任一位置处单击鼠标左键以建立

标注文本框，然后选择模型窗口中 **Format** 菜单下的 **Enable Tex commands** 命令，用 TeX 命令输入或编辑文本标注，如图 2-15(a)所示；然后在标注文本框外的任一位置处单击鼠标，或者按下 **Esc** 键，Simulink 便会显示定义了格式的文本，如图 2-15(b)所示。

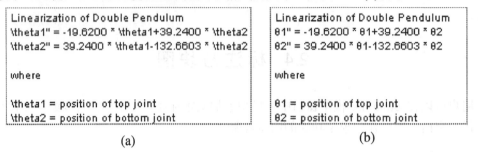

(a)                                               (b)

图 2-15

图 2-16 中的模型实现的就是标注中所描述的数学关系表达式。

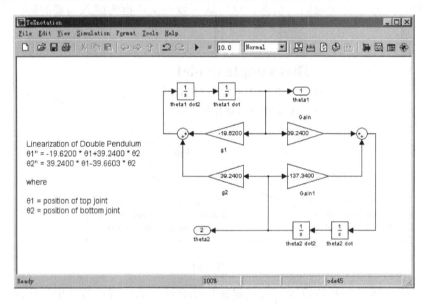

图 2-16

选择了模型窗口中 **Format** 菜单下的 **Enable Tex commands** 命令后，Simulink 中的文本解释器属性就设置为 TeX，用户可以在字符串中用 TeX 命令生成特定的字符，如希腊字母和数学符号。在附录 D 中列出了定义这些特定字符的 TeX 字符序列。

## 2.5 模块属性对话框

模块属性对话框允许用户设置模块的属性。若要显示该对话框，可选择模型窗口中 **Edit** 菜单下的 **Block Properties** 命令，打开的模块属性对话框如图 2-17 所示。

模块属性对话框包含三个选项页：**General**、**Block Annotation** 和 **Callbacks** 选项页。

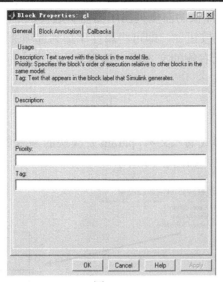

图 2-17

### 1．General 选项页的模块属性

**General** 选项页内有 3 个参数，用户可以在这些参数的文本框内输入描述模块的文本说明，这些说明会与模块一起保存在模型中。

**Description**：通常用来以文本方式简要描述模块的作用。

**Priority**：模型中某个模块相对于其他模块的执行优先级。

**Tag**：指定到模块中 **Tag** 参数的文本，它同模块一起保存在模型中，用户可以利用这个参数为模块创建用户的模块特定标签。

### 2．Block Annotation 选项页的模块属性

**Block Annotation** 选项页是模块的标注面板，如图 2-18 所示，用户可以利用这个选项页的属性值在模块标注内显示被选模块的模块参数，标注会出现在模块图标的下方。

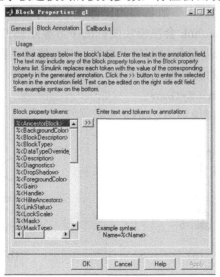

图 2-18

**Block Annotation** 选项面板的左侧列出了当前所选模块的所有有效的属性标记,选择需要的属性,并单击"添加"按钮▣,即可将属性添加到选项面板右侧的文本框内。

用户也可以在选项面板右侧的文本框内编辑输入的文本标注,文本中可以包含模块属性标记,例如:

Name = %<Name>

Priority = %<priority>

这里,以%<param>的形式输入文本,param 是模块的参数名称,当显示标注时,Simulink 会用相应的参数值替代标记,如图 2-19 所示。

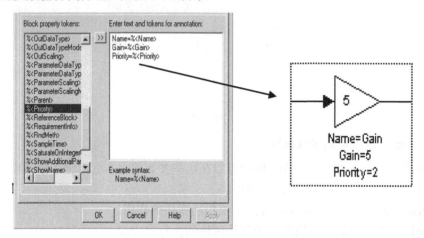

图 2-19

用户也可以在标注面板右侧的文本框内编程指定模块的标注,这需要使用模块的 AttributesFormatString 参数,该参数可以使 Simulink 在模块下方显示模块中所选择的参数值,这个参数也就是指定模块属性(参数)的字符串。附录 A "模型和模块参数"列出了模块中可以包含的参数,用户利用 set_param 命令就可以把这些参数设置为希望的属性格式字符串。

属性格式字符串可以是嵌入参数名称的任意文本字符串,嵌入的参数名称放置在%< >内,例如,%<priority>。Simulink 会在模块图标的下方显示属性格式字符串,并用相应的参数值替换每个参数名称。若要分行显示每个参数,可以使用字符\n。例如,在标注文本编辑框内为 Gain 模块指定如下的属性格式字符串:

pri = %<priority>\ngain = %<Gain>

那么 Simulink 显示的 Gain 模块如图 2-20(a)所示。

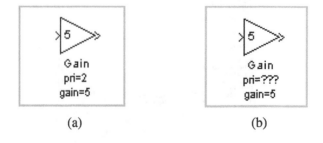

(a)            (b)

图 2-20

如果模块参数值不是字符串或整数，那么 Simulink 会显示 N/S 作为模块参数值。如果参数值是无效的，则 Simulink 会显示 ??? 作为模块参数值，如图 2-20(b)所示。

### 3. Callbacks 选项页的模块属性

**Callbacks** 选项页允许用户创建或编辑模块执行的回调函数。**Callbacks** 选项页如图 2-21 所示。

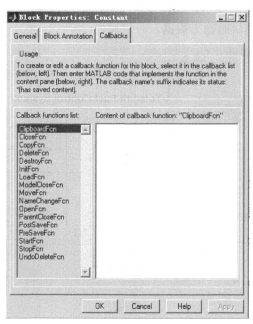

图 2-21

首先在选项面板的左侧列表中选择回调函数，然后在右侧的文本框内输入执行回调的 MATLAB 命令，单击 **OK** 或 **Append** 按钮保存设置，Simulink 会向被保存回调的名称上追加一个星号，以表示它是模块执行的回调函数。

模块的回调函数参看附录 B，Simulink 6.6 新增了模块的回调函数，增加的回调函数如下：ClipboardFcn、DeleteChildFcn、ErrorFcn、PreCopyFcn、PreDeleteFcn。

为了在程序中创建回调函数，可以使用 set_param 命令在 MATLAB 表达式中执行对应于回调函数的模块参数。

## 2.6　显示模块输出

在进行模型仿真时，Simulink 可以显示每个模块的输出数据提示，用户可以选择是否打开以及何时打开输出提示，并且可以设置输出提示的字符大小、输出格式，以及在仿真过程中更新输出提示的频率。

### 2.6.1　设置输出提示

用户若要打开或关闭模块端口的输出提示，可以选择模型编辑器窗口 **View** 菜单下的

Port Values 命令，如图 2-22 所示。该命令的下拉菜单中有四个选项：

● **Show None**：关闭端口的输出提示。

● **Show When Hovering**：当鼠标移到模块上时显示端口的输出数据，当鼠标移出模块时关闭输出数据。

● **Toggle When Clicked**：当鼠标单击选中模块时显示端口的输出数据，当鼠标再次单击该模块时关闭端口的输出提示。选择该选项，用户可以依次单击模型中的多个模块，因此可以同时观察到多个模块的输出数据。

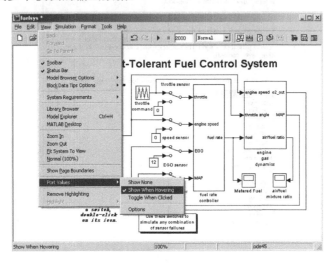

图 2-22

图 2-23 是选择 **Show When Hovering** 命令后的模型输出，当鼠标滑过 engine gas dynamics 子系统模块时，模型窗口会同时显示该模块三个输出端口的数据，若鼠标一直停留在该模块上，则端口数据会依据设置的显示频率进行刷新。用户也可以通过选择工具栏中的"Show When Hovering"命令启动或关闭模块输出提示。

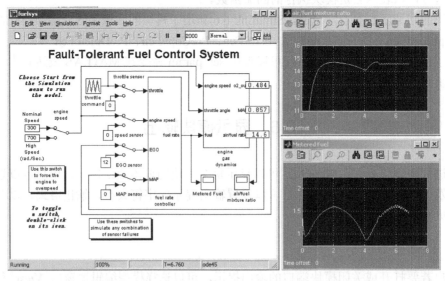

图 2-23

## 2.6.2　模块输出提示选项

若要设置模块输出提示的其他选项，可以选择模型窗口中 **View** 菜单下 **Port Values** 子菜单下的 **Options** 命令，打开 **Block Output Display Options** 对话框，如图 2-24 所示。

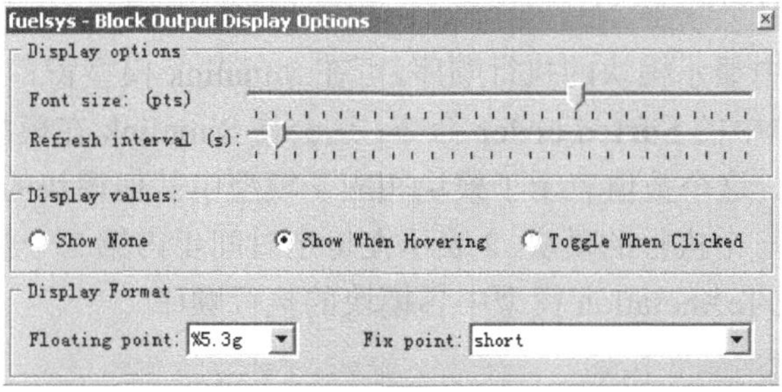

图 2-24

在 **Block Output Display Options** 对话框中，用户可以在 **Display options** 选项区内设置所要显示输出提示的字体大小及显示提示的刷新频率。若要增大所显示的输出字符，可向右滑动 **Font size** 滑动条；若要增大显示的刷新频率，可向右滑动 **Refresh interval** 滑动条。

在 **Display values** 选项区内，用户可以通过单击 **Show None**、**Show When Hovering**、**Toggle When Clicked** 单选按钮来选择不同的显示方式。

在 **Display Format** 选项区内，用户可以选择模块显示数据的格式。

# 2.7　控制和显示模块的执行顺序

Simulink 编辑器允许用户控制和显示 Simulink 模型中模块的执行顺序。

## 2.7.1　指定模块优先级

用户可以指定模型中非虚拟模块或虚拟子系统模块的执行优先级，高优先级模块在低优先级模块之前执行。

用户可以通过编程的方式指定模块优先级，或者以交互方式指定模块优先级。

### 1．编程指定模块优先级

若要通过编程指定模块优先级，可以使用如下命令：

    set_param (b, ' Priority', 'n')

这里，b 是模块路径；n 是任一有效整数(负值和 0 也是有效的优先级数值)，数值越小，优先级越高，也就是说，数值为 2 的优先级高于数值为 3 的优先级。关于 set_param 命令的详细内容，参看本书第 8.1 节。

### 2．交互指定模块优先级

若要交互指定模块优先级，可打开模块属性对话框，在对话框的 **Priority** 文本框内输入该模块的优先级。

只有当模块的优先级与 Simulink 的模块排序法则相一致时，Simulink 才会认同模块的优先级；如果指定的优先级与模块的排序法则不一致，则 Simulink 会忽略指定的优先级，并将模块放置在模块执行顺序中的适当位置。如果 Simulink 不能认同模块的优先级，则会显示 Block Priority Violation 诊断消息。

### 2.7.2　显示模块执行顺序

若要在仿真过程中显示模块的执行顺序，可在 Simulink 模型窗口的 **Format** 菜单下选择 **Block Displays** 子菜单中的 **Sorted order** 命令，这会使 Simulink 在模型方块图中每个模块的右上角显示一个数值，这个数值表示了模块相应于模型中其他模块的执行顺序。例如，1 表示在每个时间步内第一个执行的模块；2 表示在每个时间步内第二个执行的模块，依此类推。

图 2-25 显示的是 TeXnotation 模型中各模块的执行顺序。

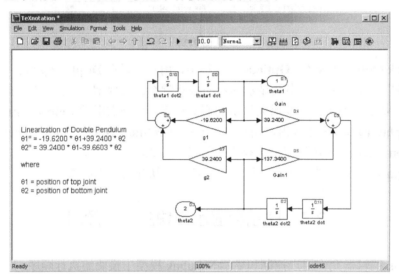

图 2-25

## 2.8　查表编辑器

Simulink 中的 **Look-Up Table Editor**(查表编辑器)允许用户查看和改变模型中任何查表模块(LUT 模块)的表中元素，包括用户使用 Simulink 封装编辑器自定义的 LUT 模块。用户也可以使用查表模块的模块参数对话框编辑模块的表，但是，这需要先打开包含模块的子系统，然后打开模块的参数对话框，而 LUT 编辑器可以跳过这些步骤。

### 2.8.1　编辑查询表数值

从 Simulink 模型窗口中的 **Tools** 菜单下选择 **Look-Up Table Editor** 命令，可打开 LUT 编辑器。图 2-26 是在 fuelsys 模型中打开的 LUT 编辑器，fuelsys 模型是 Simulink 自带的示例模型。

LUT 编辑器包含两个面板：左面的面板是 LUT 模块浏览器，用户可以利用它浏览并选择任何被打开模型的 LUT 模块；右面的面板允许用户编辑被选模块的查询表。

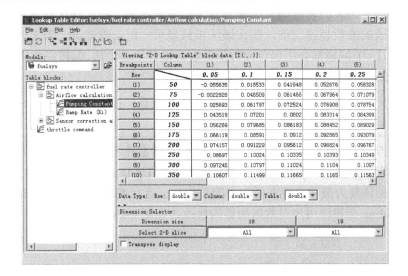

图 2-26

LUT 编辑器左上角的 **Models** 下拉列表中列出了当前 MATLAB 会话期中打开的所有模型的名称，如图 2-27 所示。若要浏览任何被打开模型的 LUT 查表模块，可在列表中选择模型的名称，则被选模型的 LUT 模块将以树状结构显示在 **Models** 列表下的 **Table blocks** 区域内。单击任何列表区域内的任何 LUT 模块，该模块的查询表会显示在右侧面板中，用户可以编辑这个表。

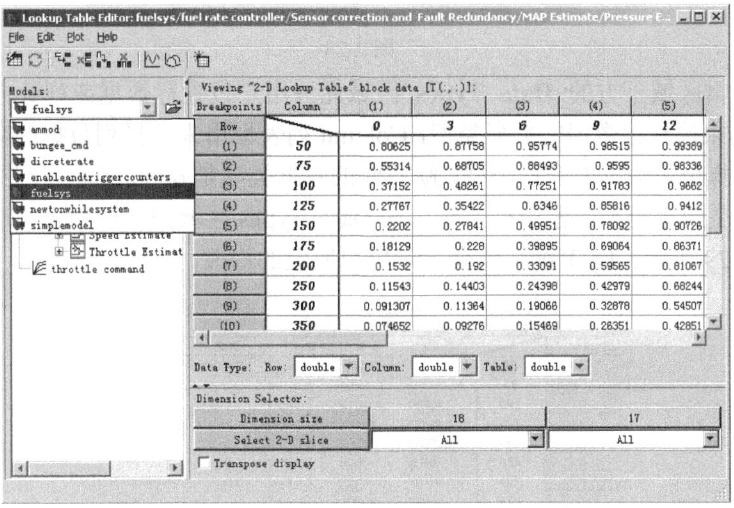

图 2-27

如果用户希望浏览某个模型的 LUT 模块，但该模型未被打开，则可以选择 LUT 编辑器中 **File** 菜单下的 **Open Model** 命令打开该模型，或者单击 **Models** 下拉列表旁的"**Open Model**"按钮 打开该模型。

用户可以在 LUT 编辑器右侧的 **Viewing "2-D Lookup Table" block data [T(:,:)]：**区域

编辑被选模块的查询表。若查询表的维数是一维或二维的，那么该区域显示完整的查询表数据；若查询表的维数超过二维，那么该区域只显示一组二维数据。若要改变某个数值，可双击这个值，LUT 编辑器会用包含该数值的编辑框替换这个值，编辑完数值后，按下 **Enter** 键或在区域外的任一位置处单击鼠标，确认改变。

> **注意**：用户不能使用 LUT 编辑器改变查询表的维数。若要改变查询表的维数，必须利用模块的参数对话框。

若用户更改了表中的数据或设置，则 LUT 编辑器会在备份表中记录用户所做的改变；若要更新备份表，可选择 LUT 编辑器中 **File** 菜单下的 **Update Block Data** 命令；若要把 LUT 编辑器内的数据恢复为最初存储在模块中的数值，可选择 **File** 菜单下的 **Reload Block Data** 命令，则 Simulink 会忽略用户对数据所做的修改，如图 2-28 所示。

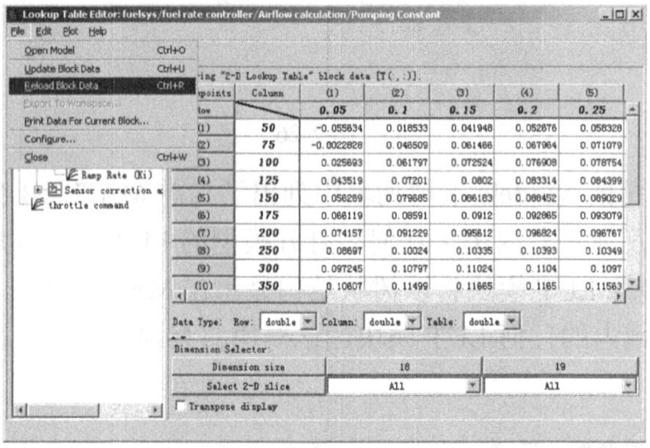

图 2-28

表数据编辑区域下方的 **Data Types** 区域允许用户设置行数据或列数据的数据类型。**Row** 列表框用来选择行数据的数据类型，Column 列表框用来选择列数据的数据类型，Table 列表框用来选择全表数据的数据类型，缺省时的数据类型是 double 型。若要改变数据类型，可选择希望改变数据类型的索引列，然后在 **Data Types** 区域的下拉列表中选择希望的数据类型，如图 2-29 所示。LUT 编辑器会记录用户所做的修改。

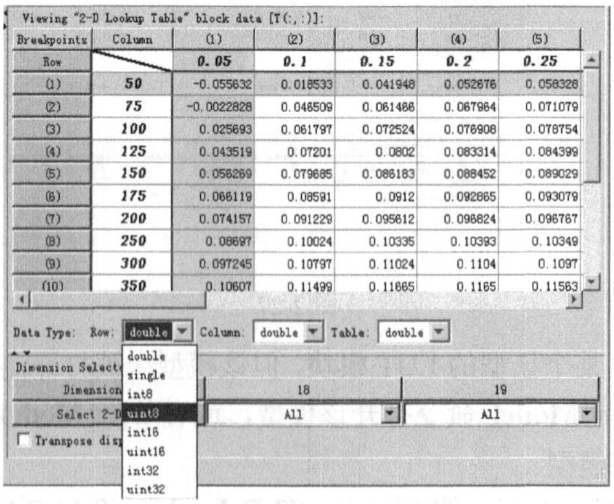

图 2-29

## 2.8.2　显示 N-维表

如果在 LUT 编辑器的树状浏览器中选择的 LUT 模块的查询表超过了二维，那么编辑器只显示表中的一组二维数据，如图 2-30 所示。

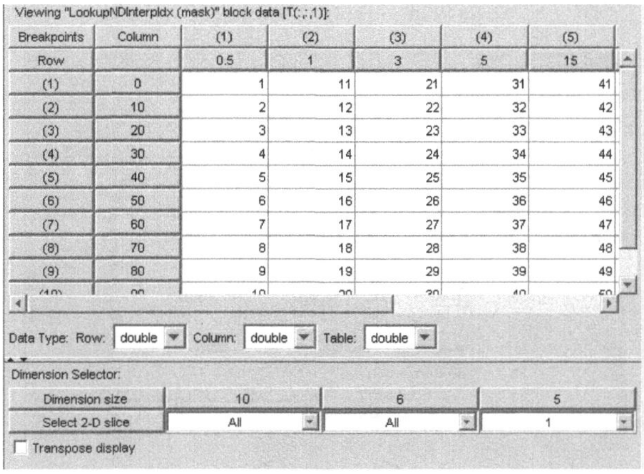

图 2-30

LUT 编辑器的 **Dimension Selecto** 选项区位于数据表的下方，它是一个选择器，指出了用户当前选择的是哪一组二维数据，而且利用这个选择器还可以选择另一组二维数据。这个选择器由一组 2×N 的数组组成，N 是查询表的维数，每一列对应于查询表的一个维数，如第一列对应于表中的第一维，第二列对应于表中的第二维，依此类推。选择器数组中的第一行显示了每个维数的大小，其他行则指定了对应于该组数据中行轴和列轴的维数。

若要选择表中的另一组二维数据，可单击 **Select 2-D slice** 按钮中对应于相应维数的下拉按钮，然后在其索引列表中选择这组数据的索引值。例如，图 2-30 中的选择器显示的是 3-D 表中的(:,:,1)数组；图 2-31 中的选择器显示的是 2-D 表中的(2:,)数组。

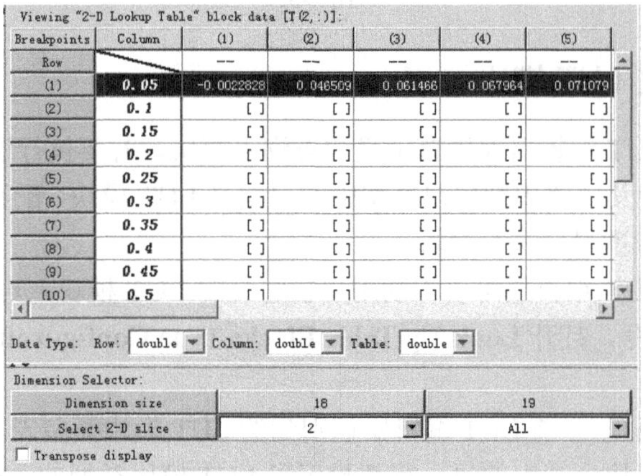

图 2-31

若要查看数组矩阵的转置矩阵，可单击 **Transpose display** 复选框，则 LUT 编辑器右侧顶端的描述中会给矩阵加上转置符号，如 T(2,:)'。

### 2.8.3　绘制 LUT 表曲线

　　用户也可以把 LUT 编辑器内的数据以曲线或网格的形式显示出来。从 LUT 编辑器中的 **Plot** 菜单下选择 **Linear** 命令或 **Mesh** 命令，可以显示查询表的曲线图或网格图，如图 2-32 所示。

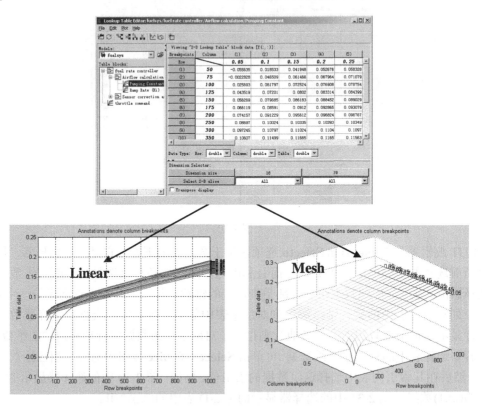

图 2-32

### 2.8.4　编辑自定义 LUT 模块

　　用户可以使用 LUT 编辑器编辑自定义的查询表模块。若要执行这个操作，首先必须配置 LUT 编辑器，以使其能够识别用户模型中的自定义 LUT 模块，配置完成后，就可以把自定义 LUT 模块当作标准模块进行编辑。

　　如果用户希望 LUT 编辑器可以识别用户自定义的 LUT 模块，可选择编辑器中 **File** 菜单下的 **Configure** 命令，打开 **Look-Up Table Blocks Type Configuration** 对话框，如图 2-33 所示。

　　缺省时，对话框显示当前 LUT 编辑器识别到的 LUT 模块类型表。缺省时的模块都是标准的 Simulink LUT 模块，表中的每一行都显示了 LUT 模块类型的关键属性。

　　若要向已识别的模块类型列表中添加自定义模块，可选择对话框中的"添加"按钮 Add ，这时会在模块类型表的最底部显示一个新行，可在新行中输入自定义模块的信息。列表中各信息标题的含义见表 2-3。

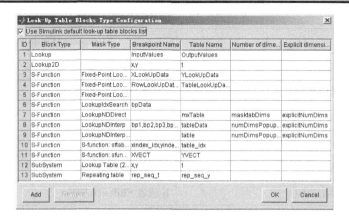

图 2-33

#### 表 2-3 信息标题的含义

| 标题名称 | 说 明 |
| --- | --- |
| Block Type | 自定义 LUT 模块的模块类型，模块类型是模块的 BlockType 参数值 |
| Mask Type | 这是封装类型，封装类型是模块的 MaskType 参数值 |
| Breakpoint Name | 存储模块断点的自定义 LUT 模块的参数名称 |
| Table Name | 存储自定义模块的查询表的模块参数名称 |
| Number of dimensions | 省略为空 |
| Explicit Dimensions | 省略为空 |

在新行中编辑完自定义模块的信息后，单击 **OK** 按钮。

若要从 LUT 编辑器已识别的类型列表中删除自定义 LUT 类型，可在 **Look-Up Table Blocks Type Configuration** 对话框中选择自定义类型，然后选择"删除"按钮 Remove 。若要删除所有的自定义 LUT 类型，可选择对话框顶部的 **Use Simulink default look-up table blocks list** 复选框。

## 2.9 鼠标和键盘操作概述

表 2-4～表 2-8 概括了鼠标和键盘在操作模块、连线和模型注释中的作用。LMB 表示按下鼠标左按钮；CMB 表示按下鼠标中间按钮；RMB 表示按下鼠标右按钮。

#### 表 2-4 模型操作快捷键

| 任 务 | **Microsoft Windows** |
| --- | --- |
| 放大模型 | **r** |
| 缩小模型 | **v** |
| 缩放到正常比例(100%) | **1** |
| 向左平移模型 | **d** 或 **Ctrl+**向左键 |
| 向右平移模型 | **g** 或 **Ctrl+**向右键 |

续表

| 任　　务 | Microsoft Windows |
|---|---|
| 向上平移模型 | **e** 或 **Ctrl+**向上键 |
| 向下平移模型 | **c** 或 **Ctrl+**向下键 |
| 使选择的模型适应屏幕的大小 | **f** |
| 使模型方块图适应屏幕大小 | 空格键 |
| 用鼠标平移模型 | 按下 **p** 或者 **q**，同时拖动鼠标 |
| 撤消平移/缩放操作 | **b** 或者 **Shift+**向左键 |
| 恢复平移/缩放操作 | **t** 或者 **Shitf+**向右键 |
| 删除选择的模型 | **Delete** 或者 **Backspace** |
| 移动选择的模型 | 使用键盘上的上、下、左、右键 |

表 2-5　模块操作快捷键

| 任　　务 | Microsoft Windows |
|---|---|
| 选择一个模块 | **LMB** |
| 选择多个模块 | **Shift+LMB** |
| 从另一个窗口中拷贝模块 | 拖动模块 |
| 移动模块 | 拖动模块 |
| 复制模块 | **Ctrl+LMB**，同时拖动；或者 **RMB**，同时拖动 |
| 连接模块 | **LMB** |
| 断开连接的模块 | **Shift+**拖动模块 |
| 打开所选择的子系统 | **Enter** |
| 回到所选择子系统的父系统 | **Esc** |

表 2-6　连线操作快捷键

| 任　　务 | Microsoft Windows |
|---|---|
| 选择一条线 | **LMB** |
| 选择多条线 | **Shift+LMB** |
| 绘制分支线 | **Ctrl+**拖动线；或者 **RMB** 并拖动线 |
| 围绕模块的回路线 | **Shift+**绘制线段 |
| 移动线段 | 拖动线段 |
| 移动项点 | 拖动顶点 |
| 创建线段 | **Shift+**拖动线 |

表 2-7　信号标签编辑操作快捷键

| 任　　务 | Microsoft Windows |
|---|---|
| 创建信号标签 | 双击要添加标签的线，然后输入标签 |
| 拷贝信号标签 | **Ctrl+**拖动标签 |
| 移动信号标签 | 拖动标签 |
| 编辑信号标签 | 在标签上单击，然后编辑标签 |
| 删除信号标签 | **Shift+**单击标签，然后按 **Delete** 键 |

表 2-8　注释操作快捷键

| 任　　务 | Microsoft Windows |
|---|---|
| 创建注释 | 双击方块图，然后键入文本 |
| 拷贝注释 | **Ctrl+**拖动标签 |
| 移动注释 | 拖动标签 |
| 编辑注释 | 在文本上单击，然后编辑 |
| 删除注释 | **Shift+**选择注释，然后按下 **Delete** 键 |

# 第 3 章　Simulink 信号操作

　　信号操作是 Simulink 模型中的重要内容，正确处理模型信号对于仿真结果的准确性和模型的可读性具有重要的意义。本章向读者介绍如何创建和使用 Simulink 信号。本章的主要内容包括：

➢ 信号基础　　　　　介绍信号的有关概念，包括 Simulink 中的信号分类、信号数据类型、信号总线、纯虚信号、信号维数和信号属性

➢ 信号属性　　　　　介绍如何利用信号属性对话框设置信号属性，以及如何显示纯虚信号

➢ 检验信号连接　　　介绍检验模型中的模块是否能接受用户所创建的信号，也就是判断信号是否被正确传递

➢ 显示信号　　　　　介绍如何在模型方块图中设置信号标签，以及如何显示信号特性

➢ 多维数组信号连接　介绍如何把模块输入的多维数组信号连接为一个输出信号

➢ 信号组操作　　　　介绍如何创建和使用可互换的信号组，包括如何编辑信号组，如何编辑信号和波形，以及如何利用信号组进行仿真等

➢ 复合信号　　　　　介绍如何使用复合信号简化模型外观的复杂度，并介绍混合信号和总线信号的区别及特性

## 3.1　信 号 基 础

　　本节介绍 Simulink 信号的有关概念，并通过范例说明 Simulink 中信号的种类，以及如何指定、显示和验证信号连接的有效性。

### 3.1.1　信号属性及分类

　　信号是模型仿真时出现在 Simulink 模块输出端的数值流。理解模型图中连接模块之间沿着示意线传输的信号是非常有用的，但需注意的是，Simulink 模型中用来连接模块的线只具有逻辑意义，而没有任何物理含义。因此，把 Simulink 中的信号类比成电子信号也是不完全正确的。例如，电子信号在电缆中传输时是需要时间的，相比之下，Simulink 模块的输出是同时出现在它所连接模块的输入端的。

#### 1. 信号维数

　　Simulink 模块可以输出一维或二维信号。一维(1-D)信号是由一维数组输出流组成的，这个数组流在每个仿真时间步上以一个数组(向量)的频率进行输出；二维(2-D)信号是由一个

二维数组流组成的，这个二维数组流在每个模块采样时间内以一个二维数组(矩阵)的频率产生。

多维信号则是由多维数组流(二维或二维以上)组成的，在每个模块采样时间上以某一个数组的频率进行输出。MATLAB 最多支持 32 维数组，Simulink 中的每个模块在可以接收或输出的信号维数上是不同的，有些模块可以接收或输出任意维信号，而有的模块只接收或输出向量或标量信号。Simulink 6.6 中增加了支持多维信号的模块数目，多达 75 个模块都支持多维信号。为了确定模块是否支持多维信号，可以参看模块帮助中的特性说明，若说明中的 Multidimensionalized 属性标识为 Yes，则表示该模块支持多维数组。

注意：Simulink 不支持仿真过程中的动态信号维数，也就是说，在仿真开始之后，
　　　信号的维数必须是恒定不变的。若需改变信号维数，则只能终止仿真。

Simulink 的用户接口和文档通常把一维信号描述为向量(*vectors*)，把二维信号描述为矩阵(*matrices*)，而一元素数组常常是指标量(*scalar*)，行向量(*row vector*)是只有一行的二维数组，列向量(*column vector*)是只有一列的二维数组。

本章 3.1.3 节中的内容"确定输出信号的维数"讨论了对于可输出非标量信号的模块，如何确定这些模块的输出信号维数。

### 2. 信号数据类型

数据类型是指用来在 Simulink 内部表示信号值的格式。缺省时，Simulink 信号的数据类型是 double(双精度)。用户也可以创建其他数据类型的信号。Simulink 支持与 MATLAB 相同的数据类型。

### 3. 复信号

缺省时，Simulink 的信号值是实数，但 Simulink 模型也可以创建和管理复信号。信号值为复数的信号称为复信号。用户可以用下面的方法把复信号引入到 Simulink 模型中：

● 从 MATLAB 工作区将复值信号数据通过模型最顶层的输入端口(即 Inport 端口)装载到模型中；

● 在模型中建立一个 Constant 模块，并将其值设置为复数；

● 建立对应于复信号实部和虚部的实值信号，然后利用 Real-Imag to Complex 转换模块将这两部分组合成复信号。

### 4. 纯虚信号

纯虚信号(*virtual signal*)是用图示方式表示另一个信号的信号。事实上，纯虚信号纯粹就是一组信号示意图，它没有任何数学或物理意义，当对模型进行仿真时，Simulink 会忽略这些信号。

Simulink 中的纯虚模块如 Bus Creator 模块或 Subsystem 模块可以产生纯虚信号。同纯虚模块一样，纯虚信号也允许用户以图示方式简化模型。例如，利用 Bus Creator 模块，用户可以将大量的非纯虚信号(也就是由非纯虚模块产生的信号)简化为单个的纯虚信号，从而使整个用户模型更简洁，更便于理解。在这里，用户可以将纯虚信号看成是捆绑在一起的一组信号。

无论用户何时运行或更改系统模型，Simulink 都会自动确定由模型纯虚信号所表示的非纯虚信号，这个过程可用一个"术语"表示，Simulink 将其称为信号传递(*Signal Propagation*)。当运行模型时，Simulink 会使用由信号传递所确定的相应的非纯虚信号来驱动由纯虚信号所连接的模块。

例如，以图 3-1 所示模型为例。模型中用 Bus Creator 模块和 Bus Selector 模块传递纯虚信号，这两个模块均是纯虚模块，驱动 Gain 模块 G1 和 G2 的信号是分别对应于 s2 和 s1 的纯虚信号。Bus Selector 模块对话框可以设置从输入总线(这里是标签为 s3 的信号)中传递过来的信号，用户可以选择信号的排列顺序。当更新或仿真模型时，Simulink 会自动确定模型中的信号。首先选中模型中标识为 s3 的纯虚信号线，然后选择 **Edit** 菜单下的 **Signal properties** 命令，打开信号属性对话框，将对话框中的 **Show Propagated Signals** 选项设置为 **on**，此时模型中的纯虚信号标签显示了由纯虚信号表示的非纯虚信号，如图 3-2 所示。

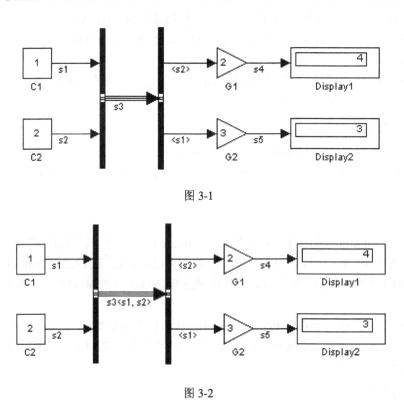

图 3-1

图 3-2

> 注意：纯虚信号可以用来表示纯虚信号及非纯虚信号。例如，用户可以用 Bus Creator 模块将多个纯虚信号和非纯虚信号组合成一个纯虚信号。在信号传递过程中，如果 Simulink 发现纯虚信号的一个分量是它自身的虚拟，那么 Simulink 会利用信号传递来确定它的非虚拟分量。这个过程会一直继续下去，直到 Simulink 确定出纯虚信号的所有非虚拟分量。

## 5．控制信号

控制信号(*Control Signal*)也是 Simulink 中的一种信号，当仿真执行某一模块时，另一模块利用控制信号对这个模块进行初始化，例如，函数调用或动作子系统模块。当用户更新系统方块图的仿真条件或者开始仿真时，Simulink 会使用点画线重新绘制用来表示方块图控制信号的线，如图 3-3 所示。

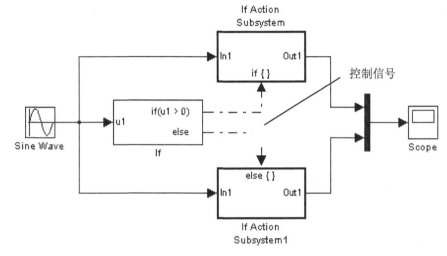

图 3-3

### 6. 信号总线

信号总线是用来表示一组信号的纯虚信号，用来模拟捆绑在一起的电缆信号，没有实际的数学或物理含义，Simulink 使用特定的线型来表示信号总线。如果用户在 **Format** 菜单下选择 **Signal Dimensions** 命令，则 Simulink 会显示总线中信号分量的数目，如图 3-4 所示。

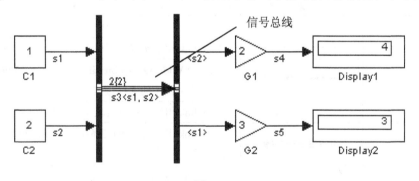

图 3-4

### 7. 复合信号

Simulink 可以把一组多个信号组合到一个复合信号中，而且复合信号可以在模块之间进行传递，如果需要的话，用户可以从复合信号中提取组成信号。信号总线是复合信号的一种，复合信号没有什么实际的功能，当有多个并行的信号存在时，使用复合信号可以简化模型的外观，增强模型的可读性。

### 8. 信号术语汇编

表 3-1 概述了 Simulink 用户接口和文档中用来描述信号的术语。

表3-1　信 号 术 语

| 术　语 | 含　义 |
| --- | --- |
| 复信号 | 信号值是复数的信号 |
| 数据类型 | 用来在 Simulink 内部表示信号值的格式 |
| 矩阵 | 二维信号数组 |
| 实信号 | 信号值是实数(对应于复数)的信号 |
| 标量 | 含有一个元素的数组，也就是有一个元素的一维或二维数组 |
| 信号总线 | 由 Mux 模块或 Demux 模块创建的信号 |
| 信号传递 | Simulink 用来确定信号和模块属性的过程，这些属性包括数据类型、信号标签、采样时间、信号维数等 |
| 信号尺寸 | 信号所包含的元素个数，二维信号的大小通常表示为 M×N，M 是组成信号的列数，N 是组成信号的行数 |
| 测试点 | 只有在仿真期间才可访问的信号 |
| 向量 | 一维信号数组 |
| 纯虚信号 | 表示其他信号或信号组的信号 |
| 宽度 | 向量信号的大小 |

## 3.1.2　信号的线型

Simulink 使用各种不同的线型表示模型窗口中的信号类型。因此，了解各种线型有助于读者区分模型图中各种不同类型的信号。信号的类型及对应的线型如表 3-2 所示。

表3-2　不同信号类型的信号线型

| 信号类型 | 线　型 | 说　明 |
| --- | --- | --- |
| 标量和非标量信号 | ⟶ | Simulink 用细实线表示模型图中的标量和非标量信号 |
| 非标量信号 | ⟹ | 当选择 **Wide nonscalar lines** 选项时，Simulink 用粗实线表示模型图中的非标量信号 |
| 控制信号 | –·–·–·–▶ | Simulink 用细的点画线表示模型图中的控制信号 |
| 纯虚信号 | ≡▶ | Simulink 用带箭头的三条细实线表示模型图中的纯虚信号总线 |
| 非纯虚信号 | ▭▭▶ | Simulink 用带箭头的细实线与虚线表示模型图中的非纯虚信号总线 |

只有选择 **Wide nonscalar lines** 选项时，用户才可以控制非标量信号的线宽，除此之外，用户不能改变其他信号线的线型。在用户刚开始建立模型方块图时，Simulink 用细实线表示模型图中的所有信号，只有当用户更新模型图或者开始仿真时，不同类型的信号才会用指定的线型表示。

## 3.1.3　确定输出信号的维数

如果一个模块可以产生非标量信号，那么模块输出的信号的维数取决于模块参数；如果模块是 Sources 库中的模块，那么模块输出的信号的维数取决于模块输入和模块参数的维数。

**1．确定 Sources 模块的输出维数**

Sources 库中的模块是没有输入的模块，如 Constant 模块和 Sine Wave 模块等。如果用户在模块的参数对话框内没有选择 **Interpret Vector Parameters as 1-D** 参数项，那么一个 Sources 模块输出的维数与其输出值参数的维数是相同的；如果选择了模块参数对话框内的 **Interpret Vector Parameters as 1-D** 参数项，那么在输出参数值的维数不是 N×1 或 1×N 的情况下，模块输出的维数才等于输出值参数的维数，若输出参数值的维数是 N×1 或 1×N，则模块输出一个宽度为 N 的向量信号。

以 Sources 模块库中的 Constant 模块为例，这个模块输出一个等于其 **Constant value** 参数值的常值信号，表 3-3 说明了 **Constant value** 参数的维数和 **Interpret Vector Parameters as 1-D** 参数的设置值如何确定了 Constant 模块输出的维数。

**表 3-3　确定 Constant 模块输出的维数**

| 常　值 | Interpret Vector Parameters as 1-D 参数 | 输　出 |
|---|---|---|
| 标量 | off | 一维数组 |
| 标量 | on | 一维数组 |
| 1×N 矩阵 | off | 1×N 矩阵 |
| 1×N 矩阵 | on | N 元素向量 |
| N×1 矩阵 | off | N×1 矩阵 |
| N×1 矩阵 | on | N 元素向量 |
| M×N 矩阵 | off | M×N 矩阵 |
| M×N 矩阵 | on | M×N 矩阵 |

Simulink 中 Source 模块库中的模块允许用户指定这些模块输出的信号的维数，因此可以利用这些模块将不同维数的信号引入到用户模型中。

**2．确定非 Sources 模块的输出维数**

如果一个模块有输入，那么该模块的输出在经过标量扩展之后与其输入有相同的维数（所有的输入也必须有相同的维数）。

## 3.1.4　确定信号及参数维数的准则

当创建一个 Simulink 模型时，用户必须遵守 Simulink 中信号和参数维数的确定准则。

**1．输入信号维数准则**

输入信号维数准则：一个模块的所有非标量输入必须有相同的维数。

一个模块可以混合有标量输入和非标量输入，但所有的非标量输入都必须有相同的维数，Simulink 会扩展标量输入，以使其与非标量输入具有相同的维数，这样就遵守了上述规则。

**2．模块参数维数准则**

模块参数维数准则：通常，模块的参数必须与所对应的输入具有相同的维数。这个规则包括下面两种情况：

(1) 模块可以有对应于非标量输入的标量参数。在这种情况下，Simulink 会扩展标量参数，以使其与对应的输入具有相同的维数，这样就遵守了这个规则。

(2) 如果输入是向量，对应的参数可以是 N×1 或 1×N 矩阵，在这种情况下，Simulink 会将 N 个矩阵元素应用到输入向量的对应元素。这个特例允许用 MATLAB 行向量或列向量指定应用到向量输入中的参数，这样的向量实际上分别是 1×N 矩阵或 N×1 矩阵。

### 3. 向量或矩阵输入转换规则

在下列情况下，Simulink 会将向量转换为行矩阵或列矩阵，或者将行矩阵或列矩阵转换为向量：

(1) 如果一个向量信号被连接到要求矩阵的输入上，则 Simulink 会将向量转换为一行矩阵或一列矩阵。

(2) 如果一列矩阵或一行矩阵被连接到要求向量的输入上，则 Simulink 会将矩阵转换为向量。

(3) 如果一个模块的输入是由向量和矩阵混合组成的，而且所有的矩阵输入都只有一列或一行，那么 Simulink 会将向量分别转换为只有一列或一行的矩阵。

> 说明：如果在仿真过程中出现向量转换或矩阵转换，那么用户可以在仿真参数对话框中的 Diagnostic 选项页内配置 Simulink，以显示警告消息或错误消息。关于详细内容，读者可以参看第 7 章。

## 3.1.5　输入和参数的标量扩展

标量扩展(Scalar Expansion)是将标量值转换为相同维数的非标量数组的过程。许多 Simulink 模块都支持输入和参数的标量扩展。

### 1. 输入的标量扩展

输入的标量扩展是指扩展标量输入，以使其与其他非标量输入或非标量参数具有相同的维数。当模块的输入是由标量信号和非标量信号混合组成时，Simulink 会将标量输入扩展为与其他非标量输入具有相同维数的非标量信号，被扩展信号的分量等于信号被扩展的标量值。

图 3-5 中的模型说明了输入信号的标量扩展。这个模型增加了标量输入和向量输入，Constant1 模块的输入是标量，其被扩展以匹配 Constant 模块的向量输入，因此，Constant1 模块的输入被扩展为向量[3 3 3]。

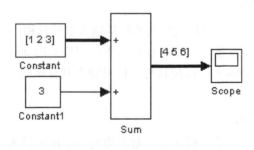

图 3-5

　　当模块的输出是一个参数的函数，并且该参数是非标量时，Simulink 会扩展标量输入以与参数维数相匹配。例如，Simulink 会扩展 Gain 模块的标量输入以与非标量的 **gain** 参数的维数相匹配。

### 2. 参数的标量扩展

　　如果模块有非标量输入，并且对应的参数是标量，则 Simulink 会扩展标量参数，以使其与输入有相同的元素数目。被扩展参数中的每个元素分量等于原标量值，然后 Simulink 将被扩展参数的每个元素分量应用到相应的输入分量中。

　　以图 3-6 中的模型为例，Gain 模块的标量参数被扩展为与其模块输入具有相同维数的三维向量[3 3 3]，因此，模块的输出也是三维向量[3 6 9]。

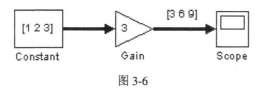

图 3-6

## 3.1.6　设置信号属性

　　Simulink 中的信号是有属性的，用户可以利用信号属性(**Signal Properties**)对话框设置信号属性。可以用下面三种方法打开信号属性对话框：

　　(1) 选中携带信号的线，然后选择模型窗口中 **Edit** 菜单下的 **Signal Properties** 命令，打开 **Signal Properties** 对话框，在此查看或设置信号属性。

　　(2) 在选中的信号线上单击鼠标右键，在弹出的上下文菜单中选择 **Signal Properties** 命令，打开 **Signal Properties** 对话框。

　　(3) 选择带有输入信号或输出信号的模块，在模块上单击鼠标右键，在弹出的模块上下文菜单中选择 **Port Signal Properties** 命令。

　　**Signal Properties** 对话框如图 3-7 所示。

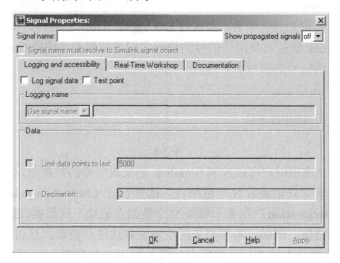

图 3-7

Signal Properties 对话框包括三个选项页：**Logging and accessibility**、**Real-Time Workshop** 和 **Documentation**。

● **Signal name**：信号的名称。

● **Signal name must resolve to Simulink signal object**：表示基本的 MATLAB 工作间或模型工作间必须包含一个与这个信号同名的 Simulink.Signal 对象，当用户更新或仿真包含这个信号的模型时，如果 Simulink 没有发现这个对象，则会显示一个错误信息。

● **Show propagated signals**：只有当选中的信号线来自于纯虚模块而非 Bus Selector 模块时才会有此选项。用户可以为该参数选择表 3-4 中的选项。

表 3-4　Show propagated signals 选项

| 选　项 | 说　　明 |
|---|---|
| off | 在信号标签中不显示由纯虚信号表示的信号 |
| on | 在信号标签中显示由纯虚信号表示的纯虚信号和非纯虚信号。例如，假设纯虚信号 s1 表示非纯虚信号 s2 和纯虚信号 s3，如果选择这个选项，则 s1 的信号标签为 s1<s2，s3> |
| all | 显示由纯虚信号直接或间接表示的所有非纯虚信号。例如，假设纯虚信号 s1 表示非纯虚信号 s2 和纯虚信号 s3，纯虚信号 s3 表示非纯虚信号 s4 和 s5，如果选择这个选项，则 s1 的信号标签为 s1<s2，s4，s5> |

### 1. Logging and accessibility 选项页

**Logging and accessibility** 选项页用来设置对信号的记录和访问选项。

● **Log signal data**：选择这个选项后，可以使 Simulink 在模型仿真过程中把信号值保存到 MATLAB 工作间。

● **Test point**：选择这个选项后，可指定这个信号为测试点。如果选择了 **Log signal data** 选项，则 Simulink 会同时选中并关闭该选项，这样用户就无法取消选择，因为被记录的信号必须是测试点。

● **Logging name**：该选项由一个列表框和一个编辑框组成，如图 3-8 所示，用来指定与所记录的信号数据相关的信号名。当选择 **Use signal name** 选项时，编辑框内将给出该信号的信号名，Simulink 缺省时使用该信号的信号名记录数据；当选择 **Custom** 选项时，用户可以自己定义记录该信号的信号名。

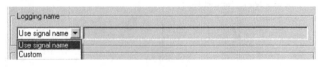

图 3-8

● **Data**：利用该选项用户可以控制 Simulink 记录该信号的数据量，如图 3-9 所示。**Limit data points to last** 选项只记录后 N 个数据点，这里 N 是 **Limit data points to last** 编辑框内输入的数据个数；**Decimation** 选项表示每隔 M 个数据点记录一次数据，这里 M 是 **Decimation** 编辑框内将输入的数值。例如，若模型采用定步长算法进行仿真，且仿真步长为 0.1 s，如果使用 **Decimation** 的缺省值 2 记录数据点，那么 Simulink 会在 0.0、0.2、0.4…时刻记录该信号的数据值。

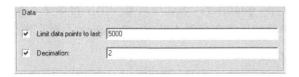

图 3-9

### 2. Real-Time Workshop 选项页

**Real-Time Workshop** 选项页如图 3-10 所示。如果用户希望从 Simulink 模型中生成代码，则可在该选项页中设置相关属性，这个选项页提供了所选择信号与用户手写的外部代码之间的接口方式。如果不希望生成代码，则可以忽略该设置。

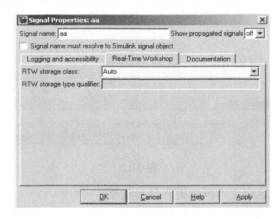

图 3-10

● **RTW storage class**：该选项可为选择的信号指定一种存储类，可以选择的存储类为 **Auto**、**ExportedGlobal**、**ImportedExtern** 和 **ImportedExternPointer**，如图 3-11 所示。存储类是实时工作间使用的术语，它表示在代码生成过程中实时工作间声明参数的方式。实时工作间为可调参数(可调参数是指在模型运行过程中可以改变数值的模块参数)定义了四个存储类。**Auto** 选项是缺省的存储类，实时工作间会把这个参数存储为 *model*_p 的成员，*model*_p 的每个成员在代码生成阶段会被初始化为相应的工作间变量值；选择 **ExportedGlobal** 选项时，生成的代码会实例化并初始化该参数，*model*.h 文件会把该参数做为全局变量输出，输出的全局变量是与 *model*_p 数据结构独立的，每个输出的全局变量在代码生成过程中会被初始化为对应的工作间变量值；选择 **ImportedExtern** 选项时，*model*_private.h 文件会把该参数声明为 extern 变量,用户的代码必须提供变量定义并初始化；选择 **ImportedExternPointer** 选项时，*model*_private.h 文件会把该参数声明为 extern 指针，用户的代码必须提供指针变量定义并初始化。

图 3-11

● **RTW storage type qualifier**：该选项只是一个字符串文本编辑项，用户可以自己编辑，编辑的文本字符串会被包含在变量声明中，Simulink 不对它做任何错误检测。

### 3. Documentation 选项页

**Documentation** 选项页中的选项用来控制信号的文本描述。**Documentation** 选项页如图 3-12 所示。

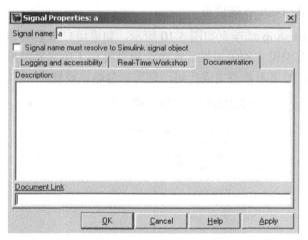

图 3-12

● **Description**：在这个文本框内键入信号说明。

● **Document Link**：在这个文本框内键入显示信号文档的 MATLAB 表达式，若要显示文档，可单击"**Document Link**"。例如，键入表达式：

> web（[ 'file：/// ' which ('foo_signal.html') ] ）

当单击这个文本域标签时，MATLAB 的缺省 Web 浏览器会显示 foo_signal.html 页面。

# 3.2　信号及示波器管理器

利用信号及示波器管理器，用户可以全面管理信号生成器及波形观察器，这是用户在 Simulink 中进行模型仿真时非常有用的一个功能。利用这个管理器，模型窗口中所有模块的输出信号都可以重新连接到一个新的结果观察器中，用户可以尝试使用不同的信号生成器在示波器窗口中观察输出波形。当不再需要这些模块时，用户可以在信号及示波器管理器窗口中删除这些模块，而不用在模型窗口中进行操作，这对于观察由多个层级子系统搭建出来的复杂模型是非常有用的。

## 3.2.1　信号及示波器管理器对话框

选择模型窗口中 **Tools** 菜单下的 **Signal & Scope Manage** 命令，可打开当前模型的 **Signal & Scope Manager** 对话框，如图 3-13 所示。

**Types** 选项面板显示了用户当前系统中已安装组件的所有信号生成器模块和结果观察器模块，展开树状列表的节点，可查看该组件下所有可用的信号生成器和结果观察器模块。

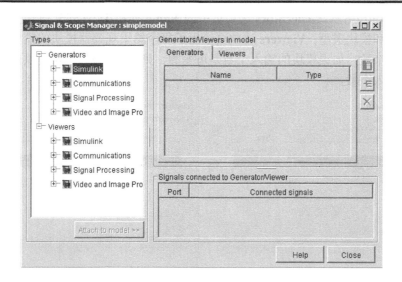

图 3-13

用户可以利用下面三种方法把模型中的信号添加到新的生成器或观察器中。

**1. 把当前模型中的信号添加到新的信号生成器或结果观察器中**

在 **Types** 选项面板中选择一种信号生成器或结果观察器模块，然后单击 Attach to model >> 按钮，或者在选中的模块上单击鼠标右键，在弹出的上下文菜单中单击 **Attach 'ModelName' to model** 命令(ModelName 是所选择模块的模块名称)，即可向当前模型中添加选中的信号生成器或结果观察器，如图 3-14 所示。

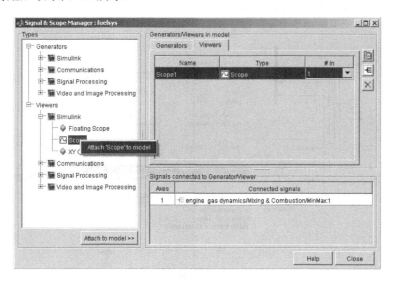

图 3-14

**Signal & Scope Manager** 对话框的右侧是模型中新添加的生成器/观察器模块面板，每个新添加的生成器或观察器称为信号生成器对象或结果观察器对象。**Generators** 选项页和 **Viewers** 选项页下分别列出了添加到模型中的信号生成器模块和结果观察器模块，如图

3-15(a)和图 3-15(b)所示。**Generators** 选项页中的 **Name** 列和 **Type** 列分别对应了信号生成器模块的模块名和模块类型；**Viewers** 选项页给出了每个结果观察器模块的模块名、模块类型和模块的输入个数，如果模块的输入个数是可变的，则**#in** 列为该模块提供一个下拉列表，供用户选择输入个数。

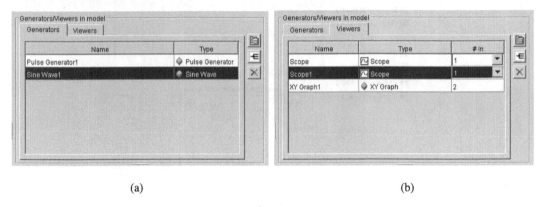

(a)　　　　　　　　　　　　　　　　(b)

图 3-15

### 2. 为模型中的信号线连接新的结果观察器模块

首先选中模型中希望连接图形观察器模块的信号线，然后单击鼠标右键，在弹出的上下文菜单中选择 **Create & Connect Viewer** 命令，如图 3-16 所示。该命令的下拉菜单中列出了各组件的结果观察器，可选的观察器模块与 **Signal & Scope Manager** 对话框中 **Types** 选项面板中的观察器模块相同。

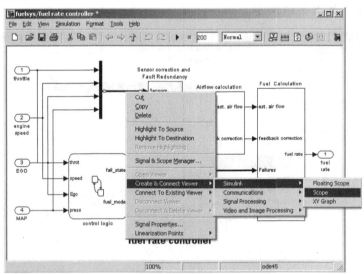

图 3-16

### 3. 把模型中的信号线连接到已有的示波器或信号生成器模块

首先选中模型中希望连接图形观察器模块的信号线，然后单击鼠标右键，在弹出的上下文菜单中选择 **Connect To Existing Viewer** 命令。该命令的下拉菜单中列出了已有的示波器模块或信号生成器模块，在此可为该信号选择一个模块及轴，如图 3-17 所示。

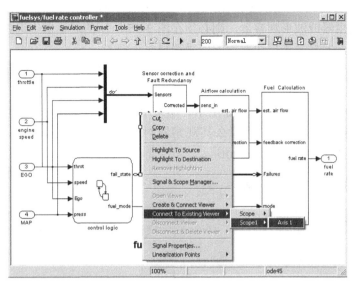

图 3-17

## 3.2.2   信号选择对话框

选择 **Signal & Scope Manager** 对话框中的信号生成器对象或结果观察器对象，并单击 按钮，可打开该模块对象的 **Signal Selector** 对话框，如图 3-18 所示。也可以在选中的生成器/观察器对象上单击鼠标右键，在弹出的上下文菜单中选择 **Edit signal connections** 命令，打开 **Signal Selector** 对话框。

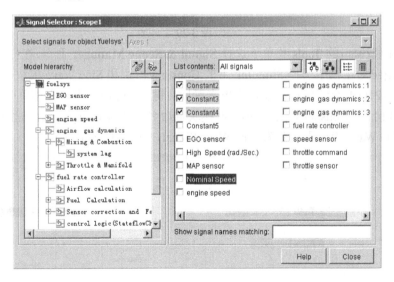

图 3-18

图 3-18 中左侧的 **Model hierarchy** 树状列表列出了模型中的所有子系统，右侧列表中列出了对应子系统下的所有模块。若要显示模型中作为库连接的子系统，可单击 "Follow Links" 按钮 ；若要显示包含在封装子系统内的子系统，可单击 "Look under masks" 按钮

。这个信号选择对话框只对应于当前选择的信号发生器或波形观察器，若要把模块连接到另一个信号发生器或波形观察器，则必须在图 3-15 所示的对话框中选择相应的信号发生器或波形观察器，并打开该模块对应的信号选择对话框。

如果用户在 **Signal & Scope Manager** 对话框中选择的是 **Types** 选项面板中 **Generators** 节点下的各种信号生成器模块，那么其生成器对应的 **Signal Selector** 对话框中的 **List contents** 列表框中的内容如图 3-19(a)所示。如果用户选择的是 **Types** 选项面板中 **Viewers** 节点下的各种结果观察器模块，那么其观察器对应的 **Signal Selector** 对话框中的 **List contents** 列表框中的内容如图 3-19(a)所示。

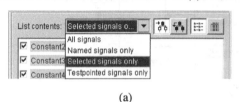
(a)

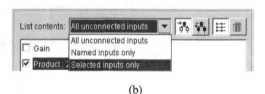
(b)

图 3-19

下面以图 3-20 所示的简单模型为例，说明 **Signal & Scope Manager** 对话框和 **Signal Selector** 对话框的使用方法。

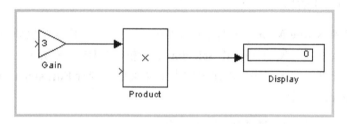

图 3-20

首先在模型窗口的 **Tools** 菜单下选择 **Signal & Scope Manager** 命令，在打开的 **Signal & Scope Manager** 对话框中选择 Simulink 下的 Constant 模块和 Sine Wave 模块，将其添加到模型中，如图 3-21(a)所示，然后在模块上单击鼠标右键，在弹出的上下文菜单中选择 **Rename** 命令，将模块名为 Constant1 的 Constant 模块重命名为 Constant Signal，将模块名为 Sine Wave1 的 Sine Wave 模块重命名为 Sine Wave Signal，如图 3-21(b)所示。

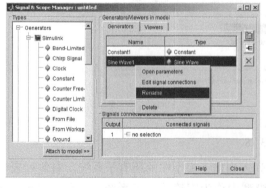
(a)

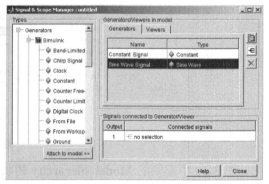
(b)

图 3-21

现在还没有为新添加的两个信号生成器模块添加信号，因此 **Signals connected to Generator/Viewer** 选项区下的列表中 **Connected signals** 列下显示的是 no selection，即该模块还没有信号与其连接。单击"Signal selection"按钮 或者在右键弹出菜单中选择 **Edit signal connections** 命令，打开 **Port Selector** 对话框，这里为 Constant Signal 模块选择 Gain 模块作为信号的接收模块，如图 3-22(a)所示，为 Sine Wave Signal 模块选择 Product 模块作为信号的接收模块，如图 3-22(b)所示。

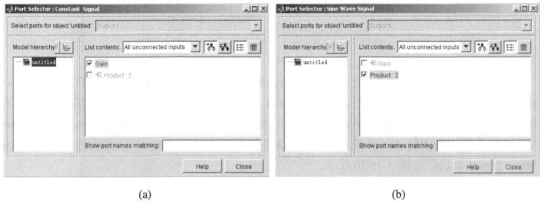

(a)　　　　　　　　　　　　　　　　　　　　(b)

图 3-22

设置完信号连接模块后的模型如图 3-23 所示，此时 **Signals connected to Generator/Viewer** 选项区中的 **Connected signals** 列中列出了与信号连接的模块，模块后面的数字表示该模块的输入端口数目。**Output** 列显示的是模块输出端口的数目。

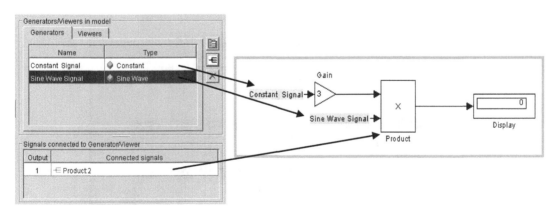

图 3-23

单击"Open parameters for selection"按钮 ，打开模块的参数设置对话框，设置信号源模块的参数，这里设置 Constant Signal 模块的 Constant value 值为 2，Sine Wave Signal 模块的幅值为 5。

接下来将示波器模块添加到模型中，如图 3-24 所示，**#in** 列选择 2，表示有两个轴，即有两个输入端口。

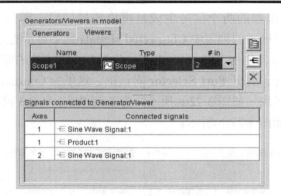

图 3-24

单击"Signal selection"按钮 ⊑，打开示波器模块的 **Signal Selector** 对话框，选择 **Select signals for object** 'untitled'下拉列表中的 Axes1 选项，并为轴 1 选择两个连接到 Scope1 示波器的模块，即 Product 和 Sine Wave Signal 模块，如图 3-25(a)所示。选择 **Select signals for object** 'untitled'下拉列表中的 Axes2 选项，并为轴 2 选择一个连接到 Scope1 示波器的模块，即 Sine Wave Signal 模块，如图 3-25(b)所示。

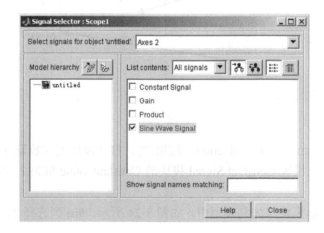

(a)

(b)

图 3-25

设置完示波器连接信号后的模型如图 3-26 所示，模型中与示波器连接的信号线上会添加一个 🌀 标识。对该模型进行仿真，Scope1 示波器中的仿真结果曲线如图 3-26 所示。

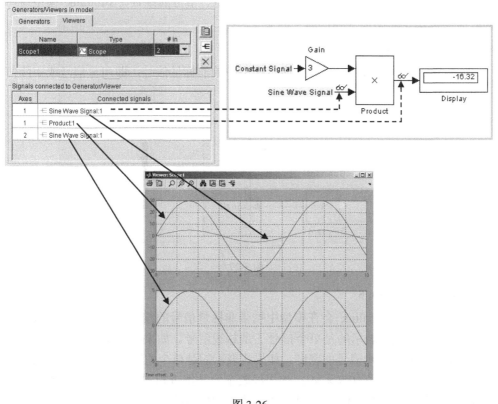

图 3-26

# 3.3　显　示　信　号

用户可以为 Simulink 模型中的信号添加信号标签，用以标识不同的信号，也可以显示信号维数或加宽显示非标量信号线，这可以通过选择模型窗口中 **Format** 菜单下的各个命令来实现。在设置信号属性之前，用户最好检验一下信号的连接，以确保模型中所有的信号都能正确地传递到下一个模块。

注意：许多 Simulink 模块限制模块可接受的信号类型。在开始仿真模型前，Simulink 会检查所有的模块，以确保各模块输出的不同类型的信号可以有效地连接到下一个模块端口。如果存在不兼容信号，则 Simulink 会报告错误并终止仿真。为了在运行仿真前检测到这些错误，可在 Simulink 的 **Edit** 菜单下选择 **Update Diagram** 命令，Simulink 会自动报告在更新模型方块图过程中所发现的任何无效连接。

### 3.3.1　显示信号属性

信号属性包括信号线的线型、信号的数据类型、信号的维数。Simulink 模型窗口中的 **Format** 菜单提供了显示信号属性的不同命令。

#### 1.　Wide nonscalar line

选择这个命令，Simulink 会加宽显示模型中的非标量信号，即向量信号或矩阵信号的线，如图 3-27 所示。

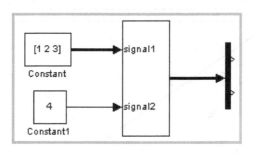

图 3-27

#### 2.　Signal dimensions

选择这个命令，Simulink 会在模型中携带非标量信号的线旁显示非标量信号的维数，显示的格式取决于连线表示的是单个信号还是总线信号。如果线表示的是一个单个的向量信号，则 Simulink 会显示信号的宽度；如果线表示的是单个的矩阵信号，则 Simulink 会显示矩阵信号的维数，格式为 $[N \times M]$；如果线表示的是携带相同数据类型信号的信号总线，则 Simulink 会显示 $N\{M\}$，这里 N 是总线所传输的信号数目，M 是总线传输的信号分量的总数；如果总线携带着不同数据类型的信号，则 Simulink 只显示信号分量的总数 $\{M\}$，如图 3-28 所示。

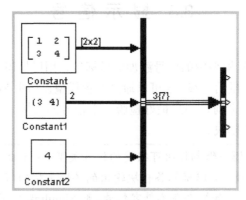

图 3-28

#### 3.　Port data types

选择这个命令，Simulink 模型会在发送信号的输出端口旁显示信号的数据类型，如图 3-29 所示。信号数据类型后的标注(c)表示信号是复数。

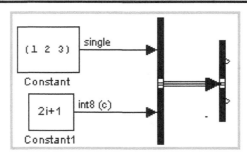

图 3-29

## 3.3.2　信号标签

用户可以为 Simulink 模型中的信号添加名称，即添加信号标签，用以标识不同的信号。可以用下列方式为信号指定名称：

- 编辑信号标签。
- 编辑图 3-7 所示的信号属性对话框中的 Signal Name 文本框。
- 设置表示信号端口或线的 name 参数，例如：

    p = get_param ( gcb，'PortHandles' )

    l = get_param ( p.Inport，'Line' )

    set_param ( l，'Name'，'s9' )

信号标签对说明一个框图尤为重要，与模型标注不同，信号标签显示了信号的名称，它与一个信号相关联，并且是信号的一个属性。

若要创建信号标签(也可以用这种方式命名信号)，可双击表示信号的线，这时会出现文本光标，在此键入标签名称，并在标签外的任一位置单击，即可停止标签编辑模式。

---

**注意：** 在创建信号标签时，要注意双击信号线，如果在靠近信号线附近的区域单击，创建的则不是信号标签，而是模型注释。信号标签编辑框只能在信号线附近移动，如果强行将标签拖离开信号线，则标签会自动回到原处。

---

另一种生成信号标签的方式是利用 **Edit** 菜单下的 **Signal Properties** 命令打开信号属性对话框，在对话框界面中编辑信号名称，用户还可以在这个界面中对信号作简单的描述并建立 HTML 文档链接。图 3-30 说明了在模型中加注信号标签的方式。

信号标签可以显示在水平线(或线段)的上端或下端，也可以显示在垂直线(或线段)的左侧或右侧。不仅如此，信号标签还可以显示在信号线的任一端点处或信号线的中部。

若要移动信号标签，可拖动标签到线的新位置上，当用户释放鼠标按钮时，标签便固定在靠近线的位置。

若要拷贝信号标签，可在拖动标签到其他位置的同时按下 **Ctrl** 键，当释放鼠标按钮时，在源位置和目标位置会显示同一个标签。

要编辑已存在的信号标签时，可先选择标签，然后执行下面的操作：

- 若要替换标签，可单击标签，然后双击或拖动光标选择整个标签，键入新标签。
- 若要插入字符，可在两个字符之间单击以定位插入点，然后插入文本。
- 若要替换字符，可拖动鼠标选择要替换的文本区域，然后键入新文本。

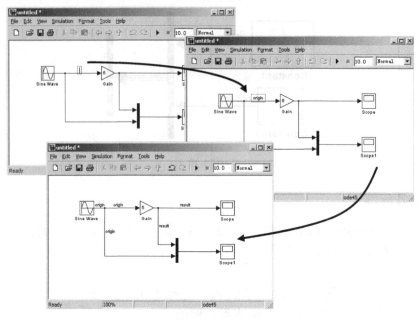

图 3-30

若要删除所有的信号标签，应先删除标签内的所有字符，当在标签外单击时，则标签被删除；若要删除单个标签，可在按下 **Shift** 键的同时选择标签，然后按下 **Delete** 键或 **Backspace** 键。

若要改变信号标签的字体，应先选择信号线，然后选择 **Format** 菜单下的 **Font** 命令，从打开的 **Set Font** 对话框内为该信号线的信号标签选择一种字体。

### 3.3.3  信号标签的传递

信号标签生成后，这个标签便可以穿过某些模块进行传递，这些模块称为虚块，因为它们不改变信号的值，只是用来完成对信号的选择、组合和传递工作。对于纯虚信号，信号标签在括号处("< >")任意选择并显示它所表示的信号，用户可以编辑信号标签，因此也就改变了信号的名称。

为了显示纯虚信号表示的信号，可单击信号标签，并在信号名称后键入 "<" 符号(如果信号无名称，则只键入符号)，然后在信号标签区域外的任何位置单击鼠标，Simulink 会停止标签编辑模式，接着选择 **Edit** 菜单下的 **Update Diagram** 命令刷新模型，便会在信号标签的符号处显示由纯虚信号表示的信号。另一种方法就是在信号的属性对话框内通过将 **Show Propagated Signals** 选项设置为 **on** 来显示由纯虚信号表示的信号。

> 注意：用户只能在信号的前进方向上传递信号标签，当一个带有标签的信号与
>       Scope 模块连接时，信号标签可作为标题显示在 Scope 模块对话框中。

图 3-31 中的模型利用一个 Mux 模块将两个标量信号组合为一个虚拟的向量信号，并将得到的信号作为一个模块的单个输入端口传递到示波器模块，这样，因为示波器只有一个输入端口，所以当输入向量信号时以不同的颜色显示每个信号，并将标签作为标题显示在示波器中。

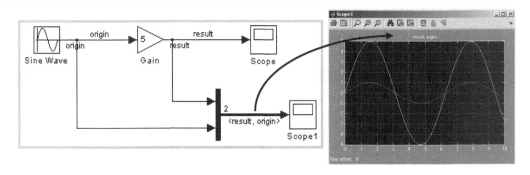

图 3-31

### 3.3.4　操作信号标签

表 3-5 概括了利用鼠标和键盘操作信号标签的动作。

**表 3-5　鼠标和键盘应用到信号标签的动作**

| 任　　务 | Microsoft Windows |
|---|---|
| 创建信号标签 | 双击线，然后键入标签 |
| 拷贝信号标签 | **Ctrl**+拖动标签 |
| 移动信号标签 | 拖动标签 |
| 编辑信号标签 | 在标签上单击，然后编辑 |
| 删除信号标签 | **Shift**+单击标签，然后按下 **Delete** 键 |

## 3.4　多维数组信号的连接

Simulink 可以把具有相同数据类型的多维输入信号转换为一个连续的与输入具有相同数据类型的输出信号，也就是把多个输入信号连接为一个输出信号。允许进行这种连接的输入信号可以是向量或一维数组，也可以是多维数组。Simulink 中执行这种连接操作的就是 Math Operations 模块库中的 Matrix Concatenate 模块和 Vector Concatenate 模块，这两个模块是 Simulink 6.4 版之后新增加的模块。对于多维输入信号，它们是很实用的模块。Matrix Concatenate 模块和 Vector Concatenate 模块的图标如图 3-32 所示，它们执行的功能实际上是完全相同的，具体使用哪个模块可以从模块的参数对话框中进行选择。

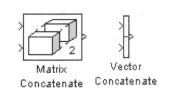

图 3-32

Matrix Concatenate 模块的参数对话框如图 3-33 所示，对话框中的各参数说明如下：

● **Number of inputs**——表示模块中输入信号的个数。

● **Mode**——表示模块连接的数据类型，可以选择 **Vector** 选项或 **Multidimensional array** 选项。当选择 **Vector** 选项时，输入的信号类型必须是向量，或者行向量[1 × M 矩阵]，或者列向量[M × 1 矩阵]。如果输入都是向量，则输出也是向量。而且，如果任何一个输入都是行向量或者列向量，那么输出也是行向量或列向量。当选择 **Multidimensional array** 选项时，输入信号是多维数组。

● **Concatenate dimension**——只有当 **Mode** 参数设置为 **Multidimensional array** 选项时，该选项才会出现。该选项表示与输入数组对应的模块输出信号的维数。例如，若要垂直连接输入信号，则设置为 1；若要水平连接输入信号，则设置为 2。

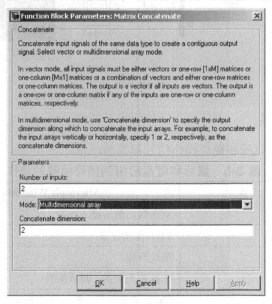

图 3-33

如果输出是 4 维矩阵信号，输入是[2 × 3]维矩阵，那么 Matrix Concatenate 模块会把输入信号处理为[2 × 3 × 1 × 1]。以图 3-34 为例，标签为 Matrix A 和 Matrix B 的模块是 Sources 模块库中的 Constant 模块，若将 Matrix A 模块中的 **Constant value** 参数值设置为[1 2; 3 4]，则输出的信号是[2 × 2]维矩阵；若将 Matrix B 模块中的 **Constant value** 参数值设置为[5; 6]，则输出的信号是[2 × 1]维矩阵。如果用户设置 Matrix Concatenate 模块中的 **Number of inputs** 参数为 2，表示有 2 个输入信号，**Mode** 参数设置为 **Multidimensional array** 选项，**Concatenate dimension** 参数设置为 2，那么 Matrix Concatenate 模块会执行水平矩阵连接，输出的是 [2 × 3]维矩阵。Display 模块显示的输出矩阵如图 3-34 所示。

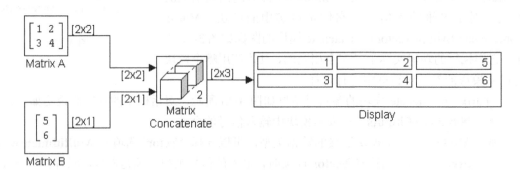

图 3-34

如果把 Matrix B 模块中的 **Constant value** 参数值设置为[5 6]，则输出的信号是[1 × 2]维矩阵。如果把 Matrix Concatenate 模块中的 **Concatenate dimension** 参数设置为 1，那么 Matrix Concatenate 模块会执行垂直矩阵连接，输出的是[3 × 2]维矩阵。Display 模块显示的输出矩阵如图 3-35 所示。

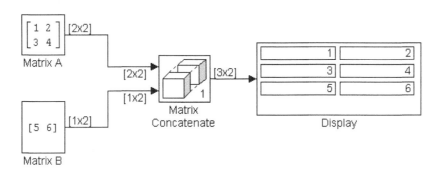

图 3-35

若要执行水平连接，则模块的输入矩阵必须具有相同的列维数；若要执行垂直连接，则输入矩阵必须具有相同的行维数。

如果 Matrix B 模块中的 **Constant value** 参数值设置为[5 6; 7 8]，则输出的信号是[2 × 2]维矩阵。如果把 Matrix Concatenate 模块中的 **Concatenate dimension** 参数设置为 3，那么 Matrix Concatenate 模块会执行多维矩阵连接。图 3-36 中 Matrix Concatenate 模块的输出维数是[2 × 2 × 2]。

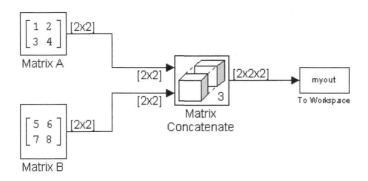

图 3-36

## 3.5 信号组操作

Simulink 中 Sources 模块库中的 Signal Builder 模块允许用户创建可互换的信号源组，并且可以快速地将信号源切入、切出模型。信号组可以非常方便地测试模型，尤其是将信号组与 Simulink 中的诊断模块和任选的 Model Coverage Tool(模型覆盖度工具)相结合时。

### 3.5.1 创建信号组

为了创建可互换的信号组，用户可以执行下列步骤：

(1) 在 Simulink 的 Sources 库中拖动一个 Signal Builder 模块，并将该模块放置到用户模型中。缺省时，模块表示的是一个包含单个信号源的信号组，该信号源输出一个方波，如图 3-37 所示。

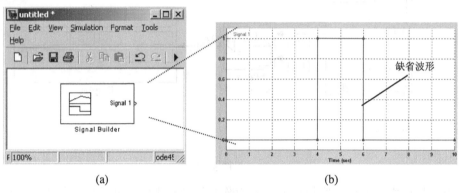

(a)                                       (b)

图 3-37

(2) 使用 Signal Builder 模块的信号编辑器创建其他的信号组，或者向信号组中添加信号、更改已存在的信号和信号组，并选择模块输出的信号组。

(3) 把模块的输出连接到系统方块图中，模块会为模块输出的每个信号显示一个输出端口。

用户可以在模型中创建任意多个 Signal Builder 模块，每个模块表示一个不同的可互换的信号源组，如图 3-38 所示。

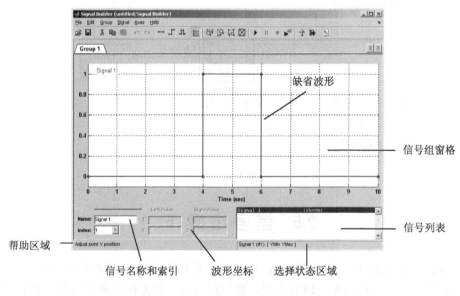

图 3-38

关于如何在模型中使用信号组，读者可以参看 3.5.7 节中的内容。

　　Signal Builder 模块的对话框允许用户定义模块输出的信号波形，创建和更改由 Signal Builder 模块表示的信号组，用户可以指定具有任意分段线的波形。Signal Builder 模块对话框包括下列控制项：

　　● **Group Panes(信号组窗格)**：显示由 Signal Builder 模块所表示的一组可互换的信号源组，每一组的窗格显示该组中所包含的每个信号的可编辑波形，组的名称显示在窗格的标签上。一次只能有一个窗格是可见的，为了显示不可见的组，可选择包含该组名称的标签，模块输出并在当前时刻显示这个信号组。

　　● **Signal Axes(信号轴)**：信号显示在不同的坐标轴上，但使用相同的时间范围，这样，用户就可以很容易地比较每个信号所对应的变化时间，**Signal Builder** 对话框会自动缩放每个坐标轴的范围，以调节所显示的信号。用户可以利用 **Signal Builder** 对话框中的 **Axes** 菜单改变所选择坐标轴的时间范围(T)和辅值范围(Y)。

　　● **Signal List(信号列表)**：显示当前所选择信号组中信号的名称和可见性，单击列表中的条目可选择信号，双击列表中的条目可隐藏或显示信号波形。

　　● **Seletion Status Area(选择状态区域)**：显示当前所选择信号的名称和当前所选择波形的索引值。

　　● **Waveform Coordinates(波形坐标)**：显示当前所选择波形片段或点的坐标，用户可以在文本框内编辑波形中的坐标值。

　　● **Name(名称)**：当前所选择信号的名称，用户可以通过编辑文本框的内容来改变信号名称。

　　● **Index(索引)**：当前所选择信号的索引，这个索引是指信号所出现的输出端口，索引值 1 是指最上面的端出端口，索引值 2 是指由上到下的顺序中第二个端口，依此类推。用户可以通过编辑文本框的内容来改变信号索引。

　　● **Help Area(帮助)**：显示使用 Signal Builder 对话框的相关说明。

### 3.5.2　编辑信号组

　　Signal Builder 对话框允许用户创建、更名、移动和删除 Signal Builder 模块中信号组集中的信号组。

#### 1. 创建和删除信号组

　　如果用户想要创建信号组，则必须拷贝一个已存在的信号组，然后更改信号组以满足要求。若要拷贝已存在的信号组，可选择该信号组的标签，然后从 **Signal Builder** 对话框的 **Group** 菜单中选择 **Copy** 命令；若要删除一个信号组，可选择该信号组的标签，然后从 **Group** 菜单中选择 **Delete** 命令。

#### 2. 重命名信号组

　　如果用户要重新命名信号组，可选择该信号组标签，然后从 **Signal Builder** 对话框的 **Group** 菜单上选择 **Rename** 命令，显示 **Group Tab Name** 对话框，在对话框的 **Name** 文本编辑框内编辑信号组名称，最后单击 **OK** 按钮，如图 3-39 所示。

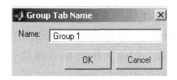

图 3-39

### 3. 移动信号组

为了重新定位信号组在组窗格堆栈中的位置，可选择窗格，然后从 **Signal Builder** 的 **Group** 菜单中选择 **Move right** 命令，把信号组移动到堆栈的下一层，或者选择 **Move left** 命令，把信号组移动到堆栈的上一层。

## 3.5.3 编辑信号

**Signal Builder** 对话框允许用户创建、剪切和粘贴、隐藏及删除信号组中的信号。

### 1. 创建信号

为了在当前选择的信号组中创建信号，可选择 **Signal Builder** 对话框中 **Signal** 菜单中的 **New** 命令，将出现波形菜单，这个菜单包括一组标准的波形(Constant、Step 等波形)和 Custom(用户)波形选项，从这些菜单项中可选择一个波形。如果选择的是标准波形，则 **Signal Builder** 会向当前所选择的信号组中添加该波形信号。

图 3-40 是选择了 Triangle(三角波)信号后的 **Signal Builder** 对话框，第二个信号波形的缺省名称为 Signal2，这里将该波形重新命名为 Triangle Signal。这样，名称为 Group1 的信号组就由名称分别为 Signal1 和 Triangle Signal 的两个波形组成。

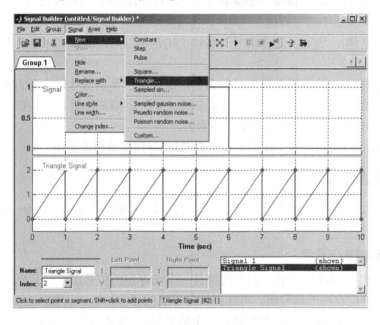

图 3-40

如果用户选择了 **Custom** 选项，则会出现 **Custom Waveform Data**(自定义波形数据)对话框，如图 3-41 所示。该对话框允许用户指定分段线性波形，并将该波形添加到 Signal Builder 模块定义的组中。在对话框的 **Time values** 文本框内键入用户波形的时间坐标，在 **Y values** 文本框内键入对应的信号幅值，用户可以在这两个文本框内输入任意的 MATLAB 表达式，但输入的向量必须具有相同的长度，然后单击 **OK** 按钮，**Signal Builder** 会为当前所选择的组添加具有指定波形的信号。

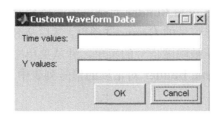

图 3-41

### 2. 剪切和粘贴信号

如果用户想要从一个组中剪切或拷贝一个信号，并将该信号粘贴到另一个组中，则可执行下面的操作：

(1) 选择要剪切或拷贝的信号。

(2) 从 **Signal Builder** 对话框的 **Edit** 菜单上选择 **Cut** 或 **Copy** 命令，或者从工具栏中选择相应的"剪切信号"按钮 和"复制信号"按钮 。

(3) 选择希望粘贴信号的信号组。

(4) 从 **Signal Builder** 对话框的 **Edit** 菜单上选择 **Paste** 命令，或者从工具栏中选择相应的"粘贴信号"按钮 。

### 3. 重新命名信号

如果用户想要为信号重新命名，则可以先选择这个信号，然后从 **Signal Builder** 对话框的 **Signal** 菜单下选择 **Rename** 命令，这时会出现 **Set Label String** 对话框，如图 3-42 所示。

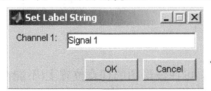

图 3-42

**Set Label String** 对话框中的文本框显示的是所选择信号的当前名称，可用新名称编辑或替代当前名称，然后单击 **OK** 按钮。用户也可以在 **Signal Builder** 对话框的左下角的 **Name** 文本框内编辑信号名称。

### 4. 改变信号的索引

如果用户想要改变信号的索引值，则可先选择这个信号，并从 **Signal Builder** 对话框的 **Signal** 菜单下选择 **Change Index** 命令，打开 **Change Signal 1 index** 对话框，如图 3-43 所示。

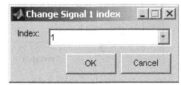

**Change Signal 1 index** 对话框的 **Index** 编辑框中包含信号的当前索引值，可在此编辑索引值，然后单击 **OK** 按钮。用户也可以从 **Signal Builder** 窗口的左下角的 **Index** 列表中选择一个索引值。

图 3-43

### 5. 隐藏信号

缺省时，**Signal Builder** 对话框在信号组的切换页内显示组信号波形。若要隐藏波形，可先选择这个波形，然后从 **Signal Builder** 对话框中选择 **Signal** 菜单下的 **Hide** 命令；若要重新显示隐藏的波形，可选择信号的 **Group** 选项页，然后从 **Signal Builder** 对话框的 **Signal** 菜单下选择 **Show** 命令，显示被隐藏信号的菜单，并从菜单中选择信号。

　　此外，用户也可以在 **Signal Builder** 对话框的信号列表中通过双击信号名称来隐藏和重新显示被隐藏波形。

### 3.5.4　编辑波形

　　**Signal Builder** 对话框允许用户改变信号组输出的信号波形的形状、颜色、线型及线的粗细。

#### 1．改变波形的形状

　　Signal Builder 对话框可以改变波形的形状，这要通过选择和拖动线段和点，或者通过编辑线段和点的坐标来完成。

　　(1) 选择波形。在波形上的任一点处单击鼠标左键以选择波形，如图 3-44 所示。Signal Builder 对话框会显示波形上的点以表示已选中波形，如图 3-45 所示。

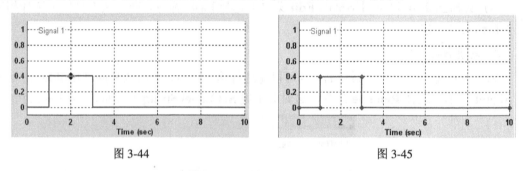

图 3-44　　　　　　　　　　　　　　图 3-45

　　若要释放已选择的波形，可在波形图的任意位置上(不能在波形上)单击鼠标左键，或者按下 Esc 键。

　　(2) 选择点。若要选择波形上的点，可首先选择波形，然后将鼠标光标定位在该点上，光标会改变形状以表示光标已在这个点上，如图 3-46 所示；用鼠标左键单击这个点，Signal Builder 会在该点上绘制一个圆，表示已选中了该点，如图 3-47 所示。

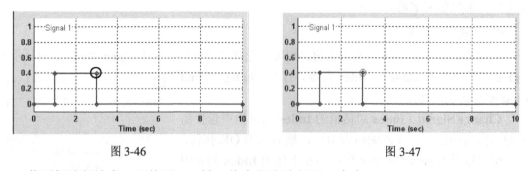

图 3-46　　　　　　　　　　　　　　图 3-47

　　若不想选择该点，可按下 Esc 键，将会依次选择下一个点。

　　(3) 选择线段。若要选择线段，可首先选择包含该线段的波形，然后用鼠标左键单击该线段，Signal Builder 对话框会加粗显示线段，以表示该线段已经被选中，如图 3-48 所示。

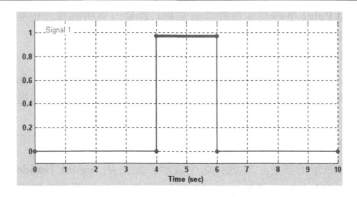

图 3-48

若要放弃所选中的线段，可按下 Esc 键，将会依次选中下一段线段。

(4) 拖动线段。若要把线段拖动到一个新位置上，可在线段上定位鼠标光标，则鼠标光标会改变形状，以显示该线段可拖动的方向；然后按下鼠标左键，并将线段拖动到希望的位置上，如图 3-49 所示。

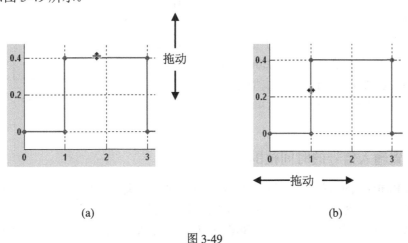

(a)　　　　　　　　　　　　　　　　　　　(b)

图 3-49

(5) 拖动点。若要沿着信号的纵轴拖动点，可把鼠标光标移动到点上，光标形状会变为圆形，表示可以拖动这个点，然后平行于 x 轴拖动点到希望的位置上；若要沿着水平(时间)轴拖动点，可先按下 Shift 键，同时拖动点到希望的位置上。

(6) 显示/关闭网格。每个波形轴包含一个不可见的网格，它可以精确定位波形上的点，网格的原点与波形轴的原点相同。当用户释放了正在拖动的点或线段时，**Signal Builder** 对话框会把点或线段上的点分别移动到最靠近这些点的波形网格上。**Signal Builder** 对话框中的 **Axes** 菜单允许用户单独指定网格的水平(时间)轴和垂直(幅值)轴的间距，间距越小，在网格上放置点的自由度就越大，但是要精确地定位点也就更加困难。缺省时，网格间距为 0，这就意味着可以在网格上的任意位置放置点。用户可以用 Axes 菜单选择希望的间距。

(7) 插入和删除点。若要在波形中插入点，可首先选择波形，然后按下 **Shift** 键，并在波形中插入点位置处单击鼠标左键；若要删除波形中的点，可选择这个点，并按下 **Del** 键。

(8) 编辑点坐标。若要改变波形中点的坐标，可首先选择这个点，**Signal Builder** 会在

对话框底部的 **Left Point** 框内显示点的当前坐标，若要改变所选择点的幅值，可在 y 参数文本框内编辑或替换坐标值，然后按下 **Enter** 键，**Signal Builder** 会把点移动到新位置；同样，在 t 参数文本框内编辑数值，可以改变所选择点的时间。

(9) 编辑线段坐标。若要改变线段的坐标，可首先选择这个线段，**Signal Builder** 会在对话框底部的 **Left Point** 和 **Right Point** 编辑框内显示线段两个端点的当前坐标，若要改变坐标值，可在相应的文本框内编辑坐标值，并按下 **Enter** 键。

### 2. 改变波形的颜色

若要改变信号波形的颜色，可选择这个波形，然后从 **Signal Builder** 对话框的 **Signal** 菜单中选择 **Color** 命令，**Signal Builder** 会显示 MATLAB 的颜色选择框，在此可为波形选择一个新颜色，然后单击 **OK** 按钮。

### 3. 改变波形的线型和线宽

**Signal Builder** 对话框可以显示实线、点线或点画线波形，缺省时显示为实线波形。若要改变波形的线型，可选择这个波形，然后从 **Signal Builder** 的 **Signal** 菜单下选择 **Line Style** 命令，这时会弹出一个线型菜单，可从菜单中选择一种希望的线型。

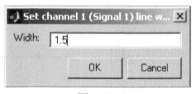

图 3-50

若要改变所显示波形的线型的粗细，应先选择这个波形，然后从 **Signal** 菜单中选择 **Line Width** 命令，打开 **Set channel line width**(设置线型宽度)对话框，在 **Width** 参数框内编辑宽度值，然后单击 **OK** 按钮即可，如图 3-50 所示。

## 3.5.5  设置输入信号的时间范围

**Signal Builder** 的时间范围确定了输出信号的时间定义域，缺省时，时间范围是从 0 到 10 秒。用户也可以改变模块中输出时间范围的起始时间和终止时间。

若要改变时间范围，可从 **Signal Builder** 对话框的 **Axes** 菜单中选择 **Change time range** 命令，这时会显示 **Set the total time range** 对话框，如图 3-51 所示。

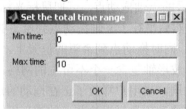

图 3-51

对话框的 **Min time** 和 **Max time** 参数定义了新时间范围的起始时间和终止时间，可在这两个文本框内分别编辑时间值，然后单击 **OK** 按钮。

如果仿真在模块定义的时间范围的起始时间之前就已经开始了，那么模块会根据用户定义的输入来推断它的初始输出；如果仿真运行的时间超出了模块的时间范围，那么在剩余的仿真时间内模块会输出它的最终定义值(缺省时)。**Signal Builder** 的 **Simulation Options**

对话框允许用户指定其他的终值输出选项，如图 3-52 所示。

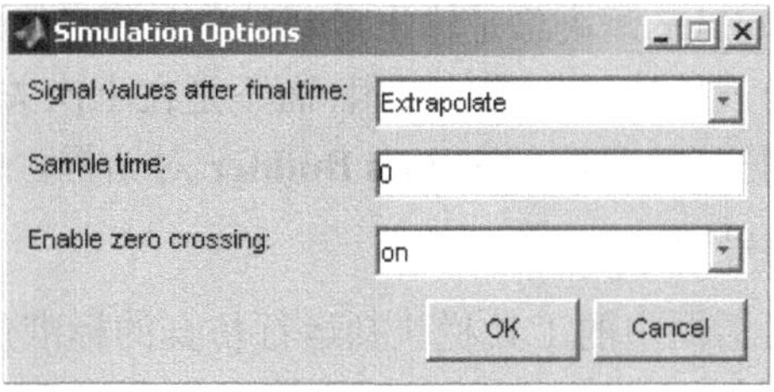

图 3-52

### 3.5.6　输出信号组数据及波形

用户可以把 Signal Builder 模块的信号组数据输出到 MATLAB 工作区，也可以打印、输出和复制信号波形。

#### 1. 向工作区输出信号组数据

为了把用户定义的 Signal Builder 模块信号组数据输出到 MATLAB 工作区，可以从 Signal Builder 模块对话框的 **File** 菜单中选择 **Export to Workspace** 命令，这时会显示 **Export to workspace** 对话框，如图 3-53 所示。

图 3-53

缺省时，**Signal Builder** 把数据输出到名称为 channels 的工作区变量中，为了把数据输出给不同名称的变量，可在 **Variable name** 参数文本框内键入变量名，然后单击 **OK** 按钮，**Signal Builder** 会把数据输出到工作区中指定的变量中，被输出的数据是一个结构数组。

#### 2. 打印、输出和复制波形

用户可以根据需要将信号波形打印或输出。若要打印波形，可选择 **Signal Builder** 对话框中 **File** 菜单下的 **Print** 命令。若要输出波形，可选择 **File** 菜单下 **Export** 子菜单下的命令，其中，**To File** 命令会打开 **Export** 对话框，用户可以在对话框中的“保存类型”列表框中选择一个文件类型，把当前的波形图转换为图形文件；**To Figure** 命令会把当前的波形图转换到 MATLAB 图形窗口中。

如果要把波形图拷贝到剪贴板上，以便粘贴到其他的应用程序中，则可以选择 **Edit** 菜单下的 **Copy Figure to Clipboard** 命令。

### 3.5.7　用信号组仿真

用户可以使用标准的仿真命令运行包含 Signal Builder 模块的模型，也可以使用 Signal Builder 模块对话框中的“Run all”命令按钮运行模型。

### 1. 激活信号组

在仿真期间，Signal Builder 模块总是输出激活的信号组，激活的信号组是在打开 **Signal Builder** 对话框的情况下为该模块选择的信号组，而不是在上次关闭对话框时选择的信号组。若要激活一个信号组，可打开信号组的 **Signal Builder** 对话框，并选择这个信号组。

### 2. 连续运行不同的信号组

Signal Builder 模块对话框中的工具栏包括运行仿真的标准仿真按钮，用户可以利用这些按钮连续运行几个不同的信号组。例如，用户可以打开模块对话框，选择一个信号组运行仿真，然后再选择另一个信号组运行仿真，等等，直至选择 **Signal Builder** 对话框内的所有信号组。

### 3. 运行所有的信号组

若要运行由 Signal Builder 模块定义的所有信号组，则应首先打开模块对话框，并从 **Signal Builder** 对话框的工具栏中选择"Run all"按钮 ▶ᵃˡˡ，**Run all** 命令会执行一系列的仿真程序，每个程序对应于模块定义的一个信号组。如果用户已经在系统中安装了可选的 **Model Coverage Tool**(模型覆盖度工具)，则 **Run all** 命令会配置这个工具，以便在 MATLAB 工作区中为每次仿真收集和保存覆盖数据，并在最后一次仿真中显示组合在一起的覆盖结果报告，这就可以让用户迅速地判断出用这组信号组测试用户模型的效果。

> 说明：如果要停止由 **Run all** 命令执行的一系列仿真，则可以在 MATLAB 命令行中键入 **Ctrl+C** 命令。

## 3.5.8 仿真选项对话框

在利用信号组进行仿真过程中，用户可以选择适用于 **Signal Builder** 对话框的仿真选项，这可以从 **Signal Builder** 的 **File** 菜单下选择 **Simulation Options** 命令来实现。该命令用来打开 **Simulation Options** 对话框，如图 3-54 所示，该对话框中的参数控制了仿真时间终止后的信号处理方式。

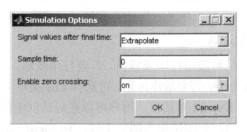

图 3-54

用户可以在这个对话框内设置如下选项。

### 1. Signal values after final time(终止时间后的信号值)

如果仿真运行的时间超过了模块的定义时间，那么 **Signal values after final time** 参数控制设置决定了 Signal Builder 模块的输出值，用户可以从该参数的下拉列表中选择相应的选项：

● **Hold final value**：这个选项可以让 Signal Builder 模块在其余的仿真时间里输出当前激活组中每个信号的最终定义值，如图 3-55 所示。

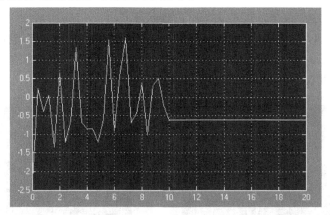

图 3-55

● **Extrapolate**：这个选项可以让 Signal Builder 模块在其余的仿真时间里输出当前激活组中每个信号最终定义值的推断值，如图 3-56 所示。

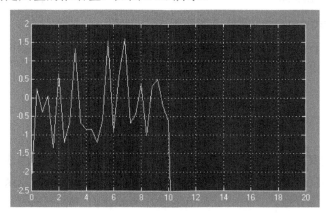

图 3-56

● **Set to zero**：这个选项可以让 Signal Builder 模块在其余的仿真时间里输出零值，如图 3-57 所示。

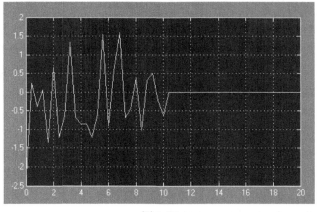

图 3-57

### 2. Sample time(采样时间)

**Sample time** 参数项确定了 Signal Builder 模块输出的是连续(缺省)信号还是离散信号。如果用户想要输出连续信号，可在文本框内输入 0。

例如，图 3-58 显示的是 Signal Builder 模块的输出设置，它输出的是 10 秒内的 Gaussian(高斯)波形。如果想要模块输出离散信号，可在这个文本框内输入信号的采样时间。图 3-59 显示的是以 0.5 秒采样时间输出的离散 Gaussian 波形。

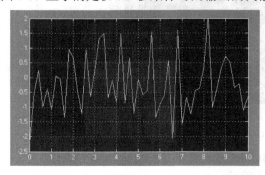 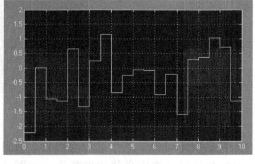

图 3-58                                  图 3-59

### 3. Enable zero crossing(使能过零检测)

这个选项可以设置 Signal Builder 模块使能或关闭过零检测，缺省时启动过零检测。关于过零检测的详细内容，可以参看本书的第 7.1 节。

# 3.6 复 合 信 号

复合信号是由其他信号组成的信号，它有些类似于捆绑在一起的线缆，其中的每个信号各有其自己的功能，复合信号的唯一作用就是简化了模型外观的复杂度，使整个模型图功能更清晰，可读性更强。

Simulink 提供了两种复合信号：混合信号和总线信号。混合信号使用起来更简单，但只提供有限的功能。实际上这两种信号具有类似的作用，但在结构上是完全不同的。混合信号是旧版本中常用的信号，如 Mux 模块，模型在新版本 Simulink 中打开时，这个模块在新版本中是完全兼容的。通常，现在建立的新的模型应该使用总线信号，已使用了混合信号的模型可以不进行更改，也可以把它们转换为总线信号。在有些情况下，混合信号和总线信号是混合在一起使用的，在进行模型仿真时，Simulink 在需要时会对它们进行转换。但是，MathWorks 公司不希望有这种混合使用的情况发生，这可能是因为在将来要兼容这两种信号会越来越困难，所以在新建模型中尽量不要出现这种混用的情况。Simulink 的检测功能可以报告在模型中的哪个位置使用了混合信号和总线信号，用户可以利用 Simulink 提供的功能更新模型以便消除对这两种信号的混用。

许多复合信号都是纯虚信号，也就是说它们只在绘制模型时起作用，而在仿真或代码生成过程中没有任何作用。所有的混合信号都是纯虚信号，但是总线信号可以是纯虚信号，也可以是非纯虚信号。非纯虚信号总线通常对仿真结果没有什么影响，它们在代码生成时被看做为结构，因此可以影响代码生成的性能。

## 3.6.1　混合信号

混合信号是纯虚信号，操作混合信号的模块是纯虚模块，混合信号中的所有信号必须
具有相同的属性。Simulink 中的 Signal Routing 模块库提供了两个使用混合信号的模块：Mux
模块和 Demux 模块。Mux 模块用来把几个输入信号组合为一个混合信号；Demux 模块用来
从混合信号中提取信号。下面以图 3-60 所示的简单模型为例说明混合信号的使用方法。

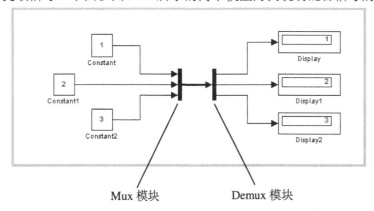

图 3-60

该模型用三个 Constant 模块做输入信号，每个 Constant 模块的 Constant value 值分别为
1、2 和 3。这三个模块的输出与 Mux 模块相连，分别做为 Mux 模块的输入，Mux 模块的输
入个数即 **Number of inputs** 变量设置为 3，如图 3-61 所示。Demux 模块的 **Number of outputs**
变量设置为 3，如图 3-62 所示。如果 Demux 模块的输出个数多于 Mux 模块的输入个数，则
Simulink 会报错。Demux 模块的输出个数可以少于 Mux 模块的输入个数。

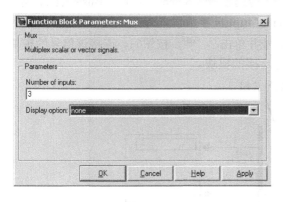

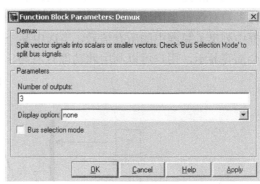

图 3-61　　　　　　　　　　　　　　　　　　　　　图 3-62

当选择 **Format** 菜单下 **Port/Signal Displays** 命令中的 **Wide Nonscalar Lines** 命令时，由
Mux 模块输出的非标量信号线会加宽显示。

由于 Mux 模块和 Demux 模块是纯虚模块，连接这两个模块的混合信号也是纯虚信号，
因此它们对仿真结果和代码生成没有任何影响。图 3-63 所示的模型与图 3-60 所示的模型框
图功能完全相同，混合信号等同于三个非纯虚信号，它没有层级结构，只是简化了模型外
观。这两个模型的仿真结果完全相同。

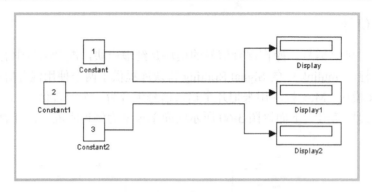

图 3-63

## 3.6.2　总线信号

总线信号是一个层级结构的混合信号，它可以是纯虚信号，也可以是非纯虚信号，组成总线信号的信号可以有不同的属性。

### 1.　使用总线信号

Simulink 的 Signal Routing 模块库中提供了三个使用总线信号的模块：Bus Creator 模块、Bus Selector 模块和 Bus Assignment 模块。Bus Creator 模块用于创建信号总线，这个模块可以是纯虚模块或非纯虚模块，与之匹配的信号类型也就是纯虚信号或非纯虚信号；Bus Selector 模块用于从信号总线中选择信号；Bus Assignment 模块用于赋值给总线信号中的指定信号。

图 3-64 中的模型使用信号总线传递信号，Bus Creator 模块有三个输入，分别连接三个 Constant 模块，这三个模块的信号通过信号总线传递给 Bus Selector 模块。Bus Creator 模块的参数对话框如图 3-65 所示，其中的 **Number of inputs** 参数设置为 3，**Signals in bus** 列表框中列出了总线中的所有信号，当选中某个信号并单击 Find 按钮时，连接该信号的模块会高亮显示，用户可以利用此功能查看与信号连接的模块。

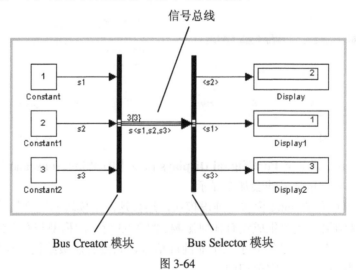

图 3-64

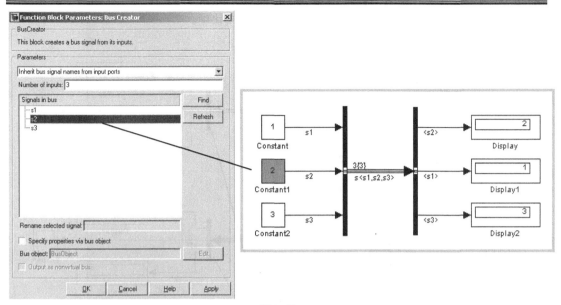

图 3-65

Bus Selector 模块的参数对话框如图 3-66 所示，这个模块把 Bus Creator 模块输出的总线信号作为输入信号，左侧的 **Signals in the bus** 列表框列出了输入总线中的所有信号，利用 Select>> 按钮可以选择模块的输出信号；右侧的 **Selected signals** 列表框列出了已选择的输出信号，利用 Up 按钮和 Down 按钮可以重新排列所选择的输出信号的顺序，利用 Remove 按钮可以删除选中的输出信号。

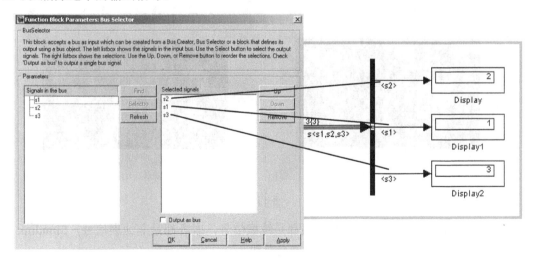

图 3-66

## 2. 嵌套总线

为了使模型框图更清晰，Simulink 中的总线信号可以嵌套到任意多层。以图 3-67 所示的模型为例，图中的 s1、s2 和 s3 信号用 Bus Creator 模块组合为总线信号 bus1，s4、s5 和 s6 信号用 Bus Creator 模块组合为总线信号 bus2，bus1 和 bus2 总线经过 Bus Creator 模块重新组合为新的总线信号 bus3，bus3 总线信号又经过两个 Bus Selector 模块重新输出六个信号，并按照 s1、s2、s3、s4、s5 和 s6 的顺序输出到显示模块中。

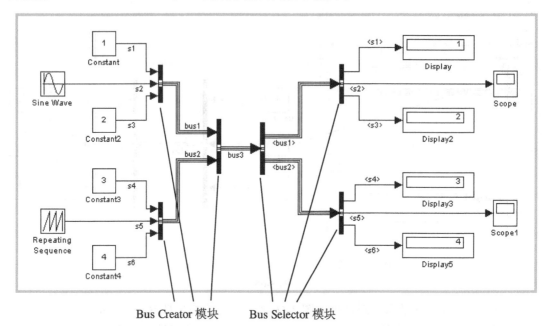

图 3-67

Scope 模块和 Scope1 模块接收的是 s2 和 s5 信号，它们的信号波形如图 3-68 所示。

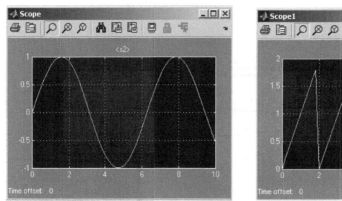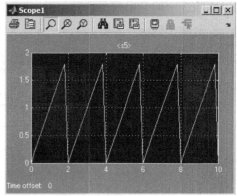

图 3-68

需要注意的是，嵌套信号总线必须都是纯虚信号，或者都是非纯虚信号，Simulink 不支持纯虚信号与非纯虚信号混合使用的嵌套总线。

### 3.6.3　总线对象

对于总线模块或总线信号，用户可以利用这些模块或信号的参数对话框设置其属性，这些属性可以把总线模块或总线信号设置为纯虚总线，并进行有限的错误检测。如果要把模块或信号设置为非纯虚总线，或者进行更完全的总线信号错误检测，则用户必须利用 Simulink 中的总线对象提供更多的附加属性。

**1．用总线编辑器创建总线对象**

Simulink 的总线编辑器允许用户创建新的总线对象或者改变已存在的总线对象的属性。用户可以用下面的三种方法打开总线编辑器：

(1) 从模型编辑器窗口的 **Tools** 菜单下选择 **Bus Editor** 命令。

(2) 在 Model Explorer 窗口的总线对象对话框中单击 **Launch Bus Editor** 按钮。

(3) 在 MATLAB 命令窗口中输入 buseditor 命令。

总线编辑器如图 3-69 所示。

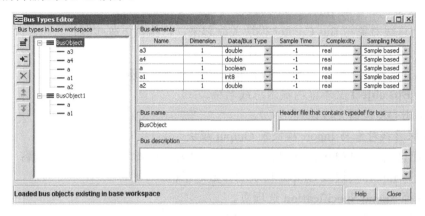

图 3-69

总线编辑器窗口的左侧是 **Bus types in base workspace** 面板，它包含总线对象的树状层级列表及编辑按钮。层级列表显示了 MATLAB 基本工作区中总线对象的结构，树型列表的根结点上显示的是引用该总线对象的 MATLAB 变量名，展开总线结点，则显示该总线对象中所有总线元素的名称，并在右侧的 **Bus elements** 区域中对应显示出该元素的属性。编辑按钮的功能如下：

- ：在基本工作区中创建一个新的总线；
- ：为选中的总线对象插入一个总线或总线元素；
- ：删除选择的对象；
- ：把选中的元素在总线对象层级面板中向上移动；
- ：把选中的元素在总线对象层级面板中向下移动。

总线编辑器窗口中的 **Bus elements** 区域显示的是总线中各元素的属性，用户可以更改这些属性。**Bus name** 编辑框显示的是工作区变量中总线对象的名称；**Header file that contains typedef for bus** 编辑框要求指定 C 头文件名，这个头文件定义了对应于该总线的用户定义的类型，用户在 Simulink 中不用指定这个属性，Simulink 会忽略这个值，因为它只在实时工作间中使用。**Bus description** 编辑框可以指定总线描述，Simulink 也会忽略这个值。

**2．关联总线对象与模型实体**

用户可以把总线对象与任何总线信号、Bus Creator 模块、Inport 模块或 Output 模块关联起来。

1) 关联总线对象与总线信号

若要把总线对象与总线信号关联起来，可执行下列步骤：

(1) 选中总线信号，然后选择模型窗口中 **Edit** 菜单下的 **Signal Properties** 命令，或者在总线信号上单击鼠标右键，在弹出的上下文菜单中选择 **Signal Properties** 命令。

(2) 在 **Signal Properties** 对话框中的 **Signal name** 编辑框中指定信号名称，多个信号可以使用相同的名称。

(3) 选中 **Signal Properties** 对话框中的 **Signal name must resolve to Simulink signal object** 复选框。

(4) 单击 OK 按钮完成设置。

2) 关联总线对象与 Bus Creator 模块

若要把总线对象与 Bus Creator 模块关联起来，可执行下列步骤：

(1) 打开 Bus Creator 模块的参数对话框。

(2) 选择参数对话框中的 **Specify properties via bus object** 复选框。

(3) 在 **Bus object** 文本框内输入总线名称。

(4) 单击 OK 按钮完成设置。

3) 关联总线对象与 Inport 模块或 Output 模块

若要把总线对象与 Inport 模块或 Output 模块关联起来，可执行下列步骤：

(1) 打开 Inport 模块或 Output 模块的参数对话框。

(2) 选择 **Signal Specification** 选项页。

(3) 选择 **Specify properties via bus object** 复选框。

(4) 在 **Bus object for validating input bus** 文本框内输入总线名称。

(5) 单击 OK 按钮完成设置。

# 第 4 章　Simulink 动态系统建模

本章论述如何在 Simulink 中建立动态系统模型，包括动态系统建模要素和动态系统数学模型描述。本章的主要内容包括：

➢ 动态系统建模要素　　　　介绍在 Simulink 中建立动态系统模型的几个关键概念
➢ 开放式动态系统建模　　　介绍什么是动态系统，Simulink 与第三方组件创建动态系统模型的方式
➢ 动态系统分类　　　　　　介绍动态系统分析和设计中使用的数学模型的类型，包括如何用采样时间将系统分为连续系统、离散系统和混合系统
➢ 建立方程模型　　　　　　举例说明在 Simulink 中建立动态系统数学方程模型的过程
➢ Simulink 建模提示　　　　给出了在 Simulink 中创建模型的某些注意事项，这对于正确建立用户模型是非常有用的

## 4.1　创建动态系统模型的要素

用户可以用 Simulink 软件包建模、仿真和分析模型输出随时间而改变的系统，这样的系统通常是指动态系统。利用 Simulink 可以搭建很多领域的动态系统，包括电子电路、减振器、刹车系统和许多其他的电子、机械和热力学系统。

使用 Simulink 仿真动态系统包括两个过程。首先，利用 Simulink 的模型编辑器创建被仿真系统的模型方块图，系统模型描述了系统中输入、输出、状态和时间的数学关系；然后，根据用户输入的模型信息使用 Simulink 在一个时间段内仿真动态系统。本节综合给出了用户在 Simulink 中创建动态系统模型时需要理解和掌握的所有建模要素。

### 4.1.1　方块图

Simulink 方块图是动态系统数学模型的图形化描述。动态系统的数学模型是由一组方程来表示的，而由方块图模型所描述的数学方程就是众所周知的代数方程、微分方程和/或差分方程。

一个典型的动态系统方块图模型是由一组模块和相互连接的线(信号)组成的，这些方块图模型都来源于工程领域，如反馈控制系统理论和信号处理理论等。每个模块本身就定义了一个基本的动态系统，而方块图中每个基本动态系统之间的关系就是通过模块之间相互连接的线来说明的，方块图中的所有模块和连线就描述了整个动态系统。

方块图模型中的每个模块都属于一个特定的 Simulink 模块类型，模块的类型决定了模

块的输出、输入、状态与时间的关系。在建立系统模型图时，Simulink 方块图中可以包含任意数目、任意类型的模块。关于模块的类型，这里介绍两个关键的概念——Simulink 中的模块包括非虚拟模块和虚拟模块。非虚拟模块是基本系统，虚拟模块则是为了模型方块图组织结构的方便化而建立的，它在模型方块图所描述的系统方程定义中不起任何作用，如 Bus Creator 模块和 Bus Selector 模块就是虚拟模块，它们的作用只是把信号"捆绑"在一起用来简化方块图，而且也增加了模型的可读性。

在 Simulink 中，方块图(或者说模型)表示的是"基于时间的方块图"。这个含义如下：

(1) Simulink 方块图定义了信号和状态变量的时间关系，方块图的解是通过求解整个时间过程中所有的函数方程来获得的，这个时间过程就是由用户指定的"起始时间"开始，至用户定义的"终止时间"结束，每次计算都是在一个时间步内求解这些函数关系。

(2) 信号表示的是整个时间范围内的量值，在方块图的起始时间到终止时间之间的每个时间点上都定义了信号。

(3) 信号和状态变量之间的关系是通过模块所表示的一组方程定义的，每个模块都是由一组方程(也称为模块方法)组成的。这些方程定义了输入信号、输出信号和状态变量之间的关系，方程定义中的所有值称为参数，也就是方程中的系数。

### 4.1.2 系统函数

每个 Simulink 模块的类型都是与一组系统函数相关联的，系统函数指定了模块的输入、状态和输出之间的时间关系。这个系统函数包括：

● 输出函数 $f_\text{o}$：表示的是系统输出、输入、状态和时间的关系。

● 更新函数 $f_\text{u}$：表示的是系统离散状态的将来值与当前时刻、输入和状态之间的关系。

● 微分函数 $f_\text{d}$：表示的是系统连续状态对时间的微分、模块当前状态值和输入之间的关系。

系统函数可以表示为：

$$y = f_\text{o}(t, x, u) \qquad \text{输出函数}$$

$$x_{\text{d}_{k+1}} = f_\text{u}(t, x, u) \qquad \text{更新函数}$$

$$x'_\text{c} = f_\text{d}(t, x, u) \qquad \text{微分函数}$$

这里，$x = \begin{bmatrix} x_\text{c} \\ x_{\text{d}_k} \end{bmatrix}$，$t$ 是当前时间，$x$ 是模块的状态，$u$ 是模块的输入，$y$ 是模块的输出，$x_\text{d}$

是模块离散状态的微分，$x_\text{c}'$ 是模块连续状态的微分。在进行仿真的过程中，Simulink 利用系统函数计算系统的状态值和输出值。

### 4.1.3 状态

Simulink 模块可能包含有状态，状态(*state*)是确定模块输出的变量，它的当前值是模块状态和(或)前一时刻输入值的函数。含有状态的模块必须存储前一时刻的状态值，用以计算当前时刻的状态值，因此说，状态是可以保持的。由于含有状态的模块必须存储前一时刻的状态值和(或)输出值用以计算当前时刻的状态值，因此这样的模块也一定都需要内存。

模块的输出是模块输入、状态和时间的函数，描述模块输出对输入、状态和时间的特定函数取决于模块的类型。Simulink 模型有两种状态类型：离散状态和连续状态。连续状态是连续变化的，如汽车的位置和速度；离散状态是连续状态的近似，这些状态在有限的时间间隔(周期性或非周期性)内进行更新(重新计算)，例如，在数字里程表中显示的汽车位置就是离散状态，这些位置在每秒内进行更新。如果离散状态的时间间隔趋近于零，那么离散状态也相当于连续状态。

Simulink 模块明确定义了模型的状态，尤其是需要某些先前时刻的输出或所有输出才能计算当前输出的模块。这些模块明确定义了两个时间步之间需要保存的一组状态，因此说，这样的模块都是有状态的。图 4-1 是含有状态的模块中输入、输出和状态的图形表示。

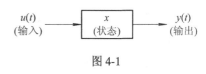

图 4-1

模型中状态的总数是模型中所有模块定义的所有状态之和。为了确定模型中的状态总数，Simulink 需要分析模型中所包含的模块类型，然后再确定模块类型所定义的状态数目。Simulink 会在仿真汇编阶段执行这个工作。

举例来说，Simulink 的 Integrator(积分器)模块就是一个含有状态的模块。Integrator 模块输出的是由仿真起始时刻到当前时刻的输入信号的积分值，当前时刻的输出值取决于在此时刻之前 Integrator 模块的所有输入值。事实上，积分值只是 Integrator 模块的一个状态。再举一个例子，Simulink 的 Memory 模块也是一个含有状态的模块，Memory 模块存储当前仿真时刻的输入值，并在此时刻之后输出这些值，因此 Memory 模块的状态就是前一时刻的输入值。

Simulink 的 Gain 模块是个无状态模块，Gain 模块的输出值是输入信号值乘以增益常数，它的输出完全是由当前的输入值和增益来决定的，因此 Gain 模块没有状态。此外，Sum 模块和 Product 模块也是无状态模块，它们的输出均是当前输入的函数，因此都是无状态的。

### 1. 连续状态

计算连续状态需要知道状态的变化率或微分，由于连续状态的变化率自身也是连续的(也就是，它自身也是一个状态)，因此计算当前时间步上连续状态的值需要从仿真的起始时刻开始对状态的微分值进行积分，这样，在 Simulink 中建立连续状态的模型需要 Simulink 能够表示积分操作并描述每一时刻上状态微分的计算过程。Simulink 方块图使用 Integrator 模块表示积分过程，并利用与 Integrator 模块相连的一串操作模块表示计算状态微分的方法，这串与 Integrator 模块相连的模块实际上就是图形化的常微分方程(ODE)。

通常，除了简单动态系统外，对由常微分方程所描述的真实世界动态系统中状态的积分是不存在解析法的，对状态积分需要利用称为 ODE 算法的数值方法，这些不同的方法需要在计算精度和计算负荷之间进行折衷选择。Simulink 给出了最通用的 ODE 积分方法的计算机实现，并允许用户在仿真一个系统时确定使用哪一种方法来积分由 Integrator 模块表示的状态。

计算当前时间步上连续状态的值需要从仿真的起始时刻开始对这个状态值进行积分，

数值积分的精度取决于两个时间步间隔的大小，通常，时间间隔越小，仿真精度越高。有些变时间步的 ODE 算法可以根据状态的变化率自动改变时间步的大小，以满足整个仿真期间的精度要求。Simulink 允许用户在选择定步长或变步长算法时均可指定仿真步长的大小，若要使计算负荷最小，则变步长算法会选择最大步长，这样，对于模型中变化最快的状态，Simulink 所选择的步长仍然能够满足用户指定的精度要求，也就保证了模型中计算的所有状态均满足用户指定的精度。

### 2．离散状态

计算离散状态需要知道当前时间和在此时间之前所有状态值之间的关系，Simulink 会在状态的更新函数中参考这种关系。由于离散状态不仅依赖于先前时间步的值，而且还依赖于模型的输出值，因此，在 Simulink 中建立离散状态的模型也需要建立状态与先前时间步上系统输入之间的关系模型。Simulink 方块图使用特定的模块类型，即离散模块来建立状态与系统输入之间的关系模型。

与连续状态一样，离散状态在设置上也可以限制仿真步长的大小，对于有些模型，如果要求模型状态的所有采样点都必须在仿真步上，那么必须明确指定仿真步长，Simulink 利用离散求解器来实现这些设置要求。Simulink 给出了两种离散求解器：定步长离散求解器和变步长离散求解器。定步长离散求解器确定满足模型中所有离散状态的所有采样时间的固定步长，而不考虑在采样时刻状态是否改变；相比之下，变步长离散求解器会根据状态的改变而改变步长，以确保采样时间只在状态值发生改变的时刻。

### 3．混合系统的状态

混合系统是既有离散状态，又有连续状态的系统。严格地说，混合系统模型应该是既有离散采样时间，又有连续采样时间的模型，这些采样时间都来自于离散状态和连续状态。求解这样的系统模型，在选择步长时既要能满足对连续状态积分的精度要求，又要满足对离散状态采样时间的限制，因此，Simulink 利用传递由离散求解器确定的下一个采样时间作为连续求解器的附加限制来实现这个要求，也就是说，连续求解器选择的步长在步进仿真的同时必须不能超过下一个采样时间。连续求解器可以缩短下一个采样时间的步长以满足它的精度限制，但即使精度满足要求，它所选择的步长也不能越过下一个采样时刻。

## 4.1.4　模块参数

Simulink 中的许多标准模块的关键属性都是可以参数化的。例如，Simulink 的 Gain 模块中的 **gain** 变量就是一个参数。每个参数化模块都有一个在编辑或仿真模型时用以设置参数值的对话框，用户可以使用 MATLAB 表达式指定参数值，Simulink 会在仿真运行前求取表达式的值。当然，用户也可以在仿真运行期间改变参数值，也就是说，可以用交互的方式确定最适合的参数值。

一个参数化模块可以用来表示一组相似模块。例如，在创建模型时，用户可以分别把每个 Gain 模块的 **gain** 参数设置为不同的值，从而让每个 Gain 模块执行不同的任务，正因为 Simulink 允许用每个标准模块来表示一组相似模块，所以，模块的参数化大大提高了标准 Simulink 模块库的建模能力。

Simulink 中许多模块的参数都是可调的，可调参数(*tunable parameter*)是指在 Simulink

仿真模型的过程中，用户可以改变这些参数的数值。例如，Gain 模块的 **gain** 参数是可调的，当进行仿真运算时，用户可以改变模块的 **gain** 值。如果模块的参数不可调，则在运行仿真期间，Simulink 会关闭设置参数的对话框。正因为如此，为了提高仿真的执行速度，除了用户希望改变的参数外，用户可以将模型中的所有其他参数均指定为不可调，这可以加快大模型的执行速度，而且也会加快代码的生成速度。

## 4.1.5　模块采样时间

标准的 Simulink 模块包括连续模块和离散模块，连续模块对连续变化的输入信号进行连续响应，而离散模块只对采样时刻(即固定时间间隔的整数倍时刻)的输入信号进行响应。所有的 Simulink 模块都有采样时间，包括没有定义状态的模块，如 Gain 模块。

连续模块可以有无限小的采样时间，称为连续采样时间；离散模块可以通过 **Sample Time** 参数指定采样时间，离散模块在两个连续的采样时刻之间会一直保持其输出值。举例来说，Constant 模块及 Continuous 模块库中的模块都是连续模块，Discrete Pulse Generator 模块和 Discrete 模块库中的模块都是离散模块。

此外，有许多 Simulink 模块既可作为连续模块，也可作为离散模块，这取决于激励这些模块的模块是连续模块还是离散模块，如 Gain 模块。对于这些既不是连续模块也不是离散模块的模块，用户可以指定隐含的采样时间，也就是从模块输入端继承的采样时间，如果模块的任一输入是连续的，那么隐含的采样时间也是连续的，否则，隐含的采样时间就是离散的。而且，如果所有输入的采样时间是输入最短时间的整数倍，那么隐含的离散采样时间就等于最短的输入采样时间，否则，隐含的采样时间就等于输入的基本采样时间 (*fundamental sample time*)。一组采样时间的基本采样时间被定义为这组采样时间的最大整数因子。

Simulink 可以为方块图标注颜色，用以表示模块所包含的采样时间，如黑色(连续模块)、洋红(常值)、黄色(混合)、红色(最快的离散模块)等。

## 4.1.6　用户模块

Simulink 允许用户创建用户模块库，而且用户可以在之后的建模过程中使用自建的模块。用户模块的创建可以利用图形的方式，也可以通过编程来实现。

如果要用图形的方式创建用户模块，则必须绘制模块的方块图，然后把这个方块图放置到 Subsystem 模块中，并为 Subsystem 模块提供一个参数对话框。如果要用编程的方式创建模块，则必须编写 M 文件或编写包含模块系统函数的 MEX 文件(读者可以阅读第 12 章 "编写 M 语言 S-函数")，最终的结果文件被称为 S 函数，然后将 S 函数与用户所创建系统模型中的 Simulink S-Function 模块相关联，用户可以通过把模型中 S-Function 模块放置到 Subsystem 模块中，并为该 Subsystem 模块添加参数框的方式为用户的 S-Function 模块添加参数框。

## 4.1.7　系统和子系统

Simulink 方块图可以包含层级，每一层定义了一个子系统，也就是用相互连接的子系统建立复杂系统的模型。子系统是整个方块图的一部分，实际上对方块图的含义没有任何影响，它主要是在方块图的结构组织上提供帮助，使用户的模型图更易读，但它不能定义一个独立的方块图。用户可以用 Subsystem 模块和 Simulink 模型编辑器来创建子系统，也可以在子系统内嵌套任意层的子系统来创建层级子系统。此外，用户也可以创建依条件执行的子系统，这样的子系统只有在触发或使能输入时才可以执行。

Simulink 把子系统类型分为虚拟子系统或原子子系统。对于虚拟子系统，它是一个虚块，只是用于图形显示目的，并不改变整个模型的执行顺序，当确定模块的更新顺序时，Simulink 会忽略虚拟子系统的边界。与此相反，对于原子子系统，Simulink 在执行到下一个模块之前会执行子系统内的所有模块，依条件执行的子系统也是原子子系统。缺省时，无条件执行的子系统都被作为虚拟子系统处理。当然，如果要求在执行任意模块之前必须执行所有的子系统，那么用户也可以将一个无条件执行子系统指定为原子子系统。

此外，当准备执行模型仿真时，Simulink 会生成一个内部"系统"，这个系统是需要求值的一组模块方法集(即方程)。基于时间的方块图并不要求建立这样的系统，Simulink 建立这样的内部系统的目的主要是作为管理模型执行的一种手段。严格地说，Simulink 把顶层方块图系统作为一个系统，称为根系统，其他来自于非虚拟子系统和模型中其他元素的系统作为底层系统，用户可以在 Simulink 的调试器窗口中看到这些系统。实际上，创建这个内部系统的动作就是常说的平铺模型层级。

## 4.1.8　信号

Simulink 使用术语"信号(*Signal*)"来表示模块的输出值，用户可以指定信号的属性，包括信号名称、数据类型(如 8 位、16 位或 32 位)、数值类型(实数或复数)以及信号维数(一维或二维数组)。Simulink 中的许多模块都可以接收或输出任意数据类型、任意数值类型和任意维数的信号，而其他模块则对可以选择的信号属性进行了限制。

在 Simulink 方块图中，带有箭头的线表示信号，信号的源对应于 Simulink 在计算模块算法(方程)的过程中将数据写入到信号中的模块，称为该模块的输入模块。在求解模块算法(方程)的过程中，输入模块提供的这些信号，求解模块则依据用户指定的时间步读取信号。

## 4.1.9　模块方法和模型方法

Simulink 中的模块可以表示多个方程，这些方程在 Simulink 中被描述为模块方法，当用户执行方块图时，Simulink 会求取(或执行)这些模块方法的值。这些模块方法的求取在仿真循环内执行。

### 1. 模块方法

Simulink 会为模块方法所执行的函数类型指定类型名称，共用的方法类型包括：

● **Outputs**：给定当前时间步上模块的输入和先前时间步上的模块状态，计算模块输出。

● **Update**：给定当前时间步上模块的输入和先前时间步上模块的离散状态，计算模块的离散状态值。

● **Derivatives**：给定先前时间步上模块的输入和状态值，计算当前时间步上模块连续状态的微分值。

对于不同的模块类型，模块方法以不同的方式执行相同模块类型的操作。Simulink 的用户接口和文档使用圆点来标识由模块方法执行的特定函数：BlockType.MethodType。

例如，Simulink 把计算 Gain 模块输出的方法表示为 Gain.Outputs。在仿真过程中，Simulink 调试器会遵守这个命名规则，并使用模块名称来指定方法类型和调用这个方法的模块，如 gl.Outputs。

### 2. 模型方法

除了模块方法，Simulink 也提供了一组计算模型属性和模型输出的方法，在仿真过程中，Simulink 会同样调用这些方法来确定模型的属性和输出，模型方法通常通过调用相同类型的模块方法来执行不同的任务。例如，模型的 Outputs 方法根据模型指定的顺序调用它所包含模块的 Outputs 方法来计算模型的输出。模型的 Derivatives 方法同样也会调用它所包含模块的 Derivatives 方法来确定模型状态的微分。

## 4.1.10　仿真算法

Simulink 利用模型提供的信息，在指定的时间段内连续计算动态系统的状态来仿真动态系统，这个仿真计算系统模型状态的过程就是模型解算的过程。当然，没有任何一个解算算法适用于所有系统，因此，Simulink 在 Simulation Parameters(仿真参数)对话框中设置了一组算法程序，用户可以在 solvers(算法)参数中选择最适合自己模型的仿真算法。

### 1. 定步长算法和变步长算法

Simulink 算法分为定步长算法和变步长算法两类。

● 定步长算法：顾名思义，仿真步长是固定不变的，这些算法依据相等的时间间隔来解算模型，时间间隔称为步长。用户可以指定步长的大小，或者由算法自己选择步长。通常，减小步长可以提高仿真结果的精度，但同时也增加了系统仿真所需的时间。

● 变步长算法：在仿真过程中，步长是变化的。当模型的状态变化很快时，减小步长可提高精度，而当模型的状态变化很慢时，可增加步长以避免不必要的计算步数。当然，在每一步中计算步长势必增加了计算负荷，但却减少了仿真的总步数，而且对于快速变化的模型或具有分段连续状态的模型，在保证其所要求的精度的前提下缩短了仿真时间。

### 2. 连续算法和离散算法

Simulink 提供了连续算法和离散算法。

● 连续算法：利用数值积分来计算当前时间步上模型的连续状态，当前时刻的状态是由在此时刻之前的所有状态和这些状态的微分来决定的。对于离散状态，连续算法依赖模型中的模块来计算每个时间步上模型的离散状态值。

目前,有很多种数值积分算法可以求取动态系统连续状态的常微分方程(ODE),Simulink 提供了多种定步长和变步长的连续算法,用户可以根据自己的实际模型来选择这些算法。

● 离散算法：主要用来求解纯离散模型，这些算法只是计算下一步的仿真时刻，而不进行其他的运算。它们并不求解连续状态值，而且这些算法依赖模型中的模块来更新模型的离散状态。

Simulink 有两种离散算法：定步长离散算法和变步长离散算法。缺省时，定步长算法选择一个步长，选择的步长足以使仿真速度跟踪模型中最快速变化的模块；变步长算法可调整仿真步长，以便与模型中离散状态的实际变化率相一致，这对于多速率模型来说可以避免不必要的仿真步数，并因此缩短仿真时间。

---

**注意**：用户可以选择连续算法而不是离散算法来求取既包含连续状态，也包含离散状态的模型，这是因为离散算法无法处理连续状态。如果用户为连续模型选择了离散算法，那么 Simulink 会忽略用户的选择，而使用连续算法来求解模型。

---

## 4.2  Simulink 开放式动态系统建模

真实世界中到处都是动态系统，有些动态系统本身就是自然存在的，而有些动态系统则是人为建立起来的。例如，生物有机体和弹球的运动等就是固有的动态系统；而热力学中的自动控制系统(可以使房屋保持舒适的温度)，汽车的速度控制系统，飞机的自动驾驶仪系统，实现电话通讯的信号处理系统等，都是人工的动态系统。动态系统可以看做是由许多基本的动态系统组成的，如以人体为例，它包含着抗感染系统和维持体温平衡系统，以及许多其他的功能系统。

可以把动态系统看做为一个整体或对象，它存在着外部激励("输入")，并产生响应("输出")，如果以方块图形式表示，则这样的系统可以用包含输入和/或输出的模块来描述，如图 4-2 所示。

图 4-2

Simulink 方块图是动态系统数学模型的图形化描述。动态系统的数学模型由一组方程组成，这些数学方程就是众所周知的代数方程、微分方程和/或差分方程。在给定的时间点上，这些方程可以看做是系统输出响应(输出)、系统输入激励(输入)、系统当前状态、系统参数和时间之间的关系，系统状态可以看做是系统结构动态变化的数值描述。例如，在建立简单的钟摆物理系统时，系统的状态是钟摆的当前位置和速度；同理，过滤信号的信号处理系统可以把先前的一组输入看做为系统状态。系统参数是系统静态结构的数值描述，也可以看做为系统方程的常数。对于钟摆系统，钟摆的长度就是系统的参数。

动态系统可以是连续系统和/或离散系统。举例来说，用户可以用 Simulink 建立汽车的防抱死刹车系统，这个系统可以在给定条件下运行。在整个制动系统内，用户可以建立其他子系统的模型，同时，用户也可以利用仿真结果观察整个制动系统是如何操作的，并了解制动块相对于制动盘的滑动情况。在真实系统中，制动盘上制动块的强度在整个刹车过程中是连续变化的，Simulink 把这个系统建模为连续系统处理。但汽车中的制动系统也有可能存在离散系统，例如，汽车上有可能使用计算机芯片来控制制动块作用在四个轮子上的准确制动力，运行在计算机芯片上的软件是以某个时钟频率操作的，这种操作是离散变化的，因此只有一个离散的时间量值来控制汽车的制动系统。对于这样的制动系统，整个系统就是由连续系统和离散系统组成的。

Simulink 的主要设计目的是建模、分析和实现动态系统。它提供了一个图形编辑器，用户可以利用模块库浏览器中的模块类型来创建动态系统模型。Simulink 中的模块库表示的是基本动态系统，这些模块称为内嵌模块。用户也可以创建自己的模块类型，即用户模块。

此外，Simulink 有一个开放式的用户接口，可以与其他方提供的工具交互使用。例如，它可以与 MathWorks 公司提供的产品和第三方产品协同工作，从而简化了动态系统的建模工作。图 4-3 说明了 MathWorks 公司提供的一些工具，这些工具可以帮助用户设计、分析和实现动态系统。

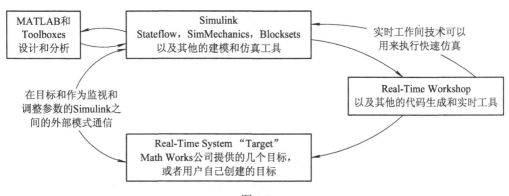

图 4-3

Simulink 提供了丰富的动态系统建模功能，这些功能可以由某些特定的组件进行扩展，如 Stateflow 用于事件驱动系统，SimMechanics 用于建模物理系统，许多模块库如 DSP Blockset 用于信号处理领域。如果用户建模的系统已经超过了仿真环境的配置，那么用户可以用实时工作区(Real-Time Workshop)和相关的组件为模型方块图自动生成更优化的代码，然后用 MathWorks 提供的实时目标设计组件执行系统模型。此外，许多目标都支持 Simulink 环境中的监视和参数调整功能，从而可以查看实时系统中的信号并改变系统参数。正因为如此，在整个 Simulink 模型设计的任何时候，用户都可以利用 MATLAB 功能和许多工具箱来分析仿真或实时查看运行结果，或改进模型设计。

## 4.3　动态系统数学模型分类

在动态系统的分析和设计中，有四种常用的数学模型类型：常微分方程(ODEs)、差分方程、代数方程和混合方程。

### 4.3.1　常微分方程

常微分方程由两个方程组成：输出方程和微分方程，如图 4-4 所示。

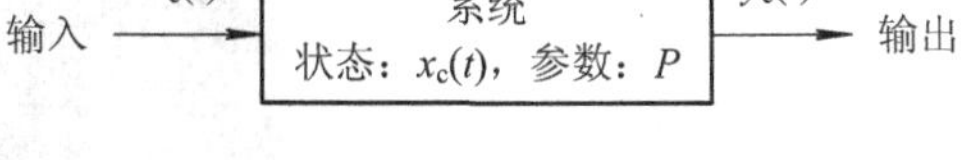

输入 $\xrightarrow{u_c(t)}$ 系统 状态：$x_c(t)$，参数：$P$ $\xrightarrow{y_c(t)}$ 输出

输出：$y_c(t)=f_c(t,\ x_c(t),\ u_c(t),\ P)$
微分：$\dot{x}_c(t)=g(t,\ x_c(t),\ u_c(t),\ P)$
时间：$t$

图 4-4

输出方程在给定的时间，以系统的输入、状态、参数和时间为函数计算系统的当前输出；微分方程是常微分方程，以系统的输入、状态、参数和时间为函数计算在当前时刻状态的导数。这种模型类型适用于跟踪响应连续时间函数的系统，这样的连续时间系统通常

为物理系统，即机械系统、热力学系统或电子系统。对于简单系统，利用输出方程和微分方程就可以求取输出响应 $y(t)$，但是对于大多数复杂的实际系统，系统的响应是通过对状态的数值积分来得到的。

Simulink 利用 Integrator 模块实现微分方程中的积分算法，积分器是构成动态系统的基本模块。在建立系统模型时，用户需要首先确定积分器的数目，一个积分器就表示一阶微分，通过积分把导数量转变为状态量从而确定系统的状态。例如，如果方程中包含 $y$ 的二阶导数，则需要两个积分器，一个积分器输入 $d^2y/dt^2$，并输出 $dy/dt$；另一个积分器输入 $dy/dt$，并输出 $y$。实现的状态量之间的关系如图 4-5 所示。

$$\ddot{y} \xrightarrow{\int} \dot{y} \xrightarrow{\int} y$$

图 4-5

在每个积分块中给出了各变量的初始条件，并利用原始方程建立各个状态之间的代数关系。

> **注意：** 由于 Simulink 求解器处理连续状态的方式所决定的，不提倡使用导数模块以相反的方式建立方程，因此只有当微分方程中包含输入的导数时才可以使用导数模块(这时的输入是已知的)。

这里举一个 ODE 方程的例子，如以 65 公里/小时在公路上奔驰的汽车。我们的直觉告诉我们，汽车的当前位置(也就是汽车里程表上读取的数)与汽车当前的速度有关。假设 1:00 时，汽车里程表的读数是 1000 公里，那么在 3:00 时里程表的读数就会是 1130 公里，然后用 1130 减去 1000 再除以时间差(3:00–1:00 = 2 小时)，得到 65，即平均速度。这样的计算可能会随着时间范围的缩小而更加精确，当时间趋近于 0 时，我们得到相对于时间的位置导数，也就是即时速度(汽车速度表中读取的数)。从数学的角度讲，汽车的位置可以表示为状态 $x_c(t)$，则速度表示为 $\dot{x}_c(t)$，它是位置对时间的导数。假设汽车一直匀速行驶，那么这个行驶系统的 ODE 方程为

$$\begin{cases} y(t) = x(t) \\ \dot{x}(t) = 65 \end{cases}$$

假设初始条件为 $x(0) = 1000$，建立的 Simulink 方块图模型如图 4-6(a)所示，运行模型后的仿真结果如图 4-6(b)所示。

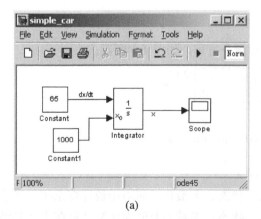

(a)

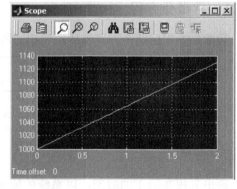

(b)

图 4-6

对这个简单系统来说，我们可以求取输出响应。但是，大多数系统是无法求解的，即使有解，要解算出结果将非常困难。例如，对上面这个汽车运动系统，我们忽略了许多实际系统中的因素，如空气阻力、滚动摩擦、重力、发动机控制系统、航迹控制系统等。

Simulink 模型可能是线性模型也可能是非线性模型。大多数真实世界中的系统都是非线性的，线性模型通常是在满足某些规则下的非线性系统的近似。线性模型的好处就在于在分析和设计线性系统时存在着大量的数学描述形式。Simulink 处理线性模型和非线性模型的能力有助于解决线性理论和实际的非线性系统之间存在的差异。

## 4.3.2　差分方程

另一种描述系统的数学模型是差分方程。差分方程由两个方程组成：输出方程和更新方程，如图 4-7 所示。

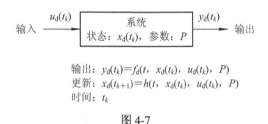

$$输出：y_d(t_k)=f_d(t,\ x_d(t_k),\ u_d(t_k),\ P)$$
$$更新：x_d(t_{k+1})=h(t,\ x_d(t_k),\ u_d(t_k),\ P)$$
$$时间：t_k$$

图 4-7

输出方程用系统的输入、先前时刻的状态、参数和时间的函数计算给定时刻的系统输出响应；更新方程是差分方程，它用系统的输入、先前时刻的状态、参数和时间的函数计算当前时刻的系统状态。这种模型类型适用于在离散时刻跟踪系统响应的系统。这种离散时间系统常常用来描述离散控制系统和数字信号处理系统。对于简单系统，使用输出方程和更新方程就可以获得系统的输出响应，但对于真实世界中大多数的复杂系统，系统响应是通过迭代进行求解的，在一段时间内，系统会反复利用输出方程和更新方程求解系统响应。

目前，大多数的离散时间系统都是人工动态系统，这是由于数字计算机、微型控制器和定制硅(FPGA，即特定用途集成电路)的发展带动了离散时间控制系统和信号处理系统的发展。例如，从控制房屋温度、汽车驾驶、飞机航行的控制系统到控制儿童玩具的控制系统等，都是用离散时间控制理论设计的，而且，在信号处理领域，信号处理理论也得到了很大发展，如改进的通信系统、音效质量等。

在设计离散时间系统时，Simulink 提供了丰富的建模模块，尤其是 Simulink 还支持多速率模型，也就是带有离散时间组件的系统模型可以有不同的采样速率。当在多任务环境下执行多速率模型时，这是很重要的方面，它保证了系统的完整性，因为在多任务模型中，每一任务是以不同的速率执行的。例如，如果信号要在一个任务中重新计算(更新)，而在另一任务中读取这个信号，那么必须确保这个系统不处于紊乱状况下，否则，第二个任务读取的就是受损的数据。

典型的多任务编程环境(如 C/C++/Java)利用 "notion"(类似 20 世纪 60 年代 Dijkstra 发明的信号装置)来限制对共享资源(如存储位置)的访问。对编程人员来说，在正确使用操作系统方面，最困难的莫过于合理协调多任务环境中的各个活动任务，许多系统就是因为采用了大量的代码复用和检测而导致失败。例如，1997 年 7 月发射的火星探测器就是由于系统任务的优先权倒置而导致了失败。

　　Simulink 在进行多任务模型设计时使用了不同的方法，也就是模型可以直接配置在多任务环境中而不必考虑系统的完整性问题。特别是 Simulink 中的所有模块都可以有一个或多个采样时间，每一种采样时间可以应用到一个独立的任务中，当模块需要读取以不同采样时间更新的信号时，这时就出现了速率转换问题。在这种速率转换过程中，比较明确的一点就是，不同的任务正在访问共享资源——信号，因此，Simulink 提供了特定的速率转换模块，以确保系统的完整性，而且又满足离散时间理论，Simulink(和 Real-Time Workshop)会利用速率转换模块、Unit Delay 或 Zero Order Hold 模块自动处理这种情况。与此同时，Simulink 也提供了检测功能，以确保系统在多任务环境中的正确建模。正因为 Simulink 在建立多速率系统的同时又保证了系统的完整性，从而大大简化了动态系统的建模和设计过程。

### 4.3.3　代数方程

　　另一种描述系统的数学模型是代数方程，它需要在每一时刻都求解系统输出，如图 4-8 所示。

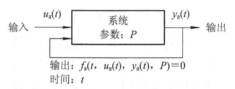

图 4-8

　　对于简单系统，很容易就能求得系统的输入和输出，但实际的代数方程通常用数值方法(包括扰动和迭代)进行迭代求解。以下面这组代数方程为例：

$$\begin{cases} y(t) = u(t) - g(t) \\ g(t) = 2y(t) \end{cases}$$

可以求得：

$$y(t) = u(t) - 2y(t)$$

$$y(t) = \frac{1}{3}u(t)$$

　　如果 $u(t)$ 是常数，例如是 6，那么可以求得在整个时间范围内 $y(t) = 2$。这个方程可以用 Simulink 方块图建模为如图 4-9 所示的形式。

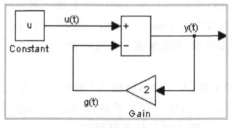

图 4-9

这个例子说明了在编程和数学方程之间一个非常重要的问题，正如我们前面已经提到的，在 Simulink 模块之间的连接定义了数学关系，尤其是方程中的 "=" 表示了数学上的一种相等关系。对于第一次使用 Simulink 的用户，容易混淆的就是把 Simulink 模块看做了编程操作，如果我们把方程中的 "=" 解释为赋值关系，那么就会得到不同的结果。这里，我们把上面的方程直接转换为 MATLAB 的 M 代码，并赋值 $u(t)=6$，即

>> u = 6;

>> y = u-2*y

??? Undefined function or variable 'y'.

结果是错误的，这是因为我们使用了先前的 $y$ 值为变量 $y$ 赋值，MATLAB 无法确定先前的 $y$ 值。为了避免错误，必须先选择一个 $y$ 值，这里随机选择一个 0 值，即

>> u = 6;

>> y = 0;

>> y = u-2*y

y =

　　　6

这与数学方程求解的值不同，这是因为在程序中赋值与数学含义的相等是完全不同的。这就是为什么我们看到的只是 Simulink 定义的数学关系，而不是执行程序操作的原因。

## 4.3.4　组合系统

另一种描述系统数学模型的是组合方程，这类方程中包含了上述三种模型类型，大多数真实世界中的复杂系统都属于这种类型。这类系统包含输出方程、微分方程、更新方程和某些其他方程，如图 4-10 所示。

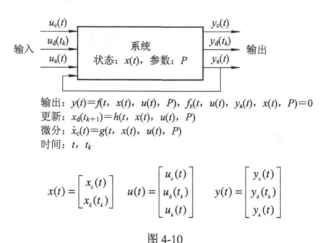

图 4-10

求解这类系统的输出响应需要利用上面讨论的几种解算方法，因为这类系统内部包含了由输出和状态所定义的关系(方程)。例如，有的组合方程定义了微分变量的有限积分关系，这种关系需要由一组方程来表达，包括输出方程、更新方程、微分方程和过零方程，过零方程定义了有限积分中的上限和下限时间。再举一个组合方程的例子，由使能方程和禁止(关闭使能)方程定义的状态和信号之间的关系也属于这类系统，这两个方程确定了系统执行过

程中激活或关闭部分子系统的时间。

在上面讨论的四种系统方程类型中都有一个系统固有特性，就是系统的采样时间。采样时间是系统在一个时间范围内跟踪系统输入、状态或输出的时间间隔，根据采样时间的不同，系统可以描述为离散时间系统、连续时间系统和混合系统。

离散时间系统以有限的时间间隔跟踪系统响应，如果令这个有限的时间间隔趋近于零，那么离散时间系统也就变成了连续时间系统。时间间隔可以是周期性的或非周期性的。非周期率系统有时是指非匀速率系统，意思就是对系统响应的跟踪不是匀速的，非匀速率系统可以归为组合系统，它利用附加方程(GetTimeOfNextVarHit)确定求解系统方程的时间。连续时间系统是系统响应连续变化的系统，连续时间信号在整个数值积分区间(使用最小时间步)是连续改变的。混合系统是由离散时间系统和连续时间系统组成的系统。

如果系统只有一个采样时间，那么这个系统就是单速率系统；如果系统有多个采样时间，那么这个系统就是多速率系统。多速率系统可以用单任务模式或多任务模式执行。

系统也可以用数值积分的算法类型进行分类：定步长系统是使用定步长算法的系统，定步长算法实际就是用指定的方法计算系统在下一时刻(采用固定时间间隔)的连续状态；变步长系统使用变步长算法，变步长算法实际就是用隐式或显式计算下一个非周期时刻的连续状态值。通常，变步长算法使用误差控制来调整采样时间间隔的大小，以使系统满足希望的误差容限。

事实上，除了基本系统，描述动态系统的数学模型都涉及复杂的数学转换，每个基本转换都可以归类为上面所论述的一种简单系统。因此，一个复杂的动态系统可以用多个不同的简单动态系统进行建模，这种简单系统相互连接的图示性描述就是现在的方块图。方块图模型现在已经成为表述系统的一种标准形式，在教科书、图纸设计、期刊论文以及说明书中广泛采用这种方式来描述动态系统。

## 4.4  建立方程模型

对于初学 Simulink 的读者，难点之一就是如何建立方程的模型，这里给出的几个例子告诉读者如何建立数学方程的 Simulink 模型，以及在建模时的一些技巧及注意事项。

### 4.4.1  建立代数方程模型

**例 4-1**  摄氏温度转换为华氏温度。

这里以房屋热力学系统中的温度转换方程为例，利用 $T_F = 9/5(T_C) + 32$ 方程可将摄氏温度转换为华氏温度。为了建立该方程的模型，首先必须明确构成该模型的模块：

- Ramp 模块：属于 Sources 库，可以输入温度信号；
- Constant 模块：也属于 Sources 库，可以定义常值，如 32；
- Gain 模块：属于 Math 库，可以实现 9/5 乘以输入信号；
- Sun 模块：也属于 Math 库，可以实现加法运算；
- Scope 模块：属于 Sinks 库，可以显示输出信号。

接下来，将这些模块放置在模型窗口中，如图 4-11 所示。

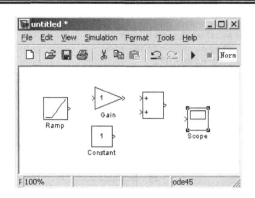

图 4-11

用鼠标分别双击 Gain 模块和 Constant 模块，打开这些模块，并输入合适的参数值，然后单击 Close 按钮应用数值并关闭对话框。现在，连接这些模块，得到的系统模型图如图 4-12 所示。

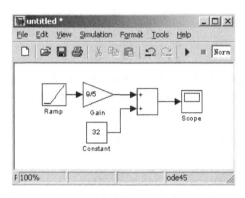

图 4-12

从图中可以看到：Ramp 模块用于输入华氏温度，打开这个模块后，将 **Initial output** 参数设置为 0；Gain 模块用于将常值 9/5 乘以输入温度；Sum 模块用于将结果值与 32 相加求和，并输出摄氏温度。这样就建立了温度转换方程的模型。

**例 4-2**　实现简单变换器。

使用模块库中提供的模块设计这样一个系统：将滑块的位置转换成速度，使位置区间 x=0 到 1 对应于速度区间 v=45mph 到 95mph，即满足位置和速度函数 v=50x+45，将仿真时间设置为 inf。这个系统将作为我们后面即将设计的一个系统的输入。要求在同一个示波器中观察位置信号和速度信号，并将信号输出到工作区，在工作区中绘制曲线。

按照要求，选择的 Simulink 模块组件如下：

● Sources 库中的 Constant 模块；

● Math Operations 库中的 Slider Gain 模块和 Gain 模块；

● Signal Routing 库中的 Mux 模块；

● Sinks 库中的 Scope 模块。

这里用 Slider Gain 模块实现位置输入 x，该模块是个滑动增益模块，系统的模型图如图 4-13 所示。

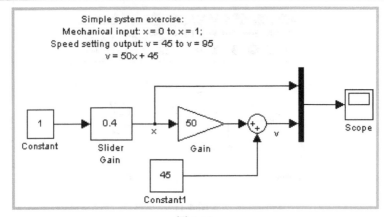

图 4-13

**例 4-3** 逻辑判断方程的实现。

我们来建立下面这个简单的代数系统，系统的输出只与当前的输入值有关，而且随着仿真时间的继续在两个不同的代数方程之间切换。

$$\begin{cases} y = 2*u & \text{if } t > 5 \\ y = 10*u & \text{if } t \leq 5 \end{cases}$$

这里使用 Signal Routing 模块库中的 Switch 模块实现切换功能。Switch 模块有三个输入端口，它根据第二个输入端口(中间的输入)的值来判断输出第一个输入端口(最上面的端口)或第三个输入端口(最下面的端口)的值，因此，第一个输入和第三个输入被称为数据输入，而第二个输入则被称为控制输入。图 4-14 是 Switch 模块的参数对话框。

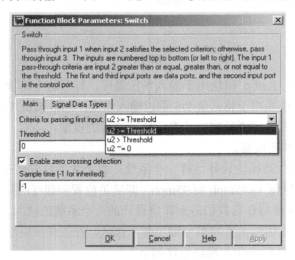

图 4-14

对话框内有一个 **Criteria for passing first input** 参数，该参数作为输出第一个输入端口值的判定准则，用户可以选择控制端口大于或等于门槛值、大于门槛值、不等于门槛值这三个条件。如果控制输入满足准则，则输出第一个端口的值，否则输出第三个端口的值。**Threshold** 参数是门槛值。这里，需要用 Switch 模块的第二个端口作为一个逻辑值的驱动，利用 Clock 时钟模块、Constant 常值模块和 Relational Operator 关系模块判断时间是否满足给定的条件。随着仿真时间的继续，Switch 模块在 t>5 时切换到第一个输入，而当 t≤5 时切换到第二个输入。Gain 模块用来表示代数关系。最后建立的系统模型图如图 4-15 所示。

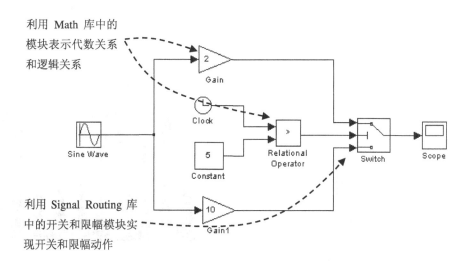

图 4-15

图 4-16 是模型的输出波形，从图中可以看到，系统在 t 大于 5 秒后波形发生了改变。

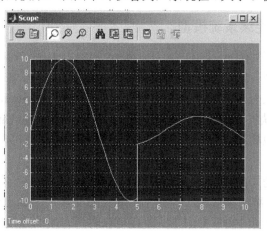

图 4-16

**例 4-4**　幅度调制。

**要求**：产生一个调幅信号，信号源(source)为锯齿波信号，选择单位幅值和频率，载波(carrier)为正弦波信号，单位幅值，频率为 100 rad/sec，利用双边带抑制载波调制，即输出 output = source × carrier，在同一个示波器上观察调制信号和调制后的 AM 调幅信号。

**解答**：

根据系统要求，选择的 Simulink 模型组件如下：

● Sources 库中的 Sine Wave 模块和 Signal Generator 模块；

● Math Operations 库中的 Product 模块；

● Signal Routing 库中的 Mux 模块；

● Sinks 库中的 Scope 模块。

其中，Signal Generator 模块用来生成锯齿波(sawtooth)，设置锯齿波幅值为 1，频率为 1 Hz；设置 Sine Wave 模块参数，幅值为 1，频率为 100 rad/sec，构建的系统模型如图 4-17(a) 所示。接下来，在仿真参数对话框内设置仿真时间为 10 个时间单位，仿真的最大步长 **Max step size** 为 0.002。运行仿真，在示波器上显示调制信号和调制后的 AM 调幅信号如图 4-17(b) 所示。

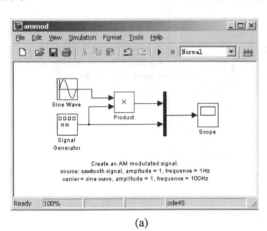
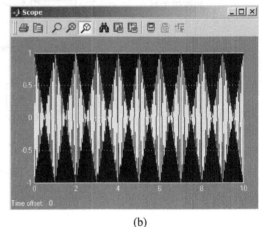

(a)　　　　　　　　　　　　　　　　　　　(b)

图 4-17

## 4.4.2　建立简单的连续系统模型

这里给出微分方程 $x'(t) = -2x(t) + u(t)$，$u(t)$ 是幅值为 1，频率为 1 rad/sec 的方波。可以这样建立该方程的模型：Integrator 模块对输入 $x'$ 积分，求得 $x$，Signal Generator 模块是信号发生器，可以产生信号波形。打开模块参数对话框，在 **Wave form**(波形)选项区内选择 **square**(方波)，但要把缺省单位改变为 **radians/sec**，即把模型中的 **Units** 参数选择为 **rad/sec**。这个模型中需要的其他模块还有 Gain 模块和 Sum 模块，这里也可以用 Scope 模块观察输出信号。

在这个模型中，为了改变 Gain 模块的方向，可以先选中这个模块，然后用 Format 菜单下的 **Flip block** 命令翻转模块。为了创建由 Integrator 模块的输出到 Gain 模块之间的分支线，可在绘制分支线的同时按下 **Ctrl** 键。现在可以将所有模块连接起来了，如图 4-18 所示。

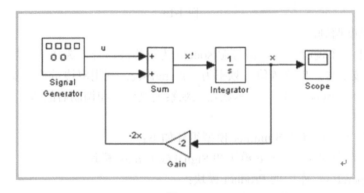

图 4-18

　　在这个模型中，一个很重要的概念就是由 Sum 模块、Integrator 模块和 Gain 模块构成的循环。在上面的微分方程中，$x$ 是 Integrator 模块的输出，同时它的输入也是 $x'$，这种关系是通过循环来实现的。

　　设置仿真时间为 10 秒，示波器中输出的波形如图 4-19 所示。

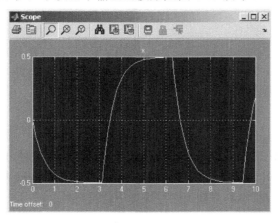

图 4-19

　　在这个例子中所创建的模型方程也可以表示成传递函数的形式，这样模型需要用 Transfer Fcn 模块实现传递函数，把 $u$ 作为模块的输入，$x$ 作为模块的输出，从而使模块实现 $x/u$。如果用 $sx$ 替代上述方程中的 $x'$，则会得到：

$$sx = -2x + u$$

求解得

$$x = \frac{u}{s+2} \quad \text{或者} \quad \frac{x}{u} = \frac{1}{s} + 2$$

　　Transfer Fcn 模块用模块对话框中的参数指定分子和分母的系数，这里分子为 1，分母为 $s+2$。对话框中的参数以 $s$ 的降幂排列指定方程式系数，如分子为[1](或者只写 1)，分母为[1 2]，这样模型就会变得比较简单。如图 4-20 所示，仿真的结果应该与前面的模型是一样的。

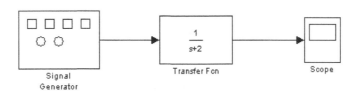

图 4-20

### 4.4.3　选择最佳的数学模型

　　通常，对于一个系统模型，用户可以有多种建模方法，选择一个最佳的数学模型进行建模，可以使 Simulink 执行的更快速、更准确。当然，这需要用户积累一定的经验，并了解 Simulink 执行仿真时的内部机制。这里以图 4-21 所示的简单的串联电路为例进行说明。

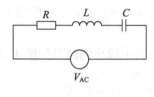

图 4-21

根据电路定律，$V_{AC}$ 等于电阻电压、电感电压和电容电压之和，假设电路中的电流为 $i$，$L$ 为电感，$C$ 为电容，则下列方程成立：

$$V_{AC} = V_R + V_L + V_C = Ri + L\frac{\mathrm{d}i}{\mathrm{d}t} + \frac{1}{C}\int_{-\infty}^{t} i(t)\,\mathrm{d}t$$

对于这个数学模型，在 Simulink 中进行建模时可以选择两种方法来求解：一种是求解电阻电压，一种是求解电感电压，不同的求解方式会影响 Simulink 模型的结构和仿真性能。先以电阻电压来求解 $RLC$ 电路方程，则结果如下：

$$Ri = V_{AC} - L\frac{\mathrm{d}i}{\mathrm{d}t} - \frac{1}{C}\int_{-\infty}^{t} i(t)\,\mathrm{d}t$$

在建立 Simulink 模型时，电阻电压等于电压源减去电容电压和电感电压。为了计算电流，在方程两边乘以 $1/R$，电容电压等于 $1/C$ 乘以电流的积分，电感电压等于 $L$ 乘以电流的微分。假设电阻 $R$ 等于 70，电容 $C$ 等于 0.00003，电感 $L$ 等于 0.04，则建立的 Simulink 模型图如图 4-22 所示。

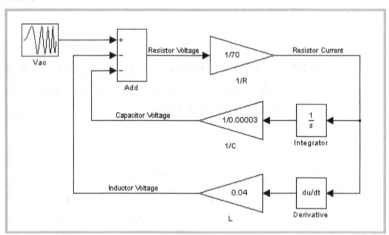

图 4-22

这个模型的数学公式中包含了一个微分模块，如果有可能，应该尽量避免在公式中引入微分。因为微分模块在系统中产生了一个不连续点，Simulink 使用数值积分来求解动态模型，为了满足精度限制，这些积分算法利用小步长进行方程解算，如果微分模块产生的不连续点太大，那么在解算时小步长是无法求解该微分模块的。

此外，在这个模型中，微分模块、求和模块和两个增益模块构成了一个代数循环，代数循环会降低模型的执行效率，而且也有可能降低仿真结果的精确性。

为了避免使用微分模块，需重新求解方程，即

$$L\frac{\mathrm{d}i}{\mathrm{d}t} = V_{\mathrm{AC}} - Ri - \frac{1}{C}\int_{-\infty}^{t} i(t)\,\mathrm{d}t$$

在这个方程中，电感电压等于电压源减去电阻电压和电容电压。为了得到电阻电压和电容电压，先要求出电流，电流等于电感电压的积分除以电感 $L$，电流乘以电阻 $R$ 等于电阻电压，电流的积分除以电容 $C$ 等于电容电压。按照这个方程建立的 Simulink 模型如图 4-23 所示。

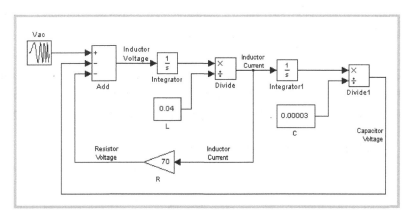

图 4-23

图 4-24 和图 4-25 是利用信号及示波器管理器观察(参看第 3.2 节)到的两个模型的电阻电压，图 4-24 是图 4-22 所示模型的电阻电压，图 4-25 是图 4-23 所示模型的电阻电压。

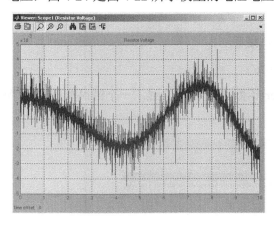

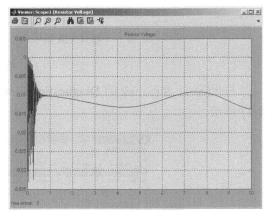

图 4-24　　　　　　　　　　　　　　　　　　　图 4-25

### 4.4.4　避免无效循环

Simulink 允许直接或间接(经过其他模块)将模块的输出连接到输入，从而创建一个循环。循环是非常有用的，例如，用户可以在方块图中用循环求解微分方程，或者建立反馈控制系统模型。但是，也有可能会创建 Simulink 无法仿真的循环，这种无效循环在进行仿真时会产生警告信息。通常产生的无效循环包括：

● 创建了无效的函数调用连接(*function call connections*)，或者试图更改函数调用中的输入/输出变量；

● 自触发子系统；

● 包含 Action 子系统的循环。

Port & Subsystems 库中的 Subsystems Examples 模块库中的模型示例说明了涉及触发和函数调用子系统的有效循环和无效循环。无效循环的模型示例包括：

● simulink/Port&Subsystems/s1_subsys_semantics/Triggered subsystem/s1_subsys_trigerr1；

● simulink/Port&Subsystems/s1_subsys_semantics/Triggered subsystem/s1_subsys_trigerr2；

● simulink/Port&Subsystems/s1_subsys_semantics/Function call systems / s1_subsys_fcncallerr3。

读者可以研究一下这些示例模型，这对于避免在模型中创建无效循环是非常有用的。

为了检测模型中是否包含无效循环，可从模型窗口的 **Edit** 菜单中选择 **Update diagram** 命令，如果模型中包含无效循环，则 Simulink 会高亮显示这个循环，如图 4-26 所示。

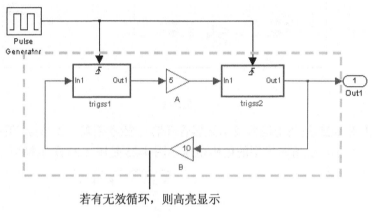

若有无效循环，则高亮显示

图 4-26

与此同时，Simulink 的 **Diagnostic Viewer**(诊断查看器)中会显示一个错误消息， 如图 4-27 所示。

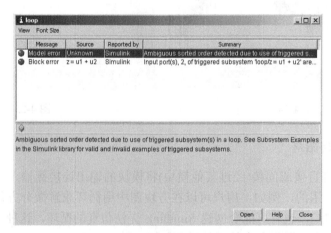

图 4-27

## 4.4.5　建模提示

这里给出几个在模型创建过程中非常有用的注意事项。

● 内存问题：通常，内存越大，Simulink 的性能越好。

● 利用层级关系：对于复杂的模型，在模型中增加子系统层级是有好处的，因为组合模块可以简化最顶级模型，这样在阅读和理解模型上就容易一些。

● 整理模型：结构安排合理的模型和加注文档说明的模型是很容易阅读和理解的，模型中的信号标签和模型标注有助于说明模型的作用，因此在创建 Simulink 模型时，建议读者根据模型的功能需要，适当添加模型说明和模型标注。

● 建模策略：如果用户的几个模型要使用相同的模块，则可以在模型中保存这些模块，这样在创建新模型时，只要打开模型并拷贝所需要的模块就可以了。用户也可以把一组模块放到系统中，创建一个用户模块库，并保存这个系统，然后在 MATLAB 命令行中键入系统的名称来访问这个系统。

通常，在创建模型时，首先在草纸上设计模型，然后在计算机上创建模型。在要将各种模块组合在一起创建模型时，可把这些模块先放置在模型窗口中，然后连线，利用这种方法，用户可以减少频繁打开模块库的次数。

# 第 5 章　Simulink 仿真设置

本章介绍在 Simulink 下仿真动态系统模型时的一些关键设置，其中包括仿真参数的设置方式，以及如何诊断仿真错误和改善仿真性能。关于高级仿真参数的设置，读者可以参看第 7 章。本章的主要内容包括：

➢ 仿真基础　　　　　　如何启动、暂停、终止和交互仿真，以及如何诊断仿真错误
➢ 仿真参数对话框　　　如何使用仿真参数对话框指定仿真的起始时间、终止时间、仿真算法、仿真步长及其他的仿真选项
➢ 查看仿真轨迹　　　　如何利用 Simulink 中的输出模块以不同的方式查看仿真结果曲线
➢ 诊断仿真错误　　　　如何使用仿真诊断查看器(Simulation Diagnostic Viewer)诊断仿真错误
➢ 改善仿真性能和精度　介绍改善仿真性能和精度的几种方法

## 5.1　仿 真 基 础

在 Simulink 中运行模型仿真时通常需要两个过程：首先，指定不同的仿真参数，如求解模型的算法、仿真的起始时间和终止时间、最大步长等；然后启动仿真，Simulink 会从指定的起始时间开始到终止时间运行仿真。在仿真运行过程中，用户也可以用多种方式交互影响仿真，如中止仿真或结束仿真，也可以同时运行其他模型的仿真程序。如果在仿真过程中有错误产生，则 Simulink 会停止仿真，并打开一个故障诊断查看器，以帮助用户查找和确定仿真过程中产生错误的原因和位置。

### 5.1.1　设定仿真参数

Simulink 中模型的仿真参数通常在仿真参数对话框内设置。这个对话框包含了仿真运行过程中的所有设置参数，在这个对话框内，用户可以设置仿真算法、仿真的起止时间和误差容限等，还可以定义仿真结果数据的输出和存储方式，并可以设定对仿真过程中错误的处理方式。

首先选择需要设置仿真参数的模型，然后在模型窗口的 **Simulation** 菜单下选择 **Configuration Parameters** 命令，打开 **Configuration Parameters** 对话框，如图 5-1 所示。

在 **Configuration Parameters** 对话框内用户可以根据自己的需要进行参数设置。当然，除了设置参数值外，也可以把参数指定为有效的 MATLAB 表达式，这个表达式可以由常值、工作区变量名、MATLAB 函数以及各种数学运算符号组成。参数设置完毕后，可以单击

**Apply** 按钮应用设置，或者单击 **OK** 按钮关闭对话框。如果需要的话，也可以保存模型，以保存所设置的模型仿真参数。

关于仿真参数对话框内各选项参数的基本设置方式，将在下一节中详细介绍。

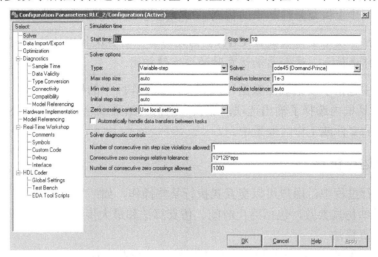

图 5-1

## 5.1.2　控制仿真执行

Simulink 的图形用户接口包括菜单命令和工具条按钮，如图 5-2 所示，用户可以用这些命令或按钮启动、终止或暂停仿真。

若要模型执行仿真，可在模型编辑器的 **Simulation** 菜单上选择 **Start** 命令，或单击模型工具条上的"启动仿真"按钮 。

Simulink 会从 **Configuration Parameters** 对话框内指定的起始时间开始执行仿真，仿真过程会一直持续到所定义的仿真终止时间。在这个过程中，如果有错误发生，系统会中止仿真，用户也可以手动干预仿真，如暂停或终止仿真。

在仿真运行过程中，模型窗口底部的状态条会显示仿真的进度情况，同时，**Simulation** 菜单上的 **Start** 命令会替换为 **Stop** 命令，模型工具条上的"启动仿真"按钮 也会替换为"暂停仿真"按钮 ，如图 5-3 所示。当仿真结束时，计算机会发出蜂鸣声，通知用户仿真过程已结束。

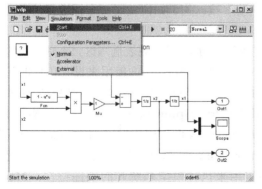

图 5-2　　　　　　　　　　　　　　　　　　　　　图 5-3

仿真启动后，**Simulation** 菜单上的 **Start** 命令会更改为 **Pause** 命令，用户可以用该命令或 "暂停仿真" 按钮▫暂时停止仿真，这时，Simulink 会完成当前时间步的仿真，并把仿真悬挂起来。这时的 **Pause** 命令或暂停按钮也会改变为 **Continue** 命令或 "运行" 按钮▶。若要在下一个时间步上恢复悬挂起来的仿真，可以选择 **Continue** 命令继续仿真。

> **注意**：用户可以用键盘快捷键 **Ctrl+T** 启动仿真。当再次按下快捷键 **Ctrl+T** 时，
> 可终止仿真，这和启动仿真时的快捷键相同。

如果模型中包括了要把输出数据写入到文件或工作区中的模块，或者用户在 **Simulation Parameters** 对话框内选择了输出选项，那么，当仿真结束或悬挂起来时，Simulink 会把数据写入到指定的文件或工作区变量中。

### 5.1.3  交互运行仿真

在仿真运行过程中，用户可以交互式执行某些操作，如：
- 修改某些仿真参数，包括终止时间、仿真算法和最大步长。
- 改变仿真算法。
- 在浮动示波器或 Display 模块上单击信号线以查看信号。
- 更改模块参数，但不能改变下面的参数：
  - ➢ 状态、输入或输出的数目；
  - ➢ 采样时间；
  - ➢ 过零数目；
  - ➢ 任一模块参数的向量长度；
  - ➢ 内部模块工作向量的长度。

需要注意的是，在仿真过程中，用户不能更改模型的结构，如增加或删除线或模块，如果必须执行这样的操作，则应先停止仿真，在改变模型结构后再执行仿真，并查看更改后的仿真结果。

## 5.2  设置仿真算法

本节介绍 **Configuration Parameters** 对话框内基本仿真参数的设置方式，用户也可以在 MATLAB 命令行中用 **sim** 和 **simset** 命令设置这些参数。关于如何使用命令行进行仿真，读者可以参看第 8 章 "使用命令行仿真"。

从图 5-1 中可以看到，仿真参数对话框的左侧是 **Select** 树状列表选项区，选择不同的节点命令，将在对话框的右侧出现该项的设置面板。其中，**Solver** 面板用来设置仿真的起止时间和仿真算法等选项；**Data Import/Export** 面板用来设置用户把数据输出到 MATLAB 工作区或者从 MATLAB 工作区中输入数据时的相关选项；**Optimization** 面板用来设置改善仿真性能和优化模型代码执行效率的相关选项；**Diagnostics** 面板用来设置 Simulink 在执行仿真时对模型进行的检测选项；**Hardware Implementation** 面板只适用于基于计算机的系统模型，如嵌入式控制器，利用这个面板可以指定用来执行模型系统时的硬件特性；**Model Referencing** 面板用来设置在其他模型中包含当前模型以及在当前模型中包含其他模型时的

选项，同时还可以设置编译选项；**Real-Time Workshop** 面板用于设置与实时工作区有关的选项，本书不对其进行介绍。这些选项面板中的设置参数对于模型仿真的准确性和仿真性能来说都起着非常重要的作用。

## 5.2.1　设置仿真时间

用户可以在 **Start time** 和 **Stop time** 文本框内输入新的数值来改变仿真的起始时间和终止时间，如图 5-4 所示。缺省时的起始时间为 0.0 秒，终止时间为 10.0 秒。

图 5-4

需要注意的是，仿真时间和实际的执行时间并不相同，例如，运行一个设置为 10 秒仿真时间的模型通常并不会花费 10 秒。计算机运行仿真程序所需要的时间取决于很多因素，通常包括模型的复杂度、仿真算法的步长以及计算机的速度等。

## 5.2.2　设置仿真算法

Simulink 模型的仿真需要计算仿真起始时间到终止时间之间每个时间步的输入、输出和状态值，这需要利用仿真算法来执行。

这里，我们按习惯将求解器称做仿真算法。通常，用来求解模型的仿真算法有很多，当然，没有任何一种算法适用于所有模型，因此，Simulink 对仿真算法进行了分类，并使每类算法可以解算一种特定类型的模型。用户可以在 **Solver** 选项页内选择最适合自己模型的仿真算法，可以选择的算法有：

- 定步长连续算法；
- 变步长连续算法；
- 定步长离散算法；
- 变步长离散算法。

### 1. 定步长连续算法

这种算法在仿真时间段(由起始时间到终止时间)内以等间隔时间步来计算模型的连续状态。它使用数值积分算法计算系统的连续状态，每个算法使用不同的积分方法，用户可以根据需要选择最适合自己模型的算法，当然，这需要了解不同积分算法之间的优缺点。使用定步长连续算法进行仿真的仿真结果的准确度和仿真时间取决于仿真步长的大小，仿真步长越小，结果越准确，仿真步长越大，仿真时间也就越长。

定步长连续算法可以用来处理包含连续状态和离散状态的模型。从理论上来说，定步长连续算法也能够处理包含非连续状态的模型，但是，这会增加仿真计算时的不必要开销。因此，若模型中没有状态或只有离散状态，则即使选择了定步长连续算法，Simulink 通常还会使用定步长离散算法进行求解。

若想为模型指定定步长连续算法，可先在 **Solver options** 选项区中的 **Type** 算法列表中选择 **Fixed-step** 选项，然后从相邻的 **Solver** 积分方法列表中选择一个选项，如图 5-5 所示。

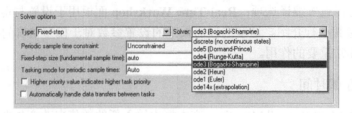

图 5-5

Simulink 把定步长连续算法分为两类：显式算法和隐式算法。

1) 显式算法

显式算法用显式函数计算下一时刻的状态值，即

$$x(n+1) = x(n) + h \times \frac{\mathrm{d}x(n)}{\mathrm{d}t}$$

这里，$h$ 是仿真步长。Simulink 提供的显式定步长连续算法如下：

- ode5：Dormand-Prince 法；
- ode4：RK4，四阶 Runge-Kutta(龙格-库塔)法；
- ode3：Bogacki-Shampine 法；
- ode2：Heum 法，也称为改进的 Euler(欧拉)法；
- ode1：Euler 法。

每个算法使用不同的积分方法计算模型的状态导数。这些算法是按照积分算法的复杂程度给出的，其中，ode5 是最复杂的积分算法，而 ode1 是最简单的积分算法。不管仿真步长是多少，积分算法越复杂，则仿真精度越高。

默认情况下，当为模型选择 **Fixed-step** 选项时，Simulink 会把仿真算法缺省设置为 ode3，也就是说，它会选择一个既可以求解连续状态，又可以求解离散状态，而且计算量适中的算法。用户可以选择 Simulink 提供的缺省值作为仿真步长，或者自己设置仿真步长。如果模型有离散状态，则 Simulink 会把仿真步长设置为模型的基本采样时间；如果模型没有离散状态，则 Simulink 会把仿真步长设置为仿真终止时间与仿真起始时间差值的 1/50，这种设置保证了在模型指定的采样时刻更新模型离散状态时，仿真过程能够捕捉到模型的状态更新。但是，ode3 算法无法保证精确地计算到模型的连续状态，为了获得希望的精度，用户可以选择其他的算法。

2) 隐式算法

隐式算法用隐式函数计算下一时刻的状态值，即

$$x(n+1) - x(n) - h \times \frac{\mathrm{d}x(n)}{\mathrm{d}t} = 0$$

这里，$h$ 是仿真步长。Simulink 只提供了一种隐式算法，即 ode14x(extrapolation，外推)法。这个算法使用牛顿法和外推法计算下一时间步上的模型状态值，因此还需要指定牛顿法的迭代次数和外推阶数。如图 5-6 所示，**Extrapolation order** 选项设置外推阶数；**Number Newton's iterations** 选项设置迭代次数。迭代次数越多，外推阶数越高，仿真精度也就越高，但是每个步长内的计算负荷也就越大。

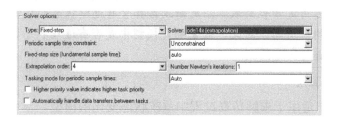

图 5-6

对于任何一个模型，只要给定足够的仿真时间和足够小的仿真步长，Simulink 利用任何一个定步长连续算法总能得到希望的仿真精度。但实际上这是不可能的，或者说是不现实的，因为很难确定哪一个仿真算法与仿真步长的组合能够在最短的时间内得到最佳的结果。对一个特定模型来说，确定一个最佳算法通常需要进行多次实验。

这里给出一种最有效的利用实验法确定模型最佳定步长仿真算法的方法。首先，为模型选择一种变步长仿真算法，并使仿真精度达到希望的要求，这样用户也就知道了仿真结果应该是什么样子的。接下来，使用 ode1 算法和缺省步长仿真模型，并把仿真结果与变步长算法的仿真结果进行比较，如果在希望的精度上结果是相同的，那么最佳的定步长仿真算法就是 ode1，这是因为 ode1 是最简单的定步长算法，在当前选择的步长下它的仿真时间是最短的。

如果 ode1 无法给出准确的结果，那么就选择另一个定步长算法，直到找到满足精度要求而且计算量又最小的算法。达到这种目的的最有效方式就是使用二进制搜索技术，首先试试 ode3，如果它给出了准确的结果，再试试 ode2，如果 ode2 也给出了准确的结果，那么 ode2 就是该模型的最佳算法，否则最佳算法就是 ode3。如果 ode3 没有给出准确的结果，那么试试 ode5，如果 ode5 给出了准确的结果，再试试 ode4，如果 ode4 给出了准确的结果，那么 ode4 就是这个模型的最佳算法，否则就是 ode5。

如果 ode5 也无法给出准确的结果，那么减小仿真步长，并重复上述过程，直到找到一个能够满足求解精度，又有较小计算量的算法。

### 2. 定步长离散算法

定步长离散算法与定步长连续算法一样，仿真结果的准确度和仿真时间也取决于仿真步长的大小：仿真步长越小，结果越准确；仿真步长越大，仿真时间也就越长。同样，如果模型有离散状态，则 Simulink 会把仿真步长设置为模型的基本采样时间；如果模型没有离散状态，则 Simulink 会把仿真步长设置为仿真终止时间与仿真起始时间差值的 1/50，这种设置保证了在模型指定的采样时刻更新模型离散状态时，仿真过程能够捕捉到模型的状态更新。

Simulink 提供了一种不执行积分的定步长算法，它适用于求解不包含连续状态的模型，也可以求解无状态模型或只有离散状态的模型。但它也有个最基本的限制，就是不能用于仿真有连续状态的模型。若要为模型指定定步长离散算法，可在 **Solver options** 选项页中的 **Type** 算法类型列表中选择 **Fixed-step** 选项，然后在相邻的 **Solver** 积分算法列表中选择 **discrete(no continuous states)**。

注意：如果试图用定步长离散算法更新或仿真含有连续状态的模型，则 Simulink
　　　会显示错误消息，因此，若要确定模型中是否有连续状态，则利用这个方
　　　法可以进行快速检测。

### 3. 变步长连续算法

变步长连续算法适用于求解仿真过程中系统状态变化的模型。当系统的状态快速变化时，这些算法可以减小仿真步长以提高仿真精度，而当系统的状态变化缓慢时，这些算法又可以增大步长以节省仿真时间。

若要为模型指定变步长连续算法，可先在 **Solver options** 选项页的 **Type** 算法类型列表中选择 **Variable-step** 选项，然后在相邻的 **Solver** 积分算法列表中选择一种方法，如图 5-7 所示。

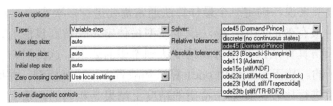

图 5-7

● ode45 是基于精确龙格-库塔(4，5)的 Dormand-Prince 算法，它是一步算法，也就是说，在计算 $y(t_n)$ 时，它只需要知道前一时刻的 $y(t_{n-1})$ 值。通常，对于大多数问题都可以先用 ode45 算法试解一下，正因为如此，ode45 就作为了 Simulink 求解连续状态模型的缺省算法。

● ode23 也是基于精确龙格-库塔(2，3)的 Bogacki-Shampine 算法，它在求解原始公差和有软钢体出现的模型上比 ode45 更有效。ode23 也是一步算法。

● ode113 是变阶的 Adams-Bashforth-Moulton PECE 算法，它在求解精确公差上比 ode45 更有效。ode113 是多步算法，也就是说，它通常需要知道前几个时刻的数值才能求解当前时刻的值。

● ode15s 是基于数值积分算法(NDFs)的变阶算法，它与前面微分算法(BDFs，也称为 Gear 算法)有关，但比 BDFs 效率高。与 ode113 一样，ode15s 也是多步算法，如果觉得要解决的问题是钢体模型，或者用 ode45 算法无效或效率低，可以试试 ode15s 算法。

● ode23s 是基于 2 阶 Rosenbrock 算法的一个改进算法，因为它是一步算法，所以在处理原始公差问题上比 ode15s 更有效，它也可以解决一些 ode15s 无法解决的钢体问题。

● ode23t 是使用"任意"插值的梯形积分法，如果模型中有适度的钢体，而且又想用一种不产生数值衰减的方法求解问题，则可以使用这种算法。

● ode23tb 是 TR-BDF2 实现，也就是第一阶段用精确龙格-库塔算法，第二阶段用 2 阶后向微分算法，从结构上来说，两个阶段在求值上都使用了相同的迭代矩阵。与 ode23s 一样，这个算法在处理原始公差问题上比 ode15s 更有效。

注意：对于钢体问题，解算的结果在一个小时间段内可能会改变，当然，这个小
　　　时间区域与积分间隔相比是非常短的，但是它所造成的影响可能会在相当
　　　长的时间范围内影响整个解算结果。那些为非钢体问题而设计的算法在解

算结果缓慢变化的时间区域内是无效的，因为这些算法使用的时间步是非常小的，足以用来解决最快速变化的模型。对于 ode15s 和 ode23s 算法，它会在数值上生成 Jacobian(雅可比)矩阵。

### 4. 变步长离散算法

Simulink 提供了一种不进行积分，但执行过零检测的变步长离散算法，即列表中的 **discrete(no continuous states)** 选项。对于没有连续状态的模型，以及含有要求过零检测的连续信号和(或)含有以不同采样时间操作的离散模块的模型，都可以使用这种算法。如果用户未明确指定定步长离散算法，而且模型中也没有连续状态，那么 Simulink 会使用这种算法作为离散模型的缺省算法。

Simulink 的定步长离散算法用固定大小的时间步来改进仿真，因此，即使模型中什么操作也不执行，它也要占用一个时间步的时间。与其不同的是，对于 Simulink 的变步长离散算法，当模型中什么操作也不执行时，它并不会花费一个时间步的时间，相反，当有动作发生时，它会调整时间步的大小来改善仿真。当然，依据模型的不同，这会大大减少仿真的步数，因此也就缩短了仿真时间。

> **注意：** 对于连续系统，求解器通过积分来计算状态，在任何模型的仿真过程中，只要步长是有限的，这个积分过程就是近似的。这就是为什么 MATLAB 中包含了不同的连续求解器，它们采用不同的方法来近似。对于离散系统，应该选择一个离散求解器，离散求解器可以是定步长和变步长的，定步长对于一个单速率系统来说是足够了，但用变步长求解多速率系统则更有优势。
>
> 定步长求解器在整个积分过程中采用相同的步长对积分进行近似；变步长求解器能够根据近似误差在仿真过程中自动调整步长，近似的方法和调整步长的方法对每个求解器是不同的。

缺省的仿真算法对大多数问题都给定了精度和有效解，但是，在某些情况下，改变算法有可能会改进仿真性能，这需要用户根据模型的实际情况来确定。

### 5. ode15s 的最高阶

当用户选择了 ode15s 算法时，在 **Solver options** 选项区内会增加 **Maximum order** 参数选项，如图 5-8 所示。这是因为 ode15s 算法是基于一阶到五阶的 NDF 公式，虽然阶数越高，算法的精确度越高，但模型的稳定性也下降了。如果模型是钢体问题，且对稳定性要求较高，则可以把最高阶数降为 2。此外，也可以尝试使用 ode23s 算法，它也是一种定步长低阶算法。

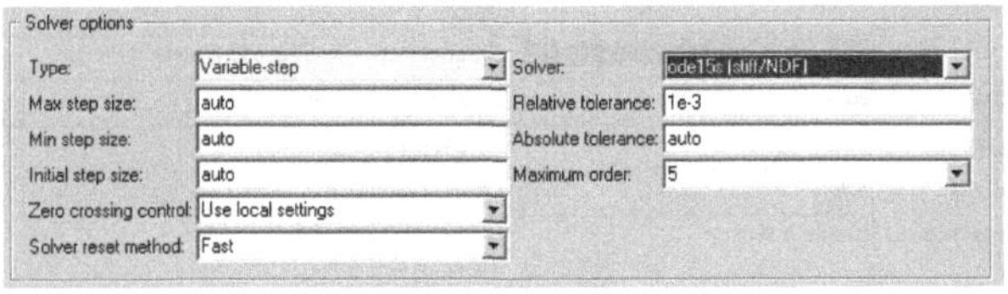

图 5-8

### 6. 多任务选项

如果用户选择了定步长算法，则在 **Configuration Parameters** 对话框的 **Solver options** 选项页内还会显示一个 **Tasking mode for periodic sample times**(模式)选项列表，如图 5-9 所示，用户可以在该选项的下拉列表中选择如下一种仿真模式。

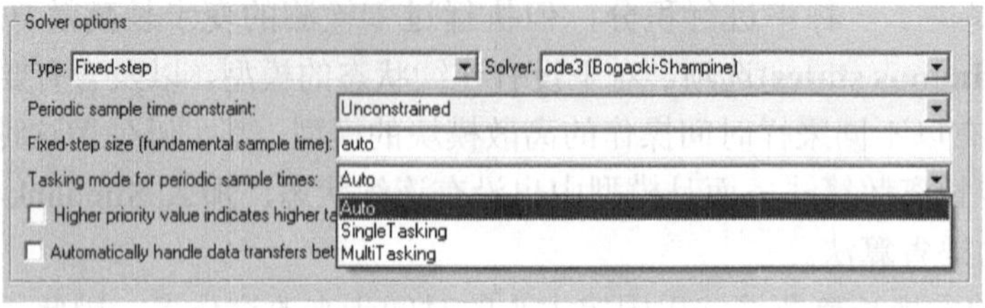

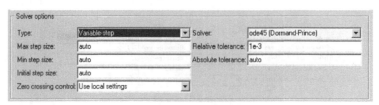

图 5-9

**MultiTasking**：这是多任务仿真模式，如果在这个模式下检测出在两个模块之间存在着不合法的采样速率，也就是以不同采样速率操作的模块被直接连接起来，那么系统在这个模式下就会发出一个错误消息。这在实时多任务系统中是非常重要的，因为如果两个任务之间存在着不合理的采样速率传输，那么当其中的一个任务需要另一任务的输出时，可能会造成无法获得该任务输出的结果。因此，在这种仿真模式下，通过系统检查这种传输，多任务模式可以帮助用户创建一个有效的、执行并行任务的实时多任务系统。

此外，用户可以用 Rate Transition 模块消除模型中不合法的速率传输。

**SingleTasking**：这是单任务仿真模式，这个模式无法检测模块之间的采样传输速率，如果用户创建的是单任务系统模型，则可以选择这种仿真模式，在这样的系统中，任务同步已经不再是一个问题。

**Auto**：这是缺省选项，它可以使 Simulink 自动选择仿真模式，如果所有的模块都使用相同的速率，则 Simulink 会使用单任务模式；如果模型中包含有以不同速率操作的模块，则会使用多任务模式。

## 5.2.3 设置仿真步长

对于变步长算法，用户可以根据模型的需要设置最大步长和建议的初始步长，缺省时，这些参数都是由 auto 值自动确定的；对于定步长算法，用户可以设置固定大小的步长，缺省值也是 auto。

### 1. 变步长连续算法步长

当选择变步长连续算法时，**Solver options** 选项区的步长设置选项如图 5-10 所示。

图 5-10

1) 最大步长

**Solver options** 选项区的 **Max step size** 参数用来控制算法使用的最大步长，它的缺省值是由仿真的起始时间和终止时间确定的，如果终止时间等于起始时间，或者终止时间是 inf，那么 Simulink 会把最大步长设置为 0.2 秒，否则，Simulink 按照下面的公式来设置最大步长：

$$h_{\max} = \frac{t_{\text{stop}} - t_{\text{start}}}{50}$$

通常，缺省的最大步长对于大多数模型都足以保证其精度。如果用户担心步长太大，算法有可能会漏掉模型中某些模块的重要动作，那么用户可以手动设置参数值，以防止步长过大。当然，如果用户设定的仿真时间区域太长，对于算法来说，按上述公式计算的仿真步长就可能太大了，这时可以减小步长。此外，如果模型中包含了某些周期性动作或接近周期性动作，而用户又知道这个周期，则可以把最大步长设置为该周期的一小部分(如周期的 1/4)。

需要说明的是，对于要求更多输出点的模型，从数据输入/输出面板中设置 **Output options**(输出选项)比减小最大步长更好一些，这在本书的第 5.3.4 节中会有详细介绍。

2) 初始步长

**Solver options** 选项区的 **Initial step size** 参数用来设置算法的初始步长。缺省时，算法会通过检验初始时刻的状态微分值来选择初始步长，如果第一个步长选得太大，则算法可能会越过模型初始时的某些重要动作。实际上，初始步长值是一个建议步长，它可以由算法试解来确定，如果计算结果不满足误差准则，则算法会重新选择并减小步长。

3) 最小步长

**Solver options** 选项区的 **Min step size** 参数用来控制算法的最小步长。如果算法需要更小的步长来满足误差容限，则它会发出警告信息以指出当前有效的相对误差。这个参数可以是大于零的实数，也可以是包含两个元素的一维向量，其中的第一个元素是最小步长，第二个元素是模型出现错误前可以发出的最小步长警告的最大次数。如果把第二个元素设置为 0，则会产生这样的错误，也就是算法在第一个时间步上使用的步长必须小于指定的最小步长，这就相当于在 **Diagnostics** 选项面板中将最小步长错误诊断(**Min step size violation**)项设置为 **error**。若把第二个元素设置为−1，则表示可以有无限次警告，如果该参数输入的是标量值，那么−1 值也就是向量值中第二个元素的缺省值。因此，对于 **Min step size** 参数，其缺省值是：作为第一个元素的最小步长取决于计算机的精度，第二个元素为无限次的警告次数。

**2. 变步长离散算法步长**

在选择变步长离散算法时，**Solver options** 选项区的步长设置选项如图 5-11 所示。

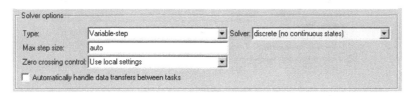

图 5-11

**Max step size**(最大步长)：这个选项指定的是变步长离散算法使用的最大步长，缺省时的选项为 auto，表示 Simulink 选择模型的最小采样时间作为算法的最大步长。

### 3. 定步长算法步长

在选择定步长算法时，**Solver options** 选项区的步长设置选项如图 5-12 所示。定步长连续算法和定步长离散算法的设置选项相同。

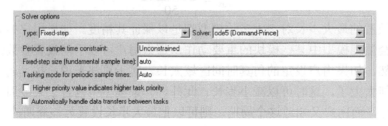

图 5-12

(1) **Periodic sample time constraint**(周期采样时间约束)：这个选项允许用户设置模型在定义采样时间上的一些约束条件。在仿真过程中，Simulink 会对模型进行检测，以确保模型能够满足这个约束，如果模型没有满足这个约束，则 Simulink 会显示错误消息。该选项可以设置的参数如下：

● **Unconstrained**：没有约束。如果选择这个选项，则 Simulink 会显示 **Fixed-step size**(**fundamental sample time**)选项，如图 5-12 所示，用户可以在该选项的文本框内输入定步长的大小。

● **Ensure sample time independent**：如果选择这个选项，则 Simulink 会对模型进行检查，以确保模型能够继承引用该模型的模型采样时间，而且不改变该模型的状态。如果为模型指定了仿真步长，那么模型就无法满足这个约束，因此选择这个选项时，Simulink 会隐藏步长选项，如图 5-13 所示。

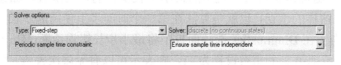

图 5-13

● **Specified**：如果选择这个选项，则 Simulink 会对模型进行检查，以确保模型在指定的一组有优先级别的周期采样时刻上正确执行。选择这个选项后，Simulink 会显示 **Sample time properties** 选项，如图 5-14 所示。

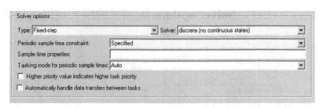

图 5-14

(2) **Fixed step size(fundamental sample time)**(定步长，即基本采样时间)：当 **Type** 算法类型选择 **Fixed-step** 选项，而且 **Periodic sample time constraint** 参数选择 **Unconstrained** 选项时，这个选项才会出现。缺省时，该选项为 **auto**，即由 Simulink 选择步长。如果模型指定了一个或多个周期采样时间，那么 Simulink 会选择指定采样时间的最小公分母作为模型的仿真步长，而这个基本采样时间可以确保仿真算法能够在模型定义的每个采样时刻上进行解算。如果模型没有定义任何周期采样时间，那么 Simulink 会把仿真时间除以 50 作为模型的仿真步长。

(3) **Sample time properties**(采样时间属性)：这个选项用来指定并分配模型采样时间的优先级，可在这个文本框内输入 N × 3 矩阵，行表示模型指定的采样时间，并按照由快到慢的速率排列。如果模型的基本速率与模型指定的最快速率不同，那么应该指定基本速率作为矩阵的第一个元素，然后按照由快到慢的顺序指定速率。

每一行的采样时间应该具有如下形式：[period，offset，priority]。这里，period 是采样时间段，offset 是采样时间偏移量，priority 是与这个采样速率相关的实时任务的执行优先级，最快的采样速率具有最高的优先级。例如，[[0.1，0，10]；[0.2，0，11]；[0.3，0，12]]表示这个模型指定了三个采样时间，它的基本采样时间是 0.1 秒，分配的采样时间优先级是 10，11，12，这个例子假设模型的较高优先级值表示的是较低的优先权，也就是没有选择 **Higher priority value indicates higher task priority** 选项。

如果模型在执行时只有一个速率，那么在这个文本框内应输入速率作为三元素向量，例如，[0.1，0，10]。当更新模型时，Simulink 会对照这个文本框检查模型定义的采样时间，如果模型定义的采样时间多于或少于文本框中指定的采样时间，则 Simulink 会显示一个错误消息。

(4) **Higher priority value indicates higher task priority**(优先级值越高，任务优先级越高)：如果选择这个选项，则模型会为较高优先级值的任务分配较高的优先权，这样，Rate Transition 模块会按照由低到高的速率转换原则依次处理较低优先级值速率和较高优先级值速率之间的异步转换；如果不选择这个选项(缺省值)，则模型会为较高优先级值的任务分配较低的优先权，这样，Rate Transition 模块会按照由高到低的速率转换原则依次处理较低优先级值速率和较高优先级值速率之间的异步转换。这是实时工作间中使用的一个选项。

(5) **Automatically handle data transfers between tasks**(自动在任务间执行数据转换)：如果选择这个选项，那么在模块之间有速率转换时，Simulink 会在这些模块之间插入隐藏的 Rate Transition 模块，以确保在数据转换过程中的数据完整性。

### 5.2.4  计算仿真步长

由于 Simulink 中的变步长求解器是根据积分误差来修改步长的，而模型中的状态通常都不能够被精确地计算出来，因此积分的误差值也同样是一个近似值。通常，求解器采用两个不同的阶次进行积分，然后计算它们之间的差值，作为积分误差。

对于模型中的连续状态，Simulink 通过对连续状态的微分值进行积分来求取连续量的状态值。图 5-15 说明了 Simulink 通过比较两种不同阶次积分之间的差异来求得近似的积分误差。

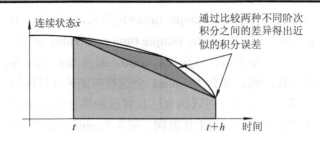

图 5-15

具体的计算方法根据求解器的不同而不同，如果积分误差满足绝对误差或相对误差，则仿真会继续进行；如果不满足，求解器会尝试使用一个更小的步长，并重复这个过程，直至积分误差满足误差容限。对于同一个求解器，求解器在选择更小步长时采用的方法也不尽相同，而且如果误差容许值或选择的求解器不适合所求解的系统，则步长可能会变得非常小，使仿真速度变得非常慢。

对于离散状态中的仿真步长，变步长求解器也考虑了系统中的离散状态。通常，求解器首先尝试最大步长(开始时采用初始步长 $h_0$)，如果在这个区间有离散更新 $h_t$($h_t<h_0$)，则求解器会减小步长，以与更新相吻合，之后再计算积分误差；如果误差准则满足要求，则进行下一步计算；如果不满足要求，则继续缩小时间间隔($h = h_t - h_{new}$)，减小步长重新计算积分误差，整个过程继续下去，直至满足误差要求为止。图 5-16 说明了变步长算法中离散状态的更新过程。

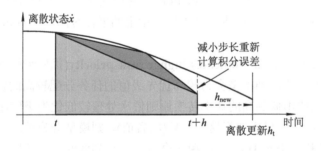

图 5-16

## 5.2.5　设置误差容限

Simulink 中的算法使用标准的局部误差控制法来监视每个时间步上的误差，在每个时间步内，算法会在时间步的结尾处计算模型中各模块的状态值，同时确定局部误差(*local error*)，即状态值的估计误差；然后比较局部误差和容许误差(*acceptable error*)，容许误差是相对误差(*rtol*)和绝对误差(*atol*)的函数，如果对于任何一个状态，状态的局部误差都大于容许误差，那么算法会减小步长并重新计算误差值。

Simulink 中的变步长求解器是根据积分误差来修改步长的，在步长计算过程中考虑了两个误差：相对误差和绝对误差。

● 相对误差(*Relative tolerance*)测量相对于每个状态的误差，它表示状态值的百分比，即状态的绝对误差除以状态值的百分比。相对误差的缺省值为 1e-3，也就是所计算的状态要精确在 0.1%内。

● 绝对误差(*Absolute tolerance*)是临界误差值，它是积分误差的绝对值，这个误差表示被测状态值趋近于零的程度。

对于模型中模块的第 $i$ 个状态，它的误差 $e_i$ 要求满足：

$$e_i \leqslant \max(\text{rtol} \times |x_i|,\ \text{atol}_i)$$

其中，rtol 是相对误差，adtol 是绝对误差，绝对误差和相对误差给出了误差的上限值，求解器必须满足其中的一个误差方能进行下一步计算。当状态值较大时，相对误差小于绝对误差，于是通常是相对误差控制模型仿真的执行进程；当状态值接近于零时，绝对误差小于相对误差，于是由绝对误差控制仿真的执行进程。

图 5-17 是模型中的一条状态曲线，图中绘出了由相对误差和绝对误差确定的容许误差区域。

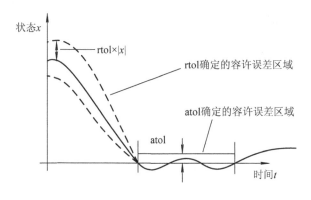

图 5-17

如果用户指定相对误差和绝对误差的参数值为 **auto**(缺省值)，那么 Simulink 会在初始时把每个状态的绝对误差设置为 1e-6，随着仿真过程的进行，Simulink 会把每个状态的绝对误差重新设置为状态所假设的最大值，即此时刻的状态与相对误差的乘积。这样，如果状态由 0 变化到 1，rtol 是 1e-3，那么到仿真结束时，atol 也就设置为 1e-3；如果状态由 0 变化到 1000，那么 atol 设置为 1；如果计算的设置值不合理，那么用户也可以自己确定合适的设置值。为了确定一个合理的绝对误差值，可能需要多次运行仿真。

用户可以在参数对话框内设置误差容限，如图 5-18 所示，其中 $\Delta x$ 表示 $x$ 的误差。高的容限值可以使仿真速度加快，但是可能会给出不准确的结果，甚至造成数值不稳定。

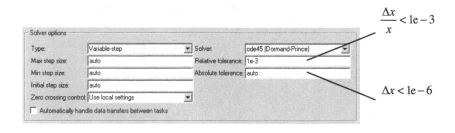

图 5-18

Simulink 中的某些模块，如 Integrator 模块、Transfer Fcn 模块、State-Space 模块和 Zero-Pole 模块，允许用户指定绝对误差值以求解模型状态和确定模型输出，为这些模块指定绝对误差值也就取代了在 Configuration Parameters 对话框内的全局设置。当然，如果全局设置无法为模型中的所有状态提供足够的误差控制，如这些状态的幅值变化范围比较大。那么可以用这种方法取代全局设置。

## 5.3 工作区输入/输出设置

选择 **Configuration Parameters** 对话框中 **Select** 选项区中的 **Data Import/Export** 选项，将显示数据输入/输出面板，如图 5-19 所示。这个选项面板是 MATLAB 工作区的输入/输出设置面板，用户可以在这个选项页内将仿真结果输出到工作区变量中，也可以从工作区中获得输入和变量的初始状态。

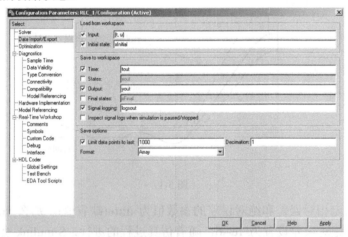

图 5-19

也可以在模型窗口中选择 **View** 菜单下的 **Model Explorer** 命令，打开 **Model Explorer** 对话框，并显示 **Data Import/Export** 子项，如图 5-20 所示。

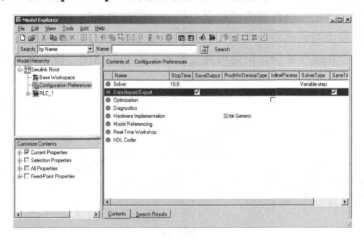

图 5-20

## 5.3.1  从基本工作区中装载输入

Simulink 在运行仿真期间，可以从模型的基本工作区中将输入应用到模型的最顶层输入端口，为了指定这个选项，应在数据输入/输出选项面板的 **Load from workspace** 区域内选择 **Input** 复选框，然后在相邻的编辑框内输入外部输入描述，并单击 Apply 按钮。

外部输入(例如，来自于工作区的输入)的格式可以从 **Save options** 选项区中的 **Format** 选项旁的下拉列表框内选择，如图 5-21 所示，可以选择的选项有 **Array**、**Structure**、**Structure with time**。

图 5-21

● **Array**：这是数组选项，它可以使 Simulink 求取 **Input** 复选框旁的表达式，并把表达式结果作为模型的输入。

对于模型来说，缺省的输入表达式为[t，u]，缺省的输入格式为 **Array**。因此，如果用户在基本工作区中定义了 t 和 u，那么只能选择 **Input** 选项从模型的基本工作区中输入数据。

表达式求取的必须是数据类型为 **double** 的实数(非复数)矩阵，矩阵的第一列必须是按升幂排列的时间向量，其他的列指定输入值，而且，每一列都表示不同 Inport 模块信号(按序列排列)的输入，每一行是对应时间点的输入值。如果打开了 Input 模块的模块参数对话框，并选择了该模块的 **Interpolate date** 复选项，如图 5-22 所示，那么 Simulink 会根据需要线性内插或外插输入值。

数据插
值选项

图 5-22

需要指出的是，输入矩阵的总列数必须等于 n+1，n 是模型中输入端口的信号总数。如果矩阵的输入信号数与模型端口的输入信号数不相同，则模型仿真时会发出错误消息。

注意：数组输入格式允许用户只能装载数据类型为 double 的实数(非复数)标量输入
　　　或向量输入，也可以使用非 double 类型的结构格式输入复数数据和矩阵(2-D)
　　　数据。

举例来说，假设要实现如下的代数方程模型：

$$y1 = \sin t + t - 1$$
$$y2 = 2 * \cos t$$

模型中有三个输入端口，每个端口接收一个输入信号，按方程的要求创建的 Simulink 模型
如图 5-23 所示。

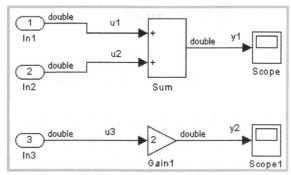

图 5-23

假设 **Data Import/Export** 选项面板中的 **Input** 文本框内定义了变量 t 和 u，并选择输入
的 **Format** 格式为 **Array**，在工作区中装载时间和信号输入如下：

　　t = [0: 0.1: 10]';

　　u = [sin (t)，t−1，cos(t) ];

这里，n 等于 3，输入矩阵[t，u]的总列数为 4。给定了输入信号后，在模型窗口中运行
仿真，打开示波器观察输出 y1 和 y2 信号曲线，仿真结果如图 5-24 所示。

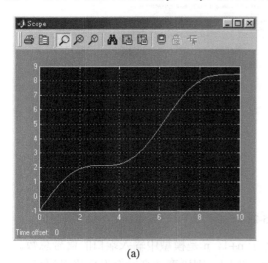
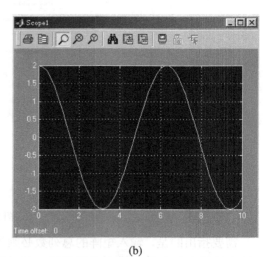

　　　　　　(a)　　　　　　　　　　　　　　　　(b)

图 5-24

● **Structure with time**：这个选项表示 Simulink 以带有时间定义的数据结构形式读取工作区中的数据。该结构的名称在 **Input** 文本框内指定，这个输入结构必须有两个顶层域：time 和 signals。time 域包含一个仿真时间列向量，signals 域包含一个子结构数组，每个子结构数组对应一个模型输入端口。

每个 signals 子结构还必须包含两个名称分别为 values 和 dimensions 的域。values 域必须包含相应输入端口的输入数组，每个输入与 time 域指定的时间点相对应。dimensions 域指定输入的维数。如果每个输入是标量值或向量值(1-D 数组)，那么 dimensions 域也必须是一个指定输入向量长度的标量值(对于输入的标量值，该长度值为 1)；如果每个输入是一个矩阵(2-D 数组)，则 dimensions 域必须是一个两元素向量，向量中的第一个元素指定矩阵的行数，第二个元素指定矩阵的列数。

如果一个端口的所有输入都是标量值或向量值，则 values 域必须是 M×N 数组，这里，M 是由 time 域指定的时间点数，N 是每个向量值的长度。例如，下面的代码创建了一个名称为 a 的结构，该结构向带有单个输入端口的模型装载数据类型为 int8 的两元素信号向量，信号向量中有 11 个时间采样点。

```
a.time = (0:0.1:1)';
c1 = int8 ([0:1:10]');
c2 = int8 ([0:10:100]');
a.signals(1).values = [c1 c2];
a.signals(1).dimensions = 2;
```

为了把这个数据装载到模型的输入端口，应该先选择 **Workspace I/O** 选项页中的 **Input** 复选框，并在输入表达式区域内输入 a。

如果一个端口的所有输入都是矩阵(2-D 数组)，那么 values 域必须是一个 M×N×T 数组，这里 M 和 N 是每个矩阵输入的维数，T 是时间点数。例如，假设用户想要为模型的某一输入端口输入一个 4×5 阶矩阵信号的 51 个采样时间点，则工作区结构中的对应 dimensions 域必须等于[4 5]，values 数组维数必须为 4×5×51。

再举例说明，如图 5-25 所示模型是一个有两个输入的系统。

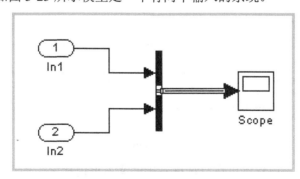

图 5-25

假设要在第一个输入端口输入一个正弦波，在第二个输入端口输入一个余弦波，那么在 MATLAB 工作区中按如下语句定义向量 a：

```
a.time = (0:0.1:10)';
a.signals(1).values = sin(a.time);
a.signals(1).dimensions = 1;
a.signals(2).values = cos(a.time);
a.signals(2).dimensions = 1;
```

然后打开模型的仿真参数对话框，选择 **Data Import/Export** 选项面板中的 **Input** 复选框，并在相邻的文本编辑框内输入 a，选择 **Structure with time** 作为 I/O 格式。运行仿真后，示波器中会显示正弦波和余弦波曲线。

● **Structure**：Structure 格式与 Structure with time 格式相同，不同的是时间域为空。例如，在上面的例子中，可以设置时间域为：a.time = [ ]；这样，Simulink 就会在第一个时间步上从输入端口数值数组中的第一个元素读取输入，在第二个时间步上从数组中的第二个元素读取输入，依此类推。

● **时间表达式**：时间表达式可以是任意的 MATLAB 表达式，这个表达式用来求取长度等于模型输入端口信号数目的行向量。例如，假设模型有一个向量输入端口，该端口接收两个输入信号，而且假设 timefcn 是用户定义的函数，该函数返回一个两元素行向量，那么对于这个模型，下面给出的都是该模型有效的输入时间表达式：

```
[3*sin (t)，cos (2*t) ]
4*timefcn (w*t )+7
```

Simulink 会在仿真的每个时间步上求取表达式的值，并将最终的结果值应用于模型的输入端口。需要注意的是，当运行仿真时，Simulink 会定义时间变量 t，这样，用户在表达式中可以忽略这个时间变量，Simulink 会把表达式 sin 看做 sin(t)。

### 5.3.2 把输出结果保存到工作区

在数据输入/输出选项面板的 **Save to workspace** 区域内，用户可以通过选择 **Time**、**States** 和/或 **Output** 等复选框指定返回到工作区中的变量，如图 5-26 所示。Simulink 会把指定的时间、状态和输出轨迹写入到工作区。

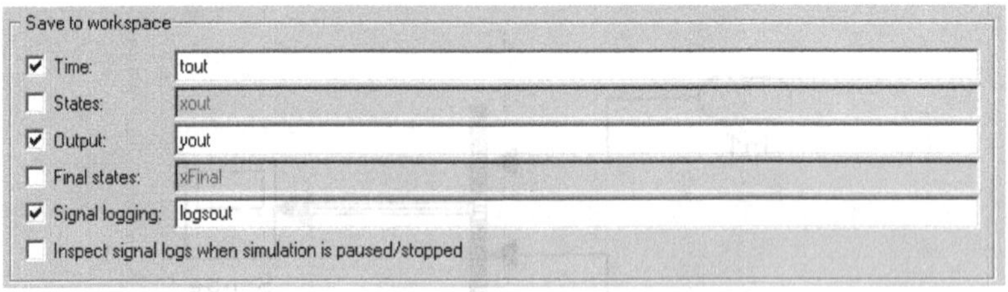

图 5-26

对于变量的名称，用户可以在复选框右侧的文本框内指定，如果要把输出数据写入到一个以上的变量中，可以用逗号分隔以指定各变量名称。

> **注意**：Simulink 会以模型的基本采样速率将输出保存到工作区中。如果用户想用不同的采样速率保存输出，则可以使用 To Workspace 模块。

**Save options** 选项区可以指定数据输出的格式，并可以限制所保存的输出值的数量。关于模型状态和输出的格式选项如下：

● **Array**：选择这个选项后，Simulink 会把状态和输出保存到状态数组和输出数组中。

状态矩阵的名称在 **Save to Workspace** 区域内指定(如 xout)，状态矩阵中的每一行对应于模型状态的时间采样点，每一列对应于状态中的一个元素。例如，假设用户模型有两个连续状态，每个状态是一个两元素向量，那么状态矩阵每一行中的前两个元素就包含着第一个状态向量的时间采样，每一行中的最后两个元素包含第二个状态向量的时间采样。

模型输出矩阵的名称也在 **Save to Workspace** 区域内指定(例如，yout)，矩阵中的每一列对应于一个模型输出端口，每一行中的元素对应指定时刻的输出值。

> **注意**：只有当模型的输出都是相同数据类型的标量或者向量(对状态来说，都是矩阵)，都是实数或者都是复数时，才能用 **Array** 格式保存模型的输出或状态。如果模型的输出和状态不满足这些条件，则可以用 **Structure with time** 输出格式保存数值。

● **Structure with time**：选择这个选项后，Simulink 会以数据结构保存模型的状态和输出，结构的名称在 **Save to Workspace** 区域内指定(例如，xout 和 yout)。

用来保存输出的结构有两个顶层域：time 和 signals。time 域包含一个仿真时间向量，signals 域包含一个子结构数组，每个子结构数组对应一个模型输出端口。而且，每个子结构有四个域值：values、dimensions、label 和 blockName。values 域指定的是相应输出端口的输出值，如果输出的是标量或向量值，则 values 域是一个矩阵，矩阵中的每一行表示一个输出，每一行中的元素值对应时间向量中特定时刻的输出；如果输出的是矩阵(2-D)值，则 values 域是一个三维数组 $M \times N \times T$，这里，$M \times N$ 是输出信号的维数，$T$ 是输出采样点的个数。如果 $T=1$，则 MATLAB 自动降为最低维数，因此，values 域就是 $M \times N$ 矩阵。dimensions 域指定的是输出信号的维数。label 域指定的是连接到输出端口或状态类型(连续或离散)的信号标签。blockName 域指定的是相应输出端口或模块的名称。

用来保存状态的结构与保存输出的结构有相似的构成，状态结构也有两个顶层域：time 和 signals。time 域指定的是仿真时间向量；signals 域指定的是子结构数组，每个子结构数组对应于模型中的一个状态。每个 signals 结构也有四个域：values、dimensions、label 和 blockName。values 域指定的是由 blockName 域中指定的模块状态的时间采样；对于内嵌模块，label 域指定状态类型，状态类型或者为 CSTATE(连续状态)，或者为 DSTATE(离散状态)。对于 S-Function 模块，标签包含由 S-Function 模块应用到状态中的任意名称。

状态的时间采样以矩阵值的形式存储在 values 域内，矩阵中的每一行对应一个时间采样，每一行中的每个元素对应于状态的一个元素，如果状态是矩阵，则矩阵以列主序列的形式存储在 values 数组中。例如，假设模型包含一个 $2 \times 2$ 矩阵状态，Simulink 记录了仿真运行期间状态值的 51 个采样点，那么，该状态的 values 域会是一个 $51 \times 4$ 矩阵，矩阵的每一行对应该状态的一个时间采样，每一行的前两个元素对应采样值的第一列，最后两个元素对应采样的第二列。

● **Structure**：这个格式与前面介绍的相同，不同的是，Simulink 不会在被保存结构中的 time 域内存储仿真时间。

> 注意：向工作区中保存数据可能会降低仿真速度，并消耗内存。为了避免这种情况，用户可以限制保存到工作区中的采样点数目，或者通过使用倍数因子跳过这些采样点。若要设置所保存的数据采样点的数目，可选择 **Limit data points to last** 复选框，并指定要保存的采样点数目。若要使用倍数因子，可在 **Decimation** 右侧的文本框内输入数值，例如，数值 2 表示每隔一个保存一个数据。

### 5.3.3　装载和保存状态

对于系统模型，仿真起始时刻应用的初始条件通常在模块中进行设置，在 **Data Import/Export** 选项面板内，用户可以通过指定 **States** 参数文本框中的内容来替代模块中设置的初始条件。用户也可以在 **Final states** 参数文本框内指定最终状态的存储变量，并保存当前仿真运行时的最终状态，然后把这些状态应用到后续的仿真中，见图 5-20。

如果用户想要保存稳态解，并用这些已知状态重新启动仿真，则可以利用这些特性，这些状态以用户在 **Data Import/Export** 选项面板中 **Save options** 区域内设置的格式存储。

设置装载和保存状态的方式如下：

● 若要保存最终状态(仿真结束时的状态值)，可选择 **Final State** 复选框，并在相邻的文本编辑框内输入变量。

● 若要装载状态，可选择 **Initial State** 复选框，然后指定包含初始状态值的变量名称，这个变量可以选择与存储最终状态的变量具有相同格式的矩阵或结构。这样，Simulink 就可以用 **Structure** 或 **Structure with time** 格式把当前会话期中的初始状态设置为前一个会话期中保存的最终状态。

● 如果未选择这些复选框，或者状态数组为空([ ])，那么 Simulink 会使用模块中定义的初始条件。

### 5.3.4　设置输出选项

**Configuration Parameters** 对话框中的 **Output options** 区域可以控制仿真生成的输出数目，可以选择如下三个选项：

● **Refine output**(精细输出)；

● **Produce additional output**(生成附加输出)；

● **Produce specified output only**(只生成指定输出)。

**Refine output**：当仿真输出结果太粗糙时，这个选项可以提供额外的输出点，以平滑结果曲线，它实际是在两个时间步之间增加输出点的数目，如图 5-27 所示。例如，精细因子 2 可在两个时间步之间再提供一个输出点。缺省时的精细因子为 1。

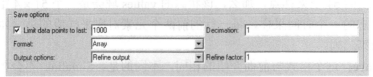

图 5-27

注意：如果用户想要获得比较光滑的输出曲线，可以增加精细因子，也可以减小
仿真步长，但改变精细因子比减小步长更快捷。当精细因子改变时，仿真
算法通过求取附加点处的扩展公式来增加输出点，但改变精细因子并不会
改变仿真步长。此外，如果在模型中产生了过零，则利用这个选项无助于
算法定位过零位置。

如果用户选择了 ode45 算法，则对于这种变步长算法，使用精细因子是最有用的，因
为 ode45 算法可以使用大步长，当图形化输出仿真结果时，这种大步长算法可能会造成输
出曲线不够光滑。这时可以试试较大的精细因子，并重新运行仿真。通常，数值为 4 的精
细因子都能提供更平滑的输出结果。

**Produce additional output：**这个选项可以使用户直接指定算法生成附加输出点的时间。
当选择这个选项时，Simulink 会在 **Save options** 选项区内显示一个 **Output Times** 文本框，
如图 5-28 所示。用户可以在这个区域内输入求取附加点时刻的 MATLAB 表达式，或者直
接输入附加点时刻向量，算法会使用连续扩展公式在这些附加时刻生成附加点。与精细因
子不同，这个选项会改变仿真步长，以使仿真时间步与用户为附加输出指定的时间相一致。

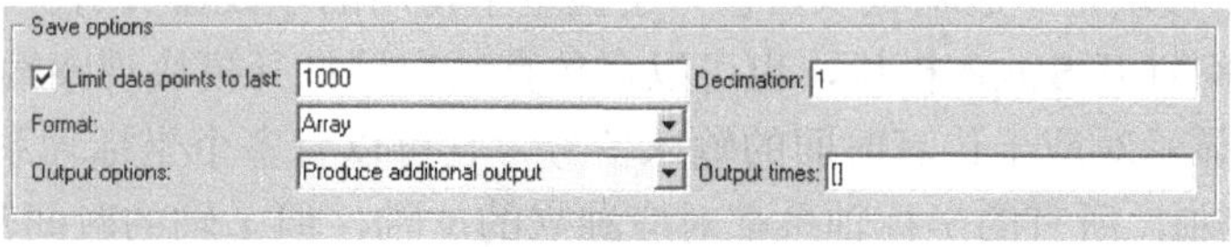

图 5-28

**Produce specified output only：**这个选项只在仿真起始时间、仿真结束时间和用户指定
的输出时刻提供输出。例如，如果仿真起始时间为 0，仿真终止时间为 60，如在 Output times
文本框内输入[10：10：50]，那么模型在如下时刻产生输出：

　　0，10，20，30，40，50，60

这个选项也会改变仿真步长，以使时间步与用户指定的输出时间相一致。如果用户想
要比较不同的仿真结果，以确保模型能在同一时刻产生输出，则可以使用这个选项。

下面是对这三个选项产生的输出结果进行的比较。假设仿真结果在如下时刻产生输出：

　　0，2.5，5，8.5，10

选择 **Refine output** 选项，并指定精细因子为 2，那么会在下列时刻产生输出：

　　0，1.25，2.5，3.75，5，6.75，8.5，9.25，10

选择 **Produce additional output** 选项，并指定时间向量为[0:10]，则在下列时刻产生
输出：

　　0，1，2，3，4，5，6，7，8，9，10

当然，也可能在其他的时刻产生输出，这取决于变步长算法采用的步长大小。

选择 **Produce specified output only** 选项，并指定时间向量为[0:10]，则在下列时刻产生
输出：

　　0，1，2，3，4，5，6，7，8，9，10

通常，应该指定输出点为基本步长的整数倍，如：[1:100]*0.01 或[1:0.01:100]，前一种
方式比后一种方式精确度更高。

## 5.4　输出信号的显示

通常，模型仿真的结果可以用数据的形式保存在文件中，也可以用图形的方式直观地显示出来。对于大多数工程设计人员来说，查看和分析结果曲线对于了解模型的内部结构，以及判断结果的准确性具有重要意义。Simulink 仿真模型后，可以用下面几种方法绘制模型的输出轨迹：

● 将输出信号传送到 Scope 模块或 XY Graph 模块；
● 使用悬浮 Scope 模块和 Display 模块；
● 将输出数据写入到返回变量，并用 MATLAB 的绘图命令绘制曲线；
● 将输出数据用 To Workspace 模块写入到工作区，并用 MATLAB 的绘图命令绘制结果曲线。

### 5.4.1　Scope 模块和 XY Graph 模块的使用

显然，Scope 模块是示波器模块，它与实验室中使用的示波器具有类似的功能，用户可以在仿真运行期间打开 Scope 模块，也可以在仿真结束后打开模块观察输出轨迹。

Scope 模块显示对应于仿真时间的输入信号，它可以有多个坐标轴系(即每个输入端口对应于一个坐标轴)，所有的坐标轴系都对应独立的 $y$ 轴，但 $x$ 轴的时间范围是相同的，用户可以调整需要显示的时间范围和输入值范围。

当用户运行模型仿真时，虽然 Simulink 会把结果数据写入到相应的 Scope 中，但它并不打开 Scope 窗口，若用户在仿真结束后打开 Scope 窗口，则示波器窗口会显示 Scope 模块的输入信号。如果信号是连续的，则 Scope 会生成点-点的曲线；如果信号是离散的，则 Scope 会生成阶梯状曲线。此外，用户还可以在仿真运行期间移动 Scope 窗口或改变窗口的大小，或更改 Scope 窗口的参数值。

Scope 模块提供的工具栏按钮可以缩放被显示的数据，保存此次仿真的坐标轴设置，限制被显示的数据量，把数据存储到工作区等。

图 5-29 说明了 Scope 窗口中工具栏按钮的不同功能。

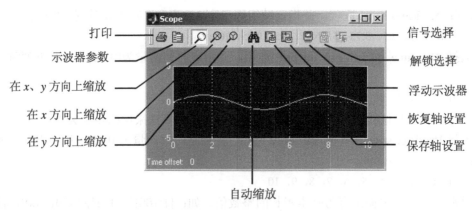

图 5-29

注意：在用户创建的库模块中不能使用 Scope 模块。用户可以提供带有输出端口的库模块，模块的输出端口可以与显示内部数据的示波器相连。

用户可以在 Scope 窗口中单击鼠标右键打开示波器的 Y 轴设置对话框，在这个对话框内用户可以更改 Y 轴显示范围的最大值和最小值。此外，单击窗口工具栏中的"示波器参数"按钮，也可以更改示波器的参数设置。图 5-30 说明了设置示波器参数的方式。

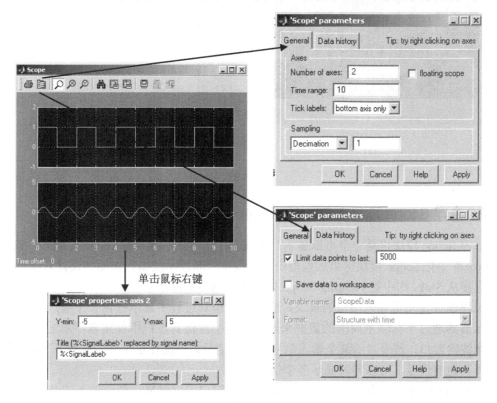

图 5-30

XY Graph 模块是 Simulink 中 Sinks 模块库内的模块，该模块利用 MATLAB 的图形窗口绘制信号的 X–Y 曲线。这个模块有两个标量输入，它把第一个输入作为 X 轴数据，第二个输入作为 Y 轴数据，X 轴和 Y 轴的坐标范围可以在模块的参数对话框内设置，超出指定范围的数据在图形窗口中不显示。此外，如果模型中有多个 XY Graph 模块，则 Simulink 在仿真的起始时刻会为每个 XY Graph 模块打开一个图形窗口。

图 5-31 是一个使用 Scope 模块和 XY Graph 模块显示输出曲线的简单模型范例。

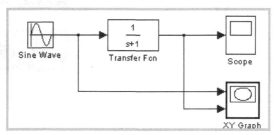

图 5-31

运行模型仿真，模型的输出轨迹如图 5-32 所示。

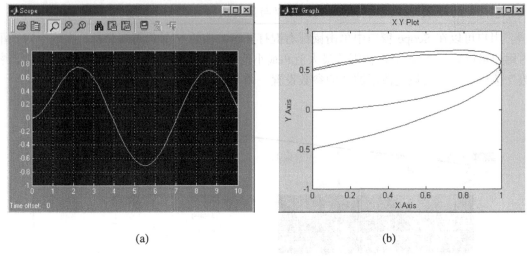

(a)                                      (b)

图 5-32

## 5.4.2　悬浮 Scope 模块和 Display 模块的使用

悬浮 Scope 模块也是一个可以显示一个或多个信号的示波器模块，用户可以从 Simulink 的 Sinks 库中把 Scope 模块拷贝到模型中，并按下"悬浮示波器"按钮□设置悬浮示波器，或者直接从 Sinks 库中把 Floating Scope 模块拷贝到模型窗口中。

悬浮器件是不带输入端口的模块，它可以在仿真过程中显示任何一个被选择的信号，悬浮示波器通过坐标轴系周围的蓝框来辨别。为了在仿真过程中使用悬浮示波器，应首先打开示波器窗口，若要显示某个输入信号线上的信号，可选择这个线，在按下 **Shift** 键的同时选择其他的信号，可以同时显示多个信号。

图 5-33 中的模型使用一个悬浮示波器在两个窗口中同时显示两个输入信号，选择 Signal Generator 模块产生并传递信号的线，并选择悬浮示波器中下面的示波器窗口，这时单击模型窗口中的"启动仿真"按钮▶，Simulink 会在用户所选择的示波器窗口中显示信号波形。

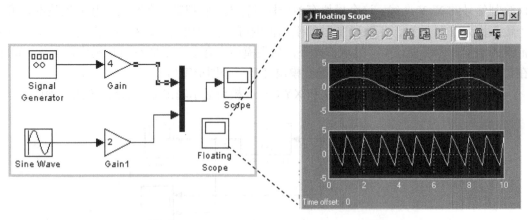

图 5-33

用户可以单击悬浮示波器工具栏中的"信号选择"按钮 来打开 **Signal Selector** 对话框，如图 5-34 所示。另一种打开 **Signal Selector** 对话框的方式是，先在悬浮示波器打开的情况下运行模型仿真，然后用鼠标右键单击悬浮示波器窗口，从弹出菜单中选择 **Signal Selection** 命令。信号选择对话框允许用户选择模型中任一位置的信号，包括未打开的子系统内的信号。

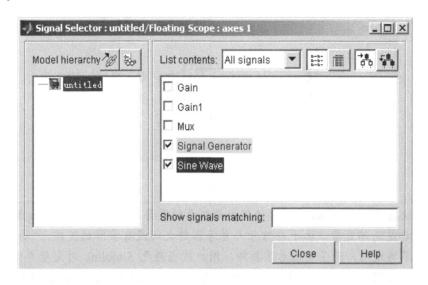

图 5-34

在一个 Simulink 模型中可以有多个悬浮示波器，但是在指定的时刻一个示波器内只能有一组坐标轴系是激活的，激活的悬浮示波器会将坐标轴标记为蓝色框，用户选择或取消选择的信号线只影响激活的悬浮示波器。当激活其他悬浮示波器时，这些示波器会继续显示用户选择的信号。换句话说，未激活的悬浮示波器是被锁住的，它们显示的信号不再改变。

---

**注意：** 用户可以用 **Signal Selector** 对话框连续选择和取消方块图中选择的信号。例如，在方块图中按住 **Shift** 键的同时单击信号线，向先前选择的 **Signal Selector** 对话框中的信号组添加相应的信号，Simulink 会更新 **Signal Selector** 对话框以反映方块图中的信号改变。但是，除非用户选择了 **Signal Selector** 窗口，否则并不会显示这种改变。

---

另一种悬浮器件就是 Display 模块，用户可以在 Display 的模块对话框内选择 **floating display** 选项设置悬浮 Display 模块。该模块可以显示一个或多个输入值，如果模块的输入是一个数组，则用户可以水平或垂直调整模块的大小，以显示多个数组元素。如果模块未显示出所有的输入数组元素，则模块中会显示一个黑色的三角形。

例如，图 5-35 显示的是一个向 Display 模块传递向量(1-D 数组)的模型，上面的模型未全部显示向量元素，模块中有一个黑色的三角形；下面的模型调整了模块的大小，显示了所有的输入元素。

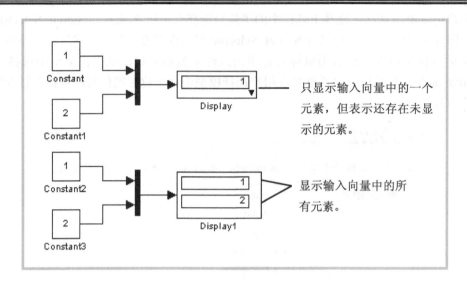

只显示输入向量中的一个元素，但表示还存在未显示的元素。

显示输入向量中的所有元素。

图 5-35

> **注意**：缺省时，Simulink 会重复使用存储信号的缓存区。换句话说，Simulink 信号都是局部变量，由于在信号与悬浮器件之间没有实际的连接，"局部变量"不再适用。为了适用悬浮器件，用户应当避免 Simulink 对变量存储区域的重复使用。一种方法就是关闭仿真参数对话框中 **Advanced** 选项卡下的 **signal storage reuse**(将该选项设置为 **off**)设置；另一种方法就是把要观察的信号声明为 Simulink 全局变量，可以先选择信号，然后选择 **Edit** 菜单下的 **Signal Properties** 命令，在打开的信号属性对话框内把 **Signal Monitoring options** 选项设置为 **Simulnik Global(Test Point)**。

图 5-36 中的模型使用了 Terminator 模块显示输出。Terminator 模块并不是用来显示输出信号的，如果用户在运行模型仿真时发现模型中存在未与输出端口连接的模块，那么 Simulink 会发出警告消息，为了避免警告消息，可以使用 Terminator 模块。

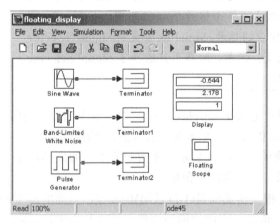
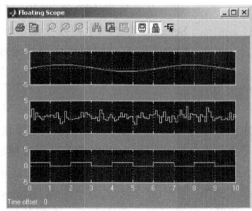

图 5-36

### 5.4.3　返回变量的使用

用户可以把仿真结果返回到所定义的工作区变量中，然后利用 MATLAB 的绘图命令显示和标注输出数据曲线。图 5-37 是一个简单的模型范例。

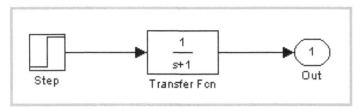

图 5-37

模型中的 Out 模块是 Sinks 库中的 Output 模块，这里在 **Simulation Parameters** 对话框中的 Workspace I/O 选项页内设置返回到 MATLAB 工作区中的变量，时间变量和输出变量使用缺省的变量名：tout 和 yout，然后运行仿真。在 MATLAB 命令窗口中键入如下命令绘制输出曲线：

>> plot (tout，yout);

图 5-38 是在 MATLAB 的图形窗口中绘制的输出曲线。用户也可以利用图形窗口中的菜单命令编辑曲线图，如为曲线的 X 轴和 Y 轴添加标记说明，使用箭头说明曲线等。

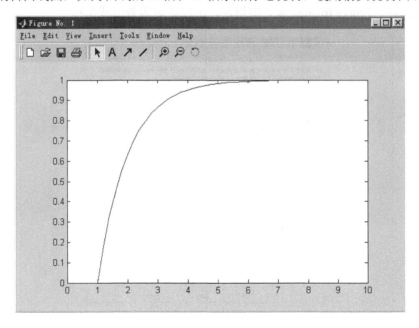

图 5-38

### 5.4.4　To Workspace 模块的使用

To Workspace 模块可以把模块中设置的输出变量写入到 MATLAB 工作区。图 5-39 中的模型说明了 To Workspace 模块的使用方式。

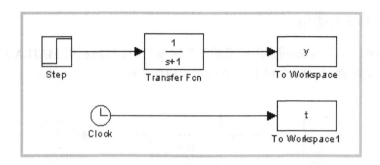

图 5-39

　　当仿真结束时，变量 y 和 t 会出现在工作区中，时间向量 t 是通过 Clock 模块传递到 To Workspace 模块中的。如果不使用 Clock 模块，则也可以在 **Configuration Parameters** 对话框中的 **Data Import/Export** 选项面板中指定时间变量 t。仿真结束后，在 MATLAB 命令行键入绘图命令 plot (t，y)，Simulink 会在 MATLAB 的图形窗口中绘制结果曲线，最终曲线如图 5-38 所示。

　　这里介绍一下 To Workspace 模块中参数的设置方式。

　　打开 To Workspace 模块的参数对话框，如图 5-40 所示，该模块把其输入写入到 MATLAB 工作区，把其输出写入到由模块参数对话框中 **Variable name** 参数指定的变量中，输出变量的格式在对话框的 **Save format** 参数中指定，可以指定为数组或结构。

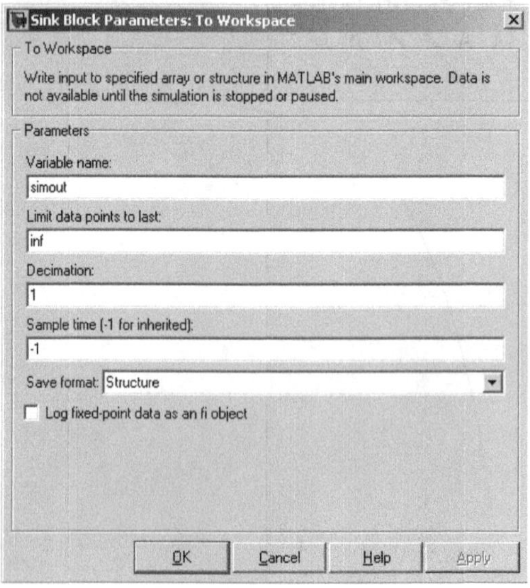

图 5-40

　　需要说明的是，To Workspace 模块可以把任意数据类型的输入值保存到 MATLAB 工作区中，但不包括 int64 和 uint64 类型。

　　**Limit data points to last** 参数用来指定所保存的输入采样点的最大数目，缺省值为 1000。

**Decimation** 参数用来指定倍数因子。

**举例说明：**

若模型中设置的仿真起始时间为 0，在 To Workspace 模块的参数对话框内将最大的采样点数设为 100，**Decimation** 设为 1，采样时间为 0.5，则 To Workspace 模块会在 0，0.5，1.0，1.5，…时刻(单位为秒)存储 100 个输出采样点。指定 **Decimation** 为 1 表示 To Workspace 模块在每个时间步上把输出数据写到工作区中一次。

仍以上面的设置为例，采样时间仍是 0.5，但将 **Decimation** 设置为 5，那么 To Workspace 模块会在 0，2.5，5.0，7.5，…时刻存储 100 个输出采样点。指定 **Decimation** 为 5 表示 To Workspace 模块每 5 个时间步上写入输出数据一次。

再比如，保持上面参数的设置不变，但将 **Limit data points to last** 参数设置为 3，那么只有最后 3 个采样点数据会被写入到工作区中。如果仿真的终止时间为 100 秒，则只保存 99.0、99.5 和 100.0 秒三个时刻的输出数据。

# 第 6 章　Simulink 动态系统仿真

本章讨论如何在 Simulink 中仿真动态系统，包括连续系统、离散系统和混合系统。本章的主要内容包括：

| | |
|---|---|
| ➢ Simulink 动态系统仿真过程 | 介绍 Simulink 仿真动态系统的工作流程 |
| ➢ 离散系统仿真 | 介绍如何在 Simulink 中设置离散系统的仿真步长、仿真算法和其他仿真参数 |
| ➢ 多速率系统仿真 | 多速率系统是包含多个采样时间的离散系统，介绍如何选择多速率系统的采样步长 |
| ➢ 连续系统仿真 | 介绍如何在 Simulink 中建立不同形式的连续系统模型，如何仿真连续系统 |
| ➢ 混合系统仿真 | 介绍如何仿真由连续模块和离散模块组成的混合系统 |
| ➢ 模型离散化 | 介绍如何对模型进行离散化，也就是将模型中的连续模块用等效的离散模块代替 |
| ➢ 诊断仿真错误 | 介绍如何利用 Simulink 的仿真诊断查看器查看错误来源 |
| ➢ 改善仿真性能和精度 | 介绍在 Simulink 中提高仿真速度和改善仿真性能的几种可行方法 |
| ➢ 综合实例 | 以刚体空间姿态的惯性测量算法为例，说明如何搭建并仿真复杂系统模型 |

## 6.1　Simulink 动态系统仿真过程

仿真一个动态系统是指利用模型提供的信息计算一段时间内系统状态和输出的过程。当在模型编辑器的 **Simulation** 菜单上选择 **Start** 命令时，Simulink 将开始执行系统仿真。Simulink 模型的仿真过程包括模型编译阶段和模型链接阶段。

### 6.1.1　模型编译阶段

在模型编译阶段，首先，Simulink 调用模型编译器，由模型编译器把模型转换为可执行形式，这个转换过程称为编译。在这个阶段，Simulink 编译器执行下列工作：

(1) 求取模型中模块的参数表达式，用以确定表达式的值。

(2) 确定模型中未明确指定的信号属性，如信号名称、数据类型、数值类型和信号维数，并检查每个模块输入端可允许的输入信号。Simulink 利用属性传递过程确定用户未明确指定的属性,这个过程继承模块源信号的属性,并将这个属性传递到信号所驱动模块的输入端。

(3) 执行模块优化。

(4) 用原子子系统所包含的模块替代原子子系统,并平铺模型层次。

(5) 将模块进行排序,并排列仿真过程中模块的执行顺序,当模型进入仿真执行阶段时,将按照此时的排列顺序执行模块。

(6) 对于用户未明确指定采样时间的模块,确定所有这些模块的采样时间。

在仿真过程中,Simulink 会在每个时间步内更新一次模型中模块的状态和输出,模块的更新顺序是根据模块类型决定的,Simulink 按照一定的方式对模块进行排序。

### 1. 直接馈通端口

为了创建 Simulink 模型仿真过程中有效的模块更新顺序,Simulink 依据模块的输出与输入的关系将模块的输入端口进行排序。对于那些输入当前值直接确定模块某一输出端口当前值的输入端口,我们称其为直接馈通端口。换言之,也就是模块的输出方程中包含输入,它的输出直接依赖于输入。例如,Gain 模块、Product 模块和 Sum 模块就是具有直接馈通端口的模块。具有非直接馈通输入的模块包括 Integrator 模块(它的输出完全是其状态的函数)、Constant 模块(没有输入)以及 Memory 模块(它的输出与前一时刻的输入有关)。

### 2. 模块排序准则

Simulink 利用下面的基本更新规则对模块进行排序:

● 在驱动任一模块的直接馈通端口之前必须对每个模块进行更新。这个规则可以确保更新模块时连接到模块直接馈通端口的输入是有效的。

● 不带有直接馈通输入的模块可以以任意的顺序进行更新,但必须是在它们驱动任一带有直接馈通输入的模块之前进行更新。按照这个规则,把所有不带有直接馈通端口的模块以任意顺序放在更新列表的前端,这样 Simulink 在排序过程中就可以忽略这些模块。

按照上述规则排列的更新列表中,不带有直接馈通端口的模块以任意顺序排列在列表的最前面,接下来是带有直接馈通端口的模块,这些模块按照它们为所驱动模块提供有效输入的顺序排列。

在 Simulink 的模块排序过程中,Simulink 会检查并标记代数循环事件,也就是,一个模块的直接馈通输出直接或间接地连接到该模块所对应的直接馈通输入的信号循环。这样的循环表面上看是个死循环,因为 Simulink 需要用直接馈通的输入值计算其输出值。但是,我们都知道,代数循环可以表示一组输入和输出均未知的联立代数方程,而且,这些方程在每个时间步上都存在有效解,因此,Simulink 假设这些包含直接馈通端口的代数循环表示了一组可求解的代数方程,并在仿真过程中每次更新模块时解算这些方程。关于代数循环的详细内容,读者可以参看第 7 章 "高级仿真概念"。

## 6.1.2　模型链接阶段

在模型链接阶段,Simulink 会为方块图执行过程中的信号、状态和运行时间等参数分配内存,它也会为每个模块中存储运行信息的数据结构分配并初始化内存。对于内嵌模块,模块中主要的运行时间数据结构称为 SimBlock,它存储指向模块输入和输出缓存、状态、工作向量的指针。

在这个阶段，Simulink 也会创建方法执行列表，这个列表列出了执行模型中模块方法计算模块输出的最有效顺序，Simulink 使用在模型编译阶段生成的排序列表来构造方法执行列表。用户也可以指定模块的更新优先权，Simulink 会在低优先权模块之前执行高优先权模块的输出方法。

### 6.1.3　仿真循环阶段

至此，仿真进入执行阶段。在这个过程中，Simulink 利用模型提供的信息，每隔一段时间计算由仿真起始时间到终止时间之间的系统状态和输出。计算状态和输出的这些连续的时间点被称为时间步(*time steps*)，两个时间步之间的长度称为步长(*step size*)，步长的大小取决于用来计算系统连续状态的算法、系统的基本采样时间以及系统的连续状态中是否有不连续因素。

仿真循环阶段包括两个子阶段：循环初始化阶段和循环迭代阶段。初始化阶段在循环过程中只执行一次；迭代阶段在整个仿真过程中的每个时间步内都要重复一次。

在仿真开始时，Simulink 首先确定被仿真系统的初始状态和输出。在每一步仿真中，Simulink 重新计算系统新的输入值、状态值和输出值，并更新模型以反映所计算的值。当仿真结束时，模型反映的是系统输入、状态和输出的最终值，而且，Simulink 还提供了数据显示和记录模块，用户可以在模型中添加这些模块以显示和(或)记录中间的结果数据。

Simulink 在每个仿真时间步中都执行如下操作：

(1) 按照模块的排列顺序，更新模型中所有模块的输出。Simulink 通过调用模型的 Outputs 方法初始化这个阶段，模型的 Outputs 方法依次调用模型系统中模块的 Outputs 方法，它依照仿真链接阶段生成的 Outputs 方法列表中的顺序调用模型中每个模块的 Outputs 方法。

系统的 Outputs 方法向每个模块的 Outputs 方法传递下列变量：指向模块数据结构和模块 SimBlock 结构的指针。SimBlock 数据结构指向 Outputs 方法用来计算模块输出的信息，包括模块输入缓存和输出缓存的位置。

(2) 按照模块的排列顺序，更新模型中所有模块的状态。Simulink 调用求解器来计算模型的状态，模型中使用的求解器类型取决于模型类型，即模型中是否含有状态、模型中只含有离散状态、模型中只含有连续状态，或者模型中含有连续状态和离散状态。

如果模型中只包含离散状态，那么 Simulink 会调用用户选择的离散求解器，求解器计算满足模型采样时间的离散步长，然后调用模型的 Update 方法，模型的 Update 方法再调用模型系统的 Update 方法，也就是按照链接阶段生成的 Update 方法列表顺序调用系统中每个模块的 Update 方法。

如果模型中只包含连续状态，那么 Simulink 会调用模型指定的连续求解器，根据求解器的不同，求解器或者依次调用模型的 Derivatives 方法，或者进入以最小时间步采样的子循环，在这个子循环中，求解器在较大时间步内以最小步长为采样间隔反复调用模型的 Outputs 方法和 Derivatives 方法，计算模型的输出和微分值。模型的 Outputs 方法和 Derivatives 方法会依次调用相应的系统方法，调用的顺序按照链接阶段生成的 Outputs 和 Derivatives 方法执行列表中指定的顺序。

(3) 检测模块连续状态中的不连续性。是否执行这步操作是根据用户的设置来决定的，如果用户在模型中选择了执行过零检测，那么 Simulink 会利用过零检测来检测模块连续状态中的不连续性。

(4) 计算下一个时间步的时间。Simulink 在整个仿真过程中的每个时间步内均执行(1)～(4)步操作，这个过程会一直进行下去，直至仿真结束。

Simulink 的仿真循环过程如图 6-1 所示。

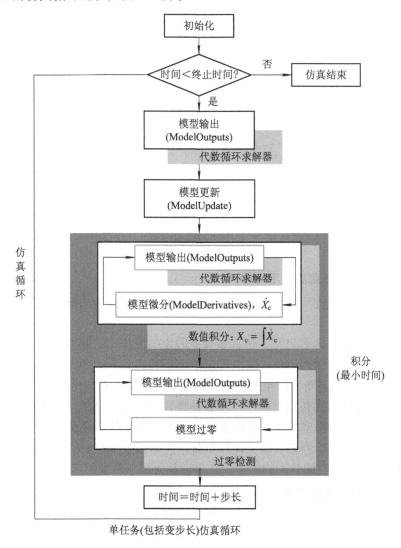

图 6-1

注意：在仿真过程中，Simulink 在每个时间步内更新一次模型中各个模块的状态和输出，因此，模型中模块的更新顺序对于仿真结果的有效性是非常重要的。而且，如果在当前时间步模块的输出是其输入的函数，那么这个模块必须在驱动其输入的模块之后进行更新，否则模块的输出就是无效的。模块存储在模型文件中的顺序并不一定就是仿真过程中模块的更新顺序，因此，Simulink 在模型初始化阶段就将所有的模块按照正确的顺序进行了排列。

### 6.1.4　求解器的分类

Simulink 利用模型提供的信息和求解器在指定的时间段内连续计算动态系统的状态来仿真动态系统，这个仿真计算系统模型状态的过程就是模型解算的过程。Simulink 通常利用求解器来求解，求解器的主要功能是计算模块的输出。Simulink 通过在系统和求解器之间建立对话的方式来对系统进行求解，如图 6-2 所示，这里，求解器计算模块的输出以更新模块的状态并确定下一个时间步，而系统则把参数、模型方程等信息传递给求解器。

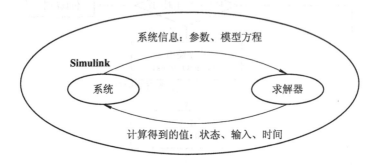

图 6-2

**1．定步长求解器和变步长求解器**

Simulink 算法分为定步长算法和变步长算法两类，相应的求解器即为定步长求解器和变步长求解器。

● **定步长求解器**：顾名思义，仿真步长是固定不变的，这些算法依据相等的时间间隔来解算模型，时间间隔称为步长。用户可以指定步长的大小，或者由算法自己选择步长。通常，减小步长可以提高仿真结果的精度，但同时也增加了系统仿真所需要的时间。

● **变步长求解器**：在仿真过程中，步长是变化的。当模型的状态变化很快时，可减小步长以提高精度；而当模型的状态变化很慢时，可增加步长以避免不必要的计算步数。当然，在每一步中计算步长势必增加了计算负荷，但却减少了仿真的总步数，而且对于快速变化的模型或具有分段连续状态的模型，在保证其所要求精度的前提下缩短了仿真时间。

**2．连续求解器和离散求解器**

Simulink 提供了连续求解器和离散求解器。

● **连续求解器**：利用数值积分计算当前时间步上模型的连续状态，当前时刻的状态是由在此时刻之前的所有状态和这些状态的微分来决定的。对于离散状态，连续算法依赖模型中的模块来计算每个时间步上模型的离散状态值。

目前，有很多种数值积分算法可以求解动态系统连续状态的常微分方程(ODE)，Simulink 提供了多种定步长和变步长的连续算法，用户可以根据自己的实际模型来选择这些算法。

● **离散求解器**：主要用来求解纯离散模型，这些算法只计算下一步的仿真时刻，而不进行其他的运算。它们并不求解连续状态值，而且这些算法依赖模型中的模块来更新模型的离散状态。

Simulink 有两种离散求解器：定步长离散求解器和变步长离散求解器。缺省时，定步长算法选择一个步长，选择的步长可使仿真速度足以跟踪模型中最快速变化的模块；变步长算法可调整仿真步长，以便与模型中离散状态的实际变化率相一致，这对于多速率模型来说可以避免不必要的仿真步数，并因此缩短仿真时间。

关于如何根据模型类型选择不同的求解器，读者可以参看 5.2 节，这一部分对求解器的适用范围进行了详细的介绍。

> **注意**：用户可以选择连续求解器，而不是离散求解器来求取既包含连续状态，也包含离散状态的模型，这是因为离散求解器无法处理连续状态。如果用户为连续模型选择了离散求解器，那么 Simulink 会忽略用户的选择，而使用连续求解器求解模型。

# 6.2　离散系统仿真

作为一般系统的定义，系统应该是由一组物理元素构成的，它能够接收一组输入，并产生相对应的一组输出。对于不含有状态的系统，即在某一时刻的输出只依赖于该时刻的输入，而不依赖先前的输入值，而且系统对同一种输入信号的响应不会因时间的变化而变化，这样的系统通常称为简单系统。这种不含状态的简单系统可采用代数方程、逻辑结构或者二者结合的方式来表示，如例 4-1、例 4-2、例 4-3 中的模型。本节讨论如何在 Simulink 中仿真离散系统，包括纯离散系统、线性离散系统和多速率系统，以及如何在 Simulink 中实现离散差分方程，如何选择离散系统的仿真步长、仿真算法等。

## 6.2.1　差分方程的实现

离散系统是包含有离散状态的系统。Simulink 可以仿真离散系统，包括组件以不同速率工作的系统(即多速率系统)和由离散组件和连续组件混合组成的系统(即混合系统)。

在离散系统中，一个状态实际上是一个存储元素，它在一定的周期内保存输入或输出值，这个周期称为这个系统的采样时间。采样时间是离散系统中的一个最重要特性，在 Simulink 中的所有离散模块中都要给出采样时间，一个离散状态实际上储存的就是上一个采样时刻的信号值。

离散系统通常用差分方程描述，因为系统当前时刻的输出通常依赖于当前时刻的输入和过去时刻的输入和输出量，例如：

$$y(n) = u(n) + u(n-1) + 3y(n-1)$$

在 Simulink 中，为了实现差分方程，需要一个能够在时间步上提供 $y(n-1)$ 和 $u(n-1)$ 的模块，Simulink 提供了一个 Discrete 离散模块库，如图 6-3 所示。用户可以利用离散模块库中的 Unit Delay(单位延迟)模块来实现上述功能。Unit Delay 模块是建立离散系统的基础，因为它给出了状态，用来计算系统的输出。

要实现上面的差分方程，第一步就是确定方程中所需的 Unit Delay 模块的数目。这里有两点是必需的：一是 $y(n-1)$ 来自于 $y(n)$；二是 $u(n-1)$ 来自于 $u(n)$。如果方程中还包含

$y(n-2)$，那么这个值应当通过 $y(n-1)$ 经由另外一个 Unit Delay 模块传递，然后，以单位延迟模块开头，把它的输入、输出分别标志为 $(y(n)$，$y(n-1)$，$u(n)$，$u(n-1))$，并建立代数关系。

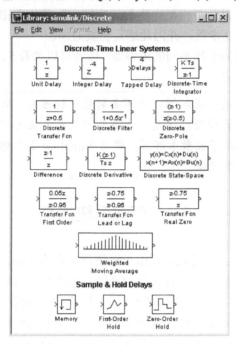

图 6-3

接下来需要设置初始状态和采样时间。Discrete 模块库中的所有模块在使用时都应该指定采样时间，这可以通过模块对话框中的 Sample time 参数设置，也可以通过前级提供输入的模块明确采样时间，也就是继承前级模块的采样时间，这种情况下采样时间应设置为-1。大多数标准的 Simulink 模块都可以继承与模块输入相连接模块的采样时间，但 Continous 库中的模块和没有输入的模块(如 Sources 库中的模块)是个例外。另外一个有关的参数就是模块输出的初始值。

---

**注意**：Unit Delay 模块将输入信号延迟一个采样时间，如果模型中包含多速率转换，那么在慢—快转换之间必须添加 Unit Delay 模块，Unit Delay 模块的采样速率必须设置为较慢模块的采样速率。对于快—慢的转换，应使用 Zero-Order Hold 模块。Unit Delay 模块可以接受连续信号，当模块使用连续采样时间时，它等同于 Simulink 中的 Memory 模块。

---

## 6.2.2 指定采样时间

Simulink 允许用户指定任何包含 **Sample time** 参数的模块的采样时间，可以在模块参数对话框中的 **Sample time** 文本框内设置采样时间。用户既可以将采样时间指定为常数，也可以用向量的方式 $[T_s$，$T_0]$ 表示采样时间，其中第一个元素表示采样时间，第二个元素表示偏差值，不同的采样时间和偏差值都有特定的含意。

表 6-1 概括说明了参数设置的有效值，并说明了 Simulink 如何对这些参数进行插值以确定模块的采样时间。

表 6-1　指定采样时间

| 采样时间 | 用　　法 |
|---|---|
| $[T_s,\ T_0]$<br>$0 > T_s < T_{sim}$<br>$|T_0| < T_p$ | 指定模块在仿真时刻 $t_n = n*T_s + |T_0|$ 处进行更新。这里，$n$ 是 $1\sim T_{sim}/T_s$ 之间的整数，$T_{sim}$ 是整个仿真时间，$T_0$ 是偏差值。对于设置采样时间 $T_s$ 大于 0 的模块，可以认为该模块为离散采样时间。<br>偏差值是指 Simulink 在采样间隔内更新这个模块的时间滞后于以相同速率工作的其他模块 |
| $[0,\ 0],\ 0$ | 指定模块在每个主时间步和最小时间步进行更新，具有 0 采样时间的模块可以认为是具有连续采样时间的模块 |
| $[0,\ 1]$ | 指定模块跳过最小时间步，只在主时间步进行更新。这样的设置对于那些在主时间步之间无法改变采样时间的模块来说，可以避免不必要的计算。只在主时间步执行的模块的采样时间称为固定的最小时间步 |
| $[-1,\ 0],\ -1$ | 如果模块不在触发子系统内，那么这种设置表明模块继承了与其输入相连模块的采样时间(继承性)，或者说，在某些情况下，模块继承了与其输出相连模块的采样时间(向后继承性)；如果模块在触发子系统内，那么对于这种设置用户还必须设置 Sample time 参数。<br>需要说明的是，如果 Sources 模块驱动一个以上的模块，那么为 Sources 模块指定采样时间的继承性可能使 Simulink 为该模块指定一个不适当的采样时间。正因为如此，用户应该避免为 Sources 模块指定采样时间的继承性，如果这样做了，当更新或仿真模型时，Simulink 会显示一个错误消息 |

---

注意：用户不能在仿真运行期间改变模块的 Sample time 参数。如果想改变模块的采样时间，则必须停止仿真，并重新设置采样时间后再运行仿真，以使新的采样时间生效。

---

在仿真编译阶段，Simulink 依据模块的 **Sample time** 参数(如果模块有该参数)、采样时间的继承性或模块类型(Continuous 模块总是具有连续采样时间)来确定模块的采样时间，这就是被编译的采样时间，它确定了仿真过程中模块的采样频率。用户可以通过先更新模型，然后用 get-param 命令获得模块 **Compiled Sample Time** 参数的方法来确定模型中任意模块的被编译采样时间。

Simulink 根据下面的原则设置不同模块的采样时间：

● Continuous 模块(即 Integrator、Derivative、Transfer Fcn 等模块)：根据定义，采样时间是连续的。

● Constant 模块：根据定义，是常值。

● Discrete 模块(即 Zero-Order Hold、Unit Delay、Discrete Transfer Fcn 等模块)：由用户在模块对话框内指定。

● 其他模块：依其输入的采样时间来定义。例如，在 Integrator 模块后的 Gain 模块也被作为连续模块，而在 Zero-Order Hold 模块后的 Gain 模块则被作为离散模块处理，并与

Zero-Order Hold 模块有相同的采样时间。

对于那些输入有不同采样时间的模块，如果所有的采样时间是最小采样时间的整数倍，那么模块的采样时间也是最小采样时间。若使用变步长算法，则模块被指定为连续采样时间；若使用定步长算法，而且可以计算出采样时间的最大公约数(即基本采样时间)，则模块使用该采样时间，否则使用连续采样时间。

### 6.2.3　采样时间的传递

Simulink 中模块的采样时间可以传递给下一个模块。以图 6-4 中的模型为例，模型中 Discrete Filter(离散滤波器)模块的采样时间为 $T_s$，它驱动 Gain 模块。

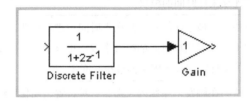

图 6-4

由于 Gain 模块的输出等于输入乘以常数，因此它的输出与滤波器的输出以相同的速率改变。换言之，Gain 模块的采样速率与滤波器的采样速率相同。这是 Simulink 中采样时间传递的基本机制。

如果在模块的参数对话框中把模块的 Sample time 参数设置为−1，那么该模块就要继承其输入模块的采样时间。Simulink 按照下列规则指定模块的采样时间：

● 如果与模块相连的所有输入都有相同的采样时间，那么 Simulink 会把这个采样时间赋值给该模块。

● 如果与模块相连的所有输入都有不相同的采样时间，而且所有输入的采样时间都是最快输入采样时间的整数倍，那么 Simulink 会把最快的输入采样时间赋值给该模块。

● 如果与模块相连的所有输入都有不相同的采样时间，而且某些输入的采样时间不是最快输入采样时间的整数倍，并且选择了变步长算法，那么 Simulink 会为模块指定连续采样时间。

● 如果与模块相连的所有输入都有不相同的采样时间，而且某些输入的采样时间不是最快输入采样时间的整数倍，并且选择了定步长算法，那么就能够计算出采样时间的最大公因子(即基本采样时间)，Simulink 会把基本采样时间赋值给该模块。

在有些情况下，Simulink 也把采样时间向后传递给源模块，但这必须在不影响仿真输出的情况下才可以。例如，在图 6-5 所示的模型中，Simulink 认为 Signal Generator 模块驱动 Discrete-Time Integrator 模块，因此，它指定 Signal Generator 模块和 Gain 模块与 Discrete-Time Integrator 模块具有相同的采样时间。

用户可以选择 Simulink 模型窗口中 **Format** 菜单的 **Port/Signal Displays** 子菜单下的 **Sample Time Colors** 命令来证明这一点，此时所有的模块均被标记为红色，由于 Discrete-Time Integrator 模块只在采样时刻才有输入，因此这种变化不会影响仿真结果，但的确会改善仿真性能。

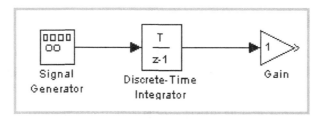

图 6-5

现在用连续积分模块 Integrator 代替 Discrete-Time Integrator 模块，并选择模型窗口中 **Edit** 菜单下的 **Update Diagram** 命令为模型重新绘色，这会使 Signal Generator 模块和 Gain 模块变成连续模块，并重新标记为黑色，如图 6-6 所示。

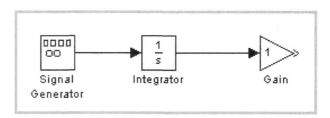

图 6-6

Simulink 中的模块或者有用户明确定义的采样时间，或者继承其他模块的采样时间。例如，Simulink 指定 Constant 模块的采样时间为无穷大(inf)，也就是该模块具有常值采样时间(*constant sample time*)。如果某些模块从 Constant 模块获得输入，并且不继承其他模块的采样时间，那么这些模块也具有常值采样时间，这就意味着这些模块的输出在整个仿真期间都不会改变，除非用户更改模型参数。

例如，在图 6-7 所示的模型中，Constant 模块和 Gain 模块都有常值采样时间。

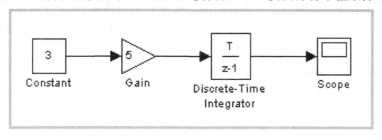

图 6-7

由于 Simulink 可以在仿真过程中更改模块参数，因此，所有的模块甚至具有常值采样时间的模块都必须在模型有效的采样时刻生成输出。正因为 Simulink 具有这样的特性，所以，所有的模块均在每个采样时刻计算模块输出，至于纯连续系统，则是在每个仿真步上产生输出。对于那些具有常值采样时间，而且在仿真过程中不改变参数的模块，在仿真过程中求取这些模块的值是无效的，而且还会降低仿真速度。

用户可以在 **Configuration Parameters** 对话框中选择 **Optimization** 选项内的 **inline parameters** 选项来控制在线参数是否可调，关于详细内容可以看看本书的第 7.5 节"仿真性能优化设置"。如果设置仿真过程中的参数不能改变，则可以提高仿真速度。

### 6.2.4 确定离散系统的步长

对离散系统进行仿真时要求仿真器在每个采样时刻都增加一个仿真步，这个采样时刻就是系统最小采样时间的整数倍，否则，仿真器可能会错过系统状态的关键转换。为了避免这种错误，Simulink 通过选择仿真步长来保证仿真步与采样时刻的一致性。Simulink 选择的步长取决于系统的基本采样时间和仿真系统时所使用的算法类型。

离散系统的基本采样时间(*fundamental sample time*)是系统实际采样时间的最大公约数。例如，假设系统的采样时间为 0.25 秒和 0.5 秒，则此时的基本采样时间为 0.25 秒；若采样时间为 0.5 秒和 0.75 秒，则这时的基本采样时间仍为 0.25 秒。

用户可以让 Simulink 使用定步长或变步长离散求解器求解离散系统。定步长求解器可设置仿真步长等于离散系统的基本采样时间；变步长求解器可改变步长，以使步长大小等于实际采样时刻之间的差值。

以图 6-8 所示的离散系统模型为例，模型中的 Sine Wave 模块设置的采样时间为 0.25 秒。

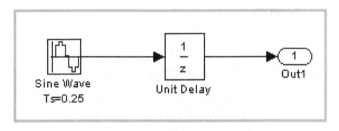

图 6-8

图 6-9 说明了该模型使用定步长求解器和变步长求解器时在仿真时间上的不同，图中的箭头表示各仿真步，圆圈表示各采样时刻。定步长求解器以 0.25 秒作为模型的时间步采样一次，这也是模型的基本采样时间，即采样的时间步为[0.00  0.25  0.50  0.75  1.00  1.25  …]；与此不同，变步长求解器只有在模型真正产生输出时才花费一个时间步的时间，即[0.00  0.50  0.75  1.00  1.50  2.00  2.25  …]，这就大大减少了仿真模型时所需要的步数，因此也就缩短了仿真时间。

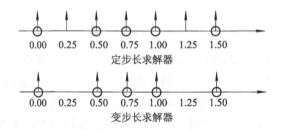

图 6-9

从图 6-9 可以看到，如果基本采样时间小于实际被仿真系统的任何一个采样时间，则变步长求解器会用较少的仿真步数仿真系统；另一方面，对于定步长求解器，如果系统的任一采样时间是基本采样时间，那么它会利用较少的内存来实现仿真，这对于需要用 Simulink 将模型转换为快速仿真代码的应用程序来说，可以节省大量的时间(如使用 Real-Time Workshop 工具)。

**例 6-1** 人口的动态变化。

这个例子通过一个非线性离散模型描述人口的动态变化。一年的人口依赖于：

● 前一年的人口；

● 人口的繁殖速率 $r$，这里假设 $r = 1.05$；

● 资源 $K$，这里 $K = 1e6$；

● 人口的初始值是必不可少的，假设初始值为 100 000。

在模型中，某一年的人口数 $p(n)$ 与上一年的人口数 $p(n-1)$ 成比例，因此乘上一个繁殖速率 $r$，但是，资源只能够满足 $K$ 个个体的需求。整个系统的动力学模型由下面的差分方程给出：

$$p(n) = r \times p(n-1) \times \frac{1-p(n-1)}{K}$$

**解答：**

在建立差分方程的 Simulink 模型时，可以看到，当年的人口数由上一年的人口数推导得出，因此利用一个延迟模块 Unit Delay，将 $p(n)$ 输入给延迟模块，得到输出 $p(n-1)$，$p(n)$ 表达式包含 $p(n-1)$ 项和常数项；这个系统没有输入，只需给出人口的初始值便可，这里给定初始值 $p(0)$ 为 100 000。建立的系统模型如图 6-10(a)所示。仿真这个系统的 100 个时间单位，可在示波器内观察仿真结果，如图 6-10(b)所示。

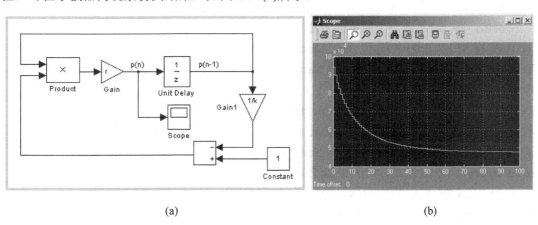

(a)　　　　　　　　　　　　　　　　　　(b)

图 6-10

## 6.2.5　多速率系统

纯离散系统可以用任何一种求解器进行仿真，这在结果上不会有什么不同。若只是在采样时刻生成输出点，则可以选择任何一种离散求解器。离散求解器可以是定步长和变步长的，定步长求解器对于一个单速率系统来说是足够了，但采用变步长求解器求解多速率系统则更有优势。

多速率系统包含以不同速率进行采样的模块，这些系统可以用离散模块建模，或者用离散模块和连续模块建模。图 6-11 说明了对多速率系统使用定步长求解器和变步长求解器在仿真时刻的不同。

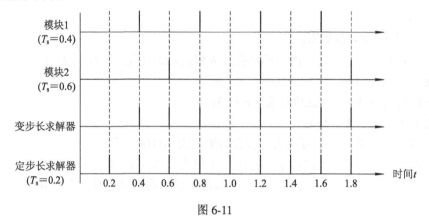

图 6-11

在图 6-11 中，模块 1 和模块 2 以不同的速率进行采样，这样模型中就包含了以不同速率采样的模块。每个实线代表一次模块更新，也就是求解器在此时刻求解一次模型状态，并更新模型以反映模型的变化。

如果在仿真参数对话框内设置最大步长和最小步长为 **auto**，那么 Simulink 会自动确定最大步长和最小步长。如果使用定步长求解器，则 Simulink 选择的步长要足够小才能适应所有的更新时刻，这将导致在某些仿真步进行不必要的计算。但在选择变步长求解器时，Simulink 会考虑到这个因素，使步长调整得恰好适应两个模块的更新。如果用户不想由 Simulink 自动确定仿真步长，则也可以手动设置步长大小。

例如，图 6-12 是一个简单的多速率离散系统模型。在这个模型中，Discrete Transfer Fcn (离散传递函数)模块的 **Sample time** 设置为[1 0.1]，给定的偏差值为 0.1，Discrete Transfer Fcn1 模块的 **Sample time** 设置为 0.7，没有偏差。如果用 **Format** 菜单的 **Port/Signal Displays** 子菜单下的 **Sample time colors** 命令标记采样时间，则会发现 Discrete Transfer Fcn 模块被标记为绿色，Discrete Transfer Fcn1 模块被标记为红色，表示这两个模块使用了不同的采样时间。

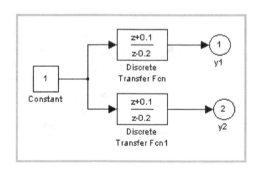

图 6-12

将模型保存为 multirate，现在开始仿真模型，并使用 stairs 函数绘制输出曲线：

```
>> [t, x, y] = sim('multirate', 3);
>> stairs(t, y)
```

生成的结果曲线如图 6-13 所示，图中的蓝色曲线为 y1，绿色曲线为 y2。

对于 Discrete Transfer Fcn 模块，该模块有 0.1 的偏差，因此直到 t=0.1 时刻模块才有输出；又由于该模块传递函数的初始条件为 0，因此其输出 y(1)在 t=0.1 时刻之前一直为 0。

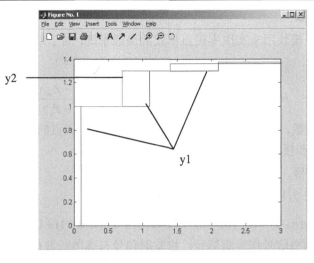

图 6-13

## 6.2.6　线性离散系统

尽管这里提出的方法可以适用于所有的离散系统，但对于一个线性时不变系统，则可以利用 Z 变换建立系统的传递函数，Z 变换可以保持系统的线性特性。Discrete 模块库中提供了建立线性离散系统模型时使用的 Discrete Transfer Fcn 模块、Discrete Filter 模块和 Discrete Zero-Pole 模块。

### 1．离散传递函数

Discrete Transfer Fcn 模块主要是控制工程人员以 $z$ 多项式形式描述离散系统。Discrete Transfer Fcn 模块可实现如下标准形式的传递函数：

$$H(z) = \frac{\text{num}(z)}{\text{den}(z)} = \frac{\text{num}_0 z^n + \text{num}_1 z^{n-1} + \cdots + \text{num}_m z^{n-m}}{\text{den}_0 z^n + \text{den}_1 z^{n-1} + \cdots + \text{den}_n}$$

这里，$m+1$ 和 $n+1$ 分别是分子和分母系数的总和，num 和 den 包含 $z$ 按降幂排列的分子和分母系数，分子的阶次必须大于或等于分母的阶次。num 可以是一个向量或矩阵，但 den 必须是一个向量，两者均为模块对话框中的参数。

### 2．离散滤波器

Discrete Filter 模块实现 IIR 和 FIR 滤波器，用户必须以 $z^{-1}$ 的降幂排列指定分子和分母系数。Discrete Filter 模块通常是信号处理人员以 $z^{-1}$ 多项式形式描述数字滤波器，当分子系数向量与分母系数向量等长度时，离散传递函数和离散滤波器这两种方法是完全相同的，即

$$H(z^{-1}) = \frac{\text{num}(z^{-1})}{\text{den}(z^{-1})} = \frac{\text{num}_0 + \text{num}_1 z^{-1} + \cdots + \text{num}_m z^{-m}}{\text{den}_0 + \text{den}_1 z^{-1} + \cdots + \text{den}_n z^{-n}}$$

这里，$m+1$ 和 $n+1$ 分别是分子和分母系数的总和，num 和 den 包含 $z^{-1}$ 按升幂排列的分子和分母系数，分子的阶次必须大于或等于分母的阶次。

### 3. 零极点传递函数

Discrete Zero-Pole 模块用来实现零极点形式的离散系统，对于单输入单输出的系统，传递函数的形式如下：

$$H(z) = K\frac{Z(z)}{P(z)} = K\frac{(z-Z_1)(z-Z_2)\cdots(z-Z_m)}{(z-P_1)(z-P_2)\cdots(z-P_n)}$$

这里，$Z$ 是零点向量，$P$ 是极点向量，$K$ 是零极点增益。极点的数目必须大于等于零点数目，即 $n \geq m$，零点和极点可以为复数。

**例 6-2** 离散解调器。

离散滤波器的差分方程如下：

$$y(n) - 1.6y(n-1) + 0.7y(n-2) = 0.04u(n) + 0.08u(n-1) + 0.04u(n-2)$$

利用例 4-4 中的 AM 调幅信号作为源信号，将发射信号与离散载波信号相乘(频率=100 Hz，采样时间=5 ms)，将产生的信号通过离散滤波器，在示波器上显示发射信号和输出信号。

**解答：**

将离散滤波器的差分方程转换为以 $z^{-1}$ 形式表示的离散滤波器方程：

$$H(z^{-1}) = \frac{\text{num}(z^{-1})}{\text{den}(z^{-1})} = \frac{0.04 + 0.08z^{-1} + 0.0z^{-2}}{1 - 1.6z^{-1} + 0.7z^{-2}}$$

根据系统要求，选择的 Simulink 模型组件如下：

● 例 4-4 中的 AM 调制信号；
● Sources 库中的 Sine Wave 模块；
● Math Operations 库中的 Product 模块；
● Discrete 库中的 Discrete Filter 模块；
● Sinks 库中的 Scope 模块。

设置 Discrete Filter 和 Sine Wave 模块中的采样时间为 0.005 s，也可以用 Discrete Transfer Function 模块代替 Discrete Filter 模块，此时离散滤波器的差分方程可以转换为 $z$ 形式的标准离散传递函数。最后的系统模型图如图 6-14(a)所示。选择变步长 ode45 算法，仿真时间为 10 个单位，仿真后的输出信号波形如图 6-14(b)所示。

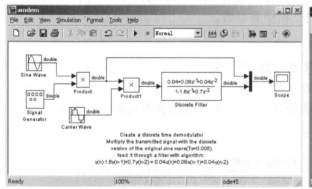
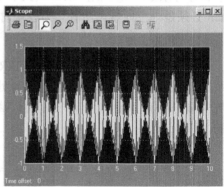

(a)                                           (b)

图 6-14

# 6.3　连续系统仿真

连续系统的输出是连续变化的，换句话说，连续系统以无穷小的时间间隔进行更新。绝大多数的自然过程都属于连续系统。

在连续的动态系统中，系统的数学模型表达式中都包含输入和/或输出的连续导数。Simulink 中的积分器就是一个很好的例子，输出的导数等于输入，即 $\dot{y} = u$。连续系统包含连续状态，在某种意义上说，连续状态是记忆元素，它们保存系统的信息，系统输出可以直接通过它们计算，而不涉及状态导数。

## 6.3.1　微分方程的实现

对于大多数的连续系统，其系统方程多是由各阶导数组成的微分方程，求解微分方程可以使用不同的积分算法。Simulink 把动态系统模型转变为"状态空间"表达式的形式供求解器使用，而求解器则使用一种非常具体的系统表达式求解系统。这个表达式为：

离散系统　　　　　　　　　$x(n+1) = f_d(x(n), u(n), n)$　→更新方程

　　　　　　　　　　　　$y(n) = g(x(n), u(n), n)$　→输出方程

更新方程利用状态前一时刻的值计算当前值，输出方程使用当前的状态值计算当前的输出值，与先前的状态值没有关系。

连续系统　　　　　　　　　$\dot{x}(t) = f_c(x(t), u(t), t)$　→导数方程

　　　　　　　　　　　　$y(t) = g(x(t), u(t), t)$　→输出方程

在连续系统中，状态的表达式包含状态的一阶导数，在大多数情况下，$x$ 是一个向量，它包含若干个状态。

在 Simulink 中，实现微分方程的第一步是确定模型中所需要的 Integrator 模块的数目，这一点非常重要，因为积分器模块是建立微分方程的基础，一个积分器就表示一阶微分。例如，如果方程中包含 $y$ 的二阶导数，则需要两个积分器：一个输入 $d^2y/dt^2$，并且输出 $dy/dt$；第二个输入 $dy/dt$，并且输出 $y$。图 6-15 表示的是用 Simulink 中积分器模块搭建的二阶微分，它说明了变量、变量一阶导数、变量二阶导数之间的关系。

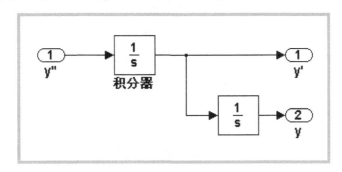

图 6-15

> **注意：** 在每个积分器模块中，应当给出状态的初始条件。由于求解器处理连续状态的方式所决定的，不提倡使用导数模块以相反的方式建立模型方程，即 Continuous 模块库中的 Derivative 模块，因而只有当微分方程中包含输入的导数时才可使用导数模块，因为这时的输入是已知的。

Simulink 模型指定了模型连续状态的时间导数，但并没有给出状态自身的值。这样，当仿真一个系统时，Simulink 求解器必须对状态的微分值进行多次积分以计算连续状态值，仿真过程中的积分是近似的，不同的连续求解器使用不同的方法近似积分。当然，目前有各种各样的通用数值积分算法，每种算法对特定的应用也都各有优势。Simulink 使用的是数值积分算法中最稳定、最高效且精度最好的 ODE(常微分方程，Ordinary Differential Equation)算法。用户可以在模型中直接指定这些算法求解器，也可以在运行仿真时指定求解器。

有些 Simulink 中的连续求解器将仿真时间区域细分为主时间步和最小时间步，最小时间步是由主时间步再细分而成的。仿真算法在每个主时间步上生成结果，并在最小时间步上应用这些结果以改善主时间步的结果精度。

## 6.3.2  线性连续系统

严格说来，一个具体的物理系统通常都是非线性系统，而且是以分布参数的形式存在的，但是由这样的非线性系统建立的数学模型，在需要求解非线性方程和偏微分方程时，是非常困难的。因此，在误差允许的范围内，可以将非线性模型线性化，或者直接用线性集总参数模型描述物理系统。

Simulink 中的 Continuous 模块库提供了适用于建立线性连续系统的模块，包括积分器模块、传递函数模块、状态空间模块和零-极点模块等，这些模块为用户以不同形式建立线性连续系统模型提供了方便，如图 6-16 所示。

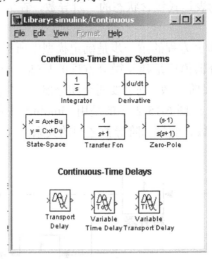

图 6-16

利用积分器模块用户可以建立微分方程模型，这是非常一般的方法，也可以用来建立非线性系统模型，而且允许指定非零值的初始条件。下面介绍线性连续系统的其他模型方程形式。

### 1．传递函数表达式

传递函数仅适用于单输入单输出的线性定常系统，是线性系统的时域表达式，初始条件为零。

如果连续系统是线性时不变系统，则可以考虑将表达式进一步简化。对微分方程(假定初始状态为 0)使用拉普拉斯变换推导出输入/输出关系，从而得出系统的传递函数表达式，拉普拉斯变换保持了模型的线性关系。

以图 6-17 中的弹簧—质量—阻尼器系统为例，设 $k$ 为弹簧的弹性系数，$f$ 为阻尼系数，试建立输入为外力 $u(t)$，输出为位移 $y(t)$ 的系统方程。

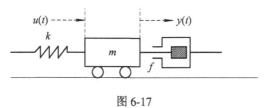

图 6-17

根据牛顿定律可写出系统的动态方程如下：

$$m\frac{\mathrm{d}^2 y}{\mathrm{d}t^2} = u - f\frac{\mathrm{d}y}{\mathrm{d}t} - ky$$

利用拉普拉斯变换，弹簧—质量—阻尼器微分方程可以转化为传递函数形式：

$$\frac{U(s)}{Y(s)} = \frac{1}{ms^2 + fs + k}$$

用户可以利用 Continuous 模块库中的 Transfer Fcn 模块表示传递函数。Transfer Fcn 模块实现的是如下形式的传递函数：

$$H(s) = \frac{y(s)}{u(s)} = \frac{\mathrm{num}(1)s^{n-1} + \mathrm{num}(2)s^{n-2} + \cdots + \mathrm{num}(n)}{\mathrm{den}(1)s^{m-1} + \mathrm{den}(2)s^{m-2} + \cdots + \mathrm{den}(m)}$$

这里，$n$ 和 $m$ 分别是分子和分母的系数数目，num 和 den 参数包含着 $s$ 按降幂排列的分子和分母系数，num 可以是向量或矩阵，den 则必须是向量。这两个参数的数值均在 Transfer Fcn 模块对话框内指定，分母的阶数必须大于或等于分子的阶数，即 $m \geqslant n$。

Transfer Fcn 模块的初始条件被重置为 0。如果需要指定初始条件，则可以用 tf2ss 命令将模型传递函数转换为状态空间形式，然后使用 State-Space 模块。tf2ss 命令为系统提供了状态空间表达式中的 A、B、C 和 D 矩阵。

### 2．状态空间表达式

状态空间表达式不仅适用于单输入单输出系统，也适用于多输入多输出系统。这些系统可以是线性的或非线性的，也可以是定常的或时变的，它是系统的时域表示，允许非零值的初始条件。

状态空间表达式由状态方程和输出方程组成。状态方程是一个一阶微分方程组，它描述系统输入与系统内部状态变化之间的关系，即描述系统的内部行为；输出方程是一个代数方程，它描述系统状态和输出的关系，即系统的外部行为。Continuous 模块库中的

State-Space 模块实现的是如下形式的状态空间方程：

$$\dot{x} = Ax + Bu$$
$$y = Cx + Du$$

这里，$x$ 是状态向量，$u$ 是输入向量，$y$ 是输出向量。方程中的矩阵系数必须满足如下条件：

- $A$ 必须是 $n \times n$ 矩阵，$n$ 是状态个数；
- $B$ 必须是 $n \times m$ 矩阵，$m$ 是输入个数；
- $C$ 必须是 $r \times n$ 矩阵，$r$ 是输出个数；
- $D$ 必须是 $r \times m$ 矩阵。

State-Space 模块接受一个输入，产生一个输出，输入向量的宽度由 $B$ 矩阵和 $D$ 矩阵的列数决定，输出向量的宽度由 $C$ 矩阵和 $D$ 矩阵的行数决定。需要注意的是，这样的表达式并不是唯一的，但总是可能的，这是表达线性系统时最常用的方法，因为它能够在得到输入和输出的同时得到状态。在推导出的弹簧—质点—阻尼系统的表达式中，位置和速度为系统状态，加速度不是状态，因为它的导数没有包含在表达式中。一般，每个表达式中的状态数量是相同的，但是每个状态不一定与一个物理量相对应。弹簧—质点—阻尼系统的状态空间表达式为：

$$
\begin{aligned}
x_1 &= x \\
x_2 &= \dot{x} \\
\dot{x}_1 &= x_2 \\
\dot{x}_2 &= \frac{u}{m} - \frac{f}{m}x_2 - \frac{k}{m}x_1
\end{aligned}
\quad \Longleftrightarrow \quad
\begin{aligned}
\begin{bmatrix} \dot{x}_1 \\ \dot{x}_2 \end{bmatrix} &= \begin{bmatrix} 0 & 1 \\ -\dfrac{k}{m} & -\dfrac{f}{m} \end{bmatrix}\begin{bmatrix} x_1 \\ x_2 \end{bmatrix} + \begin{bmatrix} 0 \\ \dfrac{1}{m} \end{bmatrix}u \\
y &= \begin{bmatrix} 1 & 0 \end{bmatrix}\begin{bmatrix} x_1 \\ x_2 \end{bmatrix} + 0u
\end{aligned}
$$

### 3. 零—极点表达式

零—极点表达式与传递函数相同，Continuous 模块库中的 Zero-Pole 模块实现零—极点形式的表达式。对于 MATLAB 中的单输入单输出系统，零—极点表达式的形式为

$$H(s) = K\frac{Z(s)}{P(s)} = K\frac{(s-Z(1))(s-Z(2))\cdots(s-Z(m))}{(s-P(1))(s-P(2))\cdots(s-P(n))}$$

这里，$Z$ 表示零点向量，$P$ 表示极点向量，$K$ 是增益。$Z$ 可以是向量或矩阵，$P$ 则必须是向量，增益 $K$ 是标量或向量，它的长度等于向量 $Z$ 的行数。模型方程中的极点数目必须大于或等于零点数目。Zero-Pole 模块的输入和输出宽度等于零点矩阵的行数。

对于一个特定的动态系统，无论是使用积分器模块、传递函数、状态空间或零—极点表达式，在给定相同输入和相同初始条件下，系统的输出响应应该是一致的。以下面的微分方程为例：

$$\frac{\mathrm{d}^2 y}{\mathrm{d}t^2} + 4\frac{\mathrm{d}y}{\mathrm{d}t} + 3y = u$$

系统的传递函数形式为

$$H(s) = \frac{1}{s^2 + 4s + 3}$$

系统的零—极点表达式为

$$H(s) = \frac{1}{(s+3)(s+1)}$$

$$\dot{x} = \begin{bmatrix} -4 & -3 \\ 1 & 0 \end{bmatrix} \begin{bmatrix} x_1 \\ x_2 \end{bmatrix} + \begin{bmatrix} 1 \\ 0 \end{bmatrix} u$$

系统的状态空间表达式为

$$y = \begin{bmatrix} 0 & 1 \end{bmatrix} \begin{bmatrix} x_1 \\ x_2 \end{bmatrix} + 0 \times u$$

依据上述表达式建立的系统模型如图 6-18(a)所示。模型中还使用了控制系统工具箱中的 LTI System 模块，该模块可以用来描述连续和离散 LTI 系统，可以在 LTI system variable 文本框内输入传递函数、状态空间和零-极点-增益形式的系统表达式。这里给出的是系统传递函数表达式 tf(1,[1 4 3])。

运行仿真，在示波器内观察输出波形(图 6-18(b))，可以看到，在初始条件为零的情况下，系统的输出响应曲线是一致的。

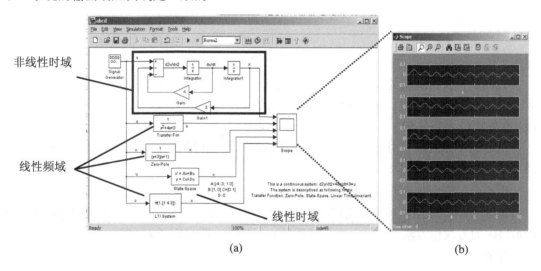

(a)　　　　　　　　　　　　　　　　　　(b)

图 6-18

例 6-3　蹦极跳系统。

想象一下，当你系着弹力绳从桥上跳下来时，会发生什么？这里，我们以蹦极跳作为一个连续系统的例子。按照物理规律，自由下落的物体满足牛顿运动定律：$F = ma$。在这个系统中，假设绳子的弹性系数为 $k$，它的拉伸影响系统的动力响应。如果定义人站在桥上时绳索下端的初始位置为 0 位置，$x$ 为拉伸位置，那么用 $b(x)$ 表示绳子的张力，这个影响可以表示为

$$b(x) = \begin{cases} -kx & \text{if } x > 0 \\ 0 & \text{if } x \leqslant 0 \end{cases}$$

设 $m$ 为人的质量，$g$ 是重力加速度，$a_1$、$a_2$ 是空气阻尼系数，则系统方程可以表示为

$$m\ddot{x} = mg + b(x) - a_1\dot{x} - a_2|\dot{x}|\dot{x}$$

在 MATLAB 中建立这个方程的 Simulink 模型，这里需要使用两个积分器，因为方程中包含的导数的最高阶数为 2，一旦 $x$ 及其导数模型建立完毕，则可以使用一个增益模块(Gain 模块)表示空气阻力比例系数，并使用 Function 模块表示空气阻力中的非线性部分。因为 $b(x)$ 是通过门槛为 0 的 $x$ 条件式确定的，所以这里使用一个 Switch 模块来实现判断条件。最终的系统 Simulink 模型方块图如图 6-19(a)所示。

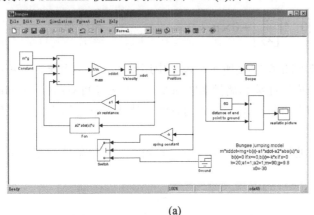

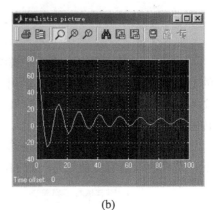

(a)                                           (b)

图 6-19

设起始位置为绳索的长度 30 米，起始速度为 0，这两个初始值在仿真参数对话框的 Workspace I/O 页内设置。未伸长时绳索的端部距地面为 50 米，因此，为了得到更真实的曲线，将输出位置减去 50。人的质量为 90 kg，$g$ 为 9.8 m/s²，弹性系数 $k$ 为 20，$a_1$ 和 $a_2$ 均为 1。

运行这个系统，利用示波器查看输出轨迹，如图 6-19(b)所示，可以看到，跳跃者已经撞到了地上！

**例 6-4** 汽车动力学系统。

建立一个行驶控制系统，实现简单的汽车动力学系统。使用一个幅值为 500、频率为 0.002 Hz 的方波作为输入信号，汽车的质量 $m = 1000$，阻尼因子 $b = 20$。

**解答：**

速度动力学方程为

$$F = m\dot{v} + bv$$

根据系统要求，选择的 Simulink 模块组件如下：

● Sources 库中的 Signal Generator 模块，设置 **Wave form** 参数为 **square**，**amplitude** 参数为 500，**frequency** 参数为 0.002，**units** 设置为 Hz。

● Maths Operations 库中的 Gain 模块和 Sum 模块。

● Continuous 库中的 Integrator 模块。

● Sinks 库中的 Scope 模块。

建立的系统模型如图 6-20(a)所示。为了观察系统的动态行为，可将信号发生器的周期设得足够长，这里设置仿真时间为 1000 个时间单位，初始条件为零。运行仿真，得到的输

出速度曲线如图 6-20(b)所示。

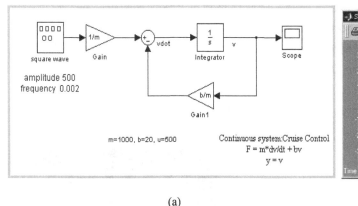 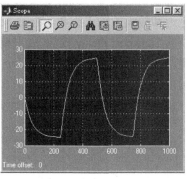

(a)　　　　　　　　　　　　(b)

图 6-20

**例 6-5**　通信信道。

实现一个信道的动态模型，输入为例 4-4 中的 AM 调制信号，在模型中加性噪声干扰，噪声方差为 0.01，信号经过大小为 1024 的缓冲区延迟，信道的动态方程为

$$10^{-9}\ddot{y}+10^{-3}\dot{y}+y=u$$

在示波器中观察输出波形，并尝试使用不同的求解器。

**解答：**

通信信道的动态方程转换为传递函数后的形式如下：

$$H(s)=\frac{y(s)}{u(s)}=\frac{1}{10^{-9}s^{2}+10^{-3}s+1}$$

根据系统要求，选择的 Simulink 模块组件如下：

● 例 4-4 中的 AM 调制信号。

● Sources 模块库中的 Random Number 模块，将模块对话框中的 **Variance** 方差设为 0.01，**Sample time** 设为 0.001。

● Continuous 模块库中的 Transport Delay 模块，设置对话框中 **Time delay** 为 1，**Initial buffer size** 为 1024。

● Continuous 模块库中的 Transfer Fcn 模块。

● Sinks 模块库中的 Scope 模块。

最后建立的系统模型如图 6-21(a)所示。在仿真参数对话内选择一种钢体求解器，这里选择变步长 ode23s 求解器，仿真时间为 10 个时间单位，得到的输出波形如图 6-18(b)所示。

模型中使用了一个 Transport Delay 模块，Transport Delay 模块将输入信号延迟给定的时间量值，因此可以用它来仿真时间延迟。在仿真开始时，模块输出的是初始输入(**Initial input**)参数值，直至仿真时间超过时间延迟(**Time delay**)参数值，在此时刻之后模块开始生成被延迟的输入。**Time delay** 必须是非负值。

Transport Delay 模块在缓存中存储输入点和仿真时间，缓存的初始大小由 **Initial buffer size** 参数指定，如果存储的点数超过了缓存的大小，则 Transport Delay 模块会分配附加内存，且 Simulink 会在仿真结束后显示一个消息，以标识所需要的整个缓存数目。由于分配内存会降低仿真速度，因此如果仿真速度很慢，则应该重新定义这个参数值。对于较长的时间延迟和较大的输入维数，Transport Delay 模块可能会使用相当大的内存。

Transport Delay 模块不能够插值离散信号，但是它在 Time delay 时刻返回离散值，这个模块与 Discrete 模块库中的 Unit Delay 模块不同，Unit Delay 模块只在采样点延迟并保持输出值。

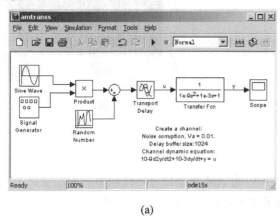 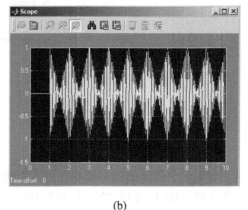

(a)                                      (b)

图 6-21

## 6.4　混合系统仿真

混合的连续离散系统由离散模块和连续模块组成，这样的系统可以使用任何一种求解器进行仿真，尽管某些求解器可能比另一些求解器更高效和精确。变步长求解器充分考虑了仿真步长与离散采样时间相匹配的问题，所以对于混合系统应该选择一个变步长求解器。对于大多数混合的连续离散系统，Runge-Kutta(龙格-库塔)变步长求解器 ode45 和 ode23 比其他求解器在效率和精确度上都有优越性。由于离散模块中的不连续性与采样保持相关联，因此对于混合的连续离散系统不推荐使用 ode15s 和 ode113 算法。

---

注意：模型窗口中 **Format** 菜单的 **Port/Signal Displays** 子菜单下的 **Sample time colors** 命令可以标识模型中是否存在不同的采样时间，模型中的模块和线会根据不同的采样时间标记为不同的颜色。黑色表示连续信号，红色表示模型中最快速的采样时间，绿色表示模型中第二快的采样时间，黄色模块表示包含有不同采样时间的信号。如果模型中所有的采样时间都是相同的，那么所有的模块和线都会标记为红色。信号源则用灰色显示。

---

混合系统在使用变步长求解器进行仿真时，步长应调整在误差容限以内，并且与离散模块的更新时间相匹配。

**例 6-6**　多速率混合系统。

图 6-22 是由连续模块和离散模块组成的混合系统。模型中的 Unit Delay 模块的采样时间设置为 0.7，Unit Delay1 模块的采样时间设置为 1.1，这样系统就是由两种不同的采样时

间组成的混合系统。当选择 **Format** 菜单的 **Port/Signal Displays** 子菜单下的 **Sample time colors** 命令时，模型中的模块和信号线将以不同的颜色标识。

在对系统进行仿真时，设置仿真时间为 5 个时间单位，并选择变步长 ode45 求解器，在仿真参数对话框的 **Data Import/Export** 选项面板内设置输出时间变量为 t，输出变量为 y1、y2、y3，运行仿真，并在 MATLAB 窗口使用绘图命令绘制输出结果曲线。

>> plot (t, y1, '*', t, y2, '-', t, y3, '-')

>> grid on

从图 6-22 中的输出曲线可以看到，标为 "*" 的曲线为积分器模块的输出曲线，它是连续信号；标为绿色 "-" 的曲线为 Unit Delay 模块的输出曲线，采样时间为 0.7；标为红色 "-" 的曲线为 Unit Delay1 模块的输出曲线，采样时间为 1.1，后两个信号都是离散数据信号。

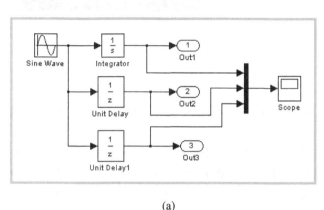

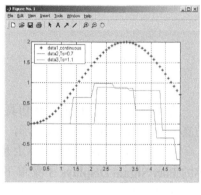

(a) (b)

图 6-22

**例 6-7** 行驶控制系统。

已知设定的速度值和测量的速度值，使用一个离散时间 PID 控制器建立一个汽车行驶控制器，采样时间为 20 毫秒。PID 控制器按下列规律工作：

● "积分环节"：$x(n) = x(n-1) + u(n)$

● "微分环节"：$d(n) = u(n) - u(n-1)$

● 系统初始状态值为 0

系统 PID 控制器方程为

$$y(n) = P*u(n) + I*x(n) + D*d(n)$$

试算：以正弦波信号作为 PID 控制器输入，查看当 PID 控制器中 $P = 1$，$I = 0.01$，$D = 0$ 时的控制器输出。

**解答：**

根据系统要求，选择的 Simulink 模型组件为：

● Discrete 库中的 Unit Delay 模块，实现差分方程；

● Math Operations 库中的 Gain 模块和 Sum 模块；

● Sources 库中的 Sine Wave 模块；

● Sinks 库中的 Scope 模块。

这里单独建立比例、积分和微分环节，然后将它们相加组合成 PID 控制器；此外，在所有的 Unit Delay 模块中设置采样时间 **Sample time** 等于 0.02。最后的系统模型如图 6-23(a) 所示。

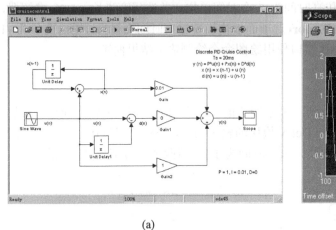 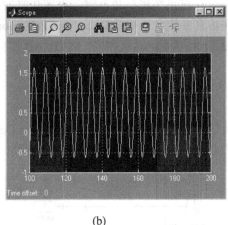

(a)                        (b)

图 6-23

在仿真参数对话框内设置仿真时间为 200 个时间单位，选择变步长 ode45 算法，运行仿真，打开示波器观察输出波形，如图 6-23(b)所示。

这个 PID 行驶控制器实际上是一个混合系统。如果在这个系统模型中选择 **Format** 菜单的 **Port/Signal Displays** 子菜单下的 **Sample time colors** 命令，则可以清楚地看到系统中不同采样时间的信号线由不同的颜色表示，但大多数信号是连续的，因为它们是由一个连续系统产生的。用户可以在 Sine Wave 输入模块后放置一个 Zero-Order Hold(零阶保持)模块来将连续信号转换成离散信号，并设置零阶保持器的采样时间为 0.02 s，如图 6-24 所示，此时系统中的所有模块都具有相同的采样时间。

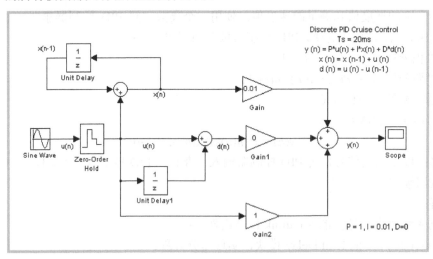

图 6-24

以例 4-2 中的模型作为汽车行驶控制系统的输入信号，以图 6-24 中的模型作为系统的 PID 控制器，以例 6-4 中的模型作为汽车动力学系统，组成反馈控制系统，整个汽车行驶控制系统模型如图 6-25 所示。

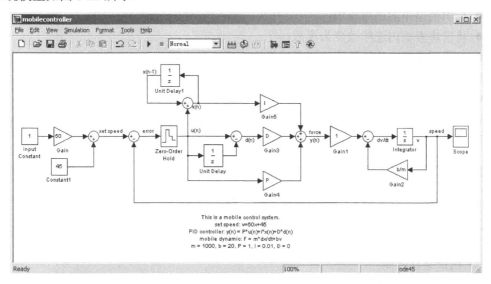

图 6-25

设置 PID 控制器中比例、积分、微分系数分别为 $P=1$，$I=0.01$，$D=0$，仿真系统 12 个时间单位，则系统的过程曲线如图 6-26(a)所示；若设置 $P=5$，$I=0.01$，$D=0$，则系统的过程曲线如图 6-26(b)所示。

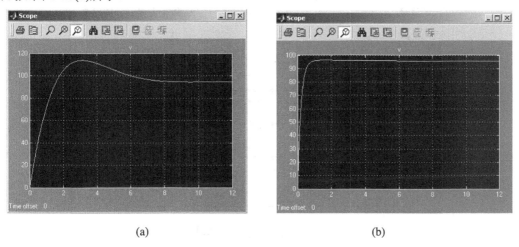

(a) (b)

图 6-26

## 6.5 模型离散化

模型离散化是数字控制器设计和硬件循环仿真中的重要环节。Simulink 中的离散化操作有选择地用 Simulink 中的离散模块替换等效的连续模块，利用这个工具，用户可以把连续模型离散化，并将离散化后的模型用在只支持离散模块的 Real-Time Workshop Embedded Coder 组件中。

模型离散化，可以使用户：

● 标识模型中的连续模块；

● 将模块参数由连续改变为离散；

● 对模型中所有的连续模块或所选模块应用离散设置；

● 创建包含多个离散化成员和源连续模块的可配置子系统；

● 在不同的离散化成员之间切换，并求取模型仿真结果。

需要注意的是，若要使用模型离散化工具，则用户的 MATLAB 系统中必须安装 Version 5.2 版或更新版本的 Control System Toolbox(控制系统工具箱)。

### 6.5.1　模型离散化 GUI

若要对模型进行离散化，则需执行下列步骤：

(1) 启动模型离散化器；

(2) 指定转换方法；

(3) 指定采样时间；

(4) 指定离散化方法；

(5) 对模块进行离散化。

这里以 Simulink 中的 f14 模型为例说明模型离散化的步骤。f14 模型如图 6-27 所示。

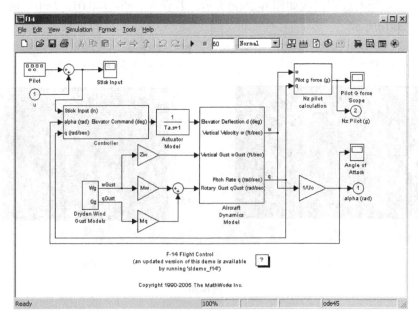

图 6-27

#### 1．启动模型离散化器

选择模型窗口中 **Tools** 菜单的 **Control Design** 子菜单下的 **Model discretizer** 命令，即可启动模型离散化器，Simulink 会在模型离散化器中列出模型中的连续模块，并在打开的模型窗口中将这些连续模块标记为红色，如图 6-28 所示。另外一种打开离散化器的方式就是直接利用 MATLAB 命令窗口中的 slmdldiscui 函数，如执行 slmdldiscui ('f14')命令时，它会同时打开离散器和 f14 模型。若要从模型离散化器中打开一个新的 Simulink 模型或模块库，可选择 **File** 菜单下的 **Load model** 命令。

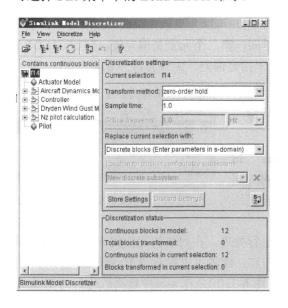

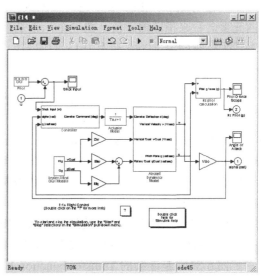

(a)　　　　　　　　　　　　　　　　　　　(b)

图 6-28

### 2．指定转换方法

转换方法确定了模型离散化过程中使用的算法类型。关于不同转换方法的详细内容。读者可以参看控制系统工具箱中的有关内容。

转换方法(**Transform method**)下拉列表中包含如下选项(如图 6-29 所示)：

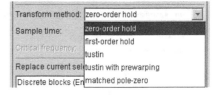

图 6-29

● **zero-order hold**：对输入的零阶保持，通过将被采样的输入信号保持一个采样时间而产生连续时间信号。

● **first-order hold**：输入的线性插值，为了将被采样的输入信号转换为连续信号，可在两个采样点之间进行线性插值。这种方法对平滑输入的系统来说，比零阶保持法更精确。

● **tustin**：该法(或者说双线性近似法)使用下列近似来描述 s-域或 z-域的传递函数：

$$z = \mathrm{e}^{sT_s} \approx \frac{1 + sT_s/2}{1 - sT_s/2}, \quad s' = \frac{2}{T_s}\frac{z-1}{z+1}$$

● **tustin with prewarping**：与 tustin 方法不同，近似公式如下：

$$s' = \frac{\omega}{\tan(\omega T_s/2)}\frac{z-1}{z+1}$$

这种近似法在频率 $\omega$ 处确保连续时间与离散时间的频率响应更匹配。

● **matched pole-zero**：零极点匹配法，只适用于 SISO 系统，转换公式如下：

$$z = e^{sT_s}$$

### 3. 指定采样时间

可在 **Sample time** 文本框内输入采样时间。用户可以为离散模块或可配置子系统输入两元素向量来指定偏差值，第一个元素是采样时间，第二个元素是偏差值。例如，[1.0 0.1] 表示采样时间为 1.0 s，带有 0.1 s 的偏差。如果未指定偏差，则缺省值为 0。

### 4. 指定离散化方法

可在**Replace current selection with**列表中选择一种离散化方法，如图 6-30 所示。这些选项包括：

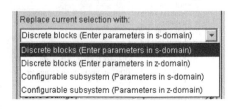

图 6-30

● **Discrete blocks (Enter parameters in s-domain)**：创建一个离散模块，模块参数保留对应连续模块的参数。采样时间和离散化参数也保存在模块参数对话框中。

模块在执行时作为一个被封装的离散模块进行处理，在封装初始化代码中用 c2d 命令把连续参数转换为离散参数。关于封装的详细内容，读者可以参看第 10 章。

图 6-31(a)是连续的 Transfer Function 模块，图 6-31(b)是在 s-域中被离散化后的 Transfer Function 模块，每个模块的下面是其模块参数对话框。

(a)                                    (b)

图 6-31

● **Discrete blocks (Enter parameters in z-domain)**：创建一个离散模块，模块参数是由用户直接输入到模块参数对话框中的值。如果需要，模型离散化器会使用 c2d 函数获取被离散化的参数。

图 6-32(a)是连续的 Transfer Function 模块，图 6-32(b)是在 z-域中被离散化后的 Transfer Function 模块，每个模块的下面是其模块参数对话框。

Transfer Fcn

Transfer Fcn

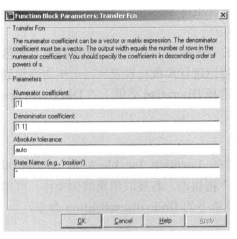

(a)

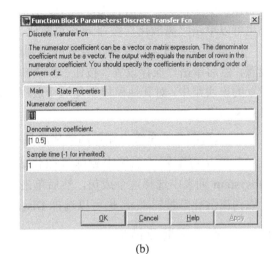

(b)

图 6-32

---

**注意：** 如果想要在模型离散化操作之后准确恢复源连续参数值，则应在 s-域中输
入参数。

---

● **Configurable subsystem (Parameters in s-domain)：** 使用 s-域值为当前的选择创建多
个离散化成员，一个可配置子系统可以由一个或多个模块组成。

选择这个选项后会激活 **Location for block in configurable subsystem** 选项，用户可以利
用这个选项创建一个新的可配置子系统或者覆盖一个已存在的可配置子系统。

● **Configurable subsystem (Parameters in z-domain)：** 使用 z-域值为当前的选择创建多
个离散化成员，一个可配置子系统可以由一个或多个模块组成。

选择这个选项后会激活 **Location for block in configurable subsystem** 选项，用户可以利
用这个选项创建一个新的可配置子系统或者覆盖一个已存在的可配置子系统。

---

**注意：** 对于后两个选项，为了在库中保存可配置子系统，当前目录必须是可写的。

---

可配置子系统被存储在库中，这些库包含离散化成员和源连续模块，库被命名为<model
name>_disc_lib，并存储在当前目录中，当前目录在 MATLAB 命令窗口中设置。例如，从
f14 模型中创建的包含可配置子系统的库被命名为 f14_disc_lib。

如果从相同的模型中创建了多个库，那么文件名会依次加 1。例如，从 f14 模型中创建
的第二个可配置子系统的库被命名为 f14_disc_lib2。

用户可以在 Simulink 模型中用鼠标右键单击子系统来打开可配置子系统库，并从弹出
菜单中选择 **Open Block** 命令。

### 5. 对模块进行离散化

若要离散化模块，可以用下面的两种方法实现：

一是选择模块，并对模块进行离散化。可在模型离散化器的树型浏览面板中选择一个或多个模块，若要选择多个模块，可在选择模块的同时按下键盘中的 **Ctrl** 键。如果只选择了一个模块，可在模型离散化器的 **Discretize** 菜单中选择 **Discretize current block** 命令；如果选择了多个模块，可选择 **Discretize** 菜单下的 **Discretize selected blocks** 命令。此外，用户也可以单击"离散化"按钮 来离散化当前模块。

二是保存离散化设置并将设置应用到模型中的所选模块。首先为当前模块输入离散化设置，然后单击"保存设置"按钮 Store Settings，便会将已进行离散化设置的当前模块添加到预设置的模块组中，对其他模块重复这个过程，最后选择 **Discretize** 菜单下的 **Discretize preset blocks** 命令。

### 6. 从可配置子系统中删除离散化成员

若要从可配置子系统中删除离散化成员，可在 **Location for block in configurable subsystem** 列表中选择这个成员，然后单击"删除"按钮 。若要取消离散化操作，可单击"取消离散化"按钮 ，也可以选择 **Discretize** 菜单下的 **Undo discretization** 命令。

## 6.5.2　查看离散化模型

模型离散化器按层级树排列显示模型，如图 6-33 中的 f14 模型所示。在树型浏览面板中，当模型中的模块被离散化后，模块图标将被高亮显示，并标记有符号"**z**"。图中显示的是被离散化到可配置子系统中的 Aircraft Dynamics Model 子系统，这个可配置子系统共有三个离散化成员，f14 模型中的其他模块还没有被离散化。

图 6-34 显示的是 f14 模型中的 Aircraft Dynamics Model 子系统被离散化到可配置子系统，这个可配置子系统包含源连续模型和三个离散化成员。

图 6-33

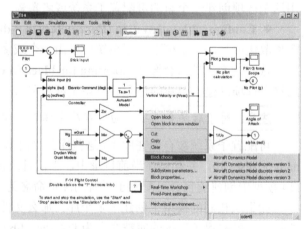

图 6-34

图 6-35 显示的是包含 Aircraft Dynamics Model 可配置子系统的库 f14_disc_lib，这个可配置子系统包含源连续模型和三个离散化成员。

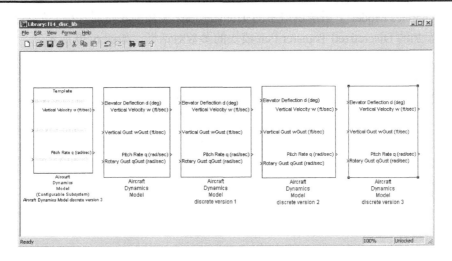

图 6-35

如果模型改变，则可以单击"刷新"按钮 刷新模型离散化器的树状浏览面板，或者选择 **View** 菜单下的 **Refresh** 命令。

## 6.5.3　从 Simulink 模型中离散化模块

用户可以用 Discretizing 库中在 s-域内被离散化的等价模块来替换 Simulink 模型中的连续模块。下面以 f14 模型中的 Aircraft Dynamics Model 子系统为例，说明如何用 Discretizing 库中的被离散化的 Transfer Fcn 模块替换子系统中的连续 Transfer Fcn 模块，这个模块使用 zero-order hold 转换方法，采样时间为 2 s，在 s-域内被离散化。

(1) 首先打开 f14 模型。

(2) 在 f14 模型中打开 Aircraft Dynamics Model 子系统，如图 6-36 所示。

(3) 在 MATLAB 命令行中输入 **discretizing** 命令，可打开 **Library：discretizing** 窗口，如图 6-37 所示，这个库包含了 Simulink 中 s-域的被离散化模块。

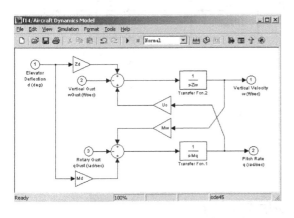

图 6-36

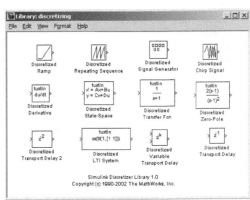

图 6-37

(4) 向 Aircraft Dynamics Model 子系统窗口中添加 Discretized Transfer Fcn 模块，打开

Aircraft Dynamics Model 子系统窗口中的 Transfer fcn1 模块的参数对话框，如图 6-38 所示，再打开被添加的 Discretized Transfer Fcn 模块的参数对话框，如图 6-39 所示。

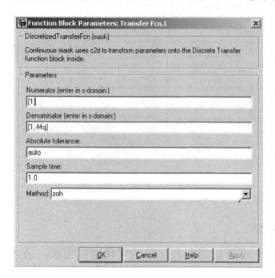

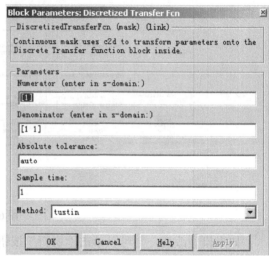

图 6-38                    图 6-39

（5）将 Transfer fcn1 模块参数对话框中的参数值拷贝到 Discretized Transfer Fcn 模块参数对话框内，并设置 **Sample time** 为 2；然后从 **Method** 下拉列表中选择 **zoh(zero-hold)** 选项。最后的 Discretized Transfer Fcn 模块参数对话框如图 6-40 所示。

（6）用 Discretized Transfer Fcn 模块替换 Aircraft Dynamics Model 子系统中的 Transfer fcn1 模块，最终的 Aircraft Dynamics Model 子系统模型如图 6-41 所示。

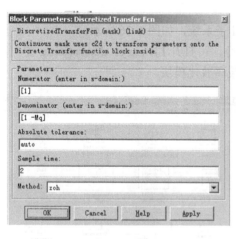

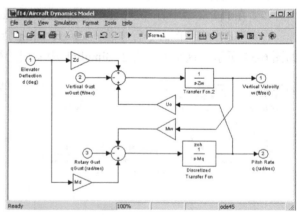

图 6-40                    图 6-41

## 6.6　诊断仿真错误

如果在仿真过程中产生错误，则 Simulink 会终止仿真，如果需要的话，它还会打开产生错误的子系统，并在 **Simulation Diagnostics Viewer**(仿真诊断查看器)中显示这个错误。这一部分介绍如何利用查看器确定产生仿真错误的原因。

## 6.6.1　仿真诊断查看器

如果模型在仿真过程中有错误产生，则 Simulink 在终止仿真的同时会打开仿真诊断查看器，如图 6-42 所示，这是在仿真 Simulink 演示程序"F14"模型时产生的错误。从图中可以看到，错误诊断查看器由两部分组成：上半部是错误摘要列表，详细列出了模型仿真过程中出现的所有错误条目；下半部是错误消息说明，单击说明中蓝色的超链接区域，可以链接到模型中产生错误的具体位置。

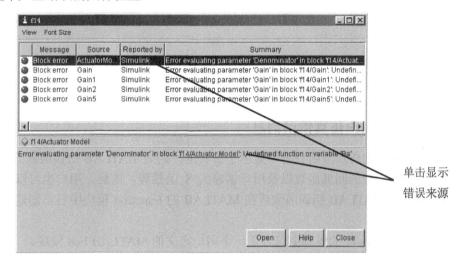

图 6-42

### 1．错误摘要

错误摘要列表列出了造成 Simulink 终止仿真的所有错误，每条错误都包含并显示了如下信息：

● **Message**：显示消息类型，例如，Block error(模块错误)、Warning(警告)或 Log(记录)等。

● **Reported by**：报告产生错误的组件，例如，Simulink、Stateflow、Real-Time Workshop 等。

● **Source**：产生错误的模型元素名称，例如，模块名称。

● **Summary**：错误消息，对错误类型的简短描述，可以拉伸对话框查看完整的信息内容。

上面的信息条目在查看器的 **View** 菜单下都有相应的命令，若要删除某个错误信息，可以选择 **View** 菜单下的相应命令。

### 2．错误消息

仿真诊断查看器的下半部分显示的是对应于错误摘要列表中所选错误的简要说明，即 Summary 中的内容。在该说明中对产生错误的模型元素添加了超链接，用户可以单击链接部分，将直接在模型中显示产生错误的元素。

　　例如，图 6-43 是一个系统模型，当运行仿真时，Simulink 在模型产生错误时终止了仿真，在打开错误诊断查看器显示仿真错误消息的同时，还高亮显示了产生错误的 Integrator 模块。

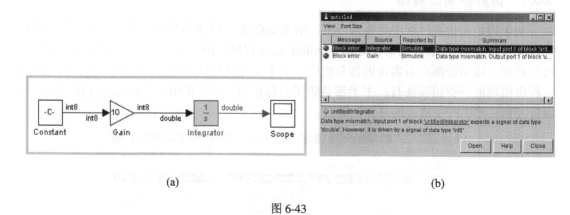

　　　　　　(a)　　　　　　　　　　　　　　　　　　　(b)

图 6-43

## 6.6.2　创建用户仿真错误消息

　　Simulink 的仿真诊断查看器显示了仿真运行期间 MATLAB 错误函数的所有错误输出，包括模块或模型的回调函数以及用户创建的 S 函数等。当然，用户也可以在回调函数和 S 函数中使用 MATLAB 错误函数或在 MATLAB 的 Function 模块中自己创建应用程序特定的仿真错误消息。

　　例如，图 6-44 的模型中包含了一个用户定义的 MATLAB Fcn 模块。

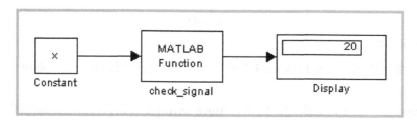

图 6-44

MATLAB Fcn 模块执行如下函数：

```
function y = check_signal (x)
    if x<0
        error ('Signal is negative.');
    else
        y = x;
    end
```

　　当仿真这个模型时，如果用户设置的 x 值小于 0，则 Simulink 会在 **Simulation Diagnostic Viewer** 对话框中显示错误消息，并在对话框内添加用户标注的'Signal is negative'错误，如图 6-45 所示。

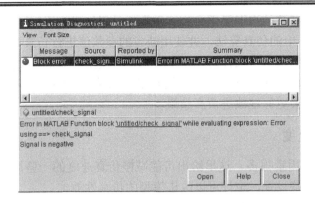

图 6-45

　　此外，在创建用户错误消息时，用户也可以创建返回到模型中模块或文本文件以及文件路径的超链接，这只需要在错误消息中用双引号包含相应的模块名称、路径或目录名即可，如：

● error ('Error evaluating parameter in block "check_signal" ')

　　在错误消息中显示当前模型中模块 check_signal 的文本超链接，单击这个超链接后，会在模型窗口中显示这个模块，如图 6-46 所示。

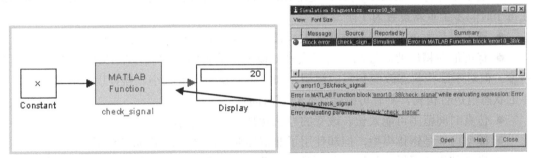

图 6-46

● error ('Error reading data from "C:/work/test.data" ')

　　在错误消息中显示到文件 test.data 的文本超链接，单击这个超链接后，可以在用户选择的 MATLAB 编辑器内显示这个文件。

● error ('Could not find data in directory "C:/work" ')

　　在错误消息中显示到目录 C:/work 的超链接，单击这个超链接后，会打开一个系统命令窗口，并设置其工作目录为 C:/work。

> **注意：**只有当模型中包含相应的模块，或者用户系统中存在相应的文件或目录时，文本超链接才会起作用。

# 6.7　改善仿真性能和精度

　　对于系统模型来说，模型仿真时的性能和精度受很多因素的影响，包括模型的设计方案、仿真算法和仿真参数的选取等都会影响仿真的最终结果。

选择了 Simulink 中的仿真算法,并使用缺省的参数值进行仿真时,对于大多数模型都能保证其仿真精度和结果的有效性。但是,对于有些模型,如果改变仿真算法和仿真参数,则有可能会产生更好的结果,而且,如果用户了解系统模型的动作方式,并把这些信息提供给模型,那么可能会更好地改进仿真结果。

### 6.7.1　提高仿真速度

影响仿真速度的因素很多,这里给出可能减慢仿真速度的一些原因,用户可以根据自己的模型试着改变某些设置,也许可以改进模型的仿真性能。

● 模型中包含了 MATLAB Fcn 模块。当模型中包含了 MATLAB Fcn 模块时,在仿真的每个时间步上,Simulink 都会调用 MATLAB 解释器,这样就大大减慢了仿真速度。因此,只要有可能,可以使用内嵌的 Fcn 模块或 Math Function 模块,而避免使用 MATLAB Fcn 模块。

● 模型中包含一个 M 文件的 S 函数。M 文件的 S 函数也会使 Simulink 在每个时间步上调用 MATLAB 解释器,可以考虑把 S 函数转换为子系统或者转换为 C-MEX 文件的 S 函数。

● 模型中包含了 Memory 模块。使用 Memory 模块可以使变阶算法(如 ode15s 和 ode113)在每个时间步上重新设置为 1 阶算法。

● 最大步长太小了。如要改变最大步长,可试着用缺省值(auto)重新进行仿真。

● 有可能对精度要求过高。对于大多数模型,缺省的相对误差(0.1%)都足以满足模型精度。但对于那些状态改变到零的模型,如果绝对误差参数太小,模型围绕着那些接近于零的状态值进行仿真,则有可能会延长仿真时间。

● 仿真时间范围可能太长。改变的办法就是减小仿真时间。

● 模型可能是钢体模型,但却使用了非钢体算法,试试使用 ode15s 算法。

● 模型使用的采样时间彼此都不是倍数关系。混合彼此都不是倍数关系的采样时间,令算法使用足够小的步长,以满足模型中各模块的采样时间。

● 模型中包含代数环。代数环造成的结果就是在每个时间步上都进行迭代计算,这就大大降低了仿真性能。关于代数环的详细内容可参见第 7.2 节。

● 模型中将 Random Number 模块的输出传递给了 Integrator 模块,对于连续系统,可以使用 Sources 库中的 Band-Limited White Noise 模块。

### 6.7.2　改善仿真精度

若要检查模型的仿真精度,可先在一段合理的时间范围内运行一次仿真,然后,或者把相对误差减小到 1e-4(缺省时为 1e-3),或者减小绝对误差,再重新运行一次仿真,比较这两次的仿真结果。如果仿真结果没有明显的差异,则可以确信这个仿真结果是收敛的。

如果模型仿真在初始时刻就错过了模型中的某些重要动作,则应减小初始步长,以保证仿真过程不会越过这些重要动作。

如果仿真结果在一段时间内不稳定,则有可能是因为:

● 系统本身可能就是不稳定的。

● 如果用户使用了 ode15s 算法，则可能需要把最高阶数限制到 2，或者试着使用 ode23s 算法。

如果仿真结果看起来不够精确，则有可能是因为：

● 对于状态值趋近于零的模型，如果绝对误差参数太大，那么在接近于零状态值的区域附近，系统仿真不需要花费太多时间。因此，可以减小这个参数值，或者在 Integrator 对话框内为某个状态调整参数值。

● 如果减小绝对误差仍然无法有效地改善仿真精度，则可以把相对误差参数的大小减小到容许误差，并使用更小的仿真步长。

某些模型的结构也可能会产生意想不到的或者不准确的仿真结果，例如：

● 在代数环中使用 Derivative 模块可能会在算法的精度上造成损失。

● Source 模块库中的信号源模块通常作为模型中的信号源，如果将这些信号源模块参数对话框中的 **Sample time** 参数设置为–1，则模块会继承其输入模块的采样时间，但是这种继承性也可能会产生不同的仿真结果。例如，若其输出端模块的采样时间发生了改变，那么也可能会影响该模块的采样时间，因为采样时间也可以向后传递到输入模块(参见第 6.2.3 节)。当然，这种改变也是在源模块的采样时间和与其连接模块的采样时间相同时才会发生的。

例如，以图 6-47(a)所示的模型为例，Simulink 会认为 Sine Wave 模块继承了 Discrete-Time Integrator 模块的采样时间，而 Discrete-Time Integrator 模块的采样时间设置为 1，因此，Simulink 将把 Sine Wave 模块的采样时间也设置为 1。

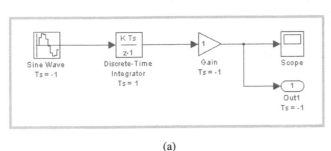

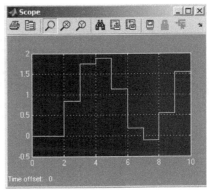

(a)　　　　　　　　　　　　　　　　　　　(b)

图 6-47

用户可以选择模型窗口中 **Format** 菜单的 **Port/Signal Displays** 子菜单下的 **Sample Time Colors** 命令来验证模型中模块的采样时间，可以看到模型中的所有模块都变成了红色，它们具有相同的采样时间。模型仿真后的结果如图 6-47(b)所示。

现在用连续积分模块替换 Discrete-Time Integrator 模块，如图 6-48(a)所示，并选择 **Edit** 菜单下的 **Update diagram** 命令更新模型。此时 Sine Wave 模块和 Gain 模块都是连续模块，模型中的所有模块都标记为黑色。模型仿真后的结果如图 6-48(b)所示。

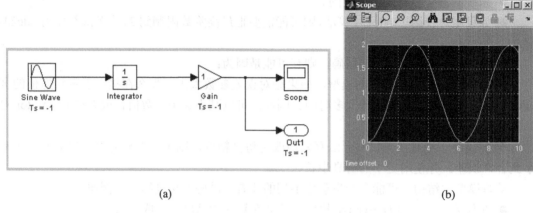

(a)                                                    (b)

图 6-48

当模型中的采样时间向后传递时，模型源模块的采样时间实际上就依赖于与其连接的模块的采样时间了，如果改变了模块的这种连通性，也就无意中改变了源模块的采样时间。正因为如此，如果模型中包含了 Sources 库中的模块，而且它的采样时间设置为–1，即继承了与其连接模块的采样时间，那么当选择 **Edit** 菜单下的 **Update diagram** 命令更新模型，或者按下"开始仿真"按钮 ▶ 仿真模型时，缺省时 Simulink 都会在 MATLAB 的命令行中显示警告消息，如图 6-49 所示。

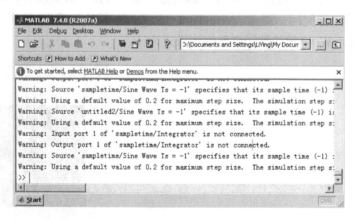

图 6-49

## 6.8  综 合 实 例

本实例描述的是刚体空间姿态的惯性测量算法，并介绍建立这些算法的 Simulink 仿真模型。

在实际工作中，通常采用诸如磁罗盘、陀螺仪等器件测量刚体的惯性。利用这些器件测量刚体绕其自身三个惯性轴旋转的角速度，并通过姿态变换矩阵将其转换到惯性空间坐标系下，得到刚体在惯性空间坐标系下的角速度，然后对其进行积分运算，从而得到刚体在惯性空间坐标系中的三个空间姿态角。该算法实现的原理框图如图 6-50 所示。

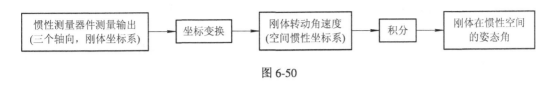

图 6-50

## 6.8.1　坐标系及其转换

要实现上述过程，首先需要建立两个直角笛卡尔坐标系。

### 1．刚体坐标系($O$-$x_1y_1z_1$)

为了研究问题方便，不妨假设刚体为某一对称形状物体，例如飞机等。原点取在刚体的质心 $O$，$Ox_1$ 与刚体纵轴重合，指向飞机头部为正；$Oy_1$ 位于飞机基准纵向对称面内，与 $Ox_1$ 垂直，向上为正；$Oz_1$ 由右手坐标系准则确定。

### 2．惯性空间坐标系($O$-$xyz$)

为了研究问题方便，不妨假设空间原点与刚体的质心重合，$Ox$ 轴可以为用户自己关心的某一方向如水平面内的某一指向，$Oy$ 轴与 $Ox$ 轴垂直且可由用户设置，$Oz$ 轴则由右手坐标系准则确定。

### 3．数学算法

由于惯性测量器件得到的是刚体绕三个惯性轴的角速度矢量，为了得到其在惯性空间坐标系下的角速度矢量，需要通过相应的坐标变换将角速度投影到惯性空间坐标系中。从刚体坐标系 $O$-$x_1y_1z_1$ 到惯性空间坐标系 $O$-$xyz$ 的转换可表示为

$$\begin{bmatrix} w_x \\ w_y \\ w_z \end{bmatrix} = L_{b2g} \begin{bmatrix} w_{x1} \\ w_{y1} \\ w_{z1} \end{bmatrix}$$

$$L_{b2g} = \begin{bmatrix} \cos\theta\cos\varphi & -\sin\theta\cos\varphi\cos\gamma+\sin\varphi\sin\gamma & \sin\theta\cos\varphi\sin\gamma+\sin\varphi\cos\gamma \\ \sin\theta & \cos\theta\cos\gamma & -\cos\theta\sin\gamma \\ -\cos\theta\sin\varphi & \sin\theta\sin\varphi\cos\gamma+\cos\varphi\sin\gamma & -\sin\theta\sin\varphi\sin\gamma+\cos\varphi\cos\gamma \end{bmatrix}$$

其中：

$\gamma$、$\varphi$、$\theta$ 分别为刚体的滚动角、偏航角和俯仰角；

$[w_x,\ w_y,\ w_z]$ 为刚体角速度在惯性空间坐标系下的矢量，这三个分量是由惯性测量组件测量到的与时间有关的三个数字序列；

$[w_{x1},\ w_{y1},\ w_{z1}]$ 为刚体角速度在刚体坐标系下的矢量，是由上面的转换公式得到的与时间有关的三个数字序列。

## 6.8.2　转换矩阵算法的 Simulink 实现

转换矩阵的输入为刚体的空间姿态角($\gamma$、$\varphi$、$\theta$)，Simulink 中矩阵的实现是首先把矩阵的节点按照列优先的顺序组合成一个一维向量，然后利用 Math Operations 模块库中的

Reshape 整形模块将向量转换为相应的矩阵。其 Simulink 模型实现如图 6-51 所示。

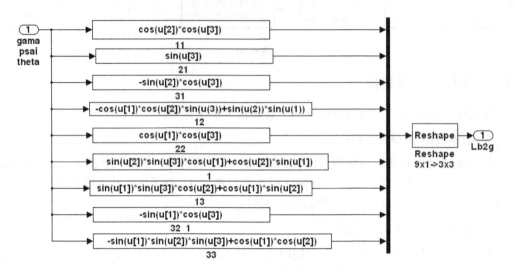

图 6-51

其中，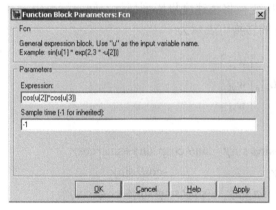模块是由 User-Defined Functions 模块库中的 Fcn 模块实现的，模块的参数设置如图 6-52 所示。

图 6-52

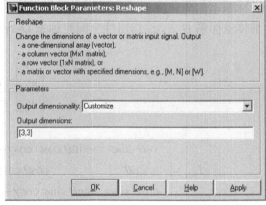

图 6-53

Reshape 模块在 Simulink 中的 Math Operations 模块库中，该模块的参数对话框如图 6-53 所示。本例中设置 **Output dimensionality** 参数为 **Customize**，设置 **Output dimensions** 参数为 [3,3]。Reshape 模块可以用来改变向量输入信号或矩阵输入信号的维数。**Output dimensionality** 参数可以设置为下列选项：

● **1-D array**——若选择该选项，则把多维数组输入信号转换为向量信号，即一维数组，输出向量是列向量，排列顺序是先排列输入数组中的第一列向量，然后是输入数组中的第二列向量，依此类推，如图 6-54 所示。

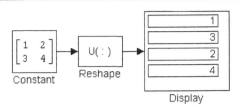

图 6-54

● **Column vector(2-D)**——若选择该选项，则把向量、矩阵和多维输入信号转换为列矩阵，也就是 M × 1 矩阵，M 是输入信号中元素的个数，如图 6-55 所示。

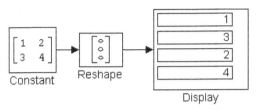

图 6-55

● **Row vector(2-D)**——若选择该选项，则把向量、矩阵和多维输入信号转换为行矩阵，也就是 1 × N 矩阵，N 是输入信号中元素的个数，如图 6-56 所示。

图 6-56

● **Customize**——若选择该选项，则 **Output dimensions** 参数变为可用，该选项可以把输入信号转换为用户指定维数的输出信号，输出信号的维数由 **Output dimensions** 参数值确定，该参数值可以是一维或多维向量。若参数值为[N]，则表示输出的是大小为 N 的向量；若参数值为[M  N]，则表示输出的是 M × N 矩阵。输入信号中元素的个数必须与 **Output dimensions** 参数中指定的元素个数相同。图 6-57 中设置 **Output dimensions** 参数为[2 2]。

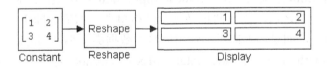

图 6-57

为了便于阅读模型，在模块的相应位置按照输入和输出的向量名称进行文字标记，然后将完成的转换矩阵模型进行封装，封装后的子系统如图 6-58 所示。关于如何对系统进行封装，可以参看第 10 章。

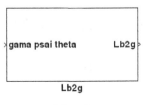

图 6-58

### 6.8.3 惯性测量输出的 Simulink 实现

惯性测量器件的三个轴向输出的是关于时间的向量，为模型的输入向量，由于这三个向量是关于时间的数字序列，因此在仿真过程中需要对其进行插值运算。插值运算可以使用 Lookup Tables 模块库中的 Lookup Table 模块，该模块是查表模块，它按照指定的表对输入信号 x 进行一维线性插值，从而得到输出向量 y。这里，x 向量和 y 向量必须具有相同的长度，而且，x 向量必须是单调增加的，也就是说，下一时刻的元素值必须大于或等于上一时刻的元素值。如果有两个输入信号，则使用二维查表模块 Lookup Table(2D)。

Lookup Table 模块的参数对话框有两个选项页：**Main** 和 **Signal Data Types**。图 6-59 是 **Main** 选项页对话框，图 6-60 是 **Signal Data Types** 选项页对话框。

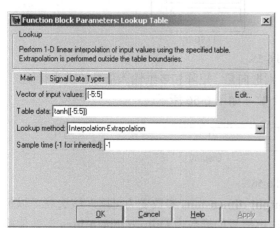         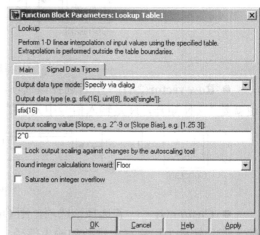

        图 6-59                                        图 6-60

#### 1．Main 选项页

用户可以利用 **Main** 选项页中的 **Vector of input values** 参数指定输入向量，当把输入向量转换为定点数据类型之后，输入向量必须是严格单调递增的，即下一个元素值必须大于上一个元素值。但是，如果输入向量和输出向量的数据类型都是 single 或者 double 型，而且选择的 **Lookup method** 参数是 **Interpolation-Extrapolation** 选项，则输入向量可以是单调递增的，即下一个元素值必须大于或等于上一个元素值。**Table data** 参数用来指定输出向量，输出向量必须与输入向量具有相同的长度。**Lookup method** 参数用来指定查表方法，可以选择的查表方法如下：

● **Interpolation-Extrapolation**——Simulink 默认的缺省查表方法，该方法对输入向量执行线性内插和外推。

   ■ 如果输出元素个数与模块中的输入元素个数相匹配，那么模块直接输出的就是向量中的对应元素。

   ■ 如果输出元素个数与模块中的输入元素个数不匹配，那么模块会在两个相邻元素之间进行线性插值，以确定输出值。

● **Interpolation-Use End Values**——该方法会对输入信号进行线性插值,但不会对输入信号中的端点值进行外推,相反,直接使用端点值。

● **Use Input Nearest**——该方法不进行内插或外推,而是用 x 向量中最接近于当前点的元素作为输入值,y 向量中的对应元素作为输出值。

● **Use Input Below**——该方法不进行内插或外推,而是用 x 向量中最接近并低于当前点的元素作为输入值,y 向量中的对应元素作为输出值。如果 x 向量中没有低于当前输入的元素,则使用最接近当前输入的元素。

● **Use Input Above**——该方法不进行内插或外推,而是用 x 向量中最接近并高于当前点的元素作为输入值,y 向量中的对应元素作为输出值。如果 x 向量中没有高于当前输入的元素,则使用最接近当前输入的元素。

> **注意:** 如果输入向量 x 与表中的各个分界点严格对应,那么 **Use Input Nearest**、**Use Input Below** 和 **Use Input Above** 方法并没有什么区别。

**2. Signal Data Types 选项页**

**Signal Data Types** 选项页用来设置信号的数据类型。

● **Output data type mode**——该选项用来选择 Simulink 支持的数据类型模式。如果选择了 **Specify via dialog** 选项,则 **Output data type**、**Output scaling value** 和 **Lock output scaling against changes by the autoscaling tool** 参数将变为可用。

● **Output data type**——该选项用来指定输出的数据类型,也可以指定定点数据类型。只有 **Output data type mode** 参数选择了 **Specify via dialog** 选项时,才会有该选项。

● **Output scaling value**——该选项用来选择输出的刻度值,查表后的输出结果只在刻度点取值,采用四舍五入的方法取就近的刻度值,如大于 0.5 时取 1,小于 0.5 时取零。

● **Lock output scaling against changes by the autoscaling tool**——该选项用来锁定输出的刻度值,只有 **Output data type mode** 参数选择了 **Specify via dialog** 选项时,才会有该选项。

● **Round integer calculations toward**——选择该选项后,可以对模型在仿真或代码生成过程中计算得到的数据进行取整运算。该选项不会影响模块参数值,如 **Table data** 的参数值,Simulink 会把数值四舍五入为最近的整数。

● **Saturate on integer overflow**——该选项指定 Simulink 处理整数溢出的方式,当选择该选项后,模块会检测每步操作的饱和情况,当出现数值溢出时会在模块运行时出现提示信息。

使用 Lookup Table 模块建立的惯性测量输出的 Simulink 模型如图 6-61 所示。

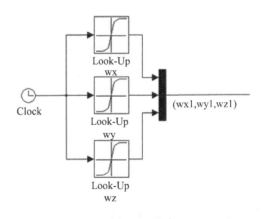

图 6-61

### 6.8.4  刚体角速度在惯性空间中矢量的 Simulink 实现

根据角速度在刚体坐标系和惯性空间坐标系中的转换公式，通过矩阵乘法可以获得刚体角速度在惯性空间坐标系下的矢量，其 Simulink 实现如图 6-62 所示。

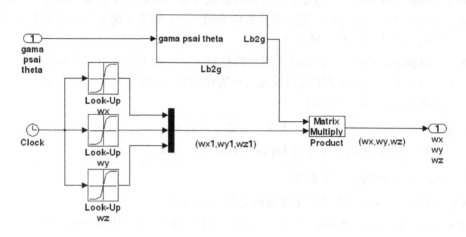

图 6-62

其中，Product 模块是 Commonly Used Blocks 模块库中的模块，该模块对输入信号执行乘法或除法操作。图 6-63 是 Product 模块的参数对话框，**Number of inputs** 参数用来指定输入信号的个数，本例中设置为 2。**Multiplication** 参数设置为 Matrix，表示对输入信号执行矩阵乘法。

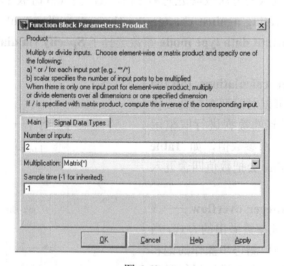

图 6-63

### 6.8.5  空间姿态角计算

通过对上面得到的刚体在惯性空间坐标系的角速度矢量$(w_x, w_y, w_z)$进行积分，可以得到刚体在惯性空间坐标系中的姿态角$(\gamma, \varphi, \theta)$，空间姿态角的计算公式如下：

$$\begin{cases} \gamma = \int_0^t w_x(t)\,\mathrm{d}t \\ \varphi = \int_0^t w_y(t)\,\mathrm{d}t \\ \theta = \int_0^t w_z(t)\,\mathrm{d}t \end{cases}$$

获得刚体姿态角的完整 Simulink 实现如图 6-64 所示。

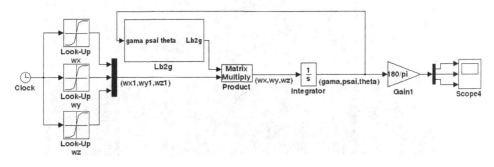

图 6-64

需要注意的是：用户在进行模型仿真时，需要在仿真运行开始前设置积分环节的初值。本例中的初值为刚体姿态角在惯性空间中的初始姿态角，默认情况下初值为[0，0，0]。

在进行 Simulink 模型仿真时，可以采用在打开模型的同时，通过调用一个 m 文件赋值函数的方法，对 Simulink 仿真模型中的一些变量赋予初值。如本例中的 Lookup Table 查表函数模块，该模块中使用了惯性测量器件的输出向量，可以在 **Vector of input values** 参数中指定输入向量的变量，假设为 x；在 **Table data** 参数中指定查表数据变量，假设为 data，并在 m 文件中为变量 x 和变量 data 赋值，这样可以保证在 Simulink 模型调入过程中，仿真模型中的一些变量的初值同时设置完毕。用户可以选择 Simulink 模型窗口中 **File** 菜单下的 **Model Properties** 命令，在打开的 **Model Properties** 对话框中单击 **Callbacks** 选项页，选中左侧列表框中的 **PreLoadFcn** 模型回调函数，然后在右侧的 **Model pre-load function:**文本框内输入对仿真模型中变量赋初值的文件的名称，假设为 zero_gyro。设置完的 **Model Properties** 对话框如图 6-65 所示。

图 6-65

　　这样，刚体空间姿态的惯性测量的 Simulink 仿真模型就建立完了，可根据 5.2 节中的方法设置仿真模型参数。这里设置 **Solver** 选项页中 **Simulation time** 选项区中的 **Start time** 参数为 0.0，**Stop time** 参数为 100，表示仿真 100 秒；设置 **Solver options** 选项区中的 **Type** 参数为 **Variable-step**，**Solver** 参数设置为 **ode45(Dormand-Prince)**。启动仿真后的仿真结果如图 6-66 所示。

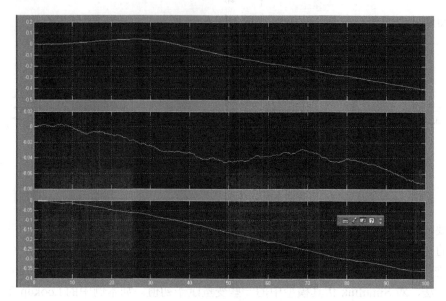

图 6-66

# 第 7 章　高级仿真概念

本章介绍 Simulink 仿真中的某些重要概念，它们对于获得准确的仿真结果具有非常重要的意义。本章的主要内容包括：

➢　过零检测　　　　　　　　　　介绍什么是过零检测，过零检测的工作方式，以及如何在 Simulink 中启动过零检测

➢　处理代数循环　　　　　　　　介绍什么是 Simulink 中的代数循环，如何设置代数循环

➢　高级积分器　　　　　　　　　介绍如何利用积分器重置功能将积分器模块设置为不同的值

➢　仿真参数的高级选项　　　　　介绍如何利用仿真参数对话框设置仿真错误诊断选项和仿真性能优化选项

## 7.1　过 零 检 测

在进行动态系统仿真时，Simulink 利用过零检测来检查每个时间步上系统状态变量的不连续性，如果 Simulink 在当前时刻检测到不连续，则它会确定不连续状态出现的准确时刻，并在该时刻的前后选取另外的时间步来求取仿真结果。这一部分就来介绍过零检测的重要性以及过零检测的工作方式。

### 7.1.1　过零检测的工作方式

状态变量中的不连续常常表征了动态系统的重要事件，例如，当弹球撞击地板时，撞击的位置是不连续的。由于不连续性常常表示动态系统的一个重大改变，因此对不连续点进行精确仿真是非常重要的，否则，仿真可能会导致错误的结论。还以仿真小弹球为例，如果在两次仿真步之间小球撞击了地板，那么被仿真的小球在半空中就会翻转方向，这就会使研究人员对小球的物理运动得出错误的结论。

为了避免这样的错误，对不连续点进行仿真是非常重要的，当然，完全依赖仿真算法来确定仿真时间是不能满足这样的要求的。以定步长算法为例，定步长算法在固定步长的整数倍时刻计算状态变量的值，但是，谁也不能保证不连续点的出现时刻就在定步长的整数倍时刻。用户也可以减小步长以增大撞击到不连续点的可能性，但这无疑会增加仿真的执行时间。

这样看来，变步长算法似乎可以解决这样的问题。变步长算法会动态地调整步长，当状态变量变化缓慢时增大步长，而当状态变量变化快速时减小步长，在不连续点处，变量

的变化是非常迅速的。这样，从理论上来说，变步长算法应该可以准确地找到不连续点，而存在的问题是定位不连续点的精确性。为了找到不连续点，变步长算法必须采用越来越小的步长，这样就大大降低了仿真的效率。虽然这会放慢仿真的速度，但这样做对有些模块来讲是至关重要的，因为这些模块的输出可能表示了一个物理值，它的零值有着非常重要的意义，也有可能这些模块用来控制另外的一些模块。事实上，只有少数模块能够发出事件通知，而且可能与不止一个类型的事件发生关联，当一个模块通知说前一个时间步上发生了过零，那么变步长求解器就会缩小步长，即使绝对误差和相对误差是可以接受的，它也会告知系统有事件发生。这个事件的通知过程如图 7-1 所示。

图 7-1

Simulink 利用过零检测来解决这样的问题。它是在系统和求解器之间建立一种对话工作方式，对话包含的一个内容就是事件通知，Simulink 将消息由系统传送到求解器，即系统告知求解器在前一个时间步上发生了一个事件，一个重要的事件就是"发生了一个过零!"，事件都由过零表示。过零通常在下面两个条件下产生：

(1) 信号在上一个时间步改变了符号，即由正变负或者由负变正，包含变为 0 和离开 0；

(2) 模块在上一个时间步改变了模式，例如积分器进入了饱和区段。

使用 Simulink 中的过零检测后，模块在仿真开始时注册一组过零变量，其中的每个变量都是可能含有不连续状态变量的函数，当发生不连续时，过零函数会从正值或负值穿越零。在每个仿真步结束时，Simulink 会要求每个已注册过零变量的模块更新变量，然后检查在仿真时间步的结束时刻是否有变量改变了符号，如果有，则表示在当前这个时间步上系统出现了不连续点。

如果检测到过零，则 Simulink 会对每个改变符号的变量在前一时间步和当前时间步之间进行插值，以估算过零的准确时刻；然后，Simulink 再逐渐增加时间步，并依次越过过零点进行仿真。利用这种方法，Simulink 避免了对不连续点的仿真，而在很多情况下，这些不连续点处的状态变量的值可能都没有定义。

## 7.1.2 过零检测的实现方式

过零检测可以使 Simulink 精确地仿真不连续点，而不必过多地选用小步长。实际上，Simulink 中的许多模块都支持过零检测，在实际建模仿真中，如果用户对所有的系统，包括含有不连续环节的系统都利用过零检测进行仿真，那么不仅仿真过程的速度更快，而且精度也会提高。

虽然 Simulink 中的许多模块都能够产生过零，但各个模块的过零类型是有差异的。下面举例说明带有过零的 Simulink 模块的过零检测方式。例如，对于 Abs 模块来说，当输入信号改变符号时将产生一个过零事件；而对于 Saturation(饱和)模块来说，当过零检测功能检测到 Saturation 模块中的如下事件时产生过零：

- 输入信号到达上限；
- 输入信号离开上限；
- 输入信号到达下限；
- 输入信号离开下限。

状态事件的检测依赖于模型内部过零信号的结构，这个信号并不受方块图的影响。对于 Saturation 模块，用来检测上限过零的信号为 zcSignal = UpperLimit-u，这里，u 是输入信号，UpperLimit 是信号上限。

此外，过零信号还具有方向属性，带有方向的过零通常用来驱动其他模块。这个方向属性值包括：

- **rising** (上升沿 **R**)——当信号上升穿越零时，或者信号由零值到正值时，产生过零；
- **falling** (下降沿 **F**)——当信号下降穿越零时，或者信号由零值到负值时，产生过零；
- **either** (双边沿 **E**)——当上升沿或下降沿发生时，产生过零。

图 7-2 说明了过零信号的方向属性。对于 Saturation 模块的上限，过零的方向就是 either，这样，使用相同的过零信号就可以检测到上升沿和下降沿饱和事件。

图 7-2

如果误差容限太大，则 Simulink 也有可能无法检测到过零。例如，如果过零在一个时间步内发生，而时间步的起始时刻值和终止时刻值并没有指示出符号变化，那么求解器有可能越过过零时刻而没有检测到过零。

图 7-3 表示的是一个过零信号，左图中的积分器越过了过零，右图中的求解器则检测到了过零事件。如果用户担心会出现这样的问题，则可以减小误差容限，以保证仿真算法的步长足够小。

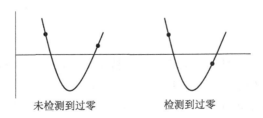

图 7-3

这里，把定义模块自身状态事件的 Simulink 模块看做具有内在过零的模块，如果用户需要明确地通知过零事件，则可以使用 Hit Crossing 模块，这个模块在输入穿过零点时会产生一个过零，可以用它为不带过零能力的模块提供过零检测的能力。

把仿真参数对话框 **Data Import/Export** 选项面板中的 **Output options** 选项设置为 **Refine output** 或 **Produce additional output** 对于定位错过的过零检测是没有帮助的，但这两个选项有助于减少错过过零检测的机会。为了避免在检测时错过过零，用户应该改变最大步长或输出点的个数。

### 7.1.3　使用过零检测

对于某些模型，模型在不连续点处有可能会出现高频抖动。还以弹跳小球为例，将小球抛向空中，然后反复地撞击地面，每一次小球撞击地面时，Simulink 在小球的速度和位置上都会遇到一个不连续点，由于这种撞击反复地出现过零检测，因此 Simulink 的仿真步长会变得越来越小。从本质上来说，这种仿真结果也不是很完善。

在 Simulink 的仿真参数设置对话框中，对话框的 **Solver** 选项面板和 **Diagnostics** 选项面板都提供了对过零进行的检测设置，用户可以根据需要对模型进行相应的设置。

● 图 7-4 是仿真参数对话框中的 **Diagnostics** 选项面板，其中的 **Consecutive zero crossings violation**(连续过零检测)选项有两个选项供用户选择，即 **warning** 和 **error**，当 Simulink 在仿真过程中检测到连续过零时，它会根据用户的设置在 MATLAB 工作区中显示警告信息或错误信息。

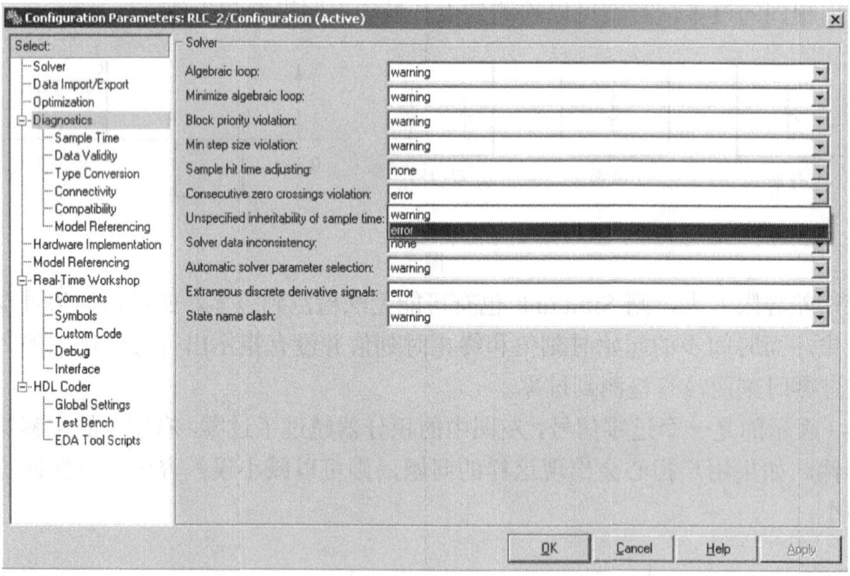

图 7-4

● 如果发生两个过零事件的时间小于某个特定的间隔，那么 Simulink 会认为这两个过零是连续的。图 7-5 描述的是 Simulink 在连续时间步 $t_1$ 和 $t_2$ 上检测过零 $ZC_1$ 和 $ZC_2$ 之间的仿真时间线，如果 $dt<RelTolZC*t_2$，则 Simulink 会定义这两个过零是连续的，其中，$dt$ 是两个过零之间的时间，RelTolZC 是 **Consecutive zero crossing relative tolerance**(连续过零检测

的相对误差)。**Consecutive zero crossing relative tolerance** 参数在仿真参数对话框的 **Solver** 选项面板中进行设置，如图 7-6 所示。同时，用户还可以设置 **Number of consecutive zero crossings allowed**(允许的连续过零的数目)，如果 Simulink 检测到的连续过零的数目超过了限制值，那么它会根据用户在图 7-4 中指定的 **Consecutive zero crossings violation** 诊断选项来显示警告消息或错误消息。当 Simulink 检测到非连续过零时，即连续过零已不再满足上述条件时，它会对过零重新进行计数。

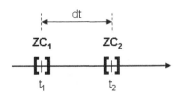

图 7-5

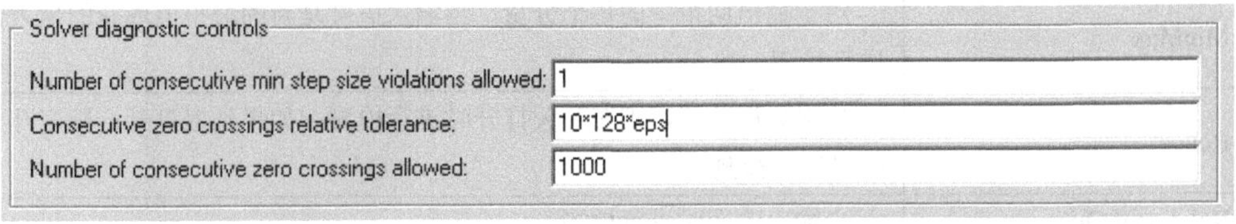

| Solver diagnostic controls | |
| --- | --- |
| Number of consecutive min step size violations allowed: | 1 |
| Consecutive zero crossings relative tolerance: | 10*128*eps |
| Number of consecutive zero crossings allowed: | 1000 |

图 7-6

● 当选择变步长算法仿真模型时，**Solver options** 选项区中的 **Zero crossing control** 选项可以控制是否启动过零检测，如图 7-7 所示。对于大多数模型来说，当选择较大步长仿真模型时，启动过零检测会加速仿真过程。但是，如果模型有极大的动态变化，则关闭过零检测会加速仿真过程，但会降低仿真结果的精确度。

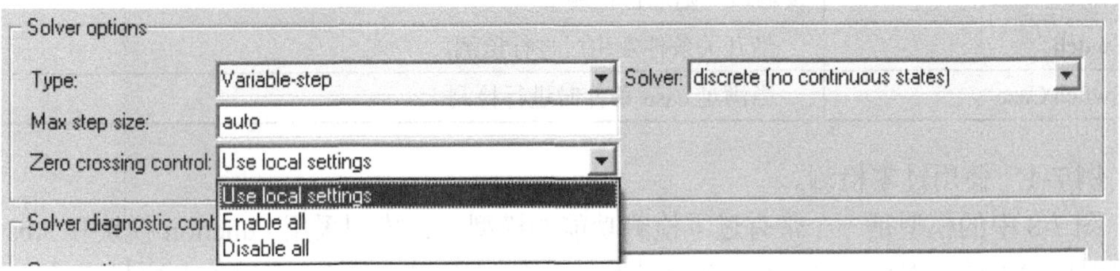

| Solver options | | | |
| --- | --- | --- | --- |
| Type: | Variable-step | Solver: | discrete (no continuous states) |
| Max step size: | auto | | |
| Zero crossing control: | Use local settings | | |
| Solver diagnostic cont | Use local settings | | |
| | Enable all | | |
| | Disable all | | |

图 7-7

● 对于模型中的某些模块，用户可以在模块的参数对话框中不选择 **Enable zero crossing detection** 选项来关闭模块的过零检测，并设置 **Zero crossing control** 选项为 **Use local settings**，表示只对模型进行局部过零检测。局部过零检测可以减少 Simulink 频繁地对模型进行过零检测，而模型中的其他模块同样可以获得使用过零检测带来的高精度。

表 7-1 列出了 Simulink 中具有过零的模块，每个模块的过零类型是不同的，有的过零只是用来通知求解器的模式是否发生了改变，另外一些过零类型则与信号有关，用来驱动其他模块。

### 表 7-1 具有过零的 Simulink 模块

| 模　块 | 过　零　说　明 |
| --- | --- |
| Abs | 当输入信号在上升方向或下降方向发生过零时进行检测 |
| Backlash | 到达上限时进行检测；到达下限时进行检测 |
| DeadZone | 进入死区时(输入信号减下限)进行检测；离开死区时(输入信号减上限)进行检测 |
| From Workspace | 当输入信号在上升方向或下降方向有不连续点时进行检测 |
| Hit Crossing | 当输入信号越过阈值时进行检测 |
| If | 当 If 条件满足要求时进行检测 |
| Integrator | 如果是重置端口，则当重置发生时进行检测。如果输出受限，则有三个过零：到达饱和上限时进行检测；到达饱和下限时进行检测；离开饱和时进行检测 |
| MinMax | 对于输出向量中的每个分量，当输入信号是新的最小值或新的最大值时进行检测 |
| Relay | 如果延迟关闭，则在开关打开时进行检测；如果延迟打开，则在开关关闭时进行检测 |
| Relational Operator | 当输出改变时进行检测 |
| Saturation | 当到达上限或离开上限时进行检测；当到达下限或离开下限时进行检测 |
| Sign | 当输入信号越过零时进行检测 |
| Signal Builder | 当输入信号在上升方向或下降方向有不连续点时进行检测 |
| Step | 检测时间步 |
| Subsystem | 对于依条件执行子系统，如果出现使能端口，则进行检测；如果出现触发端口，则进行检测 |
| Switch | 当开关条件发生时进行检测 |
| Switch Case | 当满足 case 条件时进行检测 |

**例 7-1** 使用过零检测。

图 7-8 中的模型是一个带有过零检测功能的模型。该模型采用 Function 模块和 Abs 模块计算对应输入的绝对值，由于 Function 模块不支持过零，因此有一些拐角点被漏掉了，而 Abs 模块由于能够产生过零，因此每当它的输入改变符号时，都能够精确地得到零点的结果。

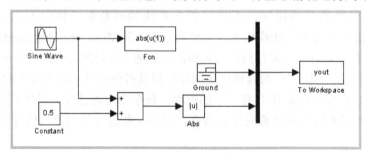

图 7-8

　　这里将 Sine Wave 模块中的 **Frequency(rad/sec)**值设置为 2，把模型中的输出数据传送
到 MATLAB 工作区，在工作区中利用 plot(tout，yout)命令绘制输出结果曲线，可得到如图
7-9 所示的结果。从图中可以看到，实线是 Function 模块的输出，该模块未检测到过零事件，
因此输出曲线在拐点处漏掉了一些点，正弦波的绝对值输出不完全正确；虚线是 Abs 模块
的输出，该模块检测到了过零事件，在 MATLAB 工作区中输入下列命令：

　　　　　　semilogy(tout(1:end-1), diff(tout))

该命令绘制了 Abs 模块在仿真过程中采样步长的变化曲线，如图 7-10 所示，从图中可以看
到，该模型采用的是常规步长 $10^{-1}$ 进行仿真，当发生过零时步长缩小至 $10^{-14}$。

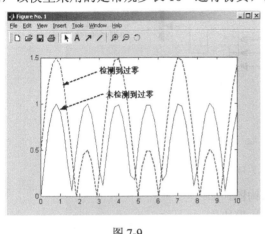
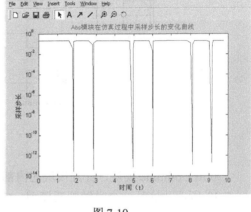

图 7-9　　　　　　　　　　　　　　　　　　　　　图 7-10

## 7.1.4　关闭过零检测

　　如果用户想要在 Simulink 中建立用来表现不连续点的高频振荡模型，几乎是不可能的，
实际上，这样的系统在物理上也是不可能实现的，如无质量的弹簧、带有零延迟的气压系
统等。因为在这些系统中，颤振会产生反复的过零检测，仿真的步长会变得非常小，以致
于会终止仿真。因此，如果用户不希望在模型中添加过零检测，则可以关闭过零检测。具
体做法是：在图 7-7 所示的 **Solver options** 选项区中，设置 **Zero crossing control** 选项为
**Disable all**，这样就完全避免了 Simulink 对模型进行频繁的过零检测。虽然关闭过零检测可
以减少这样的问题，但用户也不会再获得过零检测提供的高精度。比较好的解决办法是确
定模型中可能存在问题的原因。

　　对用户来说，如果创建的模型在一个极小的区间内几次都通过零点，导致在同一个时
间内系统会几次检测到过零，最终终止仿真，那么对于这样的系统，过零检测应当关闭。
但如果此时有些模块的过零非常重要，则可以使用 Hit Crossing 模块通知过零。当过零检测
关闭后，系统的仿真速度有可能会得到很大的提高，而此时用 Hit Crossing 模块产生的过零
不会受影响。

　　**例 7-2**　关闭过零检测。

　　过零事件不仅表示信号穿过了零点，还意味着尖峰值的产生和饱和。

　　图 7-11 是一个精确检测过零信号的模型。模型中的正弦波信号分别送到 Abs 绝对值模
块和 Saturation 饱和模块，在 t = 5 时，Switch 模块的输出从绝对值模块转换到饱和模块，

Simulink 中的过零功能自动检测出 Switch 模块改变输出的准确时间，而且求解器也会步进到过零事件发生的时刻，这种改变可以从输出波形中观察到。

在这个模型中，模型的输出根据时间的变化由输入的绝对值跳变到输入的饱和值，这个现象通过使用带有过零支持的模块进行描述，在系统响应中得到了理想的陡沿。如果这样的结果对用户来说意义不大，则可以关闭过零。

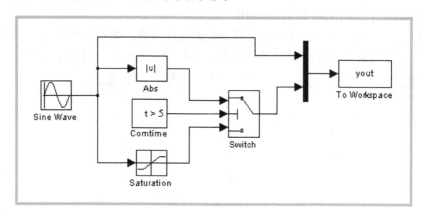

图 7-11

双击 Comtime 模块，打开模块的内部结构图，如图 7-12 所示，这是一个时钟判断模型，Clock 模块作为仿真时间与 Constant 模块的参数值进行比较；Relational Operator 是关系操作符模块，用来判断两个输入信号之间的关系。

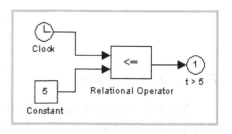

分别在 **Simulation Parameters** 对话框内打开和关闭过零检测，运行仿真。打开过零检测后的模型输出曲线如图 7-13 所示，Simulink 自动检测出过零；关闭过零检测后模型的输出曲线如图 7-14 所示，这次得

图 7-12

到的结果在 $t = 5\,s$ 时不是很理想，而且在达到饱和后还带有一些拐角。

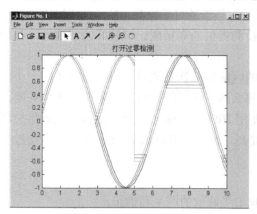

图 7-13

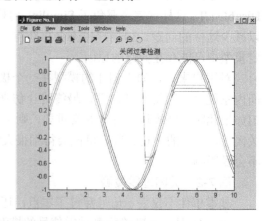

图 7-14

## 7.2　处理代数循环

Simulink 中的代数环与数学意义上的代数循环是一样的，因为有些 Simulink 模块带有直接馈通(*direct feedthrough*)的输入端口，直接馈通定义为输出直接依赖于输入。换句话说，如果模块的输出方程中包含输入，那么这个模块就具备直接馈通特性，这就意味着这些模块的输出在未知进入输入端口信号值的情况下是无法计算出来的。下面列出了带有直接馈通输入端口的 Simulink 模块：

- Math Function 模块；
- Gain 模块；
- Integrator 模块的初始条件端口；
- Product 模块；
- 有非零 D 矩阵的 State-Space 模块；
- Sum 模块；
- 分子与分母具有相同阶次的 Transfer Fcn 模块；
- 具有相同零点和极点数的 Zero-Pole 模块。

### 7.2.1　代数约束

Simulink 中的某些模块是不具有直接馈通特性的，如 Discretes 模块库中的 Unit Delay 模块。当具有直接馈通输入端口的模块直接由同一模块类型的输出所驱动，或者由其他具有直接馈通端口的模块反馈到其输入端时，这时就构成了一个代数循环。在一个代数环中，由于它们之间是相互依赖的，所有的模块都要求在同一时刻计算输出，这与通常意义上仿真的顺序概念相抵触，因此最好能通过手工的方法对方程进行求解。

以图 7-15 这个简单的标量代数环模型为例。从数学角度来说，Sum 模块的输出 z 等于输入 u 减 z，即 z = u−z。为了计算求和块的输出，Simulink 需要知道它的输入，但是输入恰恰是它自己！对于这个代数环，我们知道从数学的角度上可以解算出输出 z，也就是 z = u/2。但是，对于大多数代数循环则无法这样简单地求解。

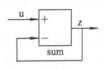

图 7-15

在图 7-16 所示的模型中，向量代数循环中存在两个状态变量 z1 和 z2，这需要解方程组，若状态变量更多的话，则用手工求解方程就不是很合适了。

Simulink 自带了一个内置的代数环求解器，用以求解代数环问题。也可以用 Math Operations 库中的 Algebraic Constraint(代数约束)模块，该模块可以方便地建立代数方程的模型，并在模块对话框内指定初始状态的估计值，该模块强制输入信号 F(z)为零，并输出一个代数状态 z，由于这个模块的输出必须经过反馈回路影响输入，因此，模块会调整其输出使其输入为零。

标量代数循环表示的是一个标量代数方程或 F(z) = 0 方程，其中，z 是循环中某一模块的输出，函数 F 由模块输出到输入的循环组成。在图 7-12 所示的模型中，F(z) = z−(u − z)；在图 7-16 所示的模型中，方程为

$$z2 + z1 - 1 = 0$$
$$z2 - z1 - 1 = 0$$

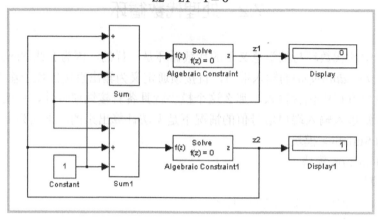

图 7-16

当模型中包含了约束方程 F(z) = 0 时，模型中就存在了代数循环。如果用户建立的模型中有一系列内在相互制约的系统，或者用户想要建立微分/代数系统(Differential/Algebraic system，DAE)，则需要约束方程。

当模型中包含了代数循环时，Simulink 在每个时间步都会调用循环算法进行求解，循环算法会反复进行求解以确定最终结果。因此，具有代数循环的模型与不具有代数循环的模型相比，仿真速度要慢得多。

为了求解 F(z) = 0，Simulink 循环求解器使用 Newton 法(牛顿法)进行求解，虽然这个方法很有效，但对有些代数环，如代数状态 z 未给定一个较好的初始状态值，这时使用 Newton 法可能造成代数环不收敛。用户可以在代数循环的连线上放置一个 IC 模块，该模块通常用来指定信号的初始值，在其他时刻则使用当前值。另一个在代数环中指定初始估计值的方法就是使用 Algebraic Constraint 模块。

图 7-17 中的模型使用 Algebraic Constraint 模块为代数状态变量提供了一个初始估计值，用户可以在模块对话框内给出代数状态的初始估计值，以改进代数循环算法的效率，不同的初始估计给出了不同的结果。模型中的状态变量 x 满足方程(x−2)(x+1)=0，即 $x^2-x-2=0$。

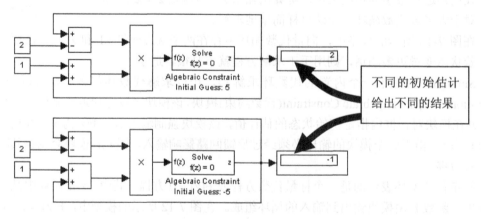

图 7-17

## 7.2.2　非代数的直接馈通环

通常，由直接馈通模块组成的循环是代数循环，但也有一些例外，如包含触发子系统的循环和由输出到积分器重置端口的循环。

触发子系统在两次触发事件之间保持其输出为常值，因此，求解器可以利用系统前一时刻的输出来计算当前时刻的输入。事实上，当求解器遇到包含触发子系统的循环时，就不必再使用代数循环算法。

> 注意：由于求解器利用触发子系统的上一次输出来计算反馈输入、子系统和反馈
> 通道上的所有模块，因此可能在其输入端产生一个采样间隔的延迟，这样，
> 当仿真一个带有触发反馈环的系统时，Simulink 会显示警告信息，以提示用
> 户产生这样的延迟。

以图 7-18 中的系统模型为例，触发子系统 Triggered Subsystem 的输出直接反馈到输入，构成了非代数的直接馈通环。

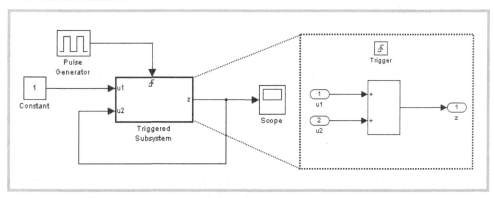

图 7-18

系统求解方程为

$$z = u1 + u2 = 1 + u$$

这里，u 是上一次触发子系统输出的 z 值。系统的输出是一个阶梯函数，如图 7-19 所示。

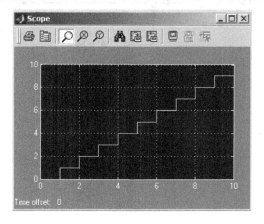

图 7-19

现在，从系统模型中删除触发器，系统如图 7-20 所示，这时，加法子系统 u2 端口的输入等于当前时间步上子系统的输出，系统的数学表达式为 $z = z + 1$，这样的系统在数学上是无解的。

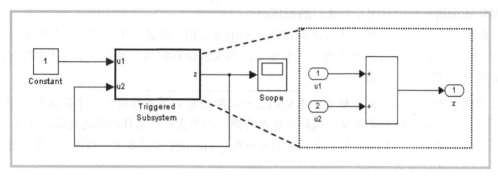

图 7-20

### 7.2.3　切断代数环

在有些情况下，Simulink 能够有效地求解代数环，但也要考虑速度因素。解算代数环的 Newton 法需要进行多次迭代，而且在每个时间步上都要运行这种迭代运算，这必然会造成带有代数环的模型仿真速度减慢。因此，通过手工求解或利用 MATLAB 中的符号工具箱进行推导是首选的方法。

还有一个常用的技巧就是在反馈回路中加入存储单元或延迟单元以"切断"代数环。尽管这种方法很容易操作，但是不推荐这样做，因为它改变了系统的动态，而且若设置了一个不好的初始估计值，则有可能还会造成系统不稳定。

如图 7-21 中的模型，第一个模型在代数环中没有加入存储模块，第二个模型在代数环中加入了一个存储模块而断开了代数环，两个模型运行后得到了完全不同的结果，第二个模型的输出数据被放大了。

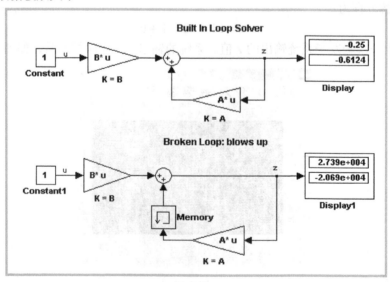

图 7-21

对于这样的模型，比较好的解决办法就是解算出模型中代数环环节中输出与输入的比例系数。这里 $z = Az + Bu$，则可以得到 $(1-A)z = Bu$，那么 $z = (1-A)^{-1}*B*u$，其中，A、B 是矩阵，因此可以重新建立模型，模型中增益模块的增益值设置为 inv(eye(2)−A)*B*u，如图 7-22 所示。这时再运行模型得到的结果将与第一个模型中的结果相同。

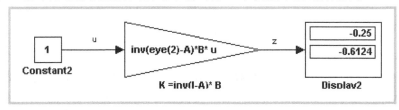

图 7-22

## 7.2.4　消除代数环

如果 Simulink 模型中的代数环包含了下面几种模块，那么 Simulink 会消除某些代数环：

● Atomic Subsystem 模块；

● Enabled Subsystem 模块；

● Model 模块。

对于包含 Atomic Subsystem 模块或 Enabled Subsystem 模块的代数环，若要启动代数环消除功能，可选择模块参数对话框中的 **Minimize algebraic loop occurrences** 选项。如果代数环中包含了 Model 模块，则要启动代数环消除功能时，可在模型的 **Configuration Parameters** 对话框中 **Model Referencing** 选项面板上选择 **Minimize algebraic loop occurrences** 选项，如图 7-23 所示。

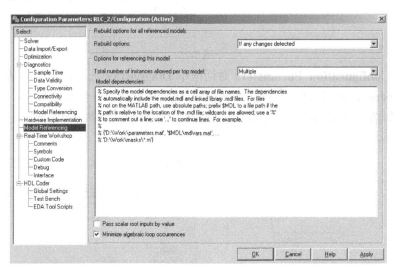

图 7-23

**Configuration Parameters** 对话框中 **Diagnostics** 选项面板中的 **Minimize algebraic loop Occurrences** 选项可以用来指定当模型中出现代数环时 Simulink 所采取的动作，可以选择的选项为 **none**、**warning** 和 **error**，如图 7-24 所示。如果选择 **warning** 或 **error** 选项，并在模型中设置了自动消除代数环功能，那么当模型中出现代数环时，若 Simulink 无法消除代数环，它会在 MATLAB 工作区中显示警告信息或错误信息。

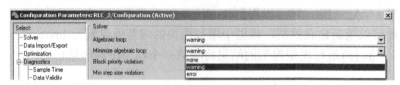

图 7-24

缺省时，代数环最小化功能是关闭的，因为它与 Simulink 中的条件输入分支的优化处理及实时工作区中的单输出/更新函数的优化不兼容。如果用户需要对代数环中包含的 Atomic Subsystem 模块和 Enabled Subsystem 模块进行优化，那么必须手动消除代数环。

这里以图 7-25 所示的模型为例说明 Simulink 中消除代数环的功能是如何实现的。模型中的 Atomic Subsystem 模块和 Gain 模块构成了代数环，因为 Atomic Subsystem 模块的输出是输入的函数，受输入信号的影响。

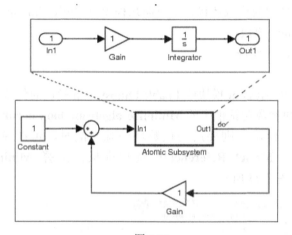

图 7-25

如果把 **Configuration Parameters** 对话框中 **Diagnostics** 选项面板中的 **Algebraic loop** 选项设置为 **error**，则当仿真模型时，模型中的代数环就会以红色高亮显示，并同时显示错误对话框，如图 7-26 所示。这是因为用户关闭了代数环求解器，Simulink 无法求解模型中出现的代数环。

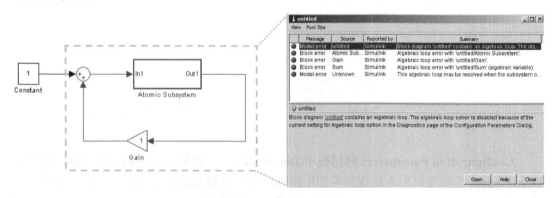

图 7-26

用鼠标右键单击 Atomic Subsystem 模块，选择 **Subsystem Parameters** 命令，在打开的 **Atomic Subsystem** 参数对话框中选择 **Minimize algebraic loop occurrences** 选项，如图 7-27(a) 所示。选择模型窗口中 **Tools** 菜单下的 **Signal & Scope Manager** 命令，打开信号与示波器管理器，将 Scope 示波器与 Atomic Subsystem 模块的输出信号关联。然后单击启动仿真命令开始仿真，示波器中 Atomic Subsystem 模块的输出信号如图 7-27(b)所示。此时 Simulink 在模型编译时消除了代数环，使仿真正常进行。

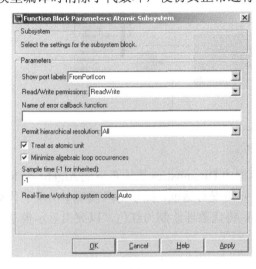
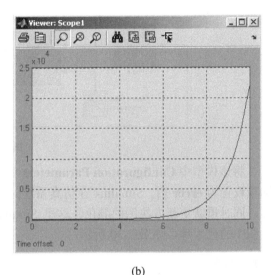

(a)　　　　　　　　　　　　　　(b)

图 7-27

需要注意的是，Simulink 之所以能够消除模型中包含原子子系统的代数环，是因为原子子系统中包含的 Integrator 模块的端口不具有直接馈通特性，如果从原子子系统中删除了 Integrator 模块，那么 Simulink 将无法消除代数环。此时若再试图仿真模型，则会产生错误。

## 7.2.5　高亮显示代数环

对于包含代数环的系统，用户可以在更新、仿真或调试模型时高亮显示代数环。

如果要使 Simulink 在更新或仿真系统模型时高亮显示模型中的代数环，那么用户可以在 **Configuration Parameters** 对话框中的 **Diagnostics** 选项页内将 **Algebraic loop**(代数环)诊断选项设置为 **error**，如图 7-28 所示。这会使 Simulink 在仿真过程中显示错误对话框(即 **Diagnostic Viewer**，诊断查看器)，并重新绘制表示代数环的方块图的颜色。Simulink 通常使用红色来表示构成代数环的模块和连线，以突出显示代数环；当关闭错误对话框时，系统会恢复方块图的原色。

图 7-28

如果用户在调试模型,那么可以在 MATLAB 命令窗口中利用 Simulink 中的 ashow 命令高亮显示代数环。

例如,图 7-29 是用原色显示的 hydcyl 演示模型的方块图,模型中各子系统模块的前景色和背景色利用 **Format** 菜单下的 **Foreground color** 和 **Background color** 命令设置了不同的颜色。

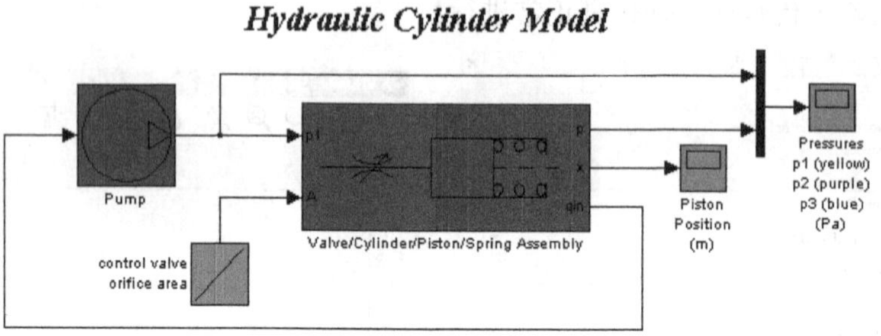

### Hydraulic Cylinder Model

图 7-29

将该模型中 **Configuration Parameters** 对话框中 **Diagnostics** 选项页下的 **Algebraic loop** 选项设置为 **error** 后,Simulink 在仿真系统时打开错误对话框,提示用户模型中出现了代数环,同时重新更新方块图的颜色。这里 Simulink 将代数环绘制为红色,以突出显示模型方块图中的代数环,如图 7-30 所示。

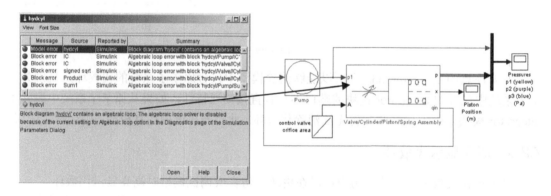

图 7-30

# 7.3 高级积分器

Simulink 的 Continues 库中的 Integrator 模块是积分器模块,它对输入信号进行积分,并输出当前时间步上输入的积分值。下面的方程说明了模块的输出 y 是其输入 u 和初始状态 $y_0$ 的函数,这里,y 和 u 都是当前仿真时间 t 的向量函数。

$$y(t) = \int_{t_0}^{t} u(t)dt + y_0$$

Simulink 可以用多种不同的数值积分方法来计算积分器模块的输出,每种方法在特定的应用环境下各有优缺点。实际上,Simulink 把 Integrator 模块看做一个具有一个状态和输

入的动态系统，它的输入是状态的时间导数，即

$$\begin{cases} x = y(t) \\ x_0 = y_0 \\ \dot{x} = u(t) \end{cases}$$

用户可以在 **Configuration Parameters** 对话框中的 **Solver** 选项页内选择最适合自己应用程序的积分算法，所选择的求解器会用当前时刻的输入值和前一个时间步的状态值来计算当前时间步上 Integrator 模块的输出值。为了支持这种计算模式，Integrator 模块必须保存当前时间步的输出值以备求解器计算下一个时间步的输入值，同时，模块也提供给求解器一个初始条件，用来在仿真开始执行时计算模块的初始状态，初始条件的缺省值为 0。模块的参数对话框也允许用户为初始条件指定其他的值，或者在模块中创建一个初始值输入端口。

## 7.3.1  积分器模块参数对话框

双击 Integrator 模块，可打开 Integrator 模块的参数对话框，如图 7-31 所示。在该对话框内，用户可以进行下列设置：

● 定义积分的上限和下限。

● 创建一个将模块的输出(状态)重新设置为模块初始值的输入，这取决于输入的变化情况。

● 创建一个可选的状态输出，该输出允许用户使用模块的输出值来触发模块的重置功能。

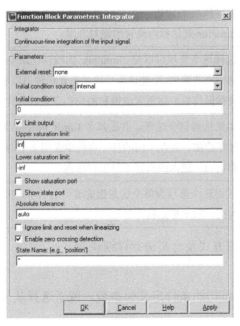

图 7-31

如果用户要创建一个纯离散系统，则可以使用 Discrete 模块库中的 Discrete-Time

Integrator 模块。

表 7-2 简要说明了 Integrator 模块参数对话框内各变量的含义。

表 7-2 Integrator 模块参数对话框内各变量的含义

| 变 量 | 含 义 |
|---|---|
| External reset | 当在重置信号中发生触发事件(**rising**、**falling**、**either**、**level**)时将状态重新设置为它的初始条件 |
| Initial condition source | 从 **Initial condition parameter**(如果设置为 **internal**)或从外部模块(如果设置为 **external**)中获得状态的初始值 |
| Initial condition | 状态的初始条件,把 **Initial condition source** 参数值设置为 **internal** 时才有此选项 |
| Limit output | 如果选择这个选项,则将把状态值限制在 **Lower saturation limit** 和 **Upper saturation limit** 参数值之间 |
| Upper saturation limit | 积分的上限,缺省值为 **inf** |
| Lower saturation limit | 积分的下限,缺省值为 **-inf** |
| Show saturation port | 如果选择这个选项,则向模块中添加一个饱和输出端口 |
| Show state port | 如果选择这个选项,则为模块的状态在模块中添加一个输出端口 |
| Absolute tolerance | 用来计算模块输出的绝对容限,可以输入 **auto** 或数值。如果输入 **auto**,则 Simulink 会自动确定绝对容限;如果输入一个数值,则 Simulink 会使用指定的值计算模块的输出。需要注意的是,这个数值会替换用户在 **Configuration Parameter** 对话框内设置的绝对容限 |
| Ignore limit and reset when linearizing | 选择这个选项可以使 Simulink 的线性化命令忽略模块的重置功能,并且不限制模块的输出,即使设置了模块重置和输出限制选项。这个选项允许 Simulink 围绕着促使积分器重置或饱和的操作点来线性化模型 |
| Enable zero crossing detection | 如果选择这个选项,并选择了 **Limit output** 选项,那么 Integrator 模块会使用过零检测,并在下面的任一事件中采用一个时间步:重置、进入或离开上限饱和状态、进入或离开下限饱和状态 |
| State Name | 使用这个选项为每个状态指定唯一的名字,状态名只用于所选择的模块,如果为空,则未指定状态名 |

下面对这些变量的设置方式及含义进行详细说明。

### 1. 定义初始条件

用户可以在对话框内将初始条件定义为参数,或者选择从外部信号输入初始条件,如图 7-32(a)所示。

● 若要把初始条件定义为模块参数,可在 **Initial condition source** 列表中选择 **internal**,并在 **Initial condition** 参数文本框内输入数值。

● 若要从外部提供初始条件,可在 **Initial condition source** 列表中选择 **external**,则在

Integrator 模块的输入端出现一个附加的输入端口，如图 7-32(b)所示。

(a)　　　　　　　　　　　　　　　　　　　　(b)

图 7-32

> **注意**：如果积分器限制其输出，即选择了 **Limit output** 复选框，那么初始条件必
> 须在积分器的饱和限制内；如果初始条件超出了模块的饱和限制，则模块
> 会显示一个错误消息。

### 2. 限制积分

为了防止输出超过指定的范围，用户可以选择 **Limit output** 复选框，并在下面的参数文本框内输入适当的范围值，这个操作可以使模块作为一个受限积分器，如图 7-33(a)所示。当输出到达限制值时，Simulink 会关闭积分动作。在仿真过程中，用户可以改变这个限制，但是不能改变输出是否受限，因为模块的输出是按照下面的规则来确定的：

● 当积分小于或等于 **Lower saturation limit** 参数值，而且输入是负值时，输出被限制在 **Lower saturation limit** 范围内。

● 当积分在 **Lower saturation limit** 和 **Upper saturation limit** 之间时，输出是积分值。

● 当积分大于或等于 **Upper saturation limit** 参数值，而且输入是正值时，输出被限制在 **Upper saturation limit** 范围内。

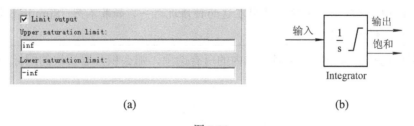

(a)　　　　　　　　　　　　　　　　　　　　(b)

图 7-33

为了生成一个指示状态受限时间的信号，可选择 **Show saturation port** 复选框，那么会有一个饱和端口出现在模块输出端口的下方，如图 7-33(b)中的 Integrator 模块所示。这个信号有三个值：1 表示应用上限；0 表示积分不受限制；−1 表示应用下限。当用户选择这个选项时，模块有三个过零：一个用来检测模块何时进入上饱和限；一个用来检测模块何时进入下饱和限；一个用来检测模块何时离开饱和区。

### 3. 重新设置状态

Integrator 模块可以根据外部信号重新把状态设置为指定的初始条件。为了使模块重新设置其状态，可选择 **External reset** 参数列表中的一个选项值，那么会在模块输入端口的下方出现一个触发端口，同时标出所选值的触发类型，如图 7-34 所示。

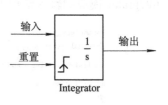

图 7-34

- 选择 **rising**，当重置信号有上升沿时触发状态重置；
- 选择 **falling**，当重置信号有下降沿时触发状态重置；
- 选择 **either**，当有上升信号或下降信号出现时触发状态重置；
- 选择 **level**，当重置信号为非零时，触发重置并保持输出为初始条件。

重置端口具有直接馈通特性，如果模块的输出直接反馈到这个端口，或者通过一系列带有直接馈通特性的模块反馈到这个端口，那么就构成了一个代数环，Integrator 模块的状态端口允许用户反馈模块的输出而不创建代数环。

### 4. 关于状态端口

选择 Integrator 模块参数对话框中的 **Show state port** 选项后，将在积分器模块的顶部出现一个附加的输出端口，即状态端口，如图 7-35 所示。

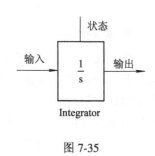

图 7-35

状态端口的输出与模块的标准输出端口一样，但不具有下列特性：如果模块在当前时间步上重置，那么状态端口的输出值是模块还没有被重置时标准输出端口的值，状态端口的输出比 Integrator 模块输出端口的输出早一个时间步。因此，可以使用户在创建下列模型时避免代数环的出现：

- 自重置积分器；
- 在两个使能子系统之间传递状态。

> **注意**：状态端口是专门使用在上面两种情况中的，当更新模型时，Simulink 会进行检测，以确保状态端口使用在这两种情况之一，如果不是，Simulink 会发出一个错误信号。

如果用户选择了积分器模块对话框内的所有选项，那么积分器模块的图标应如图 7-36 所示。

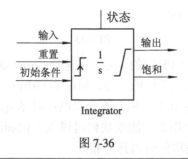

图 7-36

> **注意**：Integrator 模块在数据端口接收并输出类型为 double 的信号，它的外部重置端口接收类型为 double 或 boolean 的信号。

## 7.3.2　创建自重置积分器

如果用户需要创建这样一个积分器，也就是积分器根据其输出值重新设置初始值，那么最好使用 Integrator 模块的状态端口实现这个功能，因为这样可以使用户避免在模型中创建代数环。

以图 7-37 中的模型为例，这个模型试图利用积分器的输出创建一个自重置积分器，也就是把输出减 1，再反馈回积分器的重置端口，但是，这样会使模型建立一个代数环。当仿真这个模型时，仿真过程在 T=1.41421356237311 时停止，仿真错误诊断器提示在积分器模块内出现了一个代数环。Simulink 无法判断积分器的输出值，因为若要计算积分器模块的输出，Simulink 需要知道模块的重置信号值，反之亦然，由于这两个值是相互依赖的，因而 Simulink 无法确定其中的任何一个值。因此，如果用户试图仿真或更新这个模型，Simulink 会发出一个错误信号。

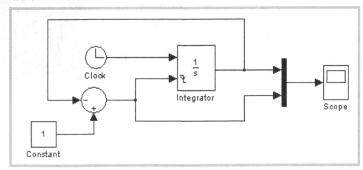

图 7-37

现在改进图 7-37 中的模型，在积分器模块中利用状态端口重置积分器，从而使模型避免了代数环的出现，如图 7-38(a)所示。

在这个模型中，重置信号的值依赖于状态端口的值，状态端口的值在当前时间步上比积分器模块输出端口的值提前得到，这样，Simulink 可以确定在计算模块的输出之前是否需要重新设置模块，因此也就避免了代数环。运行仿真后，示波器模块显示的模型的输出信号如图 7-38(b)所示。

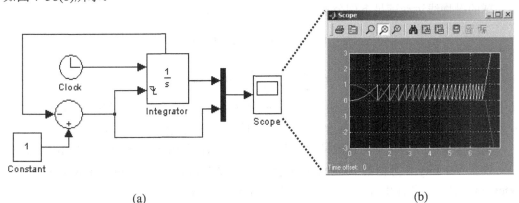

(a)　　　　　　　　　　　　　　　(b)

图 7-38

**例 7-3** 积分器重置。

要求建立一个积分器，输入为 1，初始条件为–50，如果输出超过 20，则重置为–100。

在这个例子中，模块的输出驱动模块自身的重置端，这样当输出超过 20 时，积分器重置到初始条件值。由于在同一个时间步内需要用输出值来确定是否需要重置，因此就产生了一个直接馈通环。可以利用状态端口来解决这样的问题，因为状态值(与输出值相同)在进行判断时已经在输出之前计算得到了。初始条件通过外部源确定，当初始条件由外部给出时，必须使用一个 IC 模块为信号提供一个初始值。

在这个例子中，IC 模块的值设置为–50，其他时间的重置值由常值模块提供，等于–100，积分器的输入是一个常数 1。建立的积分器重置模型如图 7-39(a)所示。

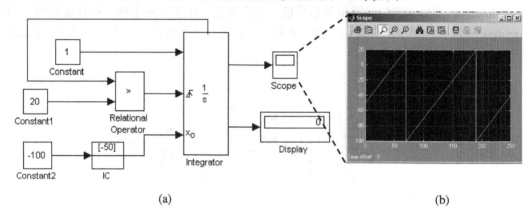

(a)                                                                        (b)

图 7-39

在 **Configuration Parameters** 对话框内设置仿真时间为 250 s，观察到的示波器输出波形如图 7-39(b)所示，可以看到输出信号的初始值为–50，当输出超过 20 时，重新设置输出值为–100。

**例 7-4** 重置弹力球。

一个弹力球以 15 m/s 的速度从距水平位置 10 m 的高度抛向空中，球的弹力为 0.8，当球到达地面时，重新设置其初始速度为 0.8*$x$，$x$ 是重置时刻球的速度，即积分器的状态。

球的抛物线运动满足下列公式：

$$v = v_0 - gt ， v_0 = 15\,\text{m/s}$$

$$h = \int v = -\frac{g}{2}t^2 ， h_0 = 10\,\text{m}$$

其中：$v$ 为球的速度；$v_0$ 为球的初始速度；$g$ 为重力加速度；$h$ 为球从起始位置开始的高度；$h_0$ 为球的初始高度，即球距地面的高度，因此球距地面的实际高度为 $h+h_0$。

利用重置积分器建立的系统模型如图 7-40(a)所示，其输出波形如图 7-40(b)所示。

设置 Velocity 积分器的 **External reset** 参数为 **falling**，**Initial condition source** 参数为 **external**，即初始条件由外部给定，并选择 **Show state port** 复选框显示状态端口，设置 IC 模块的初始值为 15。设置 Position 积分器的 **Initial condition** 为 10，设置 **Initial condition source** 参数为 **internal**。

在仿真参数对话框内选择变步长 ode23 求解器，设置 **Max step size** 为 0.1，运行仿真，在示波器中观察波形。球的速度显示在示波器上面的窗口，球的位置显示在示波器下面的窗口，这个系统使用重置积分器，当弹力球到达地面时改变球的方向。

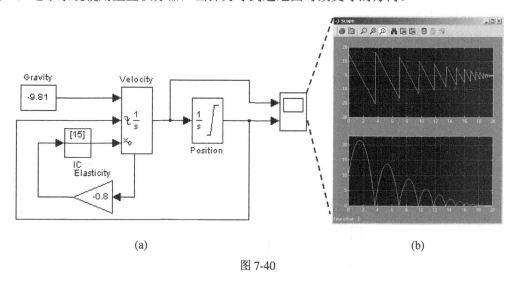

(a)　　　　　　　　　　　　　　　　　　(b)

图 7-40

### 7.3.3　在使能子系统间传递状态

当用户需要在两个使能子系统之间传递状态时，利用状态端口可以避免在模型中出现代数环，以图 7-41 所示的模型为例。

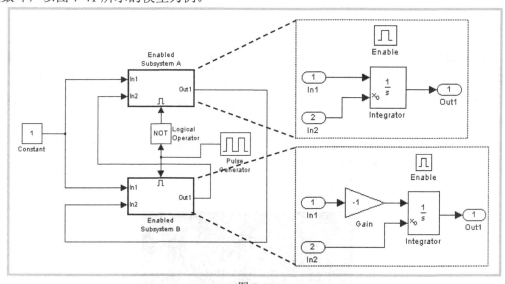

图 7-41

在这个模型中，由 Constant 常值模块输入信号来驱动两个使能子系统 A 和 B，这两个子系统可对输入信号进行积分。**Pulse Generator** 模块能够生成一个使能信号，用来在两个子系统之间进行切换，以交替执行子系统 A 和子系统 B。每个子系统的使能端口都被设置为重置，这样，当子系统被激活时，两个子系统都将重新设置其积分器。重置积分器可以使积分器读取积分器初始条件端口的数值，每个子系统内积分器的初始条件端口都与另一个子系统内积分器的输出端口相连。

　　这种连接的目的是为了使输入信号的连续积分在两个子系统之间交替执行，但是，这样的连接产生了一个代数环。为了计算子系统 A 的输出，Simulink 需要知道子系统 B 的输出，反之亦然，因为这两个输出是相互依赖的，Simulink 无法给出任何一个子系统的输出值。因此，如果用户试图更新或仿真这个模型，则 Simulink 都会产生一个错误。

　　可对这个模型进行改造，即在模型中使用积分器的状态端口，当传递状态时，避免了在模型中产生代数环，如图 7-42 所示。

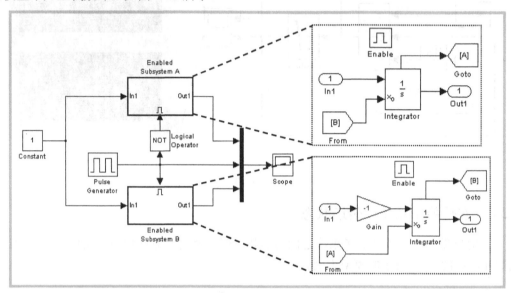

图 7-42

　　在图 7-42 中的模型中，子系统 A 中的积分器的初始条件依赖于子系统 B 中的状态端口，反之亦然。在同一个时间步内，状态端口的数值比积分器输出端口的数值更新的要早，这样，Simulink 可以计算出任何一个积分器的初始条件，而不必知道另一个积分器的最终输出值。

　　对图 7-42 中的模型进行仿真，观察示波器的波形，仿真结果如图 7-43 所示。

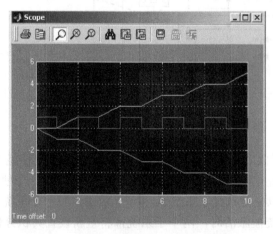

图 7-43

注意：Simulink 不允许三个或更多的使能子系统来传递模型状态，如果 Simulink 检测到模型中有多于两个的使能子系统在传递模型状态，则会产生一个错误消息。

# 7.4　仿真诊断选项设置

在第 4 章我们介绍了仿真参数对话框中基本仿真参数的设置方式和工作区变量的输入/输出方式，本节介绍仿真参数高级选项的设置方式，即仿真过程中模型出现错误时的诊断处理方式。

在 **Configuration Parameters** 对话框的 **Diagnostics** 选项面板内，用户可以为仿真过程中所发生的事件类型指定所希望的处理动作，也可以控制仿真之前需要进行的检测。这些诊断选项包括 **none**、**warning** 或 **error**，也就是当出现指定的事件类型时，可以设置 Simulink 什么都不做，或者显示警告信息，或者显示错误信息，当显示警告信息时，Simulink 并不会终止仿真，但当显示错误消息时，将终止仿真。

## 7.4.1　仿真算法诊断设置

选择 **Configuration Parameters** 对话框中 **Select** 树状列表中的 **Diagnostics** 选项，初始时显示的是 **Solver**(仿真算法诊断)选项面板，如图 7-44 所示，这个面板用来设置与算法有关的某些诊断选项。

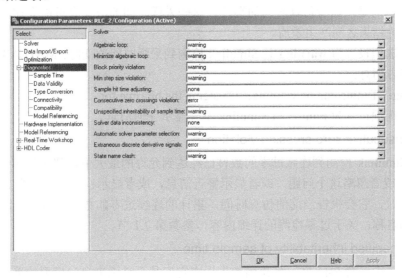

图 7-44

## 1. Algebraic loop

当 Simulink 编译模型时，如果检测到模型中有代数环，则指定 Simulink 对代数环采取的处理方式。如果设置该选项为 **error**，则 Simulink 会显示错误消息，并高亮显示模型中包含代数环的方块图。关于代数环的详细内容，参看第 7.2 节。

### 2. Minimize algebraic loop

如果代数环中包含了特定的子系统(如 Atomic Subsystem 或 Enabled Subsystem)，而且子系统的输入端口具有直接馈通特性，那么当子系统中至少有一个模块的输入端口不具有直接馈通特性时，Simulink 可以消除代数环。如果 Simulink 消除代数环操作失败，则使用该选项可以设置 Simulink 或者忽略这种操作，或者显示警告消息，或者显示错误消息。关于消除代数环的详细内容，参看第 7.2.4 节。

### 3. Block priority violation

当 Simulink 在编译模型时检测到模块优先级指定错误时，使用该选项可以设置 Simulink 或者忽略这种错误，或者显示警告消息，或者显示错误消息。

### 4. Min step size violation

如果 Simulink 检测到下一个仿真步长小于为模型指定的最小步长，那么使用该选项可以设置 Simulink 或者忽略这个问题，或者显示警告消息，或者显示错误消息。如果为模型指定的误差容限要求步长小于指定的最小步长，则有可能会出现这个问题。

### 5. Sample hit time adjusting

如果 Simulink 在运行模型时对采样时间进行了微弱的调整，那么使用该选项可以设置 Simulink 或者忽略这个问题，或者显示警告消息，或者显示错误消息。如果 Simulink 的采样时间与模型中其他任务的采样时间接近，则 Simulink 有可能会改变这个采样时间。如果 Simulink 认为这种差别仅仅是由于数值错误(例如，精度问题或四舍五入问题)产生的，那么它会把变化速度较快的任务的采样时间改变到与变化速度较慢的任务的采样时间相匹配。

需要注意的是，随着仿真时间的继续，这些采样时间的改变有可能会在数值仿真结果和实际的理论结果之间产生矛盾。

在把该选项设置为 **warning** 且 Simulink 检测到采样时间改变时，MATLAB 命令窗口会显示如下警告消息：

Warning：Timing engine warning：Changing the hit time for …

如果该选项设置为 **none**，则 Simulink 不会显示任何消息。

### 6. Consecutive zero crossing violation

如果 Simulink 检测到连续过零的数目已经达到允许的最大值，那么使用该选项可以设置 Simulink 或者忽略这个问题，或者显示警告消息，或者显示错误消息。当 Simulink 检测到这个约束时，它会报告当前的仿真时间，累计的连续过零的数目，以及检测到的过零模块的类型和名称。关于过零检测的详细内容，参看第 7.1 节。

### 7. Unspecified inheritability of sample time

如果模型中包含 S-函数，而 S-函数未指定它们是否继承来自父模型的采样时间，那么使用该选项可以设置 Simulink 或者忽略这个问题，或者显示警告消息，或者显示错误消息。只有当仿真算法设置为定步长离散算法，而且 **Periodic sample time constraint** 选项设置为 **Ensure sample time independent** 时，Simulink 才会检测这个条件。

### 8. Solver data inconsistency

一致性检验是一个调试工具，它可以用来验证 Simulink 中 ODE 算法中的某些假设条件，它的主要作用是确保 S-函数与 Simulink 的内嵌模块遵守相同的规则。由于一致性检验会在性能上造成重大损失(最高会降低 40%),因此它通常被设置为 **none**。当然,使用一致性检验可以验证 S-函数,并有助于用户查找和确定仿真过程中造成某些不希望结果的原因。

这里介绍一下一致性检验的执行方式。在对模型进行仿真时,为了执行高效积分运算,Simulink 会存储时间步上的特定值(也就是把数值存储在缓冲区中),以备下一个时间步使用。例如,在一个仿真时间步结束时的微分值通常在下一个时间步的起始时刻被重新使用,因此,Simulink 的仿真算法利用这种方法就可以避免冗余的积分运算。那么,当使能一致性检验时,Simulink 会在时间步的起始时刻重新计算数值,并与缓存中的数值相比较,如果数值不相同,就会产生一致性错误。Simulink 通常会在如下方面比较计算的数值:

● 输出;
● 过零;
● 微分;
● 状态。

一致性检验的另一个目的就是当在给定的 t 时刻调用模块时,可以确保模块产生常值输出。这对于钢体算法(ode23s 和 ode15s)是非常重要的,因为当计算 Jacobian(雅可比)矩阵时,模块的输出函数在同一时刻 t 处可能会被多次调用。

### 9. Automatic solver parameter selection

如果 Simulink 改变了仿真算法中的参数设置,那么使用该选项可以设置 Simulink 或者忽略这个问题,或者显示警告消息,或者显示错误消息。例如,假设用户用连续算法来仿真离散模型,并设置这个选项为 **warning**,那么当 Simulink 把算法类型改变为离散算法时,在 MATLAB 命令窗口中会显示警告消息。

### 10. Extraneous discrete derivative signals

Model 模块可以把模型作为模块包含在另一个模型中,模块的输入端口和输出端口对应于模型顶层的输入端口和输出端口。模型中的离散信号通过 Model 模块传递到带有连续状态的模块的输入端,如 Integrator 模块,但 Simulink 无法确定它为了解决模型精度问题而用来重置算法的最小速率的位置。因此,如果将这个选项设置为 **error**,则当编译模型时,Simulink 会终止仿真过程,并显示一个错误消息;如果将这个选项设置为 **none** 或 **warning**,则无论何时当离散信号值改变时,Simulink 都会重新设置仿真算法。假设离散信号的确是输入到带有连续状态的模块的信号源,那么这样做可以确保模型仿真的精度。但是,如果离散信号不是输入到带有连续状态的模块的实际信号源,那么在离散信号改变的速率上重置算法可能会导致模型的算法会频繁地重新设置,而这可能并不是必需的,因此这样就会使仿真速度造成不必要的降低。图 7-45 中的模型说明了这个诊断选项的基本原理。

在图 7-45 中,信号 s 有可能但不是必然要经过 Model 模块进入到 Integrator 模块,从 Model 模块输出的信号被标记为 s?则表示这是不可能的。仅通过检查顶层模型就能确定 Integrator 模块的信号源实际是 s,因为 s 是连续信号和离散信号的和,不连续点以离散模块 A 的采样速率出现在信号 s 上,也就是,一秒钟出现一次。假设 s? 实际就是 s,为了解决顶层模型的精度问题,Simulink 必须一秒钟就重置一次算法,但是,检查模型后会发现信号 s? 实际是图 7-46 中的信号 X。

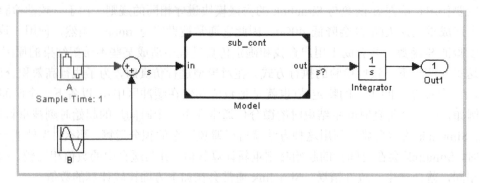

图 7-45

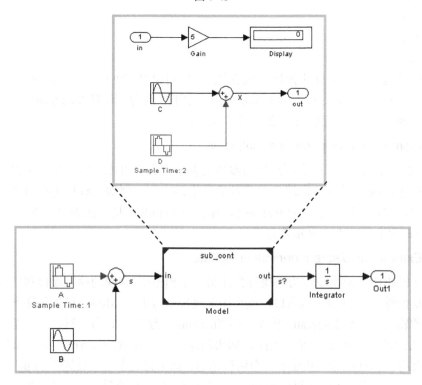

图 7-46

这里，信号 X 与信号 s 类似，都是连续信号与离散信号的和，但是，在 X 上的不连续点每两秒出现一次，而 s 上的不连续点每一秒出现一次，因此，为了准确地仿真顶层模型，Simulink 需要每隔两秒重置算法。但是，由于在编译顶层模型时，Simulink 无法进入到 Model 模块中的模型，因此也就无法确定用于求解模型时需要重置算法的最小速率。正因如此，如果将这个选项设置为 **error**，则当用户试图更新或仿真模型时，Simulink 会显示错误消息。如果将这个选项设置为 **none** 或 **warning**，则无论何时当 s 值发生改变时，Simulink 都会重置算法。

## 11. State name clash

该选项用来检测状态名冲突，可以设置为 **none** 或 **warning**，如果设置为 **warning**，则当出现状态名冲突时，Simulink 会显示警告消息；如果设置为 **none**，则忽略对状态名的检测。

## 7.4.2　采样时间诊断设置

选择 **Diagnostics** 选项下的 **Sample Time** 命令，将显示如图 7-47 所示的 **Sample Time** 选项面板，这个面板用来设置当 Simulink 检测到与模型采样时间有关的编译错误时可以采取的不同处理方式。

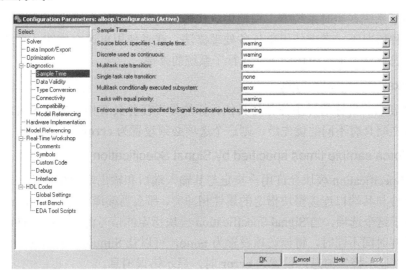

图 7-47

### 1. Source block specifies –1 sample time

信号源模块(例如，Sine Wave 模块)指定的采样时间为–1。若将该选项设置为 **none**，则可以让 Simulink 忽略这个问题；若设置为 **warning**，则显示警告消息；若设置为 **error**，则显示错误消息。

### 2. Discrete used as continuous

作为离散模块的 Unit Delay 模块继承了与其输入端相连模块的连续采样时间。若将该选项设置为 **none**，则可以让 Simulink 忽略这个问题；若设置为 **warning**，则显示警告消息；若设置为 **error**，则显示错误消息。

### 3. Multitask rate transition

在运行多任务模式下的两个模块之间出现了无效的速率转换。若将该选项设置为 **none**，则可以让 Simulink 忽略这个问题；若设置为 **warning**，则显示警告消息；若设置为 **error**，则显示错误消息。

### 4. Single task rate transition

在运行单任务模式下的两个模块之间出现了无效的速率转换。若将该选项设置为 **none**，则可以让 Simulink 忽略这个问题；若设置为 **warning**，则显示警告消息；若设置为 **error**，则显示错误消息。

**5. Multitask conditionally executed subsystem**

如果 Simulink 检测到模型满足下面的任一条件，那么使用该选项可以设置 Simulink 或者忽略这个问题，或者显示警告消息，或者显示错误消息。

● 模型中使用了多任务处理算法，并且模型中包含了运行在多速率模式下的使能子系统；

● 模型中包含了能够重置状态的条件执行子系统，而且这个子系统本身又包含了一个异步子系统。

这样的子系统在实时系统中由模型生成代码的过程中可能会产生坏数据或不确定的动作，在第一种情况下，考虑使用单任务处理算法，或者使用单速率使能子系统；在第二种情况下，考虑把异步子系统移到条件执行子系统的外部。

**6. Tasks with equal priority**

由模型表示的目标的异步任务与其他目标的异步任务具有相同的优先级，如果目标允许各个任务之间具有不同的优先级，则这个选项必须设置为 **error**。

**7. Enforce sample times specified by Signal Specification blocks**

Signal Specification 模块允许用户指定与其输入端口和输出端口相连的信号的属性。如果指定的属性与其端口连接模块指定的属性相冲突，那么当编译模型时，Simulink 会显示错误消息。对于这个选项，当 Signal Specification 模块指定的信号源端口的采样时间与信号目的端口的采样时间不同时，将该选项设置为 **none**，可以让 Simulink 忽略这个问题；设置为 **warning** 时，显示警告消息；设置为 **error** 时，显示错误消息。

### 7.4.3　数据验证诊断设置

选择 **Diagnostics** 选项下的 **Data　Validity** 命令，将显示如图 7-48 所示的 **Data　Validity** 选项面板，这个面板用来设置当 Simulink 检测到模型定义的数据的完整性受到威胁时可以采取的处理方式。

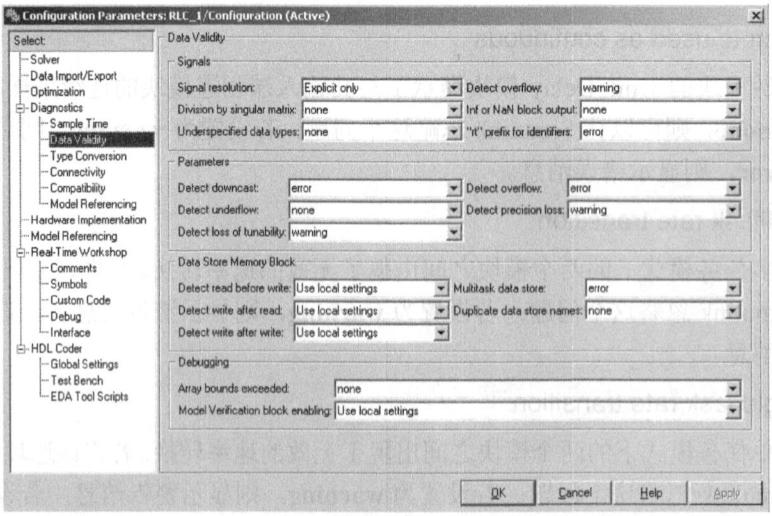

图 7-48

### 1．信号有效性诊断设置

图 7-49 中的 **Signals** 选项区是与信号有关的检验设置选项。

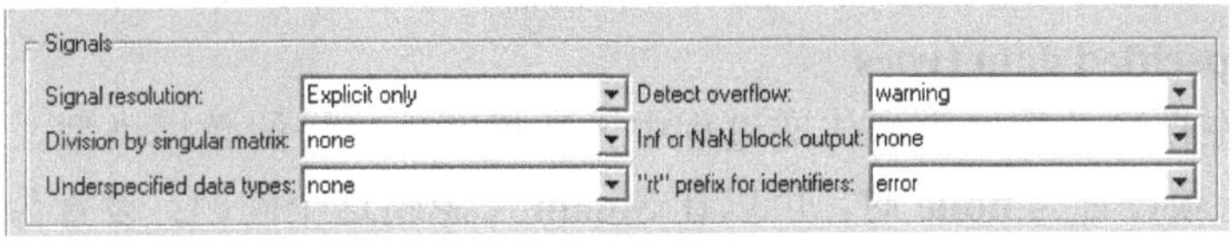

图 7-49

#### 1)　**Signal resolution**

**Signal resolution**(信号解析)就是把基本工作间中已有的 Simulink.Signal 对象与模型中命名的信号关联起来的过程，如果信号与信号对象有相同的名称，则 Simulink 可以把信号与对象关联起来，然后将信号解析为对象。对于某些模块，如 Unit Delay 模块和 Data Store Memory 模块，用户可以把这些模块中命名的状态解析为 Simulink.Signal 对象，也就是说，这个过程不但可以解析信号，也可以解析状态。

当信号被解析为信号对象时，信号对象就指定了信号的属性，多个信号可能会有相同的名称，所有的同名信号可以被解析为同名的信号对象，并且具有对象指定的属性，改变信号对象的任何参数值也就改变了解析为该对象的所有信号的同样参数值。

把信号解析为信号对象的必要条件是对象必须存在于基本工作间，并且与信号有相同的名称。但是，信号无法解析为同名对象，只是因为对象有这样的要求：用户必须为解析提供某些说明，除非这些说明已经存在，否则解析无法进行。

● 局部信号解析控制：为了控制单个信号的解析，可右键单击信号来打开信号属性对话框，在 **Signal name** 文本框内输入希望的信号对象的名称，并选择 **Signal name must resolve to a signal object** 选项，如果 **Signal name** 中输入的是有效的信号对象，那么该选项将指定这个信号进行局部解析，而不会进行全局解析。局部解析也称为显式解析，因为单个信号明确地描述了它要求的解析。若不希望进行指定的局部解析，可不选择 **Signal name must resolve to a signal object** 选项。

● 全局信号解析控制：用户可以指定 Simulink 自动解析任何已命名的没有进行局部解析的信号。这种解析也称为隐式解析，因为没有明确描述进行的解析，所以这种解析在匹配的信号名和对象名之间进行隐式定义。

缺省时，Simulink 不会使用隐式信号解析，用户必须明确指定使用隐式信号解析。通过设置 **Signals** 选项区中 **Signal resolution** 选项的值，用户可以控制全局信号解析，这个选项的可选值如下：

● **Explicit only**：不执行隐式信号解析，只执行指定的显式(局部)信号解析。

● **Explicit and warn implicit**：执行隐式信号解析，并为每个隐式解析记录一个警告信息。

● **Explicit and implicit**：执行隐式信号解析，但不记录警告。

#### 2)　**Division by singular matrix**

Simulink 中 Product 模块的作用是对输入信号进行乘或除。当该模块参数对话框中的 **Multiplication** 参数设置为 **Matrix(\*)**时，模块的输出是对标记为"*"的输入矩阵的乘积和

标记为 "/" 的输入矩阵的求逆。在这种矩阵乘积模式下，当模块的输入在求逆时，Product 模块将检测到奇异矩阵(不可逆)，如果是这样，则把该选项设置为 **none** 时，可以让 Simulink 忽略这个问题；设置为 **warning** 时，显示警告消息；设置为 **error** 时，显示错误消息。

### 3) Underspecified data types

Simulink 在模型的数据类型传递过程中无法推断出信号的数据类型。如果出现这个问题，那么将该选项设置为 **none** 时，可以让 Simulink 忽略这个问题；设置为 **warning** 时，显示警告消息；设置为 **error** 时，显示错误消息。

### 4) Detect overflow

当信号值或参数值发生溢出，也就是信号值或参数值太大时，将使信号或参数的数据类型无法表示这些数据。如果出现这个问题，那么将该选项设置为 **none** 时，可以让 Simulink 忽略这个问题；设置为 **warning** 时，显示警告消息；设置为 **error** 时，显示错误消息。

### 5) Inf or NaN block output

在当前时间步上，模块的输出值是 Inf 或 NaN，将该选项设置为 **none** 时，可以让 Simulink 忽略这个问题；设置为 **warning** 时，显示警告消息；设置为 **error** 时，显示错误消息。

### 6) "rt" prefix for identifiers

如果在代码生成过程中，参数名、模块名或者信号名的前面出现了 rt 字符，也就是 Simulink 的对象名，则该选项的缺省设置会使代码生成过程终止，并显示错误消息。这个设置可以防止用户无意中在生成的标识符名称前使用了 rt，从而造成与 Simulink 对象名的不必要冲突。

### 2. 参数有效性诊断设置

图 7-50 中的 **Parameters** 选项区是与参数有关的检验设置选项。

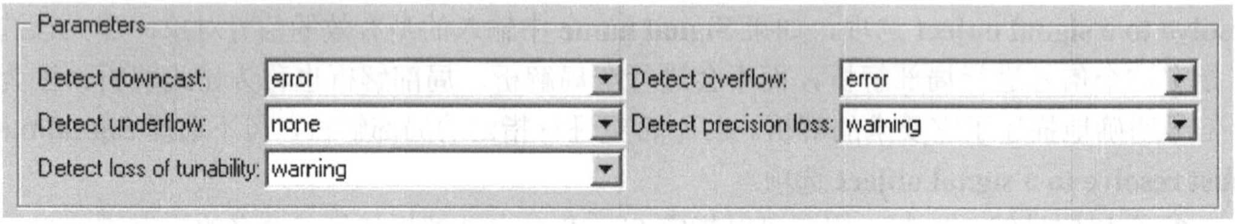

图 7-50

### 1) Detect downcast

模块的输出计算要求把参数的指定类型转换为较小数值范围的类型，例如，从 uint32 类型转换为 uint8 类型，这个选项只对可选参数有效。如果出现这个问题，那么用户可以利用该选项或者忽略这个问题，或者显示警告信息，或者显示错误信息。

### 2) Detect overflow

对于指定的数据类型，该数据类型范围内的参数值无法满足模型对数值的要求，也就是希望的数值对于给定的数据类型来说，或者范围太大，或者范围太小，实际数值超过了边界范围。例如，假设参数值是 200，而设定的参数数据类型是 uint8，由于 uint8 类型的最大可表示值是 127，因此就会出现数值溢出。

需要注意的是，参数溢出与参数的精度降低是不同的，当理想的参数值处在数据类型允许的范围内能够进行缩放而无法准确表示时，这种情况下会造成数据的精度降低。参数溢出和数值精度降低都是量化误差，两者之间的差别非常微小，**Detect overflow** 选项可以报告所有的量化误差。如果出现这个问题，那么用户可以利用该选项或者忽略这个问题，或者显示警告信息，或者显示错误信息。

### 3) **Detect underflow**

如果希望的参数值非常小，而参数的数据类型没有足够的精度来表示这个数值，那么就会出现数值下溢，在这种情况下，参数值可能会变为零，这就与希望的数值存在了差别。如果出现数值下溢，那么用户可以利用这个选项或者忽略这个问题，或者显示警告信息，或者显示错误信息。

### 4) **Detect precision loss**

Simulink 检测到的模型中参数的数据类型不具备足够的精度来准确地表示参数值，从而使数据损失了一定的精度。参数的精度降低与参数溢出是不同的。如果出现数值精度降低，那么用户可以利用这个选项或者忽略这个问题，或者显示警告信息，或者显示错误信息。

### 5) **Detect loss of tunability**

如果可调的工作区变量被封装初始化代码修改，或者被用于含有 Simulink 不支持的运算符或函数的算术表达式中，那么这个变量就不再可调。用户可以利用这个选项来报告损失了这种可调性，选择 **none**，则不报告这个问题；选择 **warning**，则显示警告消息(缺省值)；选择 **error**，则显示错误消息。

### 3．数据存储有效性诊断设置

图 7-51 中的 **Data Store Memory Block** 选项区是与 Data Story Memory 模块和 Simulink.Signal 对象有关的检验设置选项。

图 7-51

### 1) **Detect read before write**

模型试图在还未存储数据的时间步上读取数据。在该设置选项中，可以选择的选项如下：

● **Use local settings**：对于 Data Store Memory 模块定义的每个数据存储，使用模块定义的设置。这个选项会对全局数据的存储进行检测。

● **Disable All**：关闭对模型可以访问的所有数据存储的检测。

● **Enable All As Warning**：在 MATLAB 命令行显示警告信息。

● **Enable All As Errors**：终止仿真，并在错误诊断对话框中显示错误消息。

### 2) **Detect write after read**

在当前时间步上，模型从数据存储区中先读取数据，然后再把数据重新存储到数据存储区。这个选项的可选内容与上个选项相同。

**3) Detect write after write**

在当前时间步上，模型试图连续存储两次数据。这个选项的可选内容与上个选项相同。

**4) Multitask data store**

一个任务是从 Data Store Memory 模块中读取数据，另一个任务是向 Data Store Memory 模块写数据，如果两个任务之间互不干扰，那么这个操作是安全的。如果出现多任务数据操作情况，那么用户可以利用这个选项或者关闭检测，或者显示警告信息，或者显示错误信息。

**5) Duplicate data store names**

如果模型中包含了多个 Data Store Memory 模块，而且这些模块都指定的是相同的数据存储名称，那么在这种情况下，用户可以利用这个选项或者忽略这个问题，或者显示警告信息，或者显示错误信息。

**4. 调试数据有效性诊断设置**

图 7-52 中的 **Debugging** 选项区是与模型调试有关的检验设置选项。

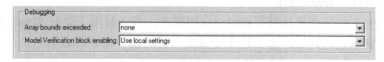

图 7-52

**1) Array bounds exceeded**

这个参数是边界检验选项，它可以使 Simulink 执行这样的检验：在仿真运行过程中，当模块存储数据时，检验是否把数据写在了分配给模型的内存之外。如果模型中包含了用户编写的存在错误的 S 函数，那么这种情况是有可能发生的。通常，只有在模型中包含了用户编写的 S 函数时才执行这个检验。这是因为，如果使能这个检验，则当每次执行模块时，Simulink 都会对模型中的每个模块执行边界检验。这当然会减慢模型的执行速度。为了避免模型执行速度的不必要降低，最好是当用户怀疑模型中所包含的用户编写的 S 函数中含有 bug 时，再使能这个选项。

在许多情况下，这个检验并不是必需的，因为这个检验是十分耗时的。但是，如果模型中加入了用户编写的模块(例如 S 函数)，那么这些检验应当打开以避免出现性能或内存使用方面的问题。

**2) Model Verification block enabling**

这个参数允许用户使能或关闭在当前模型中的模型验证模块。在该设置选项中，可以选择下面的选项：

● **Use local settings**：根据每个模块中的 **Enable assertion** 参数的值使能或关闭模块，如果模块的 **Enable assertion** 参数是 **on**，则使能模块，否则关闭模块。

● **Enable all**：不管模块中的 **Enable assertion** 参数的值为何值，使能模型中所有的模型验证模块。

● **Disable all**：不管模块中的 **Enable assertion** 参数的值为何值，关闭模型中所有的模型验证模块。

## 7.4.4 类型转换诊断设置

选择 **Diagnostics** 选项下的 **Type Conversion** 命令，将显示如图 7-53 所示的 **Type Conversion** 选项面板。当 Simulink 在模型编译过程中检测到数据类型转换问题时，利用这个选项面板中的三个选项可以设置 Simulink 对这个问题采取的处理方式。

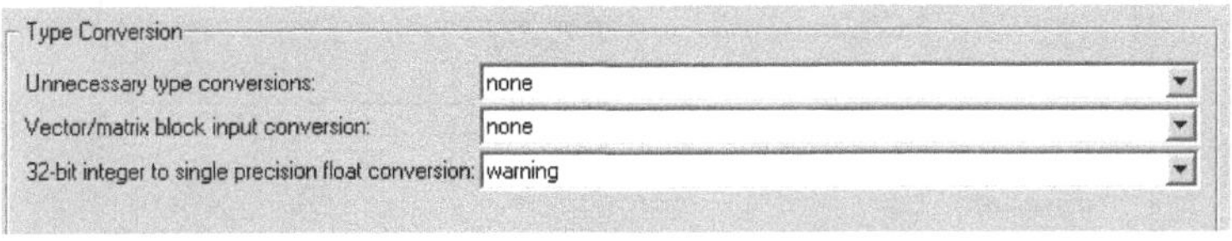

图 7-53

### 1) **Unnecessary type conversions**

Data Type Conversion 模块可以把任何 Simulink 数据类型的输入信号转换为模块中 **Output data type mode** 参数、**Output data type** 参数和/或 **Output scaling** 参数指定的数据类型。输入可以是实数信号或复数信号，如果输入是实数，则输出也是实数；如果输入是复数，则输出也是复数。但是在模型中添加 Data Type Conversion 模块进行数据类型转换是没有必要的。这个参数项提供的功能就是当 Simulink 检测到模型中出现了这种不必要的类型转换时，选择 **none** 选项则忽略这个问题，选择 **warning** 选项则显示警告信息。

### 2) **Vector/matrix block input conversion**

Simulink 按照下列规则把向量转换为行矩阵或列矩阵，或者把行矩阵或列矩阵转换为向量。

● 如果与向量信号连接的输入要求一个矩阵信号，那么 Simulink 会把向量转换为行矩阵或列矩阵；

● 如果与行矩阵或列矩阵连接的输入要求一个向量信号，那么 Simulink 会把矩阵转换为向量；

● 如果模块的输入信号既有向量信号，也有矩阵信号，而且所有的矩阵输入都是一行矩阵或一列矩阵，那么 Simulink 会把向量一个个转换为行矩阵或列矩阵。

如果在仿真过程中，Simulink 检测到在模块的输入端出现了向量到矩阵或矩阵到向量的转换，那么选择 **none** 选项可以忽略这个问题，选择 **warning** 选项可以显示警告信息，选择 **error** 选项可以显示错误信息。

### 3) **32-bit integer to single precision float conversion**

如果 Simulink 在仿真过程中检测到模型中有 32 位的整数数值被转换为浮点数值，那么选择 **none** 选项可以忽略这个问题，选择 **warning** 选项可以显示警告信息。用户可以根据实际情况选择是否打开这个检验，因为这种数值转换可能会降低数值的精度。

## 7.4.5 连接诊断设置

选择 **Diagnostics** 选项下的 **Connectivity** 命令，将显示如图 7-54 所示的 **Connectivity** 选项面板。当 Simulink 在模型编译过程中检测到模块连接问题时，利用这个选项面板中的选项可以设置 Simulink 对这个问题采取的处理方式。

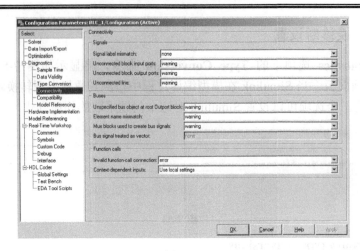

图 7-54

### 1．Signals(信号)诊断设置

Signals 选项区中的选项用来设置与信号有关的检测。

#### 1) Signal label mismatch

Simulink 在仿真过程中检测到纯虚信号有共同的源信号，但却用了不同的标签。将该选项设置为 **none** 时，可以让 Simulink 忽略这个问题；设置为 **warning** 时，显示警告消息；设置为 **error** 时，显示错误消息。

#### 2) Unconnected block input ports

Simulink 在仿真过程中检测到模型中包含了没有连接输入的模块。将该选项设置为 **none** 时，可以让 Simulink 忽略这个问题；设置为 **warning** 时，显示警告消息；设置为 **error** 时，显示错误消息。

#### 3) Unconnected block output ports

Simulink 在仿真过程中检测到模型中包含了没有连接输出的模块。将该选项设置为 **none** 时，可以让 Simulink 忽略这个问题；设置为 **warning** 时，显示警告消息；设置为 **error** 时，显示错误消息。

#### 4) Unconnected line

Simulink 在仿真过程中检测到模型中包含了没有连接的线，或者存在不匹配的 Goto 模块或 From 模块。将该选项设置为 **none** 时，可以让 Simulink 忽略这个问题；设置为 **warning** 时，显示警告消息；设置为 **error** 时，显示错误消息。

### 2．Buses(总线)诊断设置

**Buses** 选项区中的选项用来设置与信号总线有关的检测。

#### 1) Unspecified bus object at root Output block

如果模型最顶层的 Outport 模块与信号总线相连，但却未指定总线对象，那么当为引用的模型生成仿真目标时，可以进行该项检测。将该选项设置为 **none** 时，可以让 Simulink 忽略这个问题；设置为 **warning** 时，显示警告消息；设置为 **error** 时，显示错误消息。

#### 2) Element name mismatch

如果信号总线中的信号名称与对应的总线对象中指定的名称不匹配，那么可以进行这个检测。将该选项设置为 **none** 时，可以让 Simulink 忽略这个问题；设置为 **warning** 时，显示警告消息；设置为 **error** 时，显示错误消息。

3) **Mux blocks used to create bus signals**

这个选项可检测到用 Mux 模块创建的信号总线，如果信号满足下面的任一条件，或者所有条件，那么这个选项会认为由 Mux 模块创建的信号是信号总线。

● Bus Selector 模块从信号总线中选择信号，并选择了一个或多个信号元素；

● 组成信号总线的信号有不同的数据类型、数值类型(实数或复数)、维数、存储类型或采样模式。

这个检测选项可以选择的选项如下：

● **error**：这个选项在模型编辑、更新和仿真过程中执行所谓的"严格的"总线检测，这个严格的要求如下：

  ◇ 带有多个输入的 Mux 模块被允许只能输出一个向量信号。带有一个输入的 Mux 模块被允许只能输出标量信号、向量信号或矩阵信号，而且 Simulink 会把所有的非标量 Mux 模块的输出信号加粗显示。

  ◇ Bus Creator 模块允许用户选择由 Mux 模块创建的所有输入信号，但是不能选择其中的单个信号。例如，假设与 Bus Selector 模块连接的总线信号中包括由 Mux 模块创建的一个向量信号，那么 Bus Selector 模块允许用户选择这个向量信号，但是不能选择向量信号中的任一信号元素。

如果设置这个选项为 **error**，那么 Simulink 在更新或仿真模型的同时若检测到 Mux 模块与下面规定的要求相冲突，则它会在诊断错误对话框中显示一个错误消息，并标识出 Mux 模块错误。

● **warning**：这个选项不再进行严格的总线检测，但是，如果它在模型更新或仿真过程中检测到 Mux 模块创建了信号总线，那么它会在 MATLAB 命令窗口中显示警告消息，并同时标识出有问题的模块。Simulink 只对与严格总线要求相冲突的前十个 Mux 模块标示出此问题。

● **none**：关闭对 Mux 模块创建总线信号的检测，这是缺省设置。

4) **Bus signal treated as vector**

这个选项检测模型中是否使用了纯虚总线信号指定混合信号或向量信号。如果纯虚总线信号输入到 Demux 模块，或者输入到任何可以输入混合信号或向量信号的模块，但是这个模块又不具有总线功能，那么 Simulink 就会认为该模型使用了纯虚总线信号指定混合信号或向量信号。具有总线功能的模块可以传递纯虚总线和非纯虚总线，所有的纯虚模块都具有总线功能，而且 Memory 模块、Merge 模块、Switch 模块、Multiport Switch 模块、Rate Transition 模块、Unit Delay 模块和 Zero-Order Hold 模块也具有总线功能。

只有当纯虚总线中没有嵌套总线，而且总线中的所有信号都具有相同的属性时，纯虚总线才能用于混合信号或向量信号。在 R2007a(6.6)版本中，Simulink 已经不建议混合使用混合信号和向量信号，因此建议用户应该尽量避免这种用法。

这个选项只有当 **Mux blocks used to create bus signals** 选项设置为 **error** 时才是可用的，可以选择的选项如下。

● **error**：当 Simulink 使用任何纯虚信号总线作为混合信号或向量信号时，它会产生错误消息；

● **warning**：这个选项不进行严格的检测，当它检测到 Simulink 使用任何纯虚信号总线作为混合信号或向量信号时，它会产生警告消息；

● **none**：这个选项关闭对纯虚信号总线作为混合信号或向量信号，这是缺省设置。

### 3．Function calls(函数调用)诊断设置

**Function calls** 选项区中的选项用来设置与函数调用有关的检测。

#### 1) Invalid function-call connection

Simulink 检测到了在模型中对函数调用子系统的错误使用，若关闭这个检测可能会产生无效的仿真结果。

#### 2) Context-dependent inputs

如果 Simulink 在执行函数调用子系统的过程中，必须直接或间接地计算任何一个函数调用子系统的输入，那么该选项可以控制 Simulink 是否对此检测显示警告消息。可以选择的选项如下。

● Use local setting：如果在函数调用子系统的参数对话框中也选择了该选项，那么 Simulink 会显示警告消息；

● Enable all：对模型中所有的函数调用子系统使能该检测；

● Disable all：对模型中所有的函数调用子系统关闭该检测。

## 7.4.6　兼容性诊断设置

选择 **Diagnostics** 选项下的 **Compatibility** 命令，将显示如图 7-55 所示的 Compatibility 选项面板。在 Simulink 更新或仿真模型的过程中，当检测到当前 Simulink 的版本与模型不兼容时，利用这个选项面板中的选项可以设置 Simulink 对这个问题采取的处理方式。

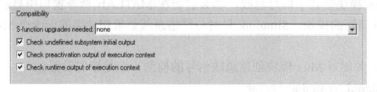

图 7-55

#### 1) S-function upgrades needed

当仿真过程中检测到模型中的模块未升级使用当前版本的新特性时，可以用这个选项设置对此问题的处理方式。如果选择这个选项为 **none**，则可以让 Simulink 忽略该问题；选择 **warning**，则显示警告信息；选择 **error**，则显示错误信息。

#### 2) Check undefined subsystem initial ouput

如果选择了这个复选框，那么当模型中包含了条件执行子系统，而且在这个子系统中有指定了初始条件的模块(例如，Constant 模块、Initial Condition 模块或 Delay 模块)驱动了未定义初始条件的 Outport 模块，也就是将 Outport 模块的 **Initial output** 参数设置为[ ]，这时 Simulink 会显示警告信息。

Simulink 6.6(R2007a)版本与 Release 13 版或更早版本不同，在这个版本下，具有这种子系统的模型可以生成初始结果。以图 7-56 所示的模型为例。

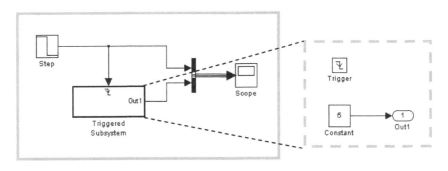

图 7-56

这个模型有一个 Triggered Subsystem(触发子系统),触发子系统内有一个 Constant 模块和一个 Outport 模块(MATLAB 会在模型中简写该模块为 Out,并依模块生成的顺序进行排序)。Constant 模块的 **Constant value** 值设置为 5,采样时间 **Sample time** 设置为-1,因为 Triggered Subsystem 子系统中的采样时间只允许设置为 inf 或-1。Output 模块没有定义初始条件。模型中 Step 模块的 **Step time**(阶跃时间)参数设置为 5,**Initial value**(初始值)参数设置为 10,**Final value**(终止值)参数设置为 0,**Sample time** 参数设置为 1,设置完成后,选择启动仿真命令仿真模型,得到的示波器曲线如图 7-57(a)所示,黄色曲线是阶跃信号,粉色曲线是输出结果曲线。图 7-57(b)是在 Release 13 版本下,相同设置下的仿真结果曲线。

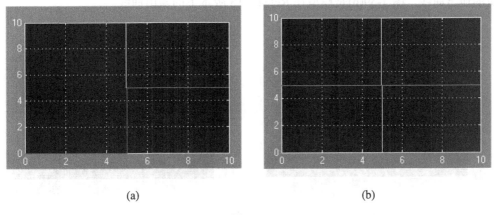

(a)  (b)

图 7-57

从图 7-57 中可以看到,两个版本下,具有相同设置的模型的仿真结果是不同的。Release 13 或更早版本使用与 Output 模块相连的模块的初始输出作为触发子系统的初始输出,也就是 Constant 模块的 **Constant value** 值,而在 6.6(R2007a)版本下,触发子系统的初始输出为 0,这是因为 Outport 模块的 **Initial output** 参数设置为[ ],未明确指定初始输出。因此,如果用户选择了这个选项,那么当检测到在子系统内有初始条件的模块驱动了未定义初始输出的 Output 模块时,MATLAB 的命令窗口会显示警告信息。

3) **Check preactivation output of execution context**

如果选择了这个复选框,那么当模型中包含的模块满足下列条件时显示警告信息。

● 对于输入为零的模块,模块的输出不为零,例如,Cosine 模块;

● 模块与条件执行子系统的输出相连；
● 模块继承了条件执行子系统的执行关系；
● 与模块连接的 Outport 模块未定义初始条件，也就是 **Initial output** 参数设置为[ ]。

如果模型中的模块满足上述条件，那么模型在 6.6(R2007a)版本与 Release 13 版或更早版本下仿真的初始结果是不同的。以图 7-58 所示的模型为例。

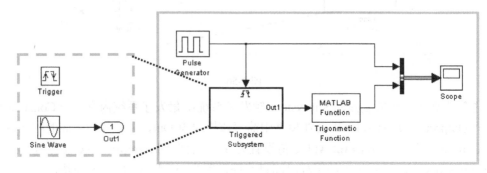

图 7-58

模型中 Trigonmetic Function 模块的 **MATLAB function** 参数被设置为 cos，触发子系统中的 Outport 模块未定义初始条件，这个模型在 6.6(R2007a)版本下的仿真结果如图 7-59(a)所示，图中的黄色曲线是 Pulse Generator 模块的输出曲线，粉色曲线是 Trigonmetic Function 模块的输出曲线。图 7-59(b)是模型在 Release 13 版本下的输出曲线。

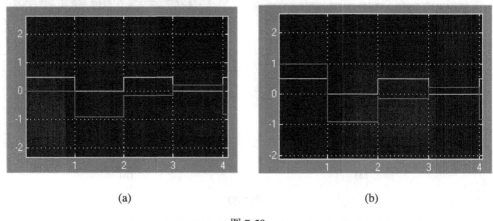

       (a)                                      (b)

图 7-59

从图 7-59 可以看到，Trigonmetic Function 模块的初始输出在两个版本下是不同的。这是因为，在 Release 13 版本下，Trigonmetic Function 模块在每个时间步上执行一次，而在 6.6(R2007a)版本下，Trigonmetic Function 模块的执行与触发子系统一致，只有当触发子系统执行时它才执行。

### 4) Check runtime output of execution context
如果模型中的模块满足下列条件，则在仿真过程中 Simulink 会显示警告消息。
● 模块有可调参数；
● 模块与条件执行子系统的输出相连；

● 模块继承了条件执行子系统的执行关系；

● 与模块连接的 Outport 模块未定义初始条件，也就是 **Initial output** 参数设置为[ ]。

　　如果模型中的模块满足上述条件，而且模块中的参数是可调的，那么当可调参数改变时，在 6.6(R2007a)版本与 Release 13 版或更早版本下仿真模型时会得到不同的输出结果。以图 7-60 所示的模型为例。

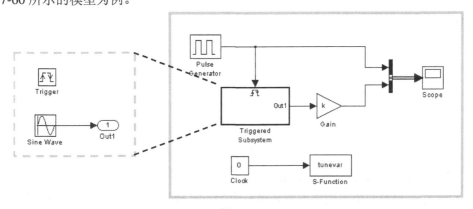

图 7-60

　　在这个模型中，tunevar 是一个 S 函数，它能改变 Gain 模块中的增益 k 值，并在仿真第 7 秒时更新模型，也就是说，它模拟了可调参数的改变。这个模型在 6.6(R2007a)版本下的仿真结果如图 7-61(a)所示，图中的黄色曲线是 Pulse Generator 模块的输出曲线，粉色曲线是 Gain 模块的输出曲线。图 7-61(b)是模型在 Release 13 版本下的输出曲线。

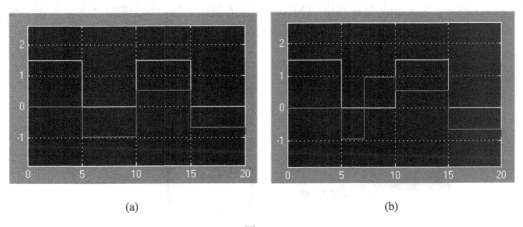

　　　　　(a)　　　　　　　　　　　　　　　　　(b)

图 7-61

　　需要注意的是，在 Release 13 版本下，Gain 模块的输出在第 7 秒时发生了改变，而在 6.6(R2007a)版本下输出没有改变。这是因为，在 Release 13 版本下，Gain 模块的执行与系统同步，每个时间步上都会执行一次，而在 6.6(R2007a)版本下，Gain 模块的执行与触发子系统同步，只有当触发子系统执行时它才执行，也就是在仿真时刻的 5、10、15 和 20 秒处执行。

### 7.4.7　模型引用诊断设置

选择 **Diagnostics** 选项下的 **Model Referencing** 命令，将显示如图 7-62 所示的 **Model Referencing** 选项面板。在 Simulink 更新或仿真模型的过程中，当检测到当前 Simulink 的版本与模型中 Model 模块引用的模型版本不兼容时，利用这个选项面板中的选项可以设置 Simulink 对这个问题采取的处理方式。

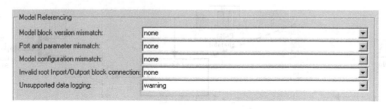

图 7-62

#### 1)　**Model block version mismatch**

当 Simulink 检测到用来创建或刷新模型中 Model 模块的模型版本与 Model 模块引用的模型版本不兼容时，可以选择这个选项进行相应的处理。如果选择 **none**(缺省值)选项，则忽略这个问题；如果选择 **warning** 选项，则刷新 Model 模块并显示警告消息；如果选择 **error** 选项，则不刷新 Model 模块，同时显示错误消息。

为了显示模型中引用模型的版本号，可选中模型中的 Model 模块，然后选择父模型 **Format** 菜单下的 **Block Displays** 子菜单，再选择子菜单中的 **Model Block Version** 命令，如图 7-63(a)所示，Simulink 会在选中的 Model 模块的图标上显示模型的版本号，如图 7-63(b)所示。这个版本号指出了最后一次刷新模块时，创建模块或刷新模块的模型版本。

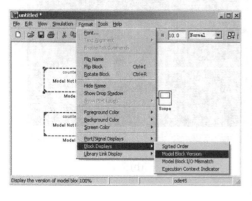
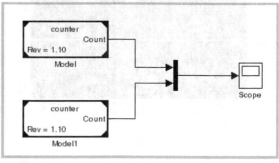

　　　　　　　(a)　　　　　　　　　　　　　　　　　(b)

图 7-63

如果检测到 Model 模块引用的模型版本与当前模型不匹配，则 Simulink 会在 Model 模块的图标上显示版本不匹配，例如：Rev：1.0 != 1.2。

#### 2)　**Port and parameter mismatch**

当 Simulink 检测到模型中 Model 模块的 I/O 端口与它引用的底层模型的 I/O 端口不匹配，或者检测到 Model 模块的参数变量与引用模型声明的参数变量不匹配时，可以选择这个选项进行相应的处理。如果选择 **none**(缺省值)选项，则忽略这个问题；如果选择 **warning** 选项，则刷新过期的 Model 模块，并显示警告消息；如果选择 **error** 选项，则不刷新 Model 模块，同时显示错误消息。

Model 模块的图标可以显示出端口或参数是否匹配。为了使用这个功能，可选择模型 **Format** 菜单下的 **Block Displays** 子菜单，再选择子菜单下的 **Model Block I/O Mismatch** 命令。

### 3) Model configuration mismatch

如果模型中由 Model 模块引用的模型的仿真设置参数与父模型的仿真设置参数不匹配或不适用，则可以利用这个选项处理这个问题。缺省选项为 **none**，Simulink 会忽略这个问题。如果用户怀疑模型中出现的这个问题可能会产生错误的仿真结果，则可以设置该选项为 **warning** 或 **error**。

### 4) Invalid root Inport/Outport block connection

如果 Simulink 检测到在模型底层的 Outport 模块中出现了无效的内部连接，则可以利用该选项设置 Simulink 采取的处理方式。当设置该选项为 error 时，如果模型中出现了下面的任一种连接方式，则 Simulink 都会报告错误消息。

● 底层的 Outport 模块被直接或间接地与多个非纯虚模块端口连接，如图 7-64(a)所示。

● 底层的 Outport 模块与底层的 Inport 模块、Ground 模块或非数据模块(例如，状态端口)连接，如图 7-64(b)所示。

● 两个底层的 Outport 模块不能与相同的模块端口连接，如图 7-64(c)所示。

● 一个 Outport 模块不能与模块输出中的某几个输出元素相连，如图 7-64(d)所示。

● 一个 Outport 模块不能与多个相同的输出元素相连，如图 7-64(e)所示。

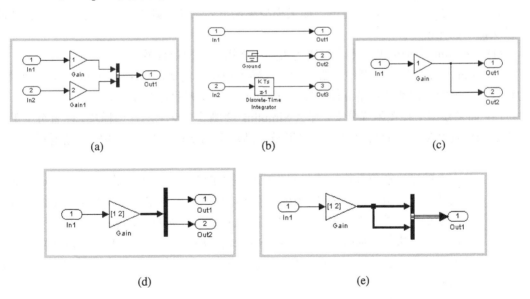

(a) (b) (c)

(d) (e)

图 7-64

如果将该选项设置为 **none**(缺省值)，那么 Simulink 会在模型中插入模块以满足约束条件。在少数情况下(如函数调用反馈循环)，插入的模块可能会产生延迟，从而改变仿真结果。

如果将该选项设置为 **warning**，那么 Simulink 会警告用户连接约束出现冲突，并试图在模型中插入隐藏的模块以满足约束条件。

### 5) Unsupported data logging

如果模型中包含 To Workspace 模块或 Scope 模块，并且这些模块都启动了数据记录功能，那么可以利用这个选项来检测是否记录了 Simulink 不支持的数据，或者是否模型中存在不支持记录功能的模块。缺省时的选项为 **warning**。

## 7.5  仿真性能优化设置

在 **Configuration Parameters** 对话框中选择 **Optimization** 选项，可以显示 **Optimization**(性能优化)选项面板，如图 7-65 所示。在这个选项面板中，用户可以设置影响仿真性能的不同选项，以优化仿真性能。

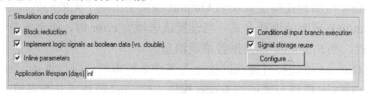

图 7-65

如果用户的系统中安装了 Real-Time Workshop(实时工作间)，那么在这个选项面板中还会显示出用于代码生成的优化选项参数，以及与状态流有关的代码生成优化选项。

● **Block reduction**：如果选择了这个复选框，那么 Simulink 会用一个组合模块替换一组模块，从而加快模型的执行速度。如果模型满足下列条件，则 Simulink 会以相应方式减少模块，以优化模型性能。

(1) Simulink 会把模型中多个模块的累加功能用一个模块代替。

(2) Simulink 会删除模型中不必要的类型转换模块。例如，如果一个 int 类型转换模块的输入和输出的数据类型都是 int，那么 Simulink 会主动删除这个模块。

(3) 如果模型中存在闲置分支，那么 Simulink 会删除分支上的任何模块。闲置分支的执行不影响仿真结果，因此可以删除。如果模块满足下列条件，则认为该模块是闲置分支的一部分。

   ✧   分支上的模块在仿真执行或代码生成过程中没有执行任何操作。例如，Terminator 模块或关闭了检测功能的 Assertion 模块。模块在模型中是否执行了某个操作取决于模型仿真，或者代码生成，或者模型设置过程。例如，Scope 模块在模型生成代码过程中不执行任何操作，因此以 Scope 模块结束的分支在代码生成时可以认为是闲置分支，也就可以删除；但 Scope 模块在模型仿真过程中不是闲置分支，是不能删除的。

   ✧   模块不在任何其他的分支上。

   ✧   模块没有修改信号存储。

以图 7-66 所示的模型为例，模型中与 Terminator 模块连接的分支对于仿真结果没有任何影响，因此可以通过删除 Gain 模块优化仿真性能。

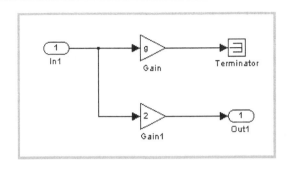

图 7-66

● **Conditional input branch execution**：这个优化选项只适用于含有 Switch 模块和 Multiport Switch 模块的模型。当选择这个复选项时，这个优化选项只执行模型中在每个时间步上为每个 Switch 模块或 Multiport Switch 模块计算控制输入和数据输入的模块。同样，通过 Real-Time Workshop(实时工作间)把模型生成代码时也只执行需要计算控制输入和所选择的数据输入的代码。当然，这个优化选项可以加速仿真的进程，并提高由模型生成代码的速度。

在仿真或代码生成的起始阶段，Simulink 会检查传送到 Switch 模块数据输入端的每段信号，以确定可被优化的信号路径段，这个可优化的信号路径是信号传递路径上的一部分。

在不可见的原子子系统中，Simulink 会关闭信号路径的可优化部分，那么，在执行仿真期间，如果未选择 Switch 数据输入，那么 Simulink 只会执行传递输入的信号路径中的不可优化部分；如果选择了数据输入，那么 Simulink 会执行输入信号路径中的不可优化部分和可优化部分。

● **Implement logic signals as boolean data (vs.double)**：这个选项可以控制模型中生成逻辑信号的模块输出数据的类型，可以输出逻辑信号的模块有 Logical Operator 模块、Relational Operator 模块、Combinatorial Logic 模块和 Hit Crossing 模块。如果不选择这个复选项，那么它会允许当前版本的 Simulink 运行由 Simulink 旧版本创建的只支持类型为 double 信号的模型。如果选择了这个复选项，则可以降低模型生成代码过程中的内存需求，因为 boolean 类型的信号实际上只需要存储 1 个字节，而 double 类型的信号要求 8 个字节。下面说明这个优化选项是如何影响这些逻辑模块的。

(1) Logical Operator 模块：这个模块是逻辑运算符模块，这个优化选项只影响模块中 **Output data type mode** 参数指定为 **Logical** 的 Logical Operator 模块。如果选择了这个选项，则 Logical Operator 模块输出 boolean 数据类型的信号，否则输出 double 数据类型的信号。

(2) Relational Operator 模块：这个模块是关系运算符模块，这个优化选项只影响模块中 **Output data type mode** 参数指定为 **Logical** 的 Relational Operator 模块。如果选择了这个选项，则 Relational Operator 模块输出 boolean 数据类型的信号，否则输出 double 数据类型的信号。

(3) Combinatorial Logic 模块：这个模块是组合逻辑模块。如果选择了这个选项，则 Combinatorial Logic 模块输出 boolean 数据类型的信号，否则输出 double 数据类型的信号。

(4) Hit Crossing 模块：如果选择了这个复选项，则 Hit Crossing 模块输出 boolean 数据

类型的信号，否则输出 double 数据类型的信号。

● **Signal storage reuse**：这个优化选项可以使 Simulink 重复使用被分配用来存储模块输入信号和输出信号的内存缓冲区。如果不选择这个复选项，则 Simulink 会为每个模块的输出信号分配单独的内存区域，当仿真大模型时，这可能会大幅度增加内存开销。因此，在调试模型时不应选择这个选项，尤其是在下列情况下应该关闭这个选项：

(1) 调试 C-MEX S-函数。

(2) 在调试模型时，Floating Scope 模块和 Display 模块中选择了 **Floating display** 选项观察信号。

如果在选择了这个复选项的情况下，用户还试图用 Floating Scope 模块或浮动 Display 模块显示内存已被重用的信号，那么 Simulink 会显示错误消息框。

● **Inline parameters**：缺省时，用户可以在仿真运行过程中更改(即"可调")许多模块参数。如果选择了这个复选项，那么缺省时的所有参数都是不可调的，因为 Simulink 会关闭模型中各模块对话框中的参数控制，以防止用户更改模块参数。令参数不可调可以提高仿真性能，因为它可以使 Simulink 把那些输出只依赖于模块参数值的模块移到仿真环外，由此也就加快了模型的仿真速度，缩短了由模型生成代码的执行过程。

如果用户在选择了 **Inline parameters** 复选框后，仍然希望模型中的某些参数是可调的，则可以单击 **Configure** 按钮 ⟨Configure ...⟩ ，这时会打开 **Model Parameter Configuration**(模型参数配置)对话框，如图 7-67 所示。

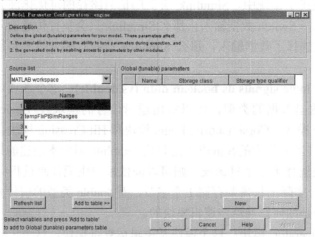

图 7-67

对于那些由 MATLAB 工作区中的变量所定义的参数值，用户可以使这些参数保持为可调，并在 **Model Parameter Configuration** 对话框内把这些参数指定为全局变量，也就是说，**Model Parameter Configuration** 对话框可以令所选择的参数忽略 **Inline parameters** 选项。

下面简单介绍一下 **Model Parameter Configuration** 对话框中的选项控制。

(1) **Source list**：显示一列工作区变量。可以在其下拉列表中选择：

● MATLAB workspace：列出在 MATLAB 工作区中有数值的所有变量；

● Referenced workspace variables：只列出由模型引用的变量。

(2) **Refresh list**：更新 Source list 列表。如果要向工作区中增加变量，则单击这个按钮。

(3) **Add to table**：把在 Source list 列表中选择的变量添加到相邻的可调参数列表(Global parameters)中。

(4) **New**：定义一个新参数，并把这个参数添加到可调参数列表中。这个按钮可以创建 MATLAB 工作区中未定义的可调参数。

> **注意**：这个选项不能在 MATLAB 工作区中创建相应变量，用户必须自己创建变量。

(5) **Storage Class**：用作代码生成选项。

(6) **Storage type qualifier**：用作代码生成选项。

若要调整全局参数，则可以改变相应工作区的变量值，并从 Simulink 的 **Edit** 菜单中选择 **Update Diagram(Ctrl+D)** 命令。

在由模型生成代码的过程中，用户不能调整在线参数。但是，当仿真模型时，如果在线参数值来自于一个工作区变量，则用户可以调整在线参数。例如，假设模型中包含一个 Gain 模块，该模块的 Gain 参数是在线参数，而且等于变量 a，这里 a 是在模型工作区中定义的一个变量。当仿真模型时，Simulink 会关闭 Gain 参数，从而也就阻止了用户经由模块对话框改变这个增益值的做法。但是，用户仍然可以通过在 MATLAB 命令行中改变 a 值和更新方块图的方式来调整这个参数。

● **Application lifespan (days)**：对于某些模型，这些模型中包含的模块依赖于共用时间和绝对时间来执行，那么这个选项可以用来指定在计时器超时之前包含这些模块的应用程序的生命周期(按天计数)。指定了生命周期和仿真步长，也就确定了模块用来存储绝对时间值的数据类型。为了仿真模型，设置这些参数值大于仿真时间可以确保时间不会超时，Simulink 先在模型工作间中求取这些参数值，如果无法求解，再在基本工作间中求取这些值。

应用程序的生命周期也确定了在代码生成过程中计时器使用的字节大小，这可以降低对内存的使用。

当与每个任务的步长结合在一起时，应用程序的生命周期确定了用于每个任务整数绝对时间的数据类型，具体如下：

(1) 如果模型不要求绝对时间，则这个选项既不影响仿真，也不影响代码生成。

(2) 如果模型要求绝对时间，则这个选项优化了用于在代码生成过程中存储整数绝对时间的字节数，这就保证了在指定的生命周期内计时器不会超时。如果设置 Application lifespan 为 Inf，那么使用两个 uint32 字节。

(3) 如果模型中包含着要求绝对时间的固定点模块，那么这个选项既影响仿真结果，又影响代码生成。

例如，使用 64 位存储计时数据，可以使步长为 0.001 微秒的模型运行 500 多年，当然很少有人这样做。为了在一天内运行步长为 1 毫秒(0.001 秒)的模型，应要求 32 位计时器。

# 第 8 章　使用命令行仿真

命令行仿真就是在 MATLAB 命令窗口中设置模型的仿真参数，并在命令窗口中运行仿真，仿真结果也可以在 MATLAB 的图形窗口中显示出来。这与在模型窗口中利用仿真参数对话框指定仿真参数来运行仿真是一样的。本章介绍如何在 MATLAB 命令行中获取、设置和修改模型中的各种仿真参数。本章的主要内容包括：

> 通过命令行仿真　　　　　　　如何利用 MATLAB 的命令行命令设置、获取和修改仿真
> 　　　　　　　　　　　　　　参数，如何在图形窗口中显示仿真结果，以及如何在
> 　　　　　　　　　　　　　　MATLAB 命令行中仿真 Simulink 模型
> 模型线性化　　　　　　　　　如何对连续系统模型和离散系统模型进行线性化，如何对
> 　　　　　　　　　　　　　　线性化后的模型进行系统分析
> 寻找平衡点　　　　　　　　　如何查找系统稳态时的状态平衡点
> 编写模型和模块回调函数　　　如何编写模型和模块中发生特写事件时需要执行的处理
> 　　　　　　　　　　　　　　函数

## 8.1　通过命令行仿真

对于 Simulink 中的模型，如果不想在 **Configuration Parameters** 对话框内指定仿真算法和仿真参数，用户还可以在 MATLAB Command Window 窗口内键入仿真命令，直接设置仿真参数来运行仿真，或者通过编写并运行一个脚本来运行仿真，这样就可以重复运行仿真，而不需要一次又一次地启动仿真模型。而且，如果用户想要改变模型中的参数并比较因参数的改变而产生的不同结果，那么通过一个 for 循环来自动修改参数就非常方便了。除此之外，命令行仿真在对系统施加不同的输入、比较不同系统的结果差异、加快仿真速度方面也具有优势。因此，利用命令行进行仿真具有以下特点：

● 自动重复运行仿真；
● 自动调整参数；
● 分析和比较不同输入下的响应；
● 快速仿真。

在命令行中可以用 sim、simset 和 set_param 等命令控制模型仿真的执行。

### 8.1.1　基本命令行语法——sim 命令

#### 1. 命令描述

sim 命令用来仿真动态系统。sim 命令的完整语法结构如下：

　　　　　[t, x, y] = sim (model, timespan, options, ut);

　　　　　[t, x, y1, y2,···, yn] = sim (model, timespan, options,ut);

　　在这个命令中，只有 model 变量是必须输入的，它是模型的名称。其他的变量如果不指定，则也可以在 **Configuration Parameters** 对话框内设置，用户可以把这些变量指定为空矩阵([ ])。对于未指定的变量及指定为空矩阵的变量，sim 命令会使用缺省值仿真，缺省值就是由 Simulink 为模型指定的参数值。如果用 sim 命令指定了这些变量值，则这些数值会替代模型中的参数值。

　　sim 命令返回三个输出参数，它们是时间 t、状态 x 和输出 y。输出通过模型最顶层的 Outport 模块得到，如果模型的最顶层没有 Outport 模块，则输出向量为空；如果有多个输出端口，则用户可以选择将输出保存在不同的变量中。

　　此外，如果想要仿真一个连续系统，则必须用 simset 命令指定算法参数，对于纯离散系统模型，算法的缺省值为 **VariableStepDiscrete**。

### 2. 参数说明

　　表 8-1 对 sim 命令中的各变量进行了说明。

表 8-1　sim 命令中各变量的说明

| 变　量 | 说　　　　明 |
| --- | --- |
| t | 返回仿真的时间向量 |
| x | 返回仿真的状态矩阵，该矩阵由连续状态和离散状态组成 |
| y | 返回仿真的输出矩阵，每一列按端口序列顺序指定 Outport 模块的输出，如果任一个 Outport 模块都有一个向量输入，则其输出矩阵也会有适当的列数 |
| y1, y2, ···, yn | 模型中有 n 个 Outport 模块，每个 yi 返回对应 Outport 模块的输出 |
| model | 模型方块图的名称 |
| timespan | 仿真的起始时间和终止时间 |
| options | 可选择的仿真参数，它是一个结构，指定包括算法名称和误差容限在内的其他仿真参数。这个变量可以用 simset 命令中的 options 结构定义 |
| ut | 在最顶层模型中与 Inport 模块连接的外部输入，ut 可以是用字符串表示的 MATLAB 函数，该函数会在每个仿真时间步上指定 u = UT(t) |

　　在命令行中仿真一个模型时，模型不需要打开，但是模块中的各参数应该已经在工作区中定义。

### 3. 示例

　　**例 8-1**　输入和输出端口。

　　要求在 MATLAB 工作区中生成一个 10 秒的正弦波信号，并利用 Simulink 对其积分，然后用 MATLAB 绘制出原始信号和仿真结果曲线。

　　首先，用一个 Inport 模块、一个 Outport 模块和一个 Integrator 模块建立系统，需要注意的是，Inport 和 Outport 模块都是纯虚模块，仅起到将信号传入或传出子系统的作用，当在最顶层的系统中使用这两个模块时，可以通过它们将结果记录到 MATLAB 工作区中，如图 8-1 所示。

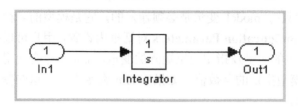

图 8-1

定义模型的名称为 in_out，选择模型窗口中 Simulation 菜单下的 **Configuration Parameters** 命令，在打开的 **Configuration Parameters** 对话框中选择 **Data Import/Export** 选项，在右侧的 **Load from workspace** 选项区中选择 **Input** 复选项，并定义外部输入变量的名称为 sim_input；在 **Save to workspace** 选项区中选择 **Time** 复选项，定义输出时间变量的名为称 tout，选择 **Output** 复选项，定义输出变量的名称为 yout，如图 8-2 所示。

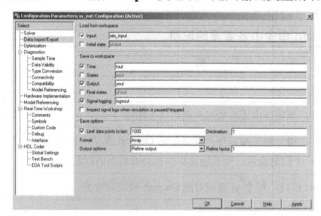
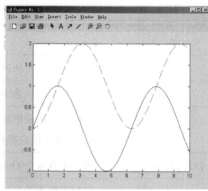

图 8-2 图 8-3

在 MATLAB 命令行中输入下列命令来仿真模型 in_out：

```
>> t = 0:0.1:10;  u = sin (t);
>> sim_input = [t', u'];
>> sim ('in_out')    %以缺省参数仿真模型
>> plot (t, u, tout, yout, '--')
```

在 MATLAB 图形窗口中绘制出的曲线如图 8-3 所示。

下面分别说明使用 sim 命令仿真模型时的参数设置方式。

(1) 命令行仿真——时间设置。

sim 命令中的第二个可选参数 timespan 为时间，它指定了仿真的起始时间和终止时间。其具体设置方式如下：

- tFinal：指定终止时间，起始时间为 0；
- [tStart tFinal]：指定起始时间和终止时间；
- [tStart OutputTimes tFinal]：指定起始时间和终止时间，以及在 t 时刻返回的时间点数。

通常，t 包括较多的时间点，OutputTimes 等于 **Configuration Parameters** 对话框中 **Output options** 选项中选择的 **Produce additional output** 数。对于单速率离散系统，OutputTimes 指定的附加输出点数必须是基本采样步长的整数倍，因此这样的系统必须用表达式的形式指定附加输出点：$T_s$*[整数向量]，这里 $T_s$ 是基本采样步长，但不能使用如下形式的表达式：$0:T_s:N*T_s$。

下面的命令是以不同的时间参数设置方式仿真 in_out 模型：

　　　　>> [t, x, y] = sim ('in_out', 5);　　　　　　%仿真模型 5 秒

　　　　>> [t, x, y] = sim ('in_out', [10 35]);　　　%仿真模型从 10 秒到 35 秒

　　　　>> [t, x, y] = sim ('in_out', 0:4);　　　　　%仿真模型 4 秒，每隔 1 秒输出一次

(2) 命令行仿真——输入设置。

sim 命令中的变量 ut 用来为系统提供一个外部输入，此时需要在系统的最顶层包含一个 Inport 输入模块。可以用 in_out 模型例程中的方式定义模型的输入信号，也就是用第一列代表时间，第二列对应于不同输入时间的输入信号值。但是，如果信号中存在陡沿，则应在相同的时刻定义两次输入值。

例如，假设有一个方波扰动信号，可以输入：

　　　　>> ut = [0 1; 10 1; 10 –1; 20 –1; 20 1; 30 1; 30 –1; 40 –1; 40 1; 50 1];

　　　　>> sim ('in_out', 50, [ ], ut);

用 plot (ut (: ,1)，ut (: , 2))命令绘制的输入信号曲线如图 8-4 所示；用 plot (ut (: ,1)，ut (: , 2)，tout，yout，'--')命令绘制的输入和输出曲线如图 8-5 所示。

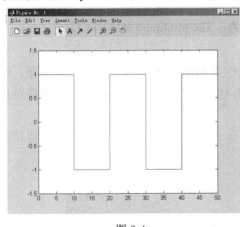
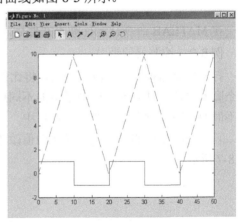

　　　　　　　图 8-4　　　　　　　　　　　　　　　　　　　　　图 8-5

**例 8-2**　蹦极的安全性。

假设，当我们使用给定的参数仿真蹦极系统时，身体有可能撞到地面上。现在我们想选择一个安全的绳索，编写一个脚本来尝试不同的弹性常数，得到保证 90 公斤重的身体安全的最小弹性常数值。

首先，在蹦极模型中添加一个 Outport 模块，如图 8-6 所示，将模型文件保存为 bungee_cmd；然后编写一个脚本文件用来试验不同的 k 值，当距地面的距离为正时停止仿真。脚本文件 bungeescript 如下：

　　　　for k = 1:50;

```
    [t, x, y] = sim ('bungee_cmd');
    if min (y) > 0
        break
    end
end
disp(['The minimum safe k is:',num2str(k)])
```

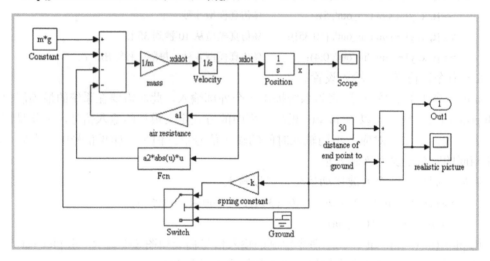

图 8-6

在 MATLAB 命令行运行脚本文件后，结果为：The minimum safe k is:37。

**例 8-3** 控制器的调节。

打开控制器模型，修改控制器，将比例增益作为 MATLAB 工作区中的一个变量，编写一个脚本文件，试验不同比例增益的不同值(0, 5, 10, 15, 20, 25)对输入的影响，并将结果利用不同的子图绘制在同一个图形窗口中。

首先将模型中的比例增益模块的值改为 P，在模型的最顶层加入一个 Outport 模块，如图 8-7 所示。

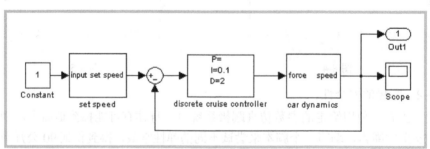

图 8-7

在脚本文件中编写一个 for 循环以改变 P 值，从 0 到 25 间隔为 5。在同一个坐标上画图时，使用 hold on 命令来保留原有的曲线运动，或者在使用子图时通过 P 值得到子图序号。

脚本文件 cruisescript 如下：

```
for P = 0:5:25
    [t, x, y] = sim ('cruise_command');
    subplot (3, 2, P/5+1)
    plot (t, y)
    ylabel (['P=', num2str(P)])
end
```

在 MATLAB 命令行中输入脚本名字并执行脚本文件后，得到的结果曲线如图 8-8 所示。

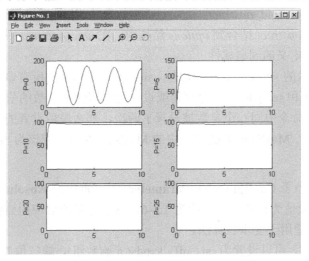

图 8-8

## 8.1.2 设置仿真参数——simset 命令

用户可以用不同的仿真选项进行仿真，这些选项就是在 **Configuration Parameters** 对话框中各选项页内定义的参数。如果要使用 sim 命令在 MATLAB 工作区中运行模型，则可以用 simset 命令来指定仿真模型时的仿真选项。需要注意的是，模型的名称不能作为 simset 的参数，换言之，即使在 simset 命令中指定模型的名称，模型也不会受到影响。

### 1. 命令描述

simset 命令用来为 sim 命令创建或编辑仿真参数和算法属性，这个命令的语法结构如下：

*options* = simset (*param*, *value*, ···);

*options* = simset (old_*opstruct*, *param*, *value*, ···);

*options* = simset (old_*opstruct*, *new_opstruct*);

simset

simset 命令可创建并返回 sim 命令中 *options* 参数要求的结构，这个结构指定了由 sim 命令执行仿真时需要的仿真参数值，而且这个结构中设置的参数值也只适用于由 sim 命令执行的模型仿真。用户利用模型窗口中 **Configuration Parameters** 对话框或 set_param 命令设置的仿真参数是不变值，但这个结构中的参数值可以取代这些不变值。

在 simset 命令中，用户可以成对输入参数值，例如，'Debug', 'on'. 仿真参数和算法属性都可以有指定的值，所有未指定的参数和属性均使用缺省值。若要唯一地标识命令中的参数或属性，则可以用前导字符。此外，参数或属性名称不分大小写。

*options* = simset (*param, value,* …) 命令用于返回一个结构，结构中包含为参数设置的参数值，未指定数值的参数使用缺省值。

*options* = simset (old_*opstruct, param, value,* …) 命令用于修改原有的 old_*opstruct* 结构中的参数值。用户可以使用这个命令形式替换原来模型中已设置的仿真参数值，可以先用 simget 命令获得模型中的设置值，然后利用 simset 命令更改指定参数的参数值。

options = simset (old_*opstruct, new_opstruct*) 命令用于把两个已存在的结构——old_*opstruct* 和 *new_opstruct* 结合到 *options* 结构中，在 *new_opstruct* 中定义的任何属性都会覆盖 old_*opstruct* 中定义的同名属性。

不带有输入变量的 simset 命令可以显示 simset 命令指定的所有参数名及其参数值，用户不能用 get_param 和 set_param 命令获得或设置这些属性和参数的值。

如果在 simset 命令中同一个参数被设置了两次，那么最后设置的参数值有效。例如，simset('MaxStep',0.01, 'MaxStep',0.02)命令中的 MaxStep 参数值应该为 0.02。

**2. 参数说明**

● **AbsTol**：相当于 **Configuration Parameters** 对话框中的 **Absolute tolerance** 选项，即绝对误差容限，参数值为正数，缺省值为 1e−6。这个标量值会应用到状态向量中的所有向量元素。**AbsTol** 只适用于变步长算法。

● **Debug**：调试，可以设置为 on、off、lcmds(元胞数组)，缺省值为 off。使用该参数时，表示在调试模式下启动仿真，参数值可以是一个元胞数组，数组中的参数值在仿真开始后被传送到 Simulink 调试器中。例如：

```
Opts = simset('debug',…
              {'strace 4',…
               'diary solvertrace.txt',…
               'cont',…
               'diary off',…
               'cont'})
sim('vdp',[ ],opts);
```

● **Decimation**：相当于 **Configuration Parameters** 对话框中的 **Decimation** 选项，即输出变量的倍数因子，正整数，缺省值为 1。倍数因子只适用于返回变量 t、x 和 y，数值为 1 的倍数因子在每个时间点上输出数据，数值为 2 的倍数因子每隔 2 个时间点输出一次数据。

● **DstWorkspace**：可以设置为 base、current 和 parent，缺省值为 current。这个参数指定了为 To Workspace 模块中定义为返回变量或输出变量赋值的工作间。

● **ExtrapolationOrder**：相当于 **Configuration Parameters** 对话框中的 **Extrapolation order** 选项，即 ode14x 算法的外推阶数，可以设置的数值为 1、2、3、4，缺省值为 4。这个参数指定了 ode14x 定步长算法中的外推阶数。

● **FinalStateName**：相当于 **Configuration Parameters** 对话框中的 **Final states** 选项，即最终状态变量的名称，可以设置为字符串，缺省值为空字符串"。这个参数指定的是在仿真结束时 Simulink 用来保存模型状态的变量的名称。

● **FixedStep**：相当于 **Configuration Parameters** 对话框中的 **Fixed-step size** 选项，即固定步长，可以设置为整数。这个参数只适用于定步长算法，如果模型中包含离散组件，那么缺省值是基本采样时间，否则，缺省值是仿真间隔的 1/50。

● **InitialState**：相当于 **Configuration Parameters** 对话框中的 **Initial state** 选项，即初始的连续状态和离散状态，可以设置为向量，缺省值为空向量[]。初始状态向量是由连续状态和离散状态组成的，这个参数值替换了模型中指定的初始状态，缺省时它是空矩阵，也就是使用模型中指定的初始状态值。初始状态值可以指定为 **Array**(数组)、**Structure**(结构)或 **Structure with time**(带有时间的结构)格式。

● **InitialStep**：相当于 **Configuration Parameters** 对话框中的 **Initial step size** 选项，即初始步长，可以设置为正数，缺省值为 **auto**。这个参数只适用于变步长算法，变步长算法会先试用 **InitialStep** 值仿真。缺省时算法会自动确定初始步长。

● **MaxOrder**：相当于 **Configuration Parameters** 对话框中的 **Maximum order** 选项，即 ode15s 算法的最大阶数，可以设置为 1、2、3、4、5，缺省值为 5。这个参数只适用于 ode15s 算法。

● **MaxDataPoints**：相当于 **Configuration Parameters** 对话框中的 **Limit data points to last** 选项，可以选择非负整数，缺省值为 0。这个参数限制了返回到 t、x 和 y 变量中的数据点的个数，即输出的参数个数为 **MaxDataPoints** 指定的数值。

● **MaxStep**：相当于 **Configuration Parameters** 对话框中的 **Max step size** 选项，即最大步长，可以选择正标量值，缺省值为 **auto**。这个参数只适用于变步长算法，缺省值为仿真间隔的 1/50。

● **MinStep**：相当于 **Configuration Parameters** 对话框中的 **Min step size** 选项，即最小步长，可以选择正标量值、非负整数，缺省值为 **auto**。这个参数只适用于变步长算法，缺省值为仿真间隔的 1/50。

● **NumberNewtonIterations**：相当于 **Configuration Parameters** 对话框中的 **Number Newton's iterations** 选项，可以选择正整数，缺省值为 1。这个参数指定了 od14x 定步长算法中使用的牛顿法的迭代次数。

● **OutputPoints**：确定输出点，可以设置为 **specified** 和 **all**，缺省值为 **specified**。当这个参数设置为 **specified** 时，算法只在 **timespan** 参数指定的时间点上输出 t、x 和 y。当设置为 **all** 时，算法在所有的时间步上输出 t、x 和 y。

● **OutputVariables**：设置输出变量，可以设置为 txy、tx、ty、xy、t、x 和 y，缺省值为 txy。如果设置的参数值中没有't'、'x'或'y'，那么 Simulink 会在对应的 t、x 或 y 中输出一个空矩阵。

● **Refine**：相当于 **Configuration Parameters** 对话框中的 **Refine factor** 选项，可以设置为正整数，缺省值为 1。这个参数定义了模型输出的精细因子，这个因子可以增加输出的数据点数，从而使输出的结果曲线更平滑。**Refine** 参数只适用于变步长算法。如果明确指定了输出时间，则 Simulink 会忽略这个参数。

● **RelTol**：相当于 **Configuration Parameters** 对话框中的 **Relative tolerance** 选项，可以设置为正数，缺省值为 1e–3。这个参数设置了相对误差容限，它适用于状态向量中的所有元素，在每个积分步上的估计误差满足下式：

　　　e(i)<=max(Reltol×abs(x(i)),AbsTol(i))

这个参数只适用于变步长算法，缺省值为 1e-3，即精度为 0.1%。

● **Solver**：相当于 **Configuration Parameters** 对话框中的 **Solver** 选项，可以设置为 **VariableStepDiscrete**、**ode45**、**ode23**、**ode113**、**ode15s**、**ode23s**、**FixedStepDiscrete**、**ode5**、**ode4**、**ode3**、**ode2** 和 **ode1**，这个参数指定了用于仿真模型的算法。

● **SaveFormat**：相当于 **Configuration Parameters** 对话框中的 **Format** 选项，可以设置的数值为 **Array**、**Structure**、**StructureWithTime**，缺省值为 **Array**。这个参数指定了把模型状态和输出数据保存到 MATLAB 工作区的方式。

● **SrcWorkspace**：可以设置的数值为 **base**、**current** 和 **parent**，缺省值为 **base**。这个参数指定了求取模型中定义的 MATLAB 表达式的工作区。

● **Trace**：可以设置的数值为 **minstep**、**siminfo**、**compile** 和 ''，缺省值为 ''。这个参数使能仿真的追踪功能。

　◇ **minstep**：当模型的求解方式突然改变，而使变步长算法无法解算下一个步长，且解算值无法满足误差容限时，这个参数值可以指定仿真终止。缺省时，若不使用这个参数值，则当出现这样的问题时，Simulink 会显示警告信息，并继续仿真。

　◇ **siminfo**：这个参数可在仿真开始时对仿真参数提供一个简短的描述。

　◇ **compile**：这个参数用于显示模型图的编译阶段。

● **ZeroCross**：这个参数使能或关闭定位过零位置，可以设置的数值为 **on** 和 **off**，缺省值为 **on**。这个参数只适用于变步长算法，如果设置为 **off**，那么变步长算法不会对本身就带有过零检测功能的模块进行过零检测。这些变步长算法调整步长只是为了满足定义的误差容限。

● **SignalLogging**：相当于 **Configuration Parameters** 对话框中的 **Signal logging** 复选项，可以设置的数值为 **on** 和 **off**，缺省值为 **on**。这个参数使能或关闭模型的信号记录功能，设置了该选项后，它会替换 **Configuration Parameters** 对话框中的 **Signal logging** 设置。

● **SignalLoggingName**：相当于 **Configuration Parameters** 对话框中的 **Signal logging** 模型框指定的信号记录对象的名称。这个参数可以设置字符串，它指定了 MATLAB 工作区中用来记录信号数据的信号记录对象的名称，它会替换 **Configuration Parameters** 对话框中 **Signal logging** 文本框的设置。

### 3. 示例

下面的命令创建了一个名称为 myopts 的结构，该结构定义了 MaxDataPoints 和 Refine 参数的值，其他的参数使用缺省值。

　　>> myopts = simset ('MaxDataPoints', 100, 'Refine', 2);

下面的命令使用 myopts 中定义的参数值仿真了名称为 vdp 的模型，仿真时间为 10 秒。

　　>> [t, x, y] = sim ('vdp', 10, myopts);

下面的命令使用 vdp 模型中所设置的参数值来仿真模型，但重新定义了 **Refine** 参数值。

　　>>[t, x, y] = sim ('vdp', [ ], simset ('Refine', 2);

下面的命令用于仿真 vdp 模型，仿真时间为 1000 秒，保存最后 100 行的返回变量，仿真只输出 t 值和 y 值，但是在变量 xFinal 中保存最终的状态向量。

    >> [t, x, y] = sim ('vdp', 1000, simset ('MaxRows', 100, 'OutputVariables', 'ty', 'FinalStateName',
'xFinal'));

  下面的命令替换了 vdp 模型中指定的信号记录设置项。

    >> sim ('vdp', 10, simset (simget ('vdp'), 'SignalLogging', 'on'))

### 8.1.3　获取仿真参数——simget 命令

  simget 命令可以获得用户在 **Configuration Parameters** 对话框中为模型设置的各种仿真
参数。如：

    >> options = simget ('modelname');

其中，modelname 是用户指定的模型名称，利用这个命令可以获得该模型的各种仿真参数设
置值。

  图 8-9 中显示的是用 simget 命令获得的 penddemo 模型中各仿真选项的参数设置值。

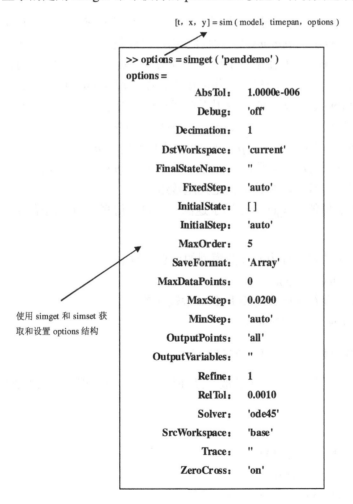

图 8-9

　　用 simget 命令获得模型的参数值后，就可以使用 simset 命令更改模型中的某个参数设置，例如：

　　　　　>> newoptions = simset ('OptionName'，new_value);

其中，OptionName 是需要更改设置的参数名，参见本章的第 8.1.2 节；new_value 是为该参数设置的新的参数值。然后将 newoptions 作为 sim 命令的第三个参数，用新的设置参数仿真模型。当然，也可以一次改变多个选项，所有未定义的选项(选项中设置为[ ]的选项)均采用模型已定义的值。

### 1. 命令描述

simget 命令的语法结构如下：

　　　　*struct* = simget (*model*);

　　　　*value* = simget (*model, 'param'*);

　　　　*value* = simget (*OptionStructure, param*);

　　　　simget

*struct* = simget (*model*)命令用于返回指定模型的当前仿真参数设置。这个返回值是一个结构，而且与 sim 命令中的 *options* 变量兼容，用户可以使用 simget 和 simset 命令替换模型中指定的仿真选项。如果模型使用了工作区变量指定仿真参数，那么 simget 命令将返回变量值而不是变量名称。如果该变量在工作区中不存在，则 Simulink 会显示错误消息。

*value* = simget (*model, 'para'm'*)命令用于返回模型中指定参数的参数值。*model* 为指定模型的名称，*param* 为指定的参数名，*value* 是该模型的该参数的数值。

*value* = simget (*OptionStructure, param*)命令用于从 *OptionStructure* 中提取指定的仿真参数值，如果结构中没有指定的参数，则返回一个空矩阵。*param* 可以是包含一列参数名的元胞数组，如果使用元胞数组，则输出也是元胞数组。

不带任何输入变量的 simget 命令用于返回一个包含仿真参数名的结构。

### 2. 示例

下面的命令用于获得名称为 vdp 的模型的仿真参数值。

　　　　　>> options = simget ('vdp');

下面的命令用于获得 vdp 模型中 Refine 参数的数值。

　　　　　>> refine = simget ('vdp', 'Refint');

## 8.1.4　获取模型属性——get_param 命令

get_param 命令可以在命令行中获取系统和模型中模块的属性值，但方块图应处于打开状态。

### 1. 命令描述

get_param 命令的语法结构如下：

　　　　get_param ('obj', 'parameter')

　　　　get_param ({objects}, 'parameter')

　　　　get_param (handle, 'parameter')

　　　　get_param (0, 'parameter')

get_param ('obj', 'ObjectParameters')

get_param ('obj', 'DialogParameters')

get_param ('obj', 'parameter')命令用于返回指定的参数值，其中，obj 是系统或模块的路径名。有些参数名称不区分大小写，而有些参数名称则区分大小写，为了防止错误，用户在使用时应把所有的参数都区分大小写。

get_param ({objects}, 'parameter')命令用于接受一个全路径标识的元胞数组，用户可以获得该元胞数组中指定的公用于所有对象的参数值。

get_param (handle, 'parameter')命令用于返回对象指定的参数值，该对象的句柄为handle。

get_param (0, 'parameter')命令返回 Simulink 会话期参数的当前值，或者返回模型或模块参数的缺省值。

get_param ('obj', 'ObjectParameters')命令用于返回一个结构，该结构用来说明 obj 参数，所返回结构中的每个字段对应于一个特定的参数，并且有相应的参数名。例如，Name 字段对应于对象的 Name 参数。每个参数字段自身又包含三个字段：Name、Type 和 Attributes，它们分别指定了参数的名称(例如，"Gain")、数据类型(例如，string)和属性(例如，read-only)。

get_param ('obj', 'DialogParameters')命令用于返回一个元胞数组，该数组中包含指定模块的对话框参数的名称。

此外，用户也可以用 get_param 命令检查仿真状态，此时命令的格式为

get_param ('sys', 'SimulationStatus')

sys 为所打开的系统模型名称。Simulink 的返回值为 stopped、initializing、running、paused、updating、terminating 和 external(该值用于 Real-Time Workshop)。

## 2．示例

下面的命令用于返回 clutch 系统中 Requisite Friction 子系统中 Inertia 模块的 Gain 参数值。

```
>> get_param ('clutch/Requisite Friction/Inertia', 'Gain')

>> ans =

      1/(Iv+Ie)
```

下面的命令用于显示当前 in_out 系统中所有模块的模块类型，此时的 in_out 模型必须打开。

```
>> blks = find_system (gcs, 'Type', 'block');

>> listblks = get_param (blks, 'BlockType')

    listblks =

            'Inport'

          'Integrator'

        'Outport'
```

下面的命令用于返回当前所选择模块的名称。

```
>> get_param (gcb, 'Name')
```

下面的命令用于返回当前所选择模块的 Name 参数的属性值。

```
>> p = get_param (gcb, 'ObjectParameters');
```

```
>> a = p.Name.Attributes

a =

    'read-write'    'dont-eval'    'always-save'
```

将模型中的 Inport 模块换成正弦波输入，即 Sine Wave 模块，则下面的命令将获得 Sine Wave 模块的对话框参数。

```
>> p = get_param('in_out/Sine Wave', 'DialogParameters')

p =

         SineType：[1x1 struct]
        Amplitude：[1x1 struct]
             Bias：[1x1 struct]
        Frequency：[1x1 struct]
            Phase：[1x1 struct]
          Samples：[1x1 struct]
           Offset：[1x1 struct]
       SampleTime：[1x1 struct]
    VectorParams1D：[1x1 struct]
```

## 8.1.5  设置模型参数——set_param 命令

set_param 命令用于设置 Simulink 系统和模块的参数。

### 1. 命令描述

set_param 命令的语法结构如下：

```
set_param ('obj', 'parameter1', value1, 'parameter2', value2, …)

set_param (0, 'modelparm1', value1, 'modelparm2', value2, …)
```

set_param ('obj', 'parameter1', value1, 'parameter2', value2, …)命令可以把指定的参数设置为特定的值。其中 obj 变量是系统或模块的路径，或者是 0，每个参数变量对应一个数值变量。0 值表示使用参数的缺省值，参数的名称不区分大小写，但数值字符串区分大小写，对应于模块参数对话框中的任何参数都有字符串值。

set_param (0, 'modelparm1', value1, 'modelparm2', value2, …)命令用于把指定的模型参数设置为缺省值，也就是设置为 Simulink 在模型创建时为模型指定的参数值。用户也可以利用这个命令形式在 MATLAB 的启动文件中为 Simulink 的模型参数设置自己的缺省值。

用户可以在仿真运行期间在 MATLAB 工作区中更改模块的参数值，并将这些改变应用于模型中，从而更改方块图。此时，要保证模型窗口是打开的，在命令行中输入改变的参数后，再从 **Edit** 菜单中选择 **Update Diagram** 命令。

---

**注意**：大多数模块的参数值必须被指定为字符串，但公用于所有模块的 **Position** 和 **UserData** 参数除外。模型和模块的参数参看附录 A。

---

用户还可以用 set_param 命令开始、结束、暂停或连续仿真，也可以更新方块图，此时该命令的格式为：

　　　　set_param ('sys', 'SimulationCommand', 'cmd')

这里，sys 是系统名称，cmd 的参数值为 start、stop、pause、continue 或 update。

### 2. 示例

下面的命令用于设置 vdp 模型的 Solver 参数和 StopTime 参数。

　　　　>> set_param ('vdp', 'Solver', 'ode15s', 'StopTime', '3000')

下面的命令用于设置 vdp 模型中 Mu 模块的 Gain 参数为 1000。

　　　　>> set_param ('vdp/Mu', 'Gain', '1000')

下面的命令用于设置 vdp 模型中 Fcn 模块的位置。

　　　　>> set_param ('vdp/Fcn', 'Position', [50 100 110 120])

下面的命令用于设置 mymodel 模型中 Zero-Pole 模块的 Zeros 和 Poles 参数值。

　　　　>> set_param ('mymodel/Zero-Pole', 'Zeros', '[2 4]', 'Poles', '[1 2 3]')

下面的命令用于设置封装子系统中模块的 Gain 参数，变量 k 是 Gain 参数的变量名。

　　　　>> set_param ('mymodel/Subsystem', 'k', '10')

下面的命令用于设置 mymodel 模型中名称为 Compute 模块的 OpenFcn 回调参数，当用户双击 Compute 模块时执行 my_open_fcn 函数。

　　　　>> set_param ('mymodel/Compute', 'OpenFcn', 'my_open_fcn')

## 8.1.6　绘制仿真曲线——simplot 命令

simplot 命令用来在 MATLAB 图形窗口中绘制模型的仿真结果曲线。

### 1. 命令描述

simplot 命令的语法结构如下：

　　　　simplot (data);

　　　　simplot (time, data);

data 参数是由模型中 Simulink 输出模块生成的数据，例如，最顶层模型中的 Outport 模块或 To Workspace 模块，或者是这些输出模块指定的如下数据格式：**Array**、**Structure** 和 **Structure with time**。

　　time 参数是当用户选择 **Array** 或 **Structure** 作为仿真数据的输出格式时，输出模块生成的采样时间向量。如果数据格式为 **Structure with time**，那么 simplot 命令会忽略这个参数。

　　simplot 命令绘制的结果曲线与 Scope 模块中绘制的曲线相同，这样用户就可以打印和注释这些曲线图。

### 2. 示例

这里以 Simulink 中的示例模型 vdp 为例，在 MATLAB 命令行中设置 vdp 模型的参数，仿真并绘制模型的输出曲线，如图 8-10 所示。

　　　　>> vdp

　　　　>> set_param(gcs,'SaveOutput','on')

　　　　>> set_param(gcs,'SaveFormat','StructureWithTime')

　　　　>> sim(gcs)

　　　　>> simplot(yout)

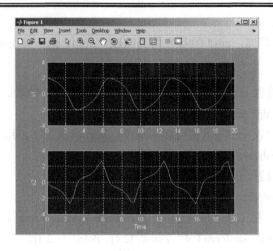

图 8-10

## 8.1.7　确定模型状态

当使用命令行进行仿真时，模型的输出是通过 Outport 模块得到的，其他的输出参数(如状态变量)是从积分器中得到的，但是，不是很容易知道这些状态的顺序。如果用户需要对单独的状态进行处理，那么用户需要知道状态的某些信息，这时，用户可以利用模型的名称得到这个信息，即：

>> [sizes, x0, xord] = modelname

该式返回的是模型信息，包括模型的状态、输入和输出等的数目，还有初始状态，以及与状态有关的积分模块。

例如，对于蹦极模型，利用这个命令得到的模型状态信息如图 8-11 所示，其中第一个状态是积分器模块 Position 的输出；第二个状态是积分器模块 Velocity 的输出。

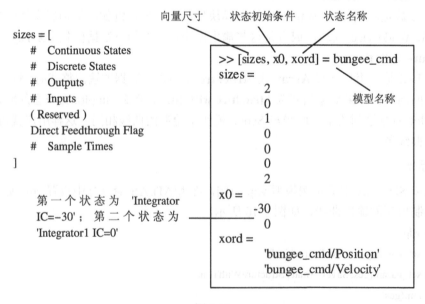

图 8-11

# 8.2　模型线性化

Simulink 提供了以状态空间形式线性化模型的函数命令：linmod、linmod2、dlinmod 和 linmodv5，这些命令需要提供模型线性化时的操作点，它们返回的是围绕操作点处系统线性化的状态空间模型。linmod 命令执行的是连续系统模型的线性化，而 dlinmod 命令执行的是离散系统模型的线性化。

状态空间模型是由状态空间矩阵 **A**、**B**、**C** 和 **D** 描述的，它表达了模型的线性输入—输出关系，即

$$\dot{x} = Ax + Bu$$
$$y = Cx + Du$$

这里，x、u 和 y 分别表示状态向量、输入向量和输出向量。输入和输出由 Simulink 模型中的 Inport 模块和 Outport 模块声明。

## 8.2.1　模型线性化命令

Simulink 可以把连续系统模型或离散系统模型围绕操作点线性化为状态空间模型，这些线性化命令为 linmod、linmod2、dlinmod 和 linmodv5。命令的语法结构如下：

　　　*argout* = linmod ('sys');
　　　*argout* = linmod ('sys', x, u);
　　　*argout* = linmod ('sys', x, u, para);
　　　*argout* = linmod ('sys', x, u, 'v5');
　　　*argout* = linmod ('sys', x, u, para, xpert, upert, 'v5');

　　　*argout* = dlinmod ('sys', Ts, x, u);
　　　*argout* = dlinmod ('sys', Ts, x, u, para, 'v5');
　　　*argout* = dlinmod ('sys', Ts, x, u, para, xpert, upert, 'v5');

　　　*argout* = linmod2 ('sys', x, u);
　　　*argout* = linmod2 ('sys', x, u, para);

　　　*argout* = linmodv5 ('sys');
　　　*argout* = linmodv5 ('sys', x, u);
　　　*argout* = linmodv5 ('sys', x, u, para);
　　　*argout* = linmodv5 ('sys', x, u, para, xpert, upert);

命令的参数说明如下。

● **sys**：需要进行线性化的 Simulink 模型系统的名称。

● **x、u**：模型的状态向量和输入向量，如果在命令中指定了这两个参数，那么这两个

参数就设置了提取线性化模型的操作点。用户也可以把参数 **x** 指定为 Simulink 的 **Structure**(结构)格式，为了从模型中获取参数 **x** 的结构，可以使用下面的命令，然后通过 x.signals.value 改变结构内的操作点值。

      x = Simulink.BlockDiagrm.getInitialState (,'sys');

● **Ts**：离散系统线性化模型的采样时间。

● **'v5'**：这是一个可选项，如果设置这个参数，则系统对模型执行 MATLAB 5.3 版之前建立的扰动算法，这个扰动算法只是对支持线性化的模型执行线性化算法，也包括在模型中使用 Model 模块引用其他模型的模型。如果要线性化的模型中包含了 Model 模块，那么必须使用 Simulink 的结构格式指定变量 **x** 和 **xpert**。为了获取 **x** 结构，可以使用下面的命令，然后通过 x.signals.value 改变结构内的操作点值。

      x = Simulink.BlockDiagrm.getInitialState ('sys');

若在命令中使用了可选项'v5'，那么就相当于调用了 linmodv5 命令。

● **para**：这个参数是一个有可选变量的三元素向量。

    ◇ **para(1)**——扰动增量值。这个值用于执行模型状态和输入的扰动。若命令中使用了参数'v5'线性化模型，则这个值是有效的。缺省时该值为 1e–05。

    ◇ **para(2)**——线性化时间。对于那些输出是时间函数的模块，这个参数可以用非负值 t 进行设置，它给定了线性化模型时 Simulink 求取模块的时间。缺省时该值为 0。

    ◇ **para(3)**——把该参数设置为 1 可以删除那些额外状态，这些状态与某些没有输入至输出路径的模块关联。缺省时该值为 0。

● **xpert、upert**：用于执行模型中所有的状态扰动和输入扰动的扰动值。缺省值如下：

$$xpert = para(1) + 1e–3*para(1)*abs(x)$$

$$upert = para(1) + 1e–3*para(1)*abs(u)$$

如果模型中包含了引用其他模型的 Model 模块，那么必须用 Simulink 的结构格式指定参数 **xpert**，为了获取 **xpert** 结构，可以使用下面的命令，然后通过 xpert.signals.values 改变结构内的操作点值。

      xpert = Simulink.BlockDiagrm.getInitialState ('sys');

这个扰动输入变量只有在执行 MATLAB 5.3 版之前建立的扰动算法时才会用到，在调用 linmodv5 命令或者在 linmod 命令中指定'v5'输入变量时也会用到扰动值。

● *argout*：linmod、dlinmod 和 linmod2 命令依据 *argout* 变量定义的方式返回线性化系统的状态空间、传递函数或 MATLAB 数据结构表达式。下面以 linmod 命令为例说明如何设置 *argout* 变量。

    ◇ **[A, B, C, D] = linmod (' sys', x, u)**命令用于返回线性化模型的状态空间表达式。该命令在指定的状态变量 x 和输入 u 处，围绕操作点线性化模型 sys，如果不使用 x 和 u，则缺省时这两个参数值为 0。

    ◇ **[num, den] = linmod ('sys', x, u)**命令用于返回线性化模型的传递函数表达式。

    ◇ **sys_struct = linmod ('sys', x, u)**命令用于返回一个包含线性化模型的结构，这个结构式包括状态名称、输入和输出名称以及操作点信息。

linmod 和 dlinmod 命令通过线性化模型中的每个模块来计算线性状态空间模型。linmod2

命令通过模型的输入扰动和状态扰动来计算线性状态空间模型，并使用更高级算法来减少截断误差。linmodv5 命令使用 MATLAB 5.3 版之前建立的完整的模型扰动算法来计算线性状态空间模型。

linmod 命令可从描述 Simulink 模型的系统常微分方程中获得线性模型，模型中的输入和输出使用 Inport 模块和 Outport 模块表示。

缺省时，系统时间为零，对于那些依赖于时间的系统，用户可以设置 **para** 参数为两元素向量，第二个元素用来设置获得线性模型的 t 值。

对于单输入多输出系统，用户可以用 ss2tf 命令把模型转换为传递函数形式，或者用 ss2zp 命令把模型转换为零点—极点形式，也可以用 ss 命令把线性化后的模型转换为 LTI 对象，ss 命令会生成状态空间形式的 LTI 对象，它可以用 ft 或 zpk 命令把模型进一步转换为传递函数形式或零点—极点—增益形式。

linmod 命令和 dlinmod 命令中的缺省算法会通过用伯德近似法替换模块线性化来处理 Transport Delay 模块，对于'v5'算法，要线性化包含 Derivative 模块或 Transport Delay 模块的模型可能要复杂很多。

## 8.2.2　连续系统模型线性化

linmod 命令返回的是由 Simulink 模型建立的常微分方程系统的线性模型，命令的语法结构为：

　　　　[A, B, C, D] = linmod ('sys', x, u)

这里，sys 是需要进行线性化的 Simulink 模型系统的名称，linmod 命令返回的就是 sys 系统在操作点处的线性模型。x 是操作点处的状态向量；u 是操作点处的输入向量，如果删除 x 和 u，则缺省值为 0。

举例来说，图 8-12 是一个名称为 lmod 的线性连续系统模型，模型中的输入和输出必须由 Ports & Subsystems 库中的 Inport 模块和 Outport 模块定义。

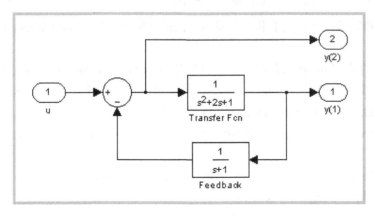

图 8-12

对 lmod 模型线性化时，可在 MATLAB 命令行中键入命令：[A, B, C, D] = linmod ('lmod')，该命令将返回模型的状态空间矩阵：

A =

|           |           |           |
| --------- | --------- | --------- |
| −2.0000   | −1.0000   | −1.0000   |
| 1.0000    | 0         | 0         |
| 0         | 1.0000    | −1.0000   |

B =

1.0000

0

0

C =

|   |        |         |
| - | ------ | ------- |
| 0 | 1.0000 | 0       |
| 0 | 0      | −1.0000 |

D =

0

1

这样，系统用 linmod 命令线性化为状态空间模型。这里，模型的输入和输出必须用 Ports & Subsystems 库中的 Inport 模块和 Outport 模块定义，Sources 库和 Sinks 库中的模块不能作为模型的输入和输出。Inport 模块可以用 Sum 模块与模型的信号源模块连接。一旦把模型数据转换为状态空间形式或 LTI 对象，就可以使用 Control System Toolbox(控制系统工具箱)对模型进行进一步的分析，详细内容参看第 8.2.4 节。

对于非线性系统，若要线性化模型，则首先应该选择线性化模型时的操作点，因此应该提供操作点信息。此外，非线性化模型对于操作点处模型的扰动程度也非常敏感，这就必须在模型的截断误差和舍入误差之间进行平衡。因此，linmod 命令中增加了几个指定操作点和扰动点的变量。

[A, B, C, D] = linmod ('sys', x, u, pert, xpert, upert)

这里，x 和 u 是操作点处的状态和输入，pert 是扰动时刻，xpert 和 upert 是扰动时刻的状态和输入值。

需要注意的是，linmod 函数在线性化包含 Derivative 或 Transport Delay 模块的模型时会比较麻烦，在线性化之前，应该用一些专用模块替换这两个模块，以避免产生问题。这些模块在 Simulink Extras 库下的 Linearization 子库中：

● 对于 Derivative 模块，用 Linearization 子库中的 Switched derivative for linearization 模块进行替换；

● 对于 Transport Delay 模块，用 Switched transport delay for linearization 模块进行替换(要求系统中安装了 Control System Toolbox)。

当模型中有 Derivative 模块时，也可以试着把导数模块与其他模块合并起来。例如，当一个 Derivative 模块与一个 Transfer Fcn 模块串联时，最好用单个 Transfer Fcn 模块实现，当然，并不是每个模型都可以这样做。例如，图 8-13 中左图中的模块就可以用右图中的模块替代。

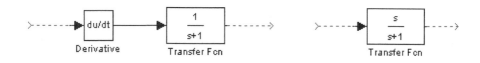

图 8-13

## 8.2.3　离散系统模型线性化

对于离散系统、多速率系统或者由连续系统和离散系统组成的混合系统，dlinmod 函数可以在任何给定的取样时刻对其线性化。dlinmod 的语法结构与 linmod 类似，只是在第二个变量处插入了执行线性化时的取样时间：

　　　　[A, B, C, D] = linmod ('sys', $T_s$, x, u)

该函数在取样时间 $T_s$ 处，以及由状态向量 x 和输入向量 u 给定的操作点处生成离散的状态空间模型。若要获得离散系统的近似连续模型，可设置 $T_s$ 为 0。

对于由线性模块、多速率模块、离散模块和连续模块组成的系统，假设满足下列条件：

- $T_s$ 是系统中所有采样时间的整数倍；
- 系统是稳定的，

那么 dlinmod 生成的线性模型在 $T_s$ 时刻具有相同的频率和时间响应(对于常值输入)。

对于不满足第一个条件的系统，通常线性化的是一个时变系统，这样的系统不能表示为状态空间模型。

对于第二个条件，可以求取矩阵 A 的特征值来判断系统的稳定性，如果 $T_s>0$，而且特征值在单位环内，那么系统是稳定的，也就是满足表达式：

　　　　all (abs (eig (A))) < 1

而且，如果 $T_s=0$，并且特征值在左半平面内，那么系统也是稳定的，即满足表达式：

　　　　all (real (eig (A))) < 0

当系统不稳定且取样时间不是其他采样时间的整数倍时，dlinmod 只生成矩阵 A 和 B，这两个矩阵有可能是复数，但矩阵 A 的特征值仍然可以用来判断系统的稳定性。

## 8.2.4　线性化模型分析

无论是连续系统还是离散系统，当系统模型线性化为状态空间形式或转换为 LTI(线性时不变)对象后，用户都可以用 Control System Toolbox(控制系统工具箱)中的函数对其进行进一步的分析，例如：

- 将模型转换为 LTI 对象：

　　　　sys = ss (A, B, C, D);

LTI 对象是控制系统工具箱中的一个自定义数据结构。通常，按照用户模型类型的不同，构成模型的数据通常包括：SISO(单输入单输出)系统传递函数中分子/分母的系数、状态空间模型中的四个矩阵、MIMO(多输入多输出)零极点增益模型的零点和极点、FRD(频率响应)模型的频率响应矩阵。因此，为了方便起见，控制系统工具箱为每种模型类型提供了一个自定义的数据结构，即 LTI 对象。这些对象分别称为 TF(传递函数)、ZPK(零极点增益)、SS(状态空间)和 FRD(频率响应)对象。这四个 LTI 对象包括了相应模型中的数据，用户可以把这个 LTI 系统作为一个单独的对象处理，而不必再收集数据或矩阵等。

上面的命令生成了一个名称为 sys 的 SS 对象，sys 中存储了状态空间矩阵 A、B、C 和 D。

当用户执行相应的构造函数 tf、zpk、ss 或 frd 时，都会创建类型为 TF、ZPK、SS 或 FRD 的 LTI 对象。例如，P = tf ([1 2], [1 1 10])创建了一个 TF 对象 P，对象 P 中存储了如下传递函数的分子和分母系数：

$$P(s) = \frac{s+2}{s^2+s+10}$$

- 绘制伯德图的幅频和相频曲线：

  bode (A，B，C，D) 或 bode (sys)
- 求取模型的时间响应：

  step (A，B，C，D) 或 step (sys)

  impulse (A，B，C，D) 或 impulse (sys)

  lsim (A，B，C，D, u，t) 或 lsim (sys, u, t)

用户还可以用 Control System Toolbox 和 Robust Control Toolbox 中的其他函数进行线性控制系统的设计。

## 8.3  寻找平衡点

通常，在工程领域，当系统"静止"时，我们称之为平衡。事实上，平衡点是当系统处于稳定状态时动态系统参数空间上的一个点。例如，宇航器的平衡点就是宇航器水平直线飞行时的控制点。从数学的角度来说，平衡点是系统中所有状态导数均为零时的点。系统中的平衡点根据系统的输入、输出和状态来定义，当然，平衡点可能并不是唯一的。

### 1. 命令描述

Simulink 利用 **trim** 函数查找模型中满足用户指定的输入、输出条件和状态条件的动态系统的平衡点。**trim** 命令的语法结构为：

[x, u, y, dx] = trim ('sys')

[x, u, y, dx] = trim ('sys', x0, u0, y0)

[x, u, y, dx] = trim ('sys', x0, u0, y0, ix, iu, iy)

[x, u, y, dx] = trim ('sys', x0, u0, y0, ix, iu, iy, dx0, idx)

[x, u, y, dx, options] = trim ('sys', x0, u0, y0, ix, iu, iy, dx0, idx, options)

[x, u, y, dx, options] = trim ('sys', x0, u0, y0, ix, iu, iy, dx0, idx, options,t)

**trim** 命令利用顺序二次规则算法从初始点开始进行搜索，直到发现最近的平衡点，这里，必须提供初始点。如果 trim 命令没有发现平衡点，那么它会返回在搜索过程中发现的状态微分最接近于零的点，也就是使状态微分的最大偏差值最小的那个点。**trim** 命令不仅可以寻找满足特定输入、输出和状态条件的平衡点，而且还可以寻找系统按指定方式变化的那些点，也就是系统的状态导数等于指定的非零值的那些点。

● [x, u, y] = trim ('sys')命令用于查找最接近于系统初始状态 **x0** 的平衡点，具体地说，它查找使 abs[x–x0，u，y] 最大值最小的平衡点。如果 **trim** 没有发现最接近于系统初始状态的平衡点，那么它会返回系统最接近于平衡的点，也就是返回使 abs(dx–0)值最小的点。用户可以使用下面的命令获得初始状态 x0：

[sizes, x0, xstr] = sys ([ ], [ ], [ ], 0)

● [x, u, y] = trim ('sys', x0, u0, y0)命令用于查找最接近于 **x0**、**u0**、**y0** 的平衡点，也就是使 abs([x–x0；u–u0；y–y0])最大值最小的那个点。

● [x, u, y] = trim ('sys', x0, u0, y0, ix, iu, iy)命令用于查找最接近于 **x0**、**u0**、**y0** 的平衡点，**x0**、**u0**、**y0** 满足指定的一组状态、输入和/或输出条件，整数向量 **ix**、**iu** 和 **iy** 在 **x0**、**u0**、**y0** 中选择数值。如果 trim 未发现满足特定条件的平衡点，那么它会返回满足下列条件的点：

abs ([x(ix)–x0(ix); u(iu)–u0(iu); y(iy)–y0(iy)])

● [x, u, y, dx] = trim ('sys', x0, u0, y0, ix, iu, iy, dx0, idx)命令用于查找指定的非平衡点，也就是系统的状态微分具有特定非零值的点。这里，**dx0** 指定开始搜索时的状态微分值，**idx** 在 **dx0** 中选择数值。**options** 变量是可选变量，它可以是优化参数数组，**trim** 命令能够把这个数组传递到用来查找平衡点的优化函数中，优化函数依次使用这个数组来控制优化处理过程，并返回这个过程的有关信息。**trim** 会在搜索过程结束时返回 **options** 数组。

● [x, u, y, dx, options] = trim ('sys', x0, u0, y0, ix, iu, iy, dx0, idx, options)命令用于指定一个最优化参数数组，这个数组会被传递到用于查找平衡点的最优化函数中。最优化函数会依次使用这个数组来控制最优化过程，并返回这个优化过程的信息。**trim** 命令会在搜索过程结束时把数据返回到 **options** 数组。

表 8-2 描述了数组中的每个元素是如何影响平衡点查找的，数组元素 1、2、3、4 和 10 在查找平衡点时是非常有用的。

**表 8-2 影响平衡点查找的数组元素**

| 序号 | 缺省值 | 说　明 |
|---|---|---|
| 1 | 0 | 指定显示选项，0 表示没有显示，1 表示列表输出，–1 表示禁止警告消息 |
| 2 | 10–4 | 表示计算的平衡点必须达到这个精度才能停止搜索 |
| 3 | 10–4 | 搜索目标函数必须达到这个精度才能停止搜索 |
| 4 | 10–6 | 状态微分必须达到这个精度才能停止搜索 |
| 5 | N/A | 未使用 |
| 6 | N/A | 未使用 |
| 7 | N/A | 内部使用 |
| 8 | N/A | 返回平衡搜索目标函数 |
| 9 | N/A | 未使用 |
| 10 | N/A | 返回用来查找平衡点的迭代数 |
| 11 | N/A | 返回估算函数斜率的次数 |
| 12 | 0 | 未使用 |
| 13 | 0 | 等式约束个数 |

续表

| 序号 | 缺省值 | 说　明 |
|---|---|---|
| 14 | 100*变量个数 | 用来求取并发现平衡点的函数的最大数目 |
| 15 | N/A | 未使用 |
| 16 | 10-8 | 内部使用 |
| 17 | 0.1 | 内部使用 |
| 18 | N/A | 返回步长 |

● [x, u, y, dx, options] = trim ('sys', x0, u0, y0, ix, iu, iy, dx0, idx, options, t)：如果系统依赖于时间，则该命令设置了时间 t 值。

2. 示例

例 8-4　查找系统平衡点。

考虑线性状态空间模型

$$sys: \begin{aligned} \dot{x} &= Ax + Bu \\ y &= Cx + Du \end{aligned}$$

这里：A = [-0.09 -0.01; 1 0]；B = [ 0 -7; 0 -2]；C = [ 0 2; 1 -5]；D = [-3 0; 1 0]。

要求 1：寻找系统的平衡点。

输入命令：

```
[x, u, y, dx, options] = trim ('sys')
    x =
        0
        0
    u =
        0
    y =
        0
        0
    dx =
        0
        0
迭代数是 options(10)
    ans =
        7
```

要求 2：查找系统状态和输入接近于 x=[1；1]，u=[1；1]的平衡点。

输入命令：

```
x0 = [1; 1];
u0 = [1; 1];
[x, u, y, dx, options] = trim('sys', x0, u0);
x =
```

```
            1.0e−11 *
            −0.1167
            −0.1167
    u =
            0.3333
            0.0000
    y =
            −1.0000
            0.3333
    dx =
            1.0e−11 *
            0.4214
            0.0003
```

迭代数是 options(10)

```
    ans =
            25
```

**要求 3**：查找输出固定为 1 的平衡点。

输入命令：

```
        y = [1; 1];
        iy = [1; 2];
        [x, u, y, dx] = trim('sys', [ ], [ ], y, [ ], [ ], iy)
        x =
                0.0009
                −0.3075
        u =
                − 0.5383
                0.0004
        y =
                1.0000
                1.0000
        dx =
                1.0e−16 *
                −0.0173
                0.2396
```

**要求 4**：查找输出固定为 1，状态微分为 0 和 1 的平衡点。

```
        iy = [1; 2];
        dx = [0; 1];
        idx = [1; 2];
        [x, u, y, dx, options] = trim('sys', [ ], [ ], y, [ ], [ ], iy, dx, idx)
```

```
x =
     0 .9752
    −0.0827
u =
    −0.3884
    −0.0124
y =
     1.0000
     1.0000
dx =
     0.0000
     1.0000
```

迭代数是 options(10)
```
     ans =
          13
```

**例 8-5** 查找输入值和状态值。

如图 8-14 所示，以 lmod 模型为例，查找输出为 1 的输入值和状态值。

首先，设定状态变量 x 和输入值 u 的初始估计值，然后设定输出 y 的期望值。

```
x0 = [0; 0; 0];
u0 = 0;
y0 = [1; 1];
```

使用索引变量确定哪个变量是固定的，哪个变量是变化的：

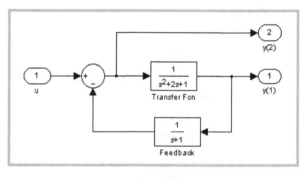

图 8-14

```
ix = [ ];        %不固定任何状态
iu = [ ];        %不固定输入
iy = [1; 2];     %固定输出为 1 和 2
```

执行 trim 函数，查看返回值，返回的结果可能因舍入误差的不同而不同。

```
[x, u, y, dx]  =  trim ('lmod', x0, u0, y0, ix, iu, iy)
 x =
     0
     1.0000
     1.0000
u =
     2
y =
     1
```

$$dx =$$

1

1.0e-015 *

0

0

0.1110

## 8.4　编写模型和模块的回调函数

模型和模块的属性中包含有回调函数，也就是指模型和模块在发生特定事件时需要执行的 MATLAB 表达式。这些特定事件包括打开一个模型，对模型进行仿真，复制一个模块或打开一个模块等。所执行的 MATLAB 表达式称为回调函数，它们与模块、端口或模型参数相关联，正因为如此，用户可以用 get_param 和 set_param 对这些回调函数进行操作。例如，当用户双击模型中的某个模块或者改变模块路径时，与这个模块中 OpenFcn 参数相关联的回调函数就会被执行。

### 8.4.1　跟踪回调函数

利用回调跟踪，用户可以确定在打开或仿真模型时 Simulink 所执行的回调函数，以及这些回调函数的执行顺序。为了激活回调跟踪，可选择 **MATLAB** 窗口中 **File** 菜单下的 **Preferences** 命令，打开 **Preferences** 对话框，如图 8-15 所示，选择 **Callback tracing** 选项，这个选项可以使 Simulink 在 MATLAB 窗口中列出它所执行的所有回调函数。

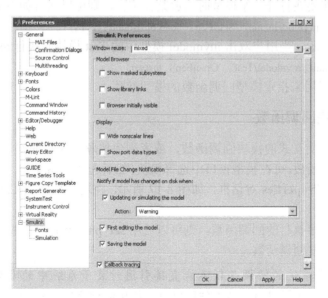

图 8-15

用户也可以在 MATLAB 命令窗口中输入 set_param (0，'CallbackTracing'，'on')命令来启动回调跟踪。

## 8.4.2　创建模型回调函数

用户可以创建交互式的模型回调函数，或者创建按顺序执行的回调函数。如果要创建交互式的模型回调函数，可在模型窗口中选择 **File** 菜单下的 **Model Properties** 命令，打开 **Model Properties** 对话框，如图 8-16 所示，在对话框中的 **Callbacks** 选项页内即可创建回调函数。

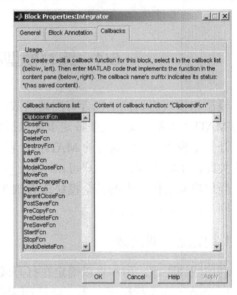

图 8-16　　　　　　　　　　　　　　　　　图 8-17

若要创建依顺序执行的回调函数，则可以使用 **set_param** 命令设置这些回调函数的值。例如，如果想要在打开一个模型时播放某种声音，则可以执行如下命令：

>> set_param (modelname，'StartFcn'，'load birdsound (y，Fs)')

下面的命令表示，当用户双击 mymodel 模型中的 Test 模块时执行 testvar 变量：

>> set_param ('mymodel/Test'，'OpenFcn'，testvar)

附录 B 列出了用来指定模型回调函数的模型参数。

## 8.4.3　创建模块回调函数

用户可以创建交互式的模块回调函数，或者创建按顺序执行的回调函数。如果要创建交互式的模块回调函数，可在模型窗口中选择模块，然后选择 **Edit** 菜单下的 **Block properties** 命令，打开 **Block Properties** 对话框，如图 8-17 所示，在对话框中的 **Callbacks** 选项页内即可创建回调函数。

若要创建依顺序执行的回调函数，则可以使用 **set_param** 命令设置 MATLAB 表达式，该表达式可执行这些回调函数。

> **注意：** 封装子系统的回调函数不能直接引用封装子系统中的参数，这是因为 Simulink 在模型的基本工作区中执行模块回调函数，而封装参数寄存在封装子系统的私有工作区中。但是，模块回调函数可以用 **get_param** 命令获得封装参数的值，如 get_param(gcb, 'gain')获得的是当前模块中封装参数 **gain** 的值。

**例 8-6** 蹦极回调函数。

图 8-18 是蹦极跳的模型方块图。在运行这个模型时，并不需要设置参数，这是因为蹦极模型文件中有一个 PreLoadFcn 函数，当模型加载时，与之联系的命令将执行，可以通过下面的命令得到 PreLoadFcn 的设置：

>> get_param ('bungee'，'PreLoadFcn')

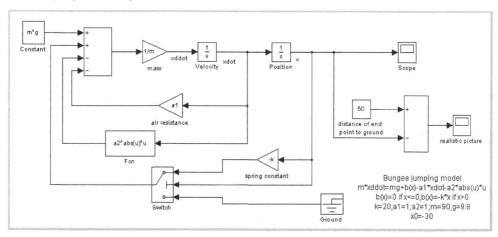

图 8-18

当仿真结束时，希望画出状态的相平面图，即两个状态之间的曲线图(速度 x 相对于位置 $\dot{x}$ )，这可以通过使用 StopFcn 回调函数来实现。为了做到这一点，应该在 **Configuration Parameters** 对话框中的 **Data Import/Export** 选项页内把状态保存到工作区中，设置的被保存状态的名称为 xout，将最大步长设置为 0.1。在命令行中输入如下命令：

>> set_param ('bungee', 'StopFcn', 'plot (xout (: , 1), xout (: ,2))')

>> sim ('bungee')

绘制的相平面曲线如图 8-19 所示。

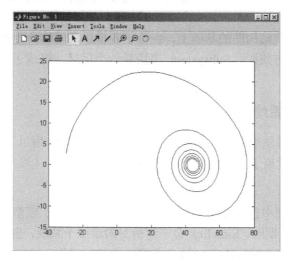

图 8-19

# 第 9 章　使 用 子 系 统

　　Simulink 方块图是由许多层级组成的，每个层级都是由子系统定义的。子系统是 Simulink 中的重要概念，每个子系统都是整个模型图中的一部分，但它实际上在模型图中没有什么具体的含义。本章向读者介绍如何利用 Simulink 中的子系统概念创建模型，以及如何创建类似 C 语言的控制流语句。本章的主要内容包括：

> ➢ Simulink 子系统定义　　　　介绍 Simulink 子系统的类型，包括虚拟子系统和非虚拟子系统的定义方式，并简要说明各种非虚拟子系统的类型
>
> ➢ 创建子系统　　　　　　　　如何创建子系统和层级子系统，包括如何浏览层级子系统
>
> ➢ 创建条件执行子系统　　　　如何创建使能子系统、触发子系统和触发使能子系统
>
> ➢ 控制流模块　　　　　　　　如何创建类似 C 语言的控制流语句，包括 If-Else、Switch、While 和 For 循环控制语句，并分别用实例说明控制流语句的实现方式

## 9.1　创 建 子 系 统

　　当用户模型的结构非常复杂时，可以通过把多个模块组合在子系统内的方式来简化模型的外观。利用子系统创建模型有如下优点：

　　● 减少了模型窗口中显示的模块数目，从而使模型外观结构更清晰，增强了模型的可读性；

　　● 在简化模型外观结构图的基础上，保持了各模块之间的函数关系；

　　● 可以建立层级方块图，Subsystem 模块是一个层级，组成子系统的其他模块在另一层上。

### 9.1.1　Simulink 子系统定义

　　子系统是将一组模块组合在一起而构成单个的系统模块，用以管理复杂模型。Simulink 中包含两类子系统：虚拟子系统和非虚拟子系统。

#### 1. 虚拟子系统

　　虚拟子系统在模型中提供了图形化的层级显示。它简化了模型的外观，但并不影响模型的执行，在模型执行期间，Simulink 会平铺所有的虚拟子系统，也就是在执行之前就扩展子系统。这种扩展类似于编程语言，如 C 或 C++中的宏操作。

**2. 非虚拟子系统**

非虚拟子系统用来执行模型并在模型中提供图形化的层级显示。Simulink 把非虚拟子系统作为一个单个的单元执行，只有当所有子系统的输入都有效时，非虚拟子系统内的模块才会执行。所有的非虚拟子系统都以加粗的边框线绘制。Simulink 中定义了如下非虚拟子系统：

(1) 原子子系统(Atomic Subsystem)。原子子系统与虚拟子系统的主要区别在于，原子子系统内的模块作为一个单个单元执行，Simulink 中的任何模块都可以放在原子子系统内，包括以不同速率执行的模块。用户可以在虚拟子系统内通过选择 **Treat as atomic unit** 选项来创建原子子系统。

(2) 使能子系统(Enabled Subsystem)。使能子系统的动作类似原子子系统，不同的是它只有在驱动子系统使能端口的输入信号大于零时才会执行。用户可以通过在子系统内放置 Enable 模块的方式来创建使能子系统，并通过设置使能子系统内 Enable 端口模块中的 **States when enabling** 参数来配置子系统内的模块状态。此外，利用 Outport 输出模块的 **Output when disabled** 参数可以把使能子系统内的每个输出端口配置为保持输出或重置输出。

(3) 触发子系统(Triggered Subsystem)。触发子系统只有在驱动子系统触发端口的信号的上升沿或下降沿到来时才会执行，触发信号沿的方向由 Trigger 端口模块中的 **Trigger type** 参数决定。Simulink 限制放置在触发子系统内的模块类型，这些模块不能明确指定采样时间，也就是说，子系统内的模块必须具有−1 值的采样时间，即继承采样时间，因为触发子系统的执行具有非周期性，即子系统内模块的执行是不规则的。用户可以通过在子系统内放置 Trigger 模块的方式来创建触发子系统。

(4) 函数调用子系统(Function-Call Subsystem)。函数调用子系统类似于用文本语言(如 M 语言)编写的 S-函数，只不过它是通过 Simulink 模块实现的。用户可以利用 Stateflow 图、函数调用生成器或 S-函数执行函数调用子系统。Simulink 限制放置在函数调用子系统内的模块类型，这些模块不能明确指定采样时间，也就是说，子系统内的模块必须具有−1 值的采样时间，即继承采样时间，因为函数调用子系统的执行具有非周期性。用户可以通过把 Trigger 端口模块放置在子系统内，并将 **Trigger type** 参数设置为 **function-call** 的方式来创建函数调用子系统。

(5) 触发使能子系统(Enabled and Triggered Subsystem)。触发使能子系统在系统被使能且驱动子系统触发端口的信号的上升沿或下降沿到来时才执行，触发边沿的方向由 Trigger 端口模块中的 **Trigger type** 参数决定。Simulink 限制放置在触发使能子系统内的模块类型，这些模块不能明确指定采样时间，也就是说，子系统内的模块必须具有−1 值的采样时间，即继承采样时间，因为触发使能子系统的执行具有非周期性。用户可以通过把 Trigger 端口模块和 Enable 模块放置在子系统内的方式来创建触发使能子系统。

(6) Action 子系统。Action 子系统具有使能子系统和函数调用子系统的交叉特性，其只能限制一个采样时间，即连续采样时间、离散采样时间或继承采样时间。Action 子系统必须由 If 模块或 Switch Case 模块执行，与这些子系统模块连接的所有 Action 子系统必须具有相同的采样时间。用户可以通过在子系统内放置 Action 端口模块的方式来创建 Action 子系统，子系统图标会自动反映执行 Action 子系统的模块类型，也就是 If 模块或 Switch Case 模块。

Action 子系统至多执行一次,利用 Output 端口模块的 **Output when disabled** 参数,Action 子系统也可以控制是否保持输出值,这是与使能子系统类似的地方。

Action 子系统与函数调用子系统类似,因为函数调用子系统在任何给定的时间步内可以执行多于一次,而 Action 子系统至多执行一次。这种限制就表示 Action 子系统内可以放置非周期性的模块,而且也可以控制状态和输出的行为。

(7) While-子系统。While-子系统在每个时间步内可以循环多次,循环的次数由 While Iterator 模块中的条件参数控制。用户可以通过在子系统内放置 While Iterator 模块的方式来创建 While-子系统。While-子系统与函数调用子系统相同的地方在于它在给定的时间步内可以循环多次,不同的是它没有独立的循环指示器(如 Stateflow 图),而且,通过选择 While Iterator 模块中的参数,While-子系统还可以存取循环次数,通过设置 **States when starting** 参数还可以控制当子系统开始执行时状态是否重置。

(8) For-子系统。For-子系统在每个模型时间步内可执行固定的循环次数,循环次数可以由外部输入给定,或者由 For Iterator 模块内部指定。用户可以通过在子系统内放置 For Iterator 模块的方式来创建 For-子系统。For-子系统也可以通过选择 For Iterator 模块内的参数来存取当前循环的次数。For-子系统在给定时间步内限制循环次数上与 While-子系统类似。

### 9.1.2 创建子系统

在 Simulink 中创建子系统的方法有两种:

● 把 Ports & Subsystems 模块库中的 Subsystem 模块添加到用户模型中,然后打开 Subsystem 模块,向子系统窗口中添加所包含的模块;

● 先向模型中添加组成子系统的模块,然后把这些模块组合到子系统中。

#### 1. 添加 Subsystem 模块创建子系统

首先将 Ports & Subsystems 模块库中的 Subsystem 模块拷贝到模型窗口中,如图 9-1 所示;然后双击 Subsystem 模块,Simulink 会在当前窗口或一个新的模型窗口中打开子系统,如图 9-2 所示。子系统窗口中的 Inport 模块表示来自于子系统外的输入,Outport 模块表示外部输出。

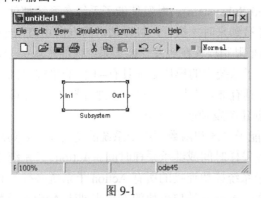

图 9-1

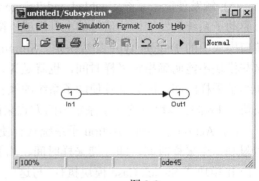

图 9-2

用户可以在子系统窗口中添加组成子系统的模块。例如,图 9-3 中的子系统包含了一个 Sum 模块,两个 Inport 模块和一个 Outport 模块,这个子系统表示对两个外部输入求和,并将结果通过 Outport 模块输出到子系统外的模块。此时的子系统图标也变成图 9-3 中的右图所示。

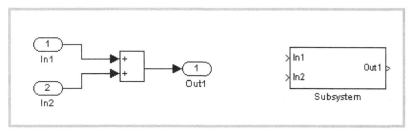

图 9-3

### 2. 组合已有模块创建子系统

如果模型中已经包含了用户想要转换为子系统的模块，那么可以把这些模块组合在一起来创建子系统。

以图 9-4 中的模型为例，用户可以用鼠标将需要组合为子系统的模块和连线用边框线选取，当释放鼠标按钮时，边框内的所有模块和线均被选中；然后选择 **Edit** 菜单下的 **Create Subsystem** 命令，Simulink 会将所选模块用 Subsystem 模块代替。

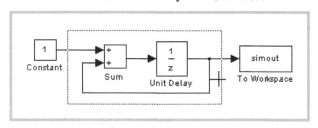

图 9-4

图 9-5 显示的是选择了 **Create Subsystem** 命令后的模型。如果打开 Subsystem 模块，那么 Simulink 将显示下层的子系统模型，如图 9-6 所示。Inport 模块和 Outport 模块只是表示来自于子系统外部的输入和输出到子系统外部的模块。

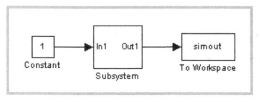

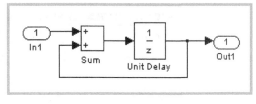

图 9-5             图 9-6

对于子系统内的所有模块，用户可以改变模块和 Subsystem 模块的名称，也可以使用封装特性自定义子系统模块的图标和模块对话框。关于封装的详细内容，参看第 10 章。

## 9.1.3 浏览层级子系统

用户可以利用 Subsystem 模块创建由多层子系统组成的层级模型，这样做的好处是显而易见的——不仅使用户模型的界面更清晰，而且模型的可读性也更强。对于模型层级比较多的复杂模型，一层一层打开子系统浏览模型显然是不可取的，这时用户可以利用 Simulink

中的模型浏览器来浏览模型。模型浏览器可以执行如下操作：

- 按层级浏览模型；
- 在模型中打开子系统；
- 确定模型中所包含的模块；
- 快速定位到模型中指定层级的模块。

如果希望 Simulink 缺省时直接在模型浏览器中打开模型，则可选择 Simulink 中 **File** 菜单下的 **Preferences** 命令，打开 **Preferences** 对话框，然后选择对话框中的 **Browser initially visible** 复选项，如图 9-7 所示。

选择这个复选项，缺省时在模型浏览器中打开模型

图 9-7

模型浏览器只有在 Microsoft Windows 平台上可用，这里以 Simulink 中的 engine 模型为例介绍如何使用 Windows 下的模型浏览器。

在 engine 模型窗口中选择 **View** 菜单下的 **Model browser options** 命令，在下拉菜单中选择 **Model browser** 命令，即可打开模型浏览器，如图 9-8 所示。

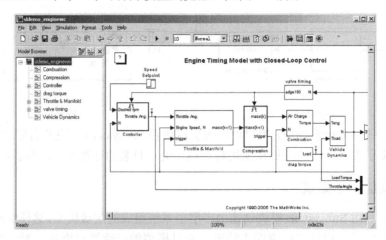

图 9-8

此时模型窗口被分割为两个面板。左面的面板以树状结构显示组成模型的各层子系统，树状结构的根结点对应的是最顶层模型，所有的子系统以分支形式显示在左侧面板中；右面的面板显示对应系统的模型结构图。如果要查看系统的模型方块图或组成系统的任何子系统，则可以在树状结构中选择这个子系统，此时模型浏览器右侧的面板中会显示相应系统的结构方块图。

图 9-9 中显示的是 Throttle & Manifold 子系统结构图，该子系统下还有两个子系统：Intake Maniflod 和 Throttle，可以单击这两个子系统查看相应的结构图。

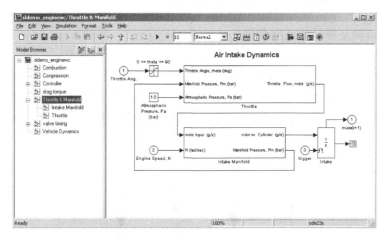

图 9-9

模型浏览器还可以包括或删除模型树状显示中的库连接，也可以包括或删除被封装子系统。若要显示模型中的库连接或被封装子系统，则可以单击左侧面板上的"显示库连接"按钮和"浏览被封装子系统"按钮；若要关闭模型浏览器，则可以单击"隐藏模型浏览器"按钮。关于库连接和被封装子系统的详细内容，读者可以参看第 10 章。

## 9.2 创建条件执行子系统

条件执行子系统也是一个子系统，但在模型中是否执行条件子系统则取决于其他条件信号。这个控制子系统执行的信号称为控制信号，控制信号在单独的控制输入端口进入子系统。

当用户想要建立复杂的模型，而且模型中某些组件的执行依赖于其他组件时，条件执行子系统就非常有用了。

Simulink 支持如下几种类型的条件执行子系统：

● 使能子系统(Enabled Subsystem)：当控制信号为正时，使能子系统执行。该子系统在控制信号过零(从负到正方向)时开始执行，并且在控制信号保持为正时继续执行。

● 触发子系统(Triggered Subsystem)：每次当触发事件发生时，触发子系统执行一次。触发事件可以发生在触发信号的上升沿或下降沿。触发信号可以是连续信号，也可以是离散信号。

● 触发使能子系统(Triggered and Enabled Subsystem)：当触发事件发生时，如果使能控制信号为正值，则触发使能子系统执行一次。

● 控制流语句(control flow statement)：控制流语句在控制流模块下可执行类似 C 语言的控制流逻辑算法，执行的模块均在被控制子系统内。在 if-else 和 switch 控制流中，控制模块均在被控制子系统外，并向被控制子系统内的 Action Port 模块发送控制信号；而在while、do-while 和 for 控制流中，具有重复控制的模块在子系统内，它没有明显的控制信号。

### 9.2.1 使能子系统

使能子系统在控制信号为正值时的仿真步上开始执行。一个使能子系统有单个的控制输入，控制输入可以是标量值或向量值。

● 如果控制输入是标量，那么当输入大于零时子系统开始执行；

● 如果控制输入是向量，那么当向量中的任一分量大于零时子系统开始执行。

例如，假设控制输入信号是正弦波信号，那么子系统会交替使能和关闭，如图 9-10 所示，图中向上的箭头表示使能系统，向下的箭头表示关闭系统。

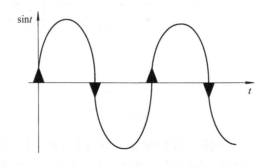

图 9-10

Simulink 利用过零斜率法确定使能是否发生。如果在信号过零时斜率为正，则子系统被激活(使能)；如果在信号过零时斜率为负，则子系统被关闭。

**1. 创建使能子系统**

若要在模型中创建使能子系统，可以从 Simulink 中的 Ports & Subsystems 模块库中把 Enable 模块拷贝到子系统内，这时 Simulink 会在子系统模块图标上添加一个使能符号和使能控制输入口。以图 9-5 中的模型为例，添加 Enable 模块后的子系统图标如图 9-11 所示。

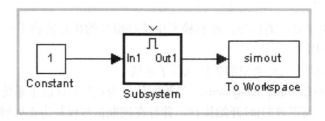

图 9-11

虽然在关闭使能子系统时子系统不再执行，但其他模块仍然可以获得模块的输出信号。在关闭使能子系统时，用户可以通过设置 Outport 模块对话框中的参数来选择子系统关闭时的输出值，或者选择保持子系统的输出为前一时刻值，或者把输出重新设置为初始条件。

打开使能子系统中每个 Outport 输出端口模块对话框，并为 **Output when disabled** 参数选择一个选项，如图 9-12 所示。

● 选择 **held** 选项表示让输出保持最近的输出值。

● 选择 **reset** 选项表示让输出返回到初始条件，并设置 **Initial output** 值，该值是子系统重置时的输出初始值。**Initial output** 值可以为空矩阵[ ]，此时的初始输出等于传送给 Outport 模块的模块输出值。

在执行使能子系统时，用户可以通过设置 Enable 模块参数对话框来选择子系统状态，或者选择保持子系统状态为前一时刻值，或者重新设置子系统状态为初始条件。

打开 Enable 模块对话框，如图 9-13 所示，为 **States when enabling** 参数选择一个选项：

● 选择 **held** 选项表示使状态保持为最近的值；

● 选择 **reset** 选项表示使状态返回到初始条件。

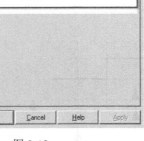

图 9-12　　　　　　　　　　　　　　　　　　　　图 9-13

Enable 模块对话框的另一个选项是 **Show output port** 复选框，选择这个选项表示允许用户输出使能控制信号。这个特性可以将控制信号向下传递到使能子系统，如果使能子系统内的逻辑判断依赖于数值，或者依赖于包含在控制信号中的数值，那么这个特性就非常有用。

### 2. 允许使能子系统包含的模块

使能子系统内可以包含任意 Simulink 模块，包括 Simulink 中的连续模块和离散模块。使能子系统内的离散模块只有当子系统执行时，而且只有当该模块的采样时间与仿真的采样时间同步时才会执行，使能子系统和模型共用时钟。

使能子系统内也可以包含 Goto 模块，但是在子系统内只有状态端口可以连接到 Goto 模块。

例如，图 9-14 中的模型是一个包含四个离散模块和一个控制信号的系统。

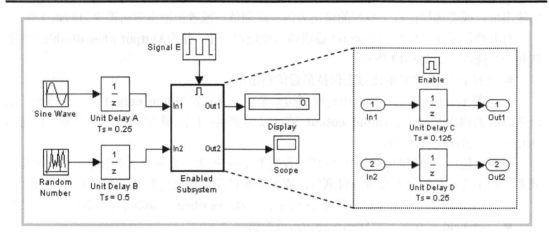

图 9-14

模型中的离散模块如下：

- Unit Delay A 模块，采样时间为 0.25 秒；
- Unit Delay B 模块，采样时间为 0.5 秒；
- Unit Delay C 模块，在使能子系统内，采样时间为 0.125 秒；
- Unit Delay D 模块，在使能子系统内，采样时间为 0.25 秒。

使能控制信号由标签为 Signal E 的 Pulse Generator 模块产生，该模块在 0.375 秒时由 0 变为 1，并在 0.875 秒时返回 0。

图 9-15 说明了图 9-14 中离散模块的执行时间。

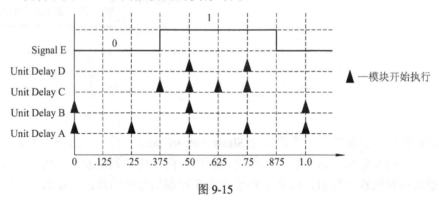

图 9-15

Unit Delay A 模块和 Unit Delay B 模块的执行不受使能控制信号的影响，因为它们不是使能子系统的一部分。当使能控制信号变为正时，Unit Delay C 模块和 Unit Delay D 模块以模块参数对话框中指定的采样速率开始执行，直到使能控制信号再次变为 0。需要说明的是，当使能控制信号在 0.875 秒变为零时，Unit Delay C 模块并不执行。

### 3. 使能子系统的模块约束

在使能子系统内，Simulink 会对与使能子系统输出端口相连的带有恒值采样时间的模块进行如下限制：

- 如果用户用带有恒值采样时间的 Model 模块或 S-函数模块与条件执行子系统的输出

端口相连，那么 Simulink 会显示一个错误消息。

● Simulink 会把任何具有恒值采样时间的内置模块的采样时间转换为不同的采样时间，如以条件执行子系统内的最快速离散速率作为采样时间。

为了避免 Simulink 显示错误信息或发生采样时间转换，用户可以把模块的采样时间改变为非恒值采样时间，或者使用 Signal Conversion 模块替换具有恒值采样时间的模块。下面说明如何用 Signal Conversion 模块来避免这种错误发生。

图 9-16 中的模型有两个带有恒值采样时间的模块，当仿真模型时，Simulink 会把使能子系统内 Constant 模块的采样时间转换为 Pulse Generator 模块的速率。如果用户选择了 **Format** 菜单下 **Port/Signal Displays** 子菜单下的 **Sample Time Colors** 命令来显示采样时间的颜色，那么 Simulink 会把 Pulse Generator 模块和使能子系统显示为红色，而把使能子系统外的 Constant 模块和 Outport 模块显示为深红色，以表示这些模块仍然具有恒值采样时间。接下来把模型保存为 consys.mdl。

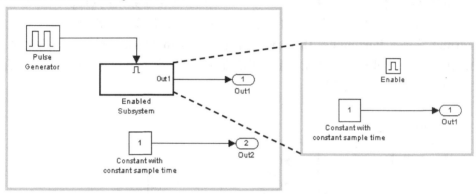

图 9-16

假设另一个模型中也有一个使能子系统，这个使能子系统内包含了一个 Model 模块，而 Model 模块引用了图 9-16 中的模型，如图 9-17 所示。

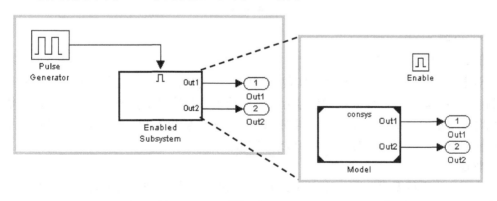

图 9-17

当用户对图 9-17 所示的顶层模型进行仿真时，Simulink 会显示错误消息，如图 9-18 所示。它表示 Model 模块的第二个输出没有与使能子系统的输出端口直接相连，因为它们都有不变的采样时间。

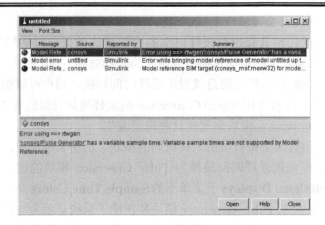

图 9-18

为了解决这个问题,在 Model 模块的第二个输出和使能子系统的 Outport 模块之间插入一个 Signal Conversion 模块,如图 9-19 所示。这时再运行仿真,则没有错误产生。如果选择了 **Format** 菜单下 **Port/Signal Displays** 子菜单下的 **Sample Time Colors** 命令来显示采样时间的颜色,则 Model 模块和使能子系统模块都显示为黄色,表示这些模块都是混合系统,也就是说模型包含了多个采样时间。

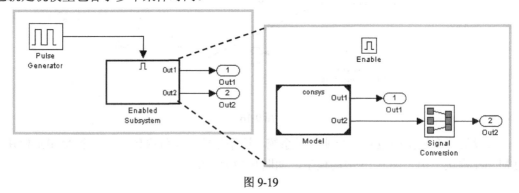

图 9-19

### 4. 示例

**例 9-1** 使能子系统。

**要求**:系统在控制信号作用下实现不同的函数关系。给定的输入信号为正弦波信号,控制信号为方波信号,要求控制信号为正时驱动子系统输出正弦波信号的绝对值,禁止子系统时输出重置为 0;当控制信号为非零时驱动子系统输出饱和正弦波信号,禁止子系统时保持输出不变,饱和信号的幅值为 $-0.75 \sim 0.75$。

**解答**:

为了实现系统要求,需要建立两个使能子系统,并用方波信号驱动使能子系统。一个使能子系统当控制信号为正时执行,当禁止该子系统时它的输出被重置为零。另一个子系统利用逻辑 NOT 模块改变方波信号,当方波信号为非正时执行,当禁止该子系统时它的输出保持不变。这两个子系统的输出端口 Out1 模块可以配置为保持或重置两种类型,而且每个输出的行为可以不同。

根据系统要求选择的 Simulink 模块如下:

● Sources 模块库中的 Sine Wave 模块和 Pulse Generator 模块，Pulse Generator 模块产生方波控制信号；

● Ports & Subsystems 模块库中的 Subsystem 模块和 Enable 模块；

● Math Operations 模块库中的 Abs 模块；

● Discontinuities 模块库中的 Saturation 模块。

按照要求建立的系统模型图如图 9-20 所示。这里设置 Abs 使能子系统中 Enable 模块的 **States when enabling** 参数为 **reset**；设置 Out1 模块的 **Output when disabled** 参数为 **reset**，**Initial output** 值为 0，这样，当禁止该系统时，系统输出重置为零。设置 Saturation 使能子系统中的 Enable 模块的 **States when enabling** 参数为 **held**，Out1 模块的 **Output when disabled** 参数为 **held**，这样当禁止该系统时，系统输出保持不变。

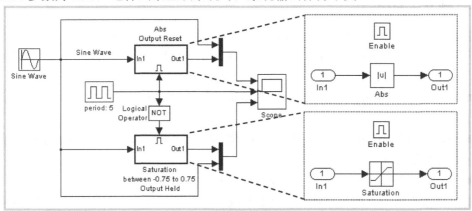

图 9-20

在 **Configuration Parameters** 对话框中设置模型的仿真时间为 20 s，选择变步长离散求解器，运行仿真。设置示波器窗口中的坐标轴数目为 3，并分别标出每个窗口中的标签，这样，当仿真结束后示波器会在三个窗口中显示出波形曲线，如图 9-21 所示。

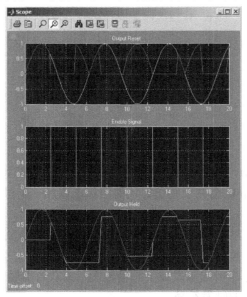

图 9-21

第一个窗口显示的是源正弦波曲线和正弦波曲线的绝对值,只有当 Abs 子系统被使能时才输出正弦波曲线的绝对值,这发生在 0~2.5 s 和 5~7.5 s 之间;当禁止 Abs 子系统时,子系统的输出被重置为 0,0 值是由输出端口的初始条件确定的。从第二个窗口曲线可以看到子系统被使能的时间,1 值表示使能 Abs 子系统。

第二个窗口中的曲线显示的是使能信号,如果信号朝向曲线的顶部,那么 Abs 子系统被使能;如果信号朝向曲线的底部,那么 Saturation 子系统被使能。两个子系统之间的更换是由逻辑 NOT 模块决定的。

第三个窗口中的曲线显示的是源正弦波曲线和饱和受限的正弦波曲线,只有当 Saturation 子系统被使能时才输出正弦波曲线的饱和值,这发生在 2.5~5 s 和 7.5~10 s 之间。

### 9.2.2 触发子系统

触发子系统也是子系统,它只有在触发事件发生时才执行。触发子系统有单个的控制输入,称为触发输入(trigger input),它控制子系统是否执行。用户可以选择三种类型的触发事件,以控制触发子系统的执行。

● 上升沿触发(rising):当控制信号由负值或零值上升为正值或零值(如果初始值为负)时,子系统开始执行;

● 下降沿触发(falling):当控制信号由正值或零值下降为负值或零值(如果初始值为正)时,子系统开始执行;

● 双边沿触发(either):当控制信号上升或下降时,子系统开始执行。

对于离散系统,当控制信号从零值上升或下降,且只有当这个信号在上升或下降之前已经保持零值一个以上时间步时,这种上升或下降才被认为是一个触发事件。这样就消除了由控制信号采样引起的误触发事件。

例如,在图 9-22 所示的离散系统时间中,上升触发(R)不能发生在时间步 3,因为当上升信号发生时,控制信号在零值只保持了一个时间步。

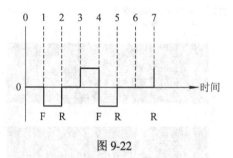

图 9-22

用户可以通过把 Ports & Subsystems 模块库中的 Trigger 模块拷贝到子系统中的方式来创建触发子系统,Simulink 会在子系统模块的图标上添加一个触发符号和一个触发控制输入端口。

为了选择触发信号的控制类型,可打开 Trigger 模块的参数对话框,如图 9-18 所示,并在 **Trigger type** 参数的下拉列表中选择一种触发类型。Simulink 会在 Trigger and Subsystem 模块上用不同的符号表示上升沿触发或下降沿触发,或双边沿触发。图 9-23 中的右图就是在 Subsystem 模块上显示的触发符号。

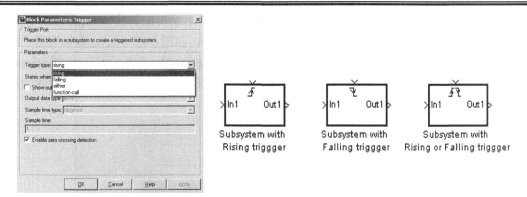

图 9-23

如果选择的 **Trigger type** 参数是 **function-call** 选项，那么创建的是函数调用子系统，这种触发子系统的执行是由 S-函数决定的，而不是由信号值决定的，关于函数调用子系统的详细内容，参看第 12 章。

> 注意：与使能子系统不同，触发子系统在两次触发事件之间一直保持输出为最终值，而且，当触发事件发生时，触发子系统不能重新设置它们的状态，任何离散模块的状态在两次触发事件之间会一直保持下去。

Trigger 模块参数对话框中的**Show output port** 复选项可以输出触发控制信号，如图 9-24 所示，如果选择这个选项，则 Simulink 会显示触发模块的输出端口，并输出触发信号，信号值为：

- 1 表示产生上升触发的信号；
- –1 表示产生下降触发的信号；
- 2 表示函数调用触发；
- 0 表示其他类型触发。

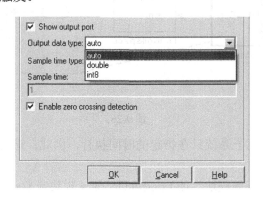

图 9-24

**Output data type** 选项指定触发输出信号的数据类型，可以选择的类型有 **auto**、**int8** 或 **double**。**auto** 选项可自动把输出信号的数据类型设置为信号被连接端口的数据类型(或者为 **int8**，或者为 **double**)。如果端口的数据类型不是 **double** 或 **int8**，那么 Simulink 会显示错误消息。

当用户在 **Trigger type** 选项中选择 **function-call** 时，对话框底部的 **Sample time type** 选项将被激活，这个选项可以设置为 **triggered** 或 **periodic**，如图 9-25 所示。如果调用子系统的上层模型在每个时间步内调用一次子系统，那么选择 **periodic** 选项，否则，选择 **triggered**选项。当选择 **periodic** 选项时，**Sample time** 选项将被激活，这个参数可以设置包含调用模块的函数调用子系统的采样时间。

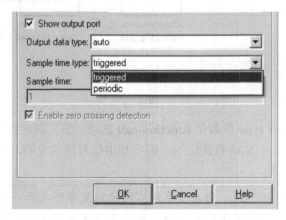

图 9-25

图 9-26 是一个包含触发子系统的模型图，在这个系统中，子系统只有在方波触发控制信号的上升沿时才被触发。

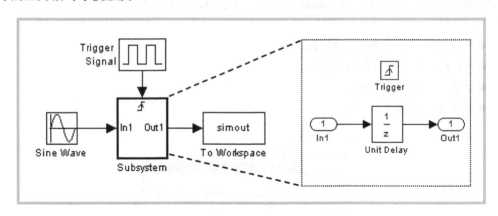

图 9-26

在仿真过程中，触发子系统只在指定的时间执行，因此，适合在触发子系统中使用的模块有：

● 具有继承采样时间的模块，如 Logical Operator 模块或 Gain 模块；

● 具有采样时间设置为–1 的离散模块，它表示该模块的采样时间继承驱动模块的采样时间。

当触发事件发生并且触发子系统执行时，子系统内部包含的所有模块一同被执行，Simulink 只有在执行完子系统中的所有模块后，才会转换到上一层执行其他的模块，这种子系统的执行方式属于原子子系统。而其他子系统的执行过程不是这样的，如使能子系统，默认情况下,这种子系统只用于图形显示目的,属于虚拟子系统,它并不改变框图的执行方式。虚拟子系统中的每个模块都被独立对待,就如同这些模块都处于模型最顶层一样,这样,在一个仿真步中,Simulink 可能会多次进出一个系统。

**例 9-2** 触发子系统。

**要求**:建立分别由三种触发类型——上升沿、下降沿、双边沿触发的子系统,触发控制信号为频率为 1 Hz 的方波,输入信号为频率为 1.2 Hz 的正弦波,要求各子系统在不同触发信号下保持输入信号波形,观察不同触发控制信号下的系统输出曲线。

**解答**:

这个模型中有三个触发子系统,分别利用不同的触发类型控制触发信号,这里用零阶保持模块保持信号波形。

根据系统要求选择的 Simulink 模块如下:

● Sources 模块库中的 Signal Generator 模块,分别设置 **Wave form** 参数为 **Square** 和 **Sine**,用来生成方波控制信号和正弦波输入信号;

● Ports & Subsystems 模块库中的 Triggered Subsystem 模块;

● Discrete 模块库中的 Zero-Order Hold 模块。

根据系统要求建立的系统模型图如图 9-27 所示。由于触发子系统的执行时刻依赖于其他信号,因此不能指定常值采样时间,设置子系统内的 Zero-Order Hold 模块的 **Sample time** 参数值为–1,只有常值模块和带有继承(–1)采样时间的模块才可以在触发子系统中存在。

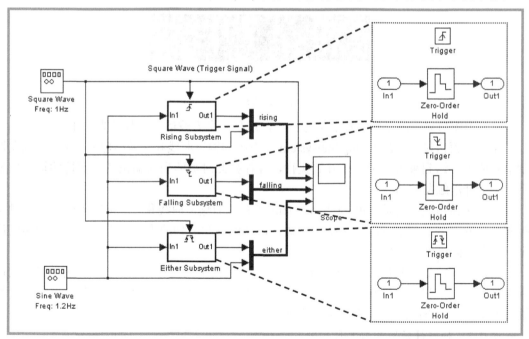

图 9-27

在这个模型中,分别设置 Rising Subsystem 子系统、Falling Subsystem 子系统和 Either Subsystem 子系统中的 Trigger 模块中的 **Trigger type** 参数为 **rising**、**falling** 和 **either**,模型中的两个触发时间的间隔相等。Rising Subsystem 子系统在两个上升沿之间进行采样和保

持，Falling Subsystem 子系统在两个下降沿之间进行采样和保持，Either Subsystem 子系统的采样间隔短，输入在一个上升沿至下降沿之间或下降沿至上升沿之间均被采样和保持，也就是说，只要上升沿或下降沿到来，系统均被采样并保持输出不变。注意，触发子系统执行一次后保持输出值不变。

设置仿真参数对话框中的仿真时间为 10 s，选择变步长 ode45 求解器，运行仿真。设置示波器窗口中的坐标轴数目为 4，并分别标出每个窗口中的标签，这样，当仿真结束后示波器窗口显示出四个窗口曲线，如图 9-28 所示。

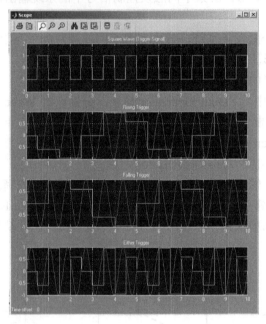

图 9-28

第一个窗口显示的是触发控制信号曲线，这是一个方波信号，频率为 1 Hz。

第二个窗口显示的是 Rising Subsystem 子系统的输出曲线和正弦波输入信号，当触发控制信号的上升沿到来时，子系统开始执行，并保持此时刻的当前输出值，保持的输出值至下一个上升沿触发时刻。

第三个窗口显示的是 Falling Subsystem 子系统的输出曲线和正弦波输入信号，当触发控制信号的下降沿到来时，子系统开始执行，并保持此时刻的当前输出值，保持的输出值至下一个下降沿触发时刻。

第四个窗口显示的是 Either Subsystem 子系统的输出曲线和正弦波输入信号，当触发控制信号的上升沿和下降沿到来时，子系统开始执行，并保持此时刻的当前输出值，保持的输出值至下一个下降沿和上升沿触发时刻。

**例 9-3** 使能计数器和触发计数器。

**要求**：设计相同输入信号的使能计数器和触发计数器电路，输入信号为幅值为 1 的方波信号，比较这两个计数器的执行过程。

**求解**：

根据系统要求选择的 Simulink 模块如下：

● Sources 模块库中的 Pulse Generator 模块，作为输入控制信号，模块的 **Pulse type** 参数设置为 **Sample based**，**Amplitude** 参数为 1，**Period** 参数为 40，**Pulse width** 参数为 20，**Phase delay** 参数为 0，**Sample time** 参数为 0.01；

● Ports & Subsystems 模块库中的 Enabled Subsystem 模块和 Triggered Subsystem 模块；

● Discrete 模块库中的 Unit Delay 模块。

按要求建立的系统模型如图 9-29 所示。模型中的 Enabled Subsystem 子系统和 Triggered Subsystem 子系统共用相同的输入信号，子系统内执行累加计数操作，只不过激活系统的信号方式不同。Enabled Subsystem 子系统内利用 Enable 模块使能系统，当信号大于零时执行系统，设置 Enable 模块中的 **States when enabling** 参数为 **reset**；Triggered Subsystem 子系统利用 Trigger 模块触发系统，设置 Trigger 模块中的 **Trigger type** 参数为 **rising**。

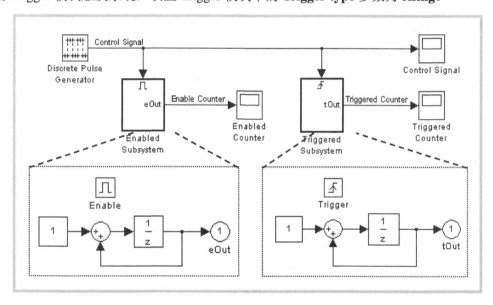

图 9-29

设置 Unit Delay 模块的 **Initial conditions** 参数为 0，**Sample time** 参数为-1；设置仿真参数对话框中的仿真时间为 2 s，仿真的最大步长 **Max step size** 为 0.01 s，并选择定步长离散求解器，运行仿真，得到的结果曲线如图 9-30 所示。

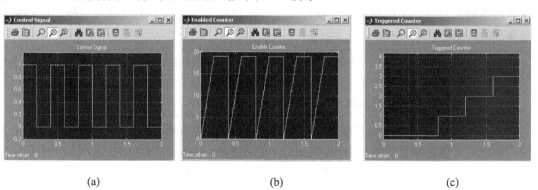

(a)                           (b)                           (c)

图 9-30

从图中可以看到，标签为"Control Signal"的控制信号在整个仿真期间共有 5 个方波信号。当控制信号大于零时，即 0～0.2 s 之间、0.4～0.6 s 之间、…、1.6～1.8 s 之间，Enabled Subsystem 子系统开始执行，由于仿真步长为 0.01 s，那么在 Enabled Subsystem 子系统开始执行的 0.2 s 时间内，计数器需要从 0 累加计数 20 次，因此最后的输出值为 19，当控制信号为 0 时，Enabled Subsystem 子系统被禁止，输入保持不变。由于 Enable 模块的状态值选择的是 reset，因此当再次使能 Enabled Subsystem 子系统时，系统从 0 开始重新累加计数。如果 Enable 模块的状态值选择的是 held，那么系统会从上次的输出值开始累加。

对于 Triggered Subsystem 子系统，当控制信号上升沿到来时，子系统开始执行，子系统每执行一次，计数器加 1。由于在整个仿真期间共有 5 个上升沿，因此仿真结束后的计数器输出为 4。

### 9.2.3 触发使能子系统

第三种条件执行子系统包含两种条件执行类型，称为触发使能子系统。这样的子系统是使能子系统和触发子系统的组合，系统的判断流程如图 9-31 所示。

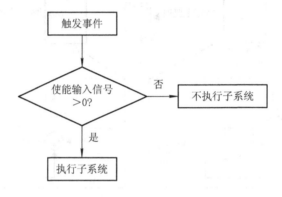

图 9-31

触发使能子系统既包含使能输入端口，又包含触发输入端口，在这个子系统中，Simulink 等待一个触发事件，当触发事件发生时，Simulink 会检查使能输入端口是否为 0，并求取使能控制信号。如果它的值大于 0，则 Simulink 执行一次子系统，否则不执行子系统。如果两个输入都是向量，则每个向量中至少有一个元素是非零值时，子系统才执行一次。此外，子系统在触发事件发生的时间步上执行一次，换句话说，只有当触发信号和使能信号都满足条件时，系统才执行一次。

> 注意：Simulink 不允许一个子系统中有多于一个的 Enable 端口或 Trigger 端口。尽管如此，如果需要几个控制条件组合的话，用户可以使用逻辑操作符将结果连接到控制输入端口。

用户可以通过把 Enable 模块和 Trigger 模块从 Ports & Subsystems 模块库中拷贝到子系统中的方式来创建触发使能子系统，Simulink 会在 Subsystem 模块的图标上添加使能和触发符号，以及使能和触发控制输入。用户可以单独设置 Enable 模块和 Trigger 模块的参数值。图 9-32 是一个简单的触发使能子系统。

Enable Signal
Trigger Signal
In1
Out1
Sine Wave
Subsystem
Scope
Enable
Trigger
1
In1
1
z
Unit Delay
1
Out1

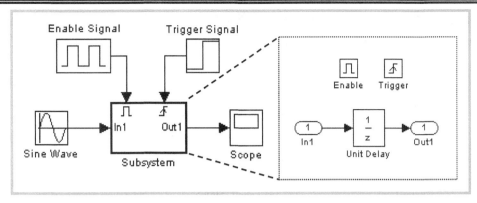

图 9-32

## 9.2.4 创建交替执行子系统

用户可以用条件执行子系统与 Merge 模块相结合的方式创建一组交替执行子系统，它的执行依赖于模型的当前状态。Merge 模块是 Signal Routing 模块库中的模块，它具有创建交替执行子系统的功能。

### 1．Merge 模块

图 9-33 是 Merge 模块的参数对话框。Merge 模块可以把模块的多个输入信号组合为一个单个的输出信号。

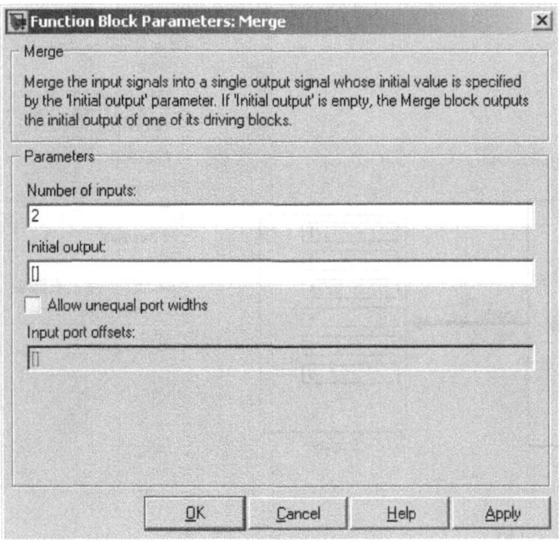

Function Block Parameters: Merge
Merge
Merge the input signals into a single output signal whose initial value is specified by the 'Initial output' parameter. If 'Initial output' is empty, the Merge block outputs the initial output of one of its driving blocks.
Parameters
Number of inputs:
2
Initial output:
[]
Allow unequal port widths
Input port offsets:
[]
OK
Cancel
Help
Apply

图 9-33

模块参数对话框中的 **Number of inputs** 参数值可以任意指定输入信号端口的数目。模块输出信号的初始值由 **Initial output** 参数决定，如果 **Initial output** 参数为空，而且模块又有超过一个以上的驱动模块，那么 Merge 模块的初始输出等于所有驱动模块中最接近于当前时刻的初始输出值，而且，Merge 模块在任何时刻的输出值都等于当前时刻其驱动模块所计算的输出值。

　　Merge 模块不接受信号元素被重新排序的信号。例如，在图 9-34 中，Merge 模块不接受 Selector 模块的输出，因为 Selector 模块交替改变向量信号中的第一个元素和第四个元素。

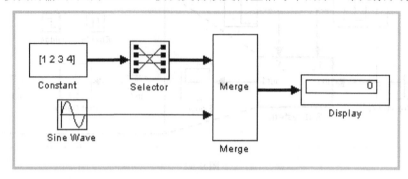

图 9-34

　　如果未选择 **Allow unequal port widths** 复选框，那么 Merge 模块只接受具有相同维数的输入信号，而且只输出与输入同维数的信号；如果选择了 **Allow unequal port widths** 复选框，那么 Merge 模块可以接受标量输入信号和具有不同分量数目的向量输入信号，但不接受矩阵信号。而且选择 **Allow unequal port widths** 复选框后，**Input port offsets** 参数也将变为可用，用户可以利用这个参数为每个输入信号指定一个相对于开始输出信号的偏移量，输出信号的宽度也就等于 $\max(w_1+o_1, w_2+o_2, \ldots, w_n+o_n)$，这里，$w_1, \ldots, w_n$ 是输入信号的宽度，$o_1, \cdots, o_n$ 是输入信号的偏移量。例如，图 9-35(a)中的 Merge 模块把信号 v1 和 v2 合并，输出信号 v6。

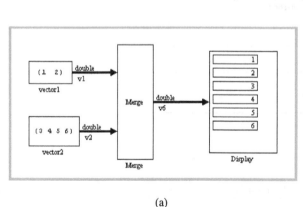

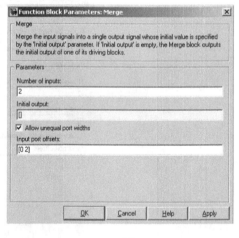

(a)　　　　　　　　　　　　　　　　　　(b)

图 9-35

　　设置信号 v1 的偏移量为 0，信号 v2 的偏量为 2，如图 9-35(b)所示，输出信号 v6 的宽度为 6，包含六个元素，Merge 模块把信号 v1 映射到 v6 的前两个元素，把信号 v2 映射到 v6 的后四个元素。

**2. 示例**

**例 9-4**　将 AC 电流转换为 DC 电流。

**要求**：利用使能模块和 Merge 模块建立电流转换器模型，也就是把正弦 AC 电流转换为脉动 DC 电流的设备。

**求解**：

根据系统要求选择的 Simulink 模块如下：

● Sources 模块库中的 Sine Wave 模块；

● Ports & Subsystems 模块库中的 Enabled Subsystem 子系统模块；

● Signal Routing 模块库中的 Merge 模块；

● Math Operations 模块库中的 Gain 模块。

按要求建立的系统模型如图 9-36 所示。在这个系统模型中，当输入信号的正弦 AC 波形为正时，使能标签为"Pos"的子系统模块，它把波形无变化地传递到其输出端口；当 AC 波形为负时，使能标签为"neg"的子系统模块，由该子系统转换波形，将波形负值转换为正值。Merge 模块可把当前使能模块的输出传递到 Mux 模块，Mux 模块则把输出及原波形传递到 Scope 模块。

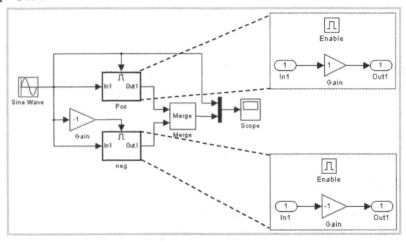

图 9-36

在仿真参数对话框中设置仿真参数，选择变步长 ode45 求解器，运行仿真后得到的系统输出波形如图 9-37 所示。

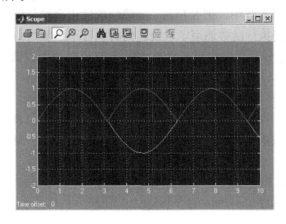

图 9-37

如果不用 Merge 模块直接连接信号，则可以通过 Mux 模块将信号传递到 Merge 模块，如图 9-38 中的模型所示。

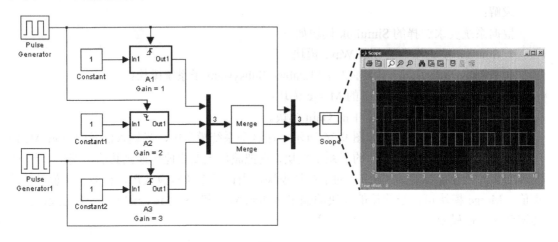

图 9-38

这个模型用三个触发子系统与 Merge 模块相连构成三个不同增益的放大器，三个放大器经由 Mux 模块与 Merge 模块相连，A1 和 A3 放大器是上升沿信号触发，A2 放大器是下降沿触发，A3 放大器的触发信号有 0.5 s 的延迟，即 Pulse Generator1 模块比 Pulse Generator 模块延迟 0.5 s，在每个时间步上 Merge 模块的输出等于该时间步上被触发放大器的输出。模型中用 Mux 模块将信号传递到 Merge 模块，而不是直接与 Merge 模块相连，这样得到的结果信号图更清晰。图 9-37 中的示波器窗口显示的是模型仿真后输出的信号波形。

## 9.2.5  函数调用子系统

函数调用子系统也是一个触发子系统，它的执行由内部的 S-函数决定，而不是由信号来决定。为了创建函数调用子系统，需要进行如下设置：

● 在 **Trigger** 模块的参数对话框内，设置 **Trigger type** 选项为 **function-call**；

● 在 S-函数内，用 ssEnableSystemWithTid 和 ssDisableSystemWithTid 函数使能或关闭触发子系统，并用 ssCallSystemWithTid 宏调用触发子系统；

● 在模型的触发子系统中，把 S-Function 模块的输出直接与触发端口连接。

Simulink 不能直接执行函数调用子系统，何时执行子系统是由 S-函数确定的，当子系统执行完毕时，控制信号又会返回到 S-函数。图 9-39 说明了函数调用子系统和 S-函数之间的这种交互关系。

在图 9-38 中，ssCallSystemWithTid 函数执行函数调用子系统，这个子系统与第一个输出端口相连，如果在执行函数调用子系统时产生错误，或者输出的连接断开，则 ssCallSystemWithTid 函数返回 0。函数调用子系统执行完毕后，控制信号又会返回到 S-函数中。

函数调用子系统只能与已经正确配置连接方式的 S-函数连接。用户需要按照下面的方式配置调用 Function-call Subsystem 的 S-函数：

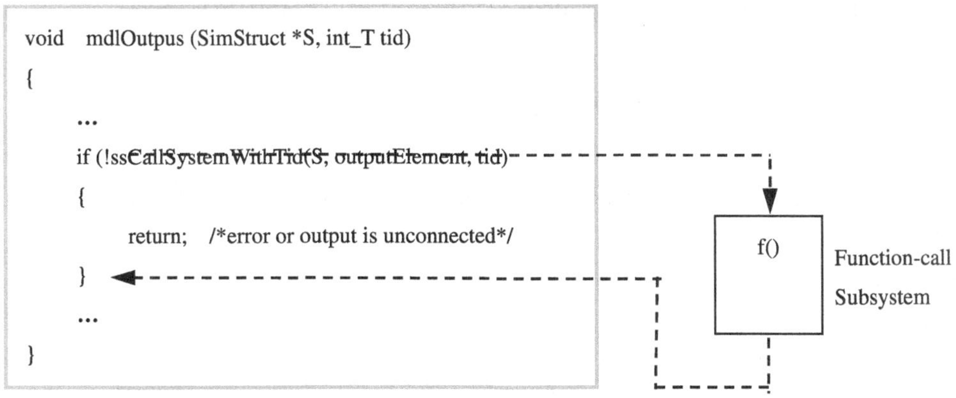

```
void    mdlOutpus (SimStruct *S, int_T tid)
{
    ...
    if (!ssCallSystemWithTid(S, outputElement, tid)
    {
        return;   /*error or output is unconnected*/
    }
    ...
}
```

```
f()
```

Function-call
Subsystem

图 9-39

● 在 mdlInitializeSampleTimes 函数中指定执行函数调用子系统的各个元素，例如：

ssSetCallSystemOutput (S, 0);      /* 设置第一个输出分量 */

ssSetCallSystemOutput (S, 1);       /* 设置第二个输出分量 */

● 在 mdlInitializeSampleTimes 函数中指定 S-函数是否能够使能或关闭函数调用子系统。只有明确地指出使能和关闭函数调用子系统的 S-函数，才能重置系统的状态和输出，就如同函数调用子系统中的 Trigger 模块和 Outport 模块所定义的那样。例如：

ssSetExplicitFCSSCtrl (S, 1);

这条语句表示在 mdlInitializeSampleTimes 函数中指定 S-函数能够使能和关闭函数调用子系统，这样，S- 函数在使用 ssCallSystemWithTid 函数执行子系统前必须调用 ssEnableSystemWithTid。

● 在 mdlOutputs 或 mdlUpdate 的 S-函数程序中执行子系统。例如：

```
static void mdlOutputs (...)
{
    if (((int)*uPtrs[0]) % 2 == 1) {
        if (!ssCallSystemWithTid (S, 0, tid)) {
        /* Error occurred, which will be reported by Simulink*/
        return;
        }
    } else {
        if (!ssCallSystemWithTid (S, 1, tid)) {
        /* Error occurred, which will be reported by Simulink*/
        return;
        }
    }
    ...
}
```

需要注意的是，在发出函数调用信号的 S-函数输出中不要用 ssSetOutputPortDataType

或 ssGetOutputPortDataType 函数，Simulink 会控制这些输出信号的数据类型。

# 9.3  控制流语句

控制流模块用来在 Simulink 中执行类似 C 语言的控制流语句。控制流语句包括：
- for；
- if-else；
- switch；
- while (包括 while 和 do-while 控制流)。

虽然以前所有的控制流语句都可以在 Stateflow 中实现，但 Simulink 中控制流模块的作用实际是想为 Simulink 用户提供一个满足简单逻辑要求的工具。

用户可以用子系统和表 9-1 中 Ports & Subsystems 模块库中的模块来创建类似 C 语言的条件控制流语句。

表 9-1    Ports&Subsystems 模块库中的模块

| C 语言 | 使 用 的 模 块 |
|--------|----------------|
| if – else | If，If Action Subsystem |
| switch | Switch Case，Switch Case Action Subsystem |

## 9.3.1    If-Else 控制流语句

Ports & Subsystems 模块库中的 If 模块和包含 Action Port 模块的 If  Action Subsystem 模块可以实现标准 C 语言的 if-else 条件逻辑语句。图 9-40 中的模型说明了 Simulink 中完整的 if-else 控制流语句。

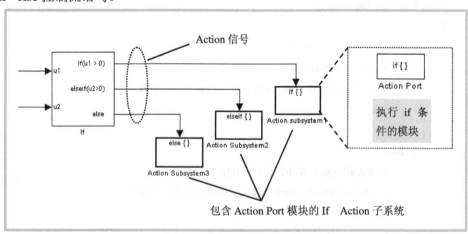

图 9-40

在这个例子中，If  模块的输入决定了表示输出端口的条件值，每个输出端口又输入到 If  Action  Subsystem 子系统模块，If 模块依次从顶部开始求取条件值，如果条件为真，则执行相应的 If   Action Subsystem 子系统。

这个模型中执行的 if-else 控制流语句的流程如下：

```
if (u1>0) {
        Action subsystem1
}
elseif (u2>0) {
        Action subsystem2
}
else {
        Action subsystem3
}
```

构造 Simulink 中 if-else 控制流语句的步骤如下：

(1) 在当前系统中放置 If 模块，为 If 模块提供数据输入以构造 if-else 条件。If 模块的输入在 If 模块的属性对话框内设置。这些输入在模块内部被指定为 u1、u2、…、un，并用来构造输出条件。

(2) 打开 If 模块的参数对话框，如图 9-41 所示，为 If 模块设置输出端口的 if-else 条件。

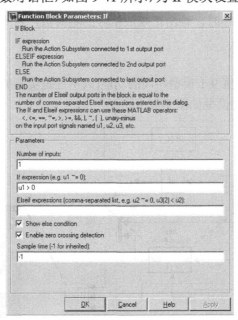

图 9-41

① 在 **Number of inputs** 参数文本框内键入 If 模块的输入数目，用来控制 if-else 控制流语句的条件，向量输入中的各个元素可以使用(行，列)变量的形式实现判断条件。例如，可以在 **If expression** 或 **Elseif expressions** 参数文本框内指定向量 u2 中的第五个元素的判断条件为 u2(5)>0。

② 在 **If expression** 参数文本框内输入 if-else 控制流语句中的 if 条件，这就为 If 模块中标签为 if()的端口创建了一个条件输出端口。

③ 在 **Elseif expressions** 参数文本框内输入 if-else 控制流语句中的 elseif 条件，并使用逗号分隔各个条件。这些条件为 If 模块中标签为 elseif()的端口创建了一个条件输出端口。elseif 端口是可选的，而且不要求对 If 模块进行操作。

④ 选择 **Show else condition** 复选框后，可在 If 模块上显示 else 输出端口。else 端口是可选的，而且不要求对 If 模块进行操作。

(3) 在系统中添加 If Action Subsystem 子系统，用来连接 If 模块上的 if、elseif 和 else 条件输出端口。这些子系统内包含 Action Port 模块，当在子系统内放置 Action Port 模块时，这些子系统就成为原子子系统，并带有一个标签为 Action 的输入端口，它的动作有些类似于使能子系统。

(4) 把 If 模块上的 if、elseif 和 else 条件输出端口连接到 If Action subsystem 子系统的 Action 端口。在建立这些连接时，If Action subsystem 子系统上的图标被重新命名为所连接的条件类型。若 If 模块上的 if、elseif 和 else 条件输出端口为真，则执行相应的子系统。

(5) 在每个 If Action subsystem 子系统中添加执行相应条件的 Simulink 模块。

在仿真 if-else 控制流语句时，由 If 模块到 If Action Subsystem 子系统的 Action 信号线会由实线变为虚线。

**例 9-5** If-Else 控制流系统。

**要求**：利用 If-Else 控制流系统实现如例 9-1 所示的模型功能。模型的输入信号为正弦波信号，当输入信号大于零时，输出正弦波信号的绝对值，否则输出饱和正弦波信号，饱和幅值为-0.75～0.75。

**解答**：

由于模型实现的是与例 9-1 模型相同的功能(只不过是实现的方式不同)，因此这里利用 If-Else 控制流建立的系统模型如图 9-42 所示。

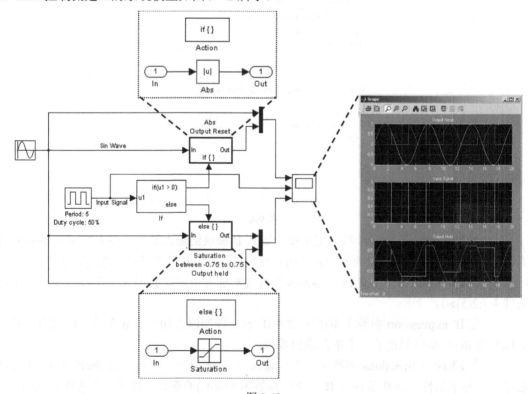

图 9-42

对于 If 子系统来说,当输入信号 u1>0 时,执行 Abs 子系统模块,Abs 子系统中的 Action 模块的 **States when execution is resumed** 参数设置为 **reset**,这样当禁止 Abs 子系统时,子系统的输出值将被重新设置为初始值。当输入信号 u1=0 时,执行 Saturation 子系统模块,Saturation 子系统中的 Action 模块的 **States when execution is resumed** 参数设置为 **held**,这样当禁止 Saturation 子系统时,子系统的输出值保持不变,在执行 Saturation 子系统时,子系统输出正弦输入信号的值,并限制输出值在−0.75～0.75 之间。

设置仿真参数对话框中的仿真时间为 20 s,最大步长 **Max step size** 为 0.01 s,选择变步长 ode45 求解器,运行仿真,得到的仿真结果曲线见图 9-42 中的示波器窗口。这个结果曲线与例 9-1 中的模型输出曲线完全相同。

## 9.3.2　Switch 控制流语句

Ports & Subsystems 模块库中的 Switch Case 模块和包含 Action Port 模块的 Switch Case Action Subsystem 模块可以实现标准 C 语言的 switch 条件逻辑语句。图 9-43 中的模型说明了 Simulink 中完整的 Switch 控制流语句。

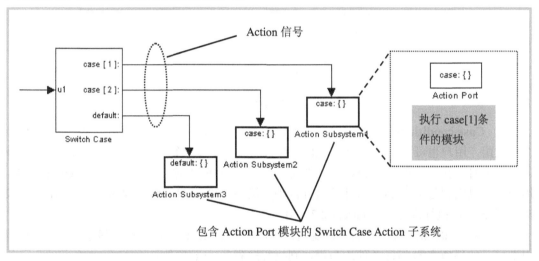

图 9-43

Switch Case 模块接受单个输入信号,它用来确定执行子系统的条件。Switch Case 模块中每个输出端口的 case 条件与 Switch Case Action Subsystem 子系统模块连接,该模块依次从顶部开始求取执行条件,如果 case 值与实际的输入值一致,则执行相应的 Switch Case Action Subsystem 子系统。这个模型中执行的 Switch 控制流语句的流程如下:

```
switch (u1) {
    case [u1=1]:
        Action Subsystem1;
        break;
    case [u1=2 or u1=3]:
        Action Subsystem2;
        break;
```

```
        default:
            Action Subsystem2;
    }
```

构造 Simulink 中 Switch 控制流语句的步骤如下：

(1) 在当前系统中放置 Switch Case 模块，并为 Switch Case 模块的变量输入端口提供输入数据。标签为 u1 的输入端口的输入数据是 switch 控制流语句的变量，这个值决定了执行的 case 条件，这个端口的非整数输入均被四舍五入。

(2) 打开 Switch Case 模块的参数对话框，如图 9-44 所示，在对话框内设置模块的参数。

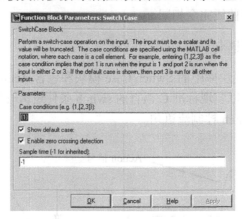

图 9-44

① **Case conditions**：在该参数文本框内输入 case 值，每个 case 值可以是一个整数或一个整数组，用户也可以添加一个可选的缺省 case 值。例如，输入{1, [7, 9, 4]}，表示当输入值是 1 时，执行输出端口 case[1]；当输入值是 7、9 或 4 时，执行输出端口 case[7 9 4]。用户也可以用冒号指定 case 条件的执行范围，例如，输入{[1：5]}，表示当输入值是 1、2、3、4 或 5 时，执行输出端口 case[1 2 3 4 5]。

② **Show default case**：选择该复选框后，将在 Switch Case 模块上显示缺省的 case 输出端口。如果所有的 case 条件均为否，则执行缺省的 case 条件。

③ **Enable zero crossing detection**：选择该复选框后，表示启用过零检测。

④ **Sample time(-1 for inherited)**：指定模块的采样时间，若设置为-1，则表示使用继承采样时间。

(3) 向系统中添加 Switch Case Action Subsystem 子系统模块。Switch Case 模块的每个 case 端口与子系统连接，这些子系统内包含 Action Port 模块，当在子系统内放置 Action Port 模块时，这些子系统就成为原子子系统，并带有标签为 Action 的输入端口。

(4) 把 Switch Case 模块中的每个 case 输出端口和缺省输出端口与 Switch Case Action Subsystem 子系统模块中的 Action 端口相连，被连接的子系统就成为一个独立的 case 语句体。这些子系统的 Action 端口被重新命名为 case{}，在仿真 Switch 控制流语句时，从 Switch Case 模块到 Switch Case Action Subsystem 子系统模块的 Action 信号线会由实线变为虚线。

(5) 在每个 Switch Case Action Subsystem 子系统中添加执行相应 case 条件的 Simulink 模块。在 Switch Case Action Subsystem 子系统中的所有模块必须与其驱动模块 Switch Case

模块运行在相同的速率上，做到了这一点，可以把每个模块的采样时间设置为-1(继承采样时间)，或者都设置为 Switch Case 模块的采样时间。

**例 9-6**　Switch 控制流系统。

**要求**：利用 Switch Case Action Subsystem 子系统模块建立一个执行如下算法的 Switch 控制流系统：

$$\begin{cases} y(t) = \sin(t) & u1 = 0 \\ y(t) = 2\sin(t) & u1 = 1 \\ y(t) = 3\sin(t) & u1 = 2 \end{cases}$$

**求解**：

按照系统要求，输入的控制信号可以选择为梯形波，这里可以利用 Signal Builder 模块创建波形。

根据系统要求选择的 Simulink 模块如下：

● Sources 模块库中的 Signal Builder 模块和 Sine Wave 模块；

● Ports & Subsystems 模块库中的 Switch Case Action Subsystem 子系统模块和 Switch Case 模块；

● Math Operations 模块库中的 Gain 模块；

● Signal Routing 模块库中的 Mux 模块和 Merge 模块。

建立的系统模型如图 9-45 所示。当输入信号 u1=1 时，模型执行 Switch Subsystem1 子系统，当 u1=2 时，执行 Switch Subsystem2 子系统；否则，当 u1=0 时，执行 Switch Subsystem3 子系统。设置模型中所有子系统内的 Out1 模块的 **Output when disabled** 参数为 **held**，**Initial output** 参数为 0，这样当某个子系统被禁止时，系统输出保持不变，不返回初始输出值。

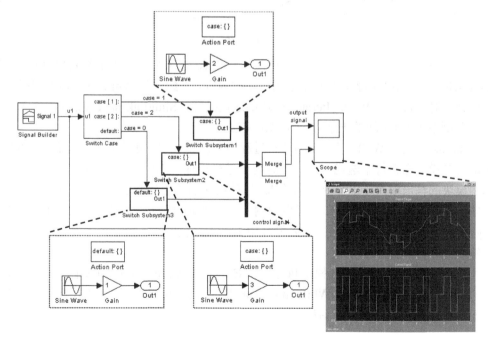

图 9-45

选择变步长 ode45 求解器，设置最大步长 **Max step size** 为 0.01，运行仿真后的结果曲线如图 9-45 中的示波器所示。示波器窗口中的 Control Signal 曲线是由 Signal Builder 创建的信号波形，这个波形能够控制 Switch Case 模块的执行。

### 9.3.3 While 控制流语句

用户可以用 While Iterator Subsystem 子系统和表 9-2 中 Ports & Subsystems 模块库中的模块创建类似 C 语言的循环控制流语句。

表 9-2　Prots&Subsystems 模块库中的模块

| C 语言 | 使用的模块 |
| --- | --- |
| do – while | While Iterator Subsystem |
| for | For Iterator Subsystem |
| while | While Iterator Subsystem |

图 9-46 中的模型说明了 Simulink 中类似 C 语言的 While 控制流语句。

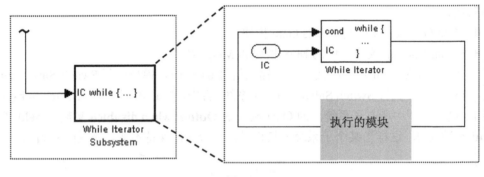

图 9-46

在 Simulink 的 While 控制流语句中，Simulink 在每个时间步上都要反复执行 While Iterator Subsystem 中的内容，即原子子系统中的内容，直到满足 While Iterator 模块指定的条件。而且，对于每一次 While Iterator 模块的迭代循环，Simulink 都会按照同样的顺序执行 While 子系统中所有模块的更新方法和输出方法。

Simulink 在执行 While 子系统的迭代过程中，仿真时间并不会增加。但是，While 子系统中的所有模块会把每个迭代作为一个时间步进行处理，因此，在 While 子系统中，带有状态的模块的输出取决于上一时刻的输入，这种模块的输出反映了在 while 循环中上一次迭代的输入值，而不是上一个仿真时间步的输入值。例如，假设在 While 子系统中有一个 Unit Delay 模块，该模块输出的是在 while 循环中上一次迭代的输入值，而不是上一个仿真时间步的输入值。

用户可以用 While Iterator 模块执行类似 C 语言的 while 或 do-while 循环，而且，利用 While Iterator 模块对话框中的 **While loop type** 参数，用户可以选择不同的循环类型。图 9-47 是 While Iterator 模块的参数对话框。

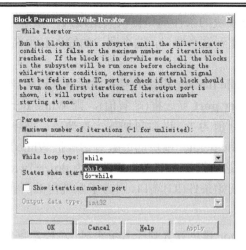

图 9-47

### 1. do-while

在这个循环模式下，While Iterator 模块只有一个输入，即 while 条件输入，它必须在子系统内提供。在每个时间步内，While Iterator 模块会执行一次子系统内的所有模块，然后检查 while 条件输入是否为真。如果输入为真，则 While Iterator 模块再执行一次子系统内的所有模块，只要 while 条件输入为真，而且循环次数小于或等于 While Iterator 模块对话框中的 **Maximum number of iterations** 参数值时，这个执行过程会一直继续下去。

### 2. while

在这个循环模式下，While Iterator 模块有两个输入：while 条件输入和初始条件(IC)输入。初始条件信号必须在 While 子系统外提供。在仿真时间步开始时，如果 IC 输入为真，那么 While Iterator 模块会执行一次子系统内的所有模块，然后检查 while 条件输入是否为真，如果输入为真，则 While Iterator 模块会再执行一次子系统内的所有模块，只要 while 条件输入为真，而且循环次数小于或等于 While Iterator 模块对话框中的 **Maximum number of iterations** 参数值时，这个执行过程会一直继续下去。如果在仿真时间步开始时 IC 输入为假，那么在该时间步内 While Iterator 模块不执行子系统中的内容。

While Iterator 模块参数对话框中的 **Maximum number of iterations** 变量用来指定允许的最大重复次数。如果该变量指定为-1，那么不限制重复次数，只要 while 条件的输入为真，那么仿真就可以永远继续下去。在这种情况下，若要停止仿真，唯一的办法就是终止 MATLAB 过程。因此，除非用户能够确定在仿真过程中 while 条件为假，否则应该尽量避免为这个参数指定-1 值。

构造 Simulink 中 While 控制流语句的步骤如下：

(1) 在 While Iterator Subsystem 子系统中放置 While Iterator 模块，这样子系统变成了 While 控制流语句，标签也更换为 while{…}。这些子系统的动作类似触发子系统，对于想要用 While Iterator 模块执行循环的用户程序，这个子系统是循环主程序。

(2) 为 While Iterator 模块的初始条件数据输入端口提供数据输入。因为 While Iterator 模块在执行第一次迭代时需要提供初始条件数据(标签为 IC)，因此必须在 While Iterator Subsystem 子系统外给定，当这个值为非零值时，Simulink 才会执行第一次循环。

(3) 为 While Iterator 模块的条件端口提供数据输入。标签为 cond 的端口是数据输入端口，维持循环的条件被传递到这个端口，这个端口的输入必须在 While Iterator Subsystem 子系统内给定。

(4) 用户可以通过 While Iterator 模块的参数对话框来设置该模块输出的循环值，如果选择了 **Show iteration number port** 复选框(缺省值)，则 While Iterator 模块会输出它的循环次数。对于第一次循环，循环值为 1，以后每增加一次循环，循环值加 1。

(5) 用户可以通过 While Iterator 模块的参数对话框把 While loop type 循环类型参数改变为 do -while 循环控制流，这会把主系统的标签改变为 do{…}while。使用 do -while 循环时，While Iterator 模块不再有初始条件(IC)端口，因为子系统内的所有模块在检验条件端口(标签为 cond)之前只被执行一次。

> 注意：当把 While Iterator 模块放置到子系统中时，在给定条件为真的情况下，While Iterator 模块会在当前时间步上反复执行子系统中的内容。如果子系统不是原子子系统，那么把 While Iterator 模块放置到子系统中会使该系统成为原子子系统。

如果用户选择了 **Show iteration number port** 复选项，那么 While Iterator 模块会输出当前的循环次数，循环起始值为 1。缺省时，未选择这个复选项。

图 9-48 中的模型可利用 While Iterator 模块计算 N 值，这里，N 是已执行的循环次数。这个模型说明了如何用 While Iterator 模块多次执行子系统内的模块。在这个模型中，While Iterator Subsystem 子系统内有一个计数器，计数器从 1 加到 N，当这个值小于输入值时，计数器执行，当循环次数超过输入值时，这个值会显示在 Display 模块中。为了避免无限循环，这里设置 While Iterator 模块中 do -while 循环的 **Maximum number of iterations** 参数值为 1000，而且，由于算法对非正值的输入没有任何意义，因此，如果输入小于 1，那么 Simulink 不会运行 While Iterator Subsystem 子系统内的任何模块。

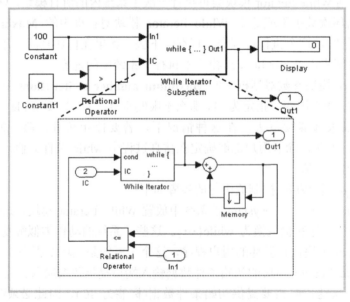

图 9-48

图 9-48 中的模型相当于执行下列语句(这里 max_sum = 1000)：

```
sum = 0;
iteration_number = 0;
cond = (max_sum > 0);
while (cond != 0) {
    iteration_number = iteration_number + 1;
    sum = sum + iteration_number;
    if (sum > max_sum OR iteration_number > max_iterations)
        cond = 0;
}
```

**例 9-7**　利用 Newton 法求取非线性方程。

**要求**：利用 Newton 迭代法求取非线性方程 $f(x) = \sin(x) + \cos(x) - x = 0$ 的根，直到满足 $|f(x)| < 10^{-8}$ 为止。

**求解**：

牛顿迭代公式为

$$x_{n+1} = x_n - \frac{f(x_n)}{f'(x_n)}$$

从图 9-49 中可以看到，在几何意义上，$f'(x_1)$ 是曲线 $f(x)$ 在 $x = x_1$ 点处的切线斜率，即

$$f'(x_1) = \frac{f(x_1)}{x_1 - x_2}$$

因此，如果给出 $x_1$ 和 $f(x)$，先找到 $f(x_1)$，再通过 $f(x_1)$ 作切线，则可求出 $x_2$，即

$$x_2 = x_1 - \frac{f(x_1)}{f'(x_1)}$$

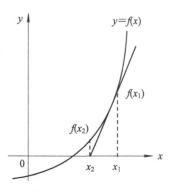

图 9-49

$x_2$ 是上述切线与横轴的交点，求出 $x_2$ 后，再找出 $f(x_2)$ 作切线，与横轴交于 $x_3$。$f'(x_2)$ 是通过 $f(x_2)$ 的切线斜率，如此一直求下去，直到 $|f(x)| \leq \varepsilon = 10^{-8}$ 为止。

已知 $f(x) = \sin(x) + \cos(x) - x$，求得 $f'(x) = \cos x - \sin x - 1$。

根据系统要求建立的 Simulink 模型如图 9-50 所示。

Newton's Method 子系统是主子系统，While Iterator 模块中的最大循环次数 **Maximum number of iterations** 为 5，**While loop type** 参数为 do -while，**States when starting** 参数为 reset。给出变量 $x$ 的初值 $x_0$，$x_0$ 由 Memory 模块中的初始条件 **Initial condition** 参数给定，这里设置为 10，然后利用迭代公式求取 $x_1$ 值，这就是牛顿的一步迭代过程，这个求解过程在 Newton Subsystem 子系统内执行。Newton Subsystem 子系统计算当前 $x_1$ 值时的 $f(x_1)$ 和 $f'(x_1)$ 值，并把 $f(x_1)$ 作为 Abs 模块的输入，该模块求取 $f(x_1)$ 的绝对值，并与 Constant 模块中的常值 1.0e$^{-8}$ 进行比较，如果不满足 $|f(x)| < 10^{-8}$，而且迭代次数 $n$ 小于给定的最大值 5，则继续迭代；如果满足 $|f(x)| < 10^{-8}$ 或 $n$ 大于 5 中的任何一个条件，则终止仿真，接受 f(u_n)值作为求解结果。

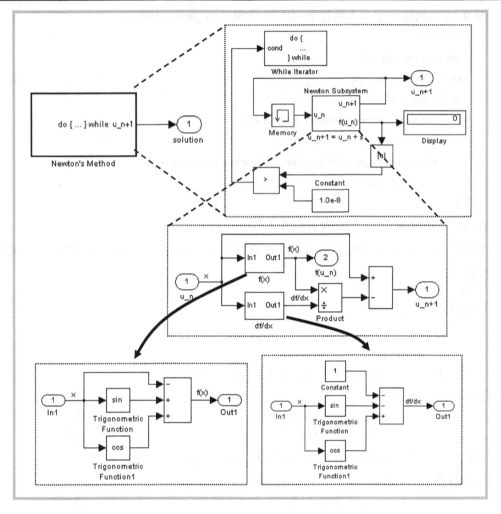

图 9-50

在仿真参数对话框内选择变步长 ode1(Euler)求解器，将 **Fixed step size** 参数设置为 1，运行仿真，最后在 Display 模块中显示的结果值为−7.4e−014。

这个模型相当于执行下列语句：

iteration_number = 0;

max_sum = 5;

initial_x = 10;

cond = (max_sum>0);

while (cond!=0){

iteration_number = iteration_number + 1;

　　f(x) = sin (initial_x)+cos (initial_x)−x;

　　df(x) = con (initial_x)−sin (initial_x)−1;

　　x = initial_x−f(x)/df(x);

　　if (iteration_number>5 OR abs(initial_x)<10e−8)

```
        cond = 0;
    initial_x = x;
}
```

## 9.3.4　For 控制流语句

Ports & Subsystems 模块库中的 For Iterator Subsystem 子系统模块可以实现标准 C 语言的 For 循环语句，For Iterator Subsystem 子系统内包含 For Iterator 模块。在 Simulink 的 For 控制流语句中，只要把 For Iterator 模块放置在 For Iterator Subsystem 子系统内，那么 For Iterator 模块将在当前时间步内循环 For Iterator Subsystem 子系统中的内容，这个循环过程会一直继续，直至循环变量超过指定的限制值。

For Iterator 模块允许用户指定循环变量的最大值，或者从外部指定最大值，并为下一个循环值指定可选的外部源。如果不为下一个循环变量指定外部源，那么下一个循环值可由当前值加 1 来确定，即 $i_{n+1} = i_n + 1$。

图 9-51 中的模型在 Simulink 中实现了相当于 C 语言的完整的 For 控制流语句。

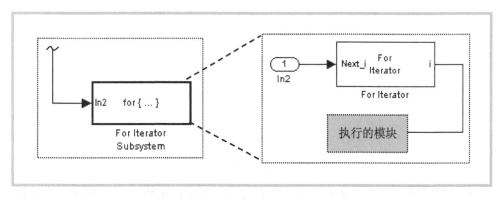

图 9-51

For Iterator Subsystem 子系统是原子子系统，对于 For Iterator 模块的每一次循环，For Iterator Subsystem 子系统将执行子系统内的所有模块。

构造 Simulink 中 For 控制流语句的步骤如下：

(1) 从 Ports & Subsystems 模块库中将 For Iterator Subsystem 子系统模块放置到用户模型中。

(2) 在 For Iterator 模块的参数对话框内设置模块参数。图 9-52 是 For Iterator 模块的参数对话框。

① 如果希望 For Iterator Subsystem 子系统在每个时间步内的第一次循环之前将系统状态重新设为初始值，则应把 **States when starting** 参数设置为 **reset**；否则，把 **States when starting** 参数设置为 **held**(缺省值)，这会使得子系统从每个时间步内的最后一次循环到下一个时间步开始一直保持状态值不变。

② **Iteration limit source** 参数用来设置循环变量。如果设置这个参数值为 **internal**，那么 **Iteration limit** 文本框内的参数值将决定循环次数，每增加一次循环，循环变量加 1，这个循环过程会一直进行下去，直到循环变量超过 **Iteration limit** 参数值；如果设置这个参数

值为 **external**，那么 For Iterator 模块上 N 端口中的输入信号将决定循环次数，循环变量的下一个值将从外部输入端口读入，这个输入必须在 For Iterator Subsystem 子系统的外部提供。

③ 如果选择了 **Show iteration variable** 复选框(缺省值)，那么 For Iterator 模块会输出循环值，对于第一次循环，循环值为1，以后每增加一次循环，循环值加1。

④ 只有选择了 **Show iteration variable** 复选项时，才可以选择 **Set next i (iteration variable) externally** 参数。如果选择这个选项，则 For Iterator 模块会显示一个附加输入，这个输入用来连接外部的循环变量，当前循环的输入值作为下一个循环的循环变量值。

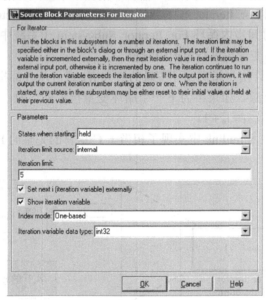

图 9-52

图 9-53 中的模型使用 For Iterator 模块在每个时间步内循环 20 次，这里，初始值为零，每增加一次循环，循环次数加1，输出值加10。模型中的 interations 模块是常值模块，设置循环次数为20，For Iterator 模块设置 **State when starting** 参数值为 **held**，**iteration limit source** 参数值为 **external**，选择 **Show iteration variable** 复选项。

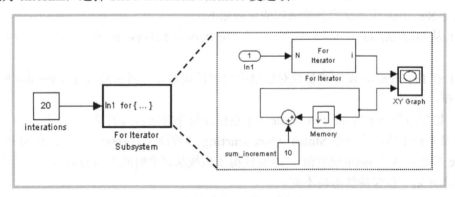

图 9-53

设置仿真时间为 20 时间单位，运行仿真，得到的 XY 图如图 9-54 所示。从图中可以看到，X 轴表示的是循环变量，Y 轴表示的是累加值，当 X=1，即第一次循环时，Y=10；X=2 时，Y=20；…；以后每增加一次循环，累加值加 10。

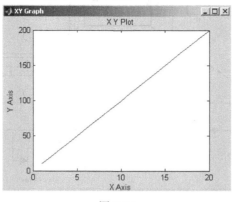

图 9-54

这个模型实际上实现的是类似于 C 语言中的下列循环语句：

```
sum = 0;

iterations = 20;

sum_increment = 10;

for (i = 0; i < iterations; i++) {

    sum = sum + sum_increment;

}
```

**例 9-8**　利用 For 子系统或 While 子系统求取 1～N 的累加和。

**要求**：利用 For 子系统循环累加求取 1～N 的累加和，即 Sum = 1 + 2 + 3 + … + N。

**求解**：

根据系统要求选择的 Simulink 模块如下：

● Sources 模块库中的 Constant 模块；

● Ports & Subsystems 模块库中的 For Iterator Subsytem 模块；

● Discrete 模块库中的 Unit Delay 模块；

● Sinks 模块库中的 Display 模块。

从数学的角度来看，这个公式很容易求得，即 Sum = (N*(N + 1))/2。利用 For 子系统建立的 Simulink 模型如图 9-55 所示。

模型中添加了一个 Fcn 模块，该模块的表达式参数 **Expression** 为(u*(u + 1))/2，这个模块在模型中不起什么作用，只是用来验证 For 子系统的循环结果。模型还有一个 Data Type Conversion 模块，如果选择模型窗口中 **Format** 菜单下的 **Port data types** 命令就会发现，For Iterator 模块输出的是 int32 型数据，而其驱动模块的输入数据类型却是 double 型，因此添加了 Data Type Conversion 模块进行数据类型转换。

设置 For Iterator 模块参数对话框中的 **State when starting** 参数为 **reset**，**Iteration limit source** 参数为 **external**，给定常值 N 为 10，这是一个时间步内循环变量的最大限制值。设置 Unit Delay 模块中的 **Initial conditions** 为 0，模块当前时间步的输出是前一个时间步的输入值。

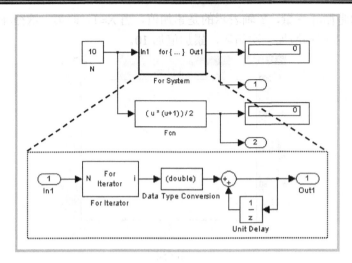

图 9-55

在仿真参数对话框内选择定步长离散求解器，设置仿真时间为 10 个时间单位，定步长参数 **Fixed step size** 为 1，这样，仿真步数为 11。运行仿真，从结果可以看到，Display 模块中显示的是 55，这与 (N*(N+1))/2 公式求得的结果相同。但是，如果把 **State when starting** 参数设置为 **held**，那么在一个时间步内循环 10 次，循环的累加结果为 55，这个结果值不再改变，而是一直保持到下一个时间步开始，这样经过 11 步仿真后最后的输出结果就会是 605。

如果利用 While 控制流子系统执行该任务，则建立的系统模型如图 9-56 所示，模型的运行结果与图 9-55 中的模型相同。

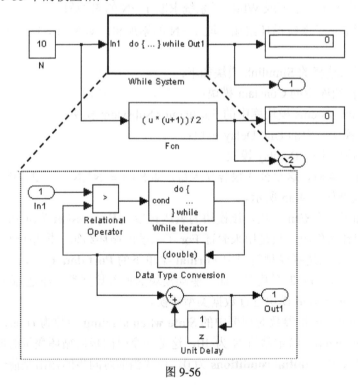

图 9-56

用户也可以把 For Iterator 模块和 Assignment 模块结合在一起使用，这样可以在向量或矩阵内重新赋值，从而更佳地执行程序。

图 9-57 就是 For Iterator 模块和 Assignment 模块结合在一起使用的例子。

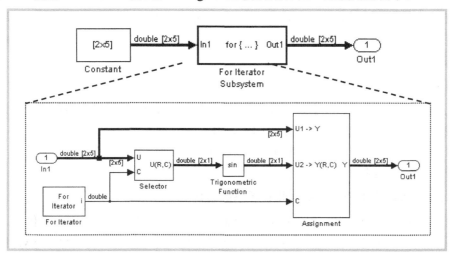

图 9-57

这个模型用包含 Assignment 模块的 For Iterator Subsystem 子系统输出 sin 值，输入是 $2 \times 5$ 矩阵。模型的执行过程如下：

(1) 将一个 $2 \times 5$ 矩阵输入到 Selector 模块和 Assignment 模块。

(2) Selector 模块用 For Iterator 模块的当前循环值指定的列位置把输入矩阵变为 $2 \times 1$ 矩阵。

(3) 求取 $2 \times 1$ 矩阵的正弦值。

(4) 将 $2 \times 1$ 矩阵的正弦值传递到 Assignment 模块。

(5) Assignment 模块用原 $2 \times 5$ 矩阵作为该模块的一个输入，并把 $2 \times 1$ 矩阵按循环值指定的列位置赋值回原矩阵。

在这个模型中，Assignment 模块参数对话框中指定的重新分配的行是[1，2]，因为原矩阵只有两行，也可以指定-1 值，也就是重新分配所有行。

**注意**：sin 模块本身就可以求取矩阵的正弦值，这里使用 sin 模块只是在 Assignment 模块和 For Iterator 模块结合使用中作为改变矩阵中每个分量的一个例子。

## 9.3.5　Stateflow 图和控制流语句的比较

如果 Simulink 模型中包含 Stateflow 图，那么在仿真运行时，Stateflow 图与模块一样被执行。模型中的 Stateflow 模块通过输入和输出信号与其他模块相连，利用这种连接方式，Stateflow 和 Simulink 共享数据，并对模型和 Stateflow 图之间传递的事件进行响应。

Stateflow 已经具有 Simulink 控制流语句的逻辑功能，它可以依条件调用 Function-Call 子系统或循环调用 Function-Call 子系统。但是，由于 Stateflow 提供了大量繁杂的逻辑功能，如果用户的要求很简单，可能会发现只使用 Simulink 控制流模块的功能就可以充分满足用户要求。此外，控制流语句也有如下一些优势：

### 1. 采样时间

Stateflow 可以调用的 Function-Call 子系统是触发子系统，触发子系统从调用模块中继承采样时间。但是，在 if-else 和 switch 控制流语句中使用的 Action 子系统，以及构成 While 和 For 控制流语句的 While 和 For 子系统却都是使能子系统，使能子系统不依赖于调用模块，而是有它们自己的采样时间。这样，它就允许用户在循环子系统内使用比 Function-Call 子系统内更多种类的模块。

### 2. 重新使能时的状态设置

当 Action、For 和 While 子系统被重新使能时，Simulink 的控制流语句模块允许用户保持或重置(即重置为初始值)这些子系统的状态值。

用户也可以把 Statefolw 和控制流模块结合在一起使用。下面给出的例子说明了如何把这两部分结合在一起使用。

### 3. Stateflow 与 If-Else 或 Switch 子系统结合

在图 9-58 所示的模型中，Stateflow 在 Stateflow 数据对象中放置了一个变化值，Simulink 的 If 控制流语句用这个数据进行条件判断。在这个模型中，控制信号提供给 Switch Case 模块，该模块利用控制值选择执行哪一个 Case 子系统。

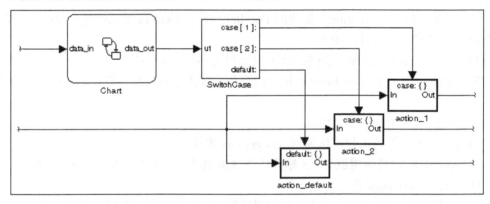

图 9-58

Stateflow 与 While 子系统结合：在图 9-59 中，Stateflow 计算数据对象的值，这个数据对象可用作 do-while 模式下 While Iterator 模块的条件输入。

While Iterator 模块对它的主子系统进行循环控制，该主子系统包含 Stateflow Chart 模块。在 do-while 模式下，While 模块在第一次循环值(=1)时执行，在这次执行中，Stateflow chart 被唤醒，并设置 While Iterator 模块中使用的数据值，然后求取 While Iterator 模块的值，并作为下次 While 循环的条件。

在图 9-60 中，While 模块设置在 while 模式下，在这个模式下，While Iterator 模块必须有输入到模块初始条件端口的输入信号，以便执行模块的第一次循环值。这个值必须来自于 While 子系统的外部。

如果初始条件为真，那么 While Iterator 模块会唤醒 Stateflow chart，并执行完 Stateflow，在此期间，Stateflow chart 设置条件数据，While Iterator 模块的条件端口利用条件进行下一次循环。

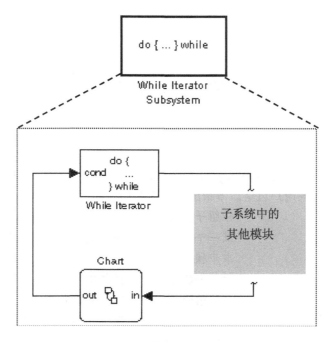

图 9-59

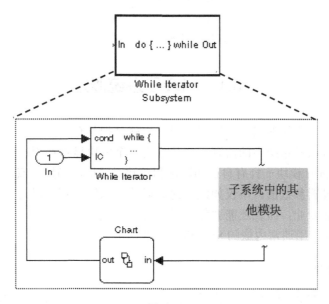

图 9-60

# 第 10 章　封 装 子 系 统

本章向读者介绍如何为 Simulink 子系统创建自定义的用户接口，也就是对子系统进行封装，以表现自定义的用户风格。本章的主要内容如下：

> 关于封装　　　　　　　　介绍子系统封装的关键概念
> 封装子系统举例　　　　　以一个简单的子系统封装为例，向读者介绍封装操作的基本步骤
> 封装编辑器　　　　　　　封装编辑器是封装操作中的设置对话框，本章将详细介绍封装编辑器对话框的参数设置方式
> 链接封装参数和模块参数　介绍如何把封装参数链接到隐藏在封装后的模块参数上
> 创建动态框　　　　　　　介绍根据用户选择的选项不同而改变模块的封装外观的方法
> 自定义库操作　　　　　　介绍如何定制用户库，并将用户库添加到 Simulink 库中
> 可配置子系统　　　　　　介绍如何创建可配置子系统，也就是如何创建可在不同模块之间进行切换的子系统

## 10.1　封装子系统概述

封装就是创建子系统的自定义用户接口，也就是把具有一定功能的子系统封装成一个模块。它可以隐藏原子系统中的内容，使其作为一个模块显示在用户模型中，而且该模块与 Simulink 中的固有模块一样有自己的图标和参数对话框，当用户双击这个模块时可以打开该对话框，并设置参数值。不仅如此，封装后的子系统拥有自己的工作区，这不仅可以使用户的框图更加专业，而且还能够保护子系统中实现的内容，用户可以向被封装的子系统传递参数，就像使用通常内嵌的 Simulink 模块一样。

### 10.1.1　封装特征

Simulink 中的 **Mask Editor**(封装编辑器)提供了封装子系统时编辑模块的所有操作设置值，它可以对任何子系统进行封装。用户可以对封装后的子系统执行如下操作：

● 用一个单个的参数框(包含模块说明、参数提示和帮助文本)替换子系统的参数框及内容；
● 用用户图标替换子系统的标准图标；
● 通过隐藏子系统的内容防止对子系统的无目的更改；

● 把定义了模块行为的方块图封装在子系统内，然后把被封装的子系统放置在库中，从而创建一个用户模块。

封装包括如下特征：

### 1．封装图标

封装图标替换了子系统的标准图标，也就是说，它会替代方块图中子系统模块的标准图标。Simulinnk 使用 MATLAB 代码绘制用户图标，用户可以在图标代码中使用任何 MATLAB 绘制命令，这就为用户在设计封装子系统的图标上提供了极大的表现空间。

### 2．封装参数

Simulink 允许用户为被封装子系统定义一组用户可设置的参数，Simulink 会把参数值作为变量值存储在封装工作区中，变量的名称由用户指定。这些被关联的变量允许用户把封装参数链接到封装子系统内模块的特定参数(内部参数)上。

### 3．封装参数对话框

封装参数对话框包含着某些控制，这些控制可以使用户设置封装参数的值，因此也可以设置任何链接到封装参数的内部参数的值。

封装参数对话框替换了子系统的标准参数对话框，也就是说，单击封装子系统图标后显示的是封装参数对话框，而不是子系统模块的标准参数对话框。用户可以自行设计封装对话框的每个特征，包括希望在对话框上显示哪些参数，以及这些参数的显示顺序、参数的提示说明、用来编辑参数的控制和参数的回调函数(用来处理由用户输入的参数值的代码)。

### 4．封装初始化代码

初始化代码是用户指定的 MATLAB 代码，在仿真运行开始时，Simulink 会运行这个代码，以初始化被封装的子系统。用户可以使用初始化代码设置被封装子系统中封装参数的初始值。

### 5．封装工作区

Simulink 会把 MATLAB 工作区与每个被封装子系统相关联，它会在工作区中存储子系统参数的当前值，以及由模块初始化代码所创建的任何变量和参数回调函数。用户可以利用模型和封装工作区变量初始化被封装子系统，并设置被封装子系统内的模块值，但要遵守如下规则：

● 模块参数表达式只能使用定义在子系统中的变量，或者使用包含这个模块的嵌套子系统中的变量，还可以使用模型工作区中的变量。

● 对于多层级模型(多于一层以上)，假设用户在几个层级模型中都定义了同一个变量，如果在某个层级中引用这个变量，那么变量值在局部工作区(也就是与这个层级最近的工作区)中求解。

例如，假设模型 M 包含被封装子系统 A，A 中包含被封装子系统 B，假如 B 引用了子系统 A 和模型 M 工作区中都有的变量 x，在这种情况下，这个引用会在子系统 A 的工作区中求解变量值。

● 被封装子系统的初始化代码只能引用其局部工作区(也就是该子系统自己的工作区)的变量。

### 10.1.2　封装举例

这里用一个简单的模型范例说明封装的特征。图 10-1(a)是一个被封装的系统模型，模型中的子系统 mx+b 是 Subsystem 模块，它实现的是线性方程 y = mx+b；双击图标即可打开这个子系统，子系统中的模型如图 10-1(b)所示。

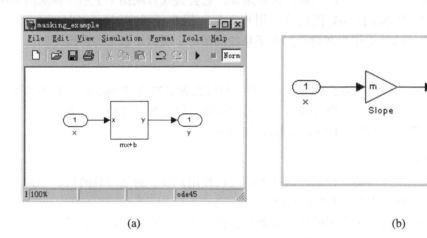

(a)                                                         (b)

图 10-1

通常，当双击 Subsystem 模块时，该子系统会打开一个独立的窗口来显示子系统内的模块。mx+b 子系统包含一个名称为 Slope 的 Gain 模块，它的 **Gain** 参数被指定为变量 m；还有一个名称为 Intercept 的 Constant 模块，它的 **Constant value** 参数被指定为 b。这两个参数分别表示线性方程的斜率和截距。

在这个例子中，我们为子系统创建了一个用户对话框和图标，对话框包含 **Slope** 参数和 **Intercept** 参数的提示，双击图标可打开封装对话框，mx+b 子系统模块的参数对话框及图标如图 10-2 所示。

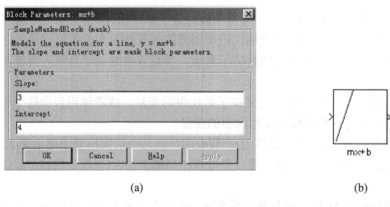

(a)                                                         (b)

图 10-2

用户可以在封装对话框内输入 **Slope** 和 **Intercept** 参数的数值，在子系统下的所有模块都可以使用这些值。子系统内的所有特性均被封装在一个新的接口内，这个接口具有图标界面，并包含了内嵌的 Simulink 模块。

对于这个例程子系统，需要执行这样的封装操作：

● 为封装对话框中的参数指定提示。在这个例子中，封装对话框为 **Slope** 参数和 **Intercept** 参数指定提示。

● 指定用来存储每个参数值的变量名称。

● 输入模块的文档，该文档中包括模块的说明和模块的帮助文本。

● 指定创建模块图标的绘制命令。

下面就按照这个顺序来说明如何为 mx+b 子系统创建封装。

### 1．创建封装对话框提示

为了对这个子系统进行封装，首先在模型中选择 Subsystem 模块，然后选择 **Edit** 菜单中的 **Mask Subsystem** 命令，这个例子主要使用 **Mask editor** 对话框中的 **Parameters** 选项页来创建被封装子系统的对话框，如图 10-3 所示。

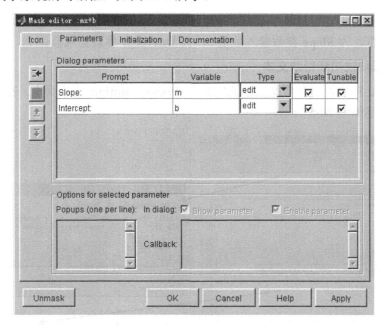

图 10-3

**Mask editor** 对话框可以用来指定封装参数的下列属性：

● **Prompt**：描述参数的文本标签。

● **Type**：该选项用来指定用户所编辑参数值的控制类型。它是用户接口的控制风格，同时确定了参数值的输入或选择方式。

● **Variable**：存储参数值的变量名。

通常，用参数的提示来查询被封装参数是很方便的。在这个例子中，与斜率关联的参数是 **Slope** 参数，与截距关联的参数是 **Intercept** 参数。

斜率和截距都定义为 **edit** 控制，这就表示用户可以在对话框的编辑区域内输入数值，这些数值会存储在封装工作区的变量中，被封装模块只能在封装工作区内访问变量。在这个例子中，输入的斜率值赋值到变量 m 中，被封装子系统的 Slope 模块可以从封装工作区内获得 **Slope** 参数的值。

图 10-4 说明了在 **Mask Editor** 对话框内定义的 **Slope** 参数是如何映射到实际的封装对话框参数中的。

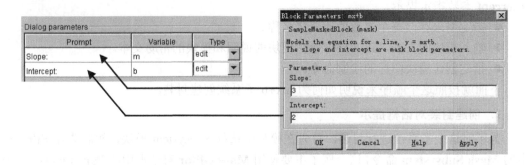

图 10-4

为斜率和截距创建了封装参数后，单击 **OK** 按钮，然后双击 Subsystem 模块来打开最新创建的对话框，为 **Slope** 参数输入数值 3，为 **Intercept** 参数输入数值 2。

### 2．创建模块说明和帮助文本

封装类型、模块说明和帮助文本被定义在 **Documentation** 选项页内。在这个例子中，模块的说明描述如图 10-5 所示。

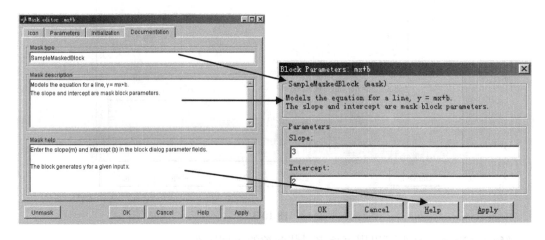

图 10-5

### 3．创建模块图标

到目前为止，我们已经为 mx+b 子系统创建了一个自定义对话框，但是，Subsystem 模块仍然显示的是通常的 Simulink 子系统图标。这里，我们想把被封装后模块的图标设计为一条显示直线斜率的图形，以表现用户图标的特色。例如，当斜率为 3 时，图标应该是：

对于这个例子，**Mask Editor** 对话框内 **Icon** 选项页的定义如图 10-6 所示。

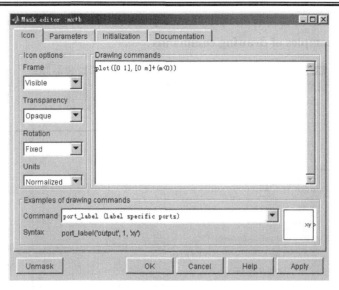

图 10-6

**Drawing commands** 区域内的绘制命令 plot([0 1],[0 m]+(m<0))绘制的是从点(0，0)到点 (1，m)的一条直线，如果斜率为负，则 Simulink 会把直线向上平移 1 个单位，以保证直线显示在模块的可见绘制区域内。

绘制命令可以存取封装工作区中的所有变量，当输入不同的斜率值时，图标会更新直线的斜率。**Icon** 选项页内的 **Units** 参数表示绘制坐标，这里选择 **Normalized**，它表示图标中的绘制坐标定位在边框的底部，图标在边框内绘制，图标中左下角的坐标为(0，0)，右上角的坐标为(1，1)。

# 10.2　封装编辑器

**Mask Editor** 对话框允许用户创建或编辑子系统的封装。若要打开封装编辑器，可选择子系统模块，然后从包含该子系统模块的模型窗口中的 **Edit** 菜单上选择 **Edit Mask** 命令，或者用鼠标右键单击子系统，在弹出的菜单中选择 **Edit Mask** 命令，打开 **Mask Editor** 对话框。封装编辑器共有四个选项页——**Icon**、**Parameters**、**Initialization** 和 **Documentation**，这四个选项页的功能如下：

● **Icon** 选项页用来定义模块图标；

● **Parameters** 选项页用来定义和描述封装对话框中的参数提示和与参数相关联的变量名称；

● **Initialization** 选项页用来指定初始化命令；

● **Documentation** 选项页用来定义封装类型，并指定模块的说明和帮助文本。

## 10.2.1　Icon 选项页的设置

**Mask Editor** 对话框中的 **Icon** 选项页用来控制图标的外观，它可以创建包含文本说明、状态方程、图像和图形的图标。

图 10-7 是封装编辑器的 **Icon** 选项页，该选项页包括三个选项区：**Drawing commands**、**Icon options** 和 **Examples of drawing commands**。

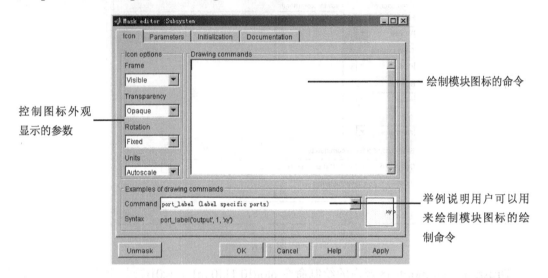

控制图标外观显示的参数

绘制模块图标的命令

举例说明用户可以用来绘制模块图标的绘制命令

图 10-7

## 1．Drawing commands

在这个编辑框中，可以输入 MATLAB 语法风格的绘制命令来绘制自定义的模块图标。Simulink 提供了一组可以显示文本、一条曲线或多条曲线，或者显示传递函数的绘制命令，用户必须使用这些命令绘制图标。Simulink 依据这个区域内命令的显示顺序执行绘制命令，绘制命令可以存取封装工作区中的所有变量。

用户可以用 plot 命令在图标上显示 MATLAB 图形，尽管一般的 MATLAB 命令不能直接使用，但这些命令可以作为可使用的绘图命令的参数，如 plot (peaks)命令调用了 MATLAB 的 peaks 函数，生成的图形如图 10-8 所示。也可以使用 image 命令显示图像，如 image(imread('splash.bmp'))命令显示的是一个名称为 splash.bmp 的位图图像，如图 10-9 所示，这个图像必须存储在模型文件的当前目录中。大多数图像格式都可以通过 imread 命令读入到 MATLAB 中，但是如果要在一个图标上显示，则必须保证图像格式为 RGB 格式，否则，需要用图像处理工具箱中的 ind2rgb 命令进行格式转换。

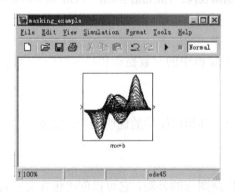

图 10-8

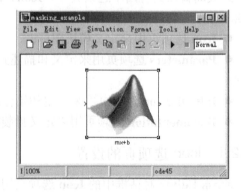

图 10-9

此外，还可以用 disp 或 text 命令显示文本，如执行 disp ('This is the equation for a line.\n y = mx + b')命令后，可在图标上显示文本，生成的图标如图 10-10 所示。下面的命令使用 text 在指定的坐标点上显示文本，并将显示的内容设置为红色，生成的图标如图 10-11 所示。

        color('red');

        text(0，0.7，'This is the equation for a line.');

        text(0.3，0.4，'y = mx + b')

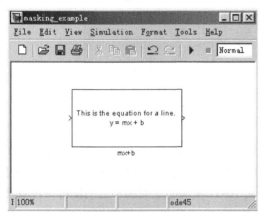

图 10-10

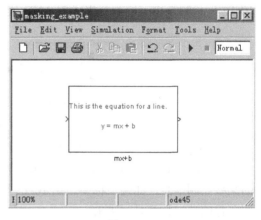

图 10-11

当用户进行下列操作时，Simulink 执行用户的图标绘制命令：

● 加载模型；

● 运行或更新模型方块图；

● 当用户把在封装参数对话框中所做的任何改变应用到模型时，或者单击 **Apply** 按钮 或 **OK** 按钮；

● 当用户把在 **Mask Editor** 对话框中所做的任何改变应用到模型时，或者单击 **Apply** 按钮或 **OK** 按钮；

● 对模型方块图进行了修改，且这种修改影响了模块的外观，例如，在用户旋转或翻 转模块时；

● 在同一个模型内或者在不同的模型之间复制被封装的模块。

### 2．Examples of drawing commands

这个选项区说明了 Simulink 所支持的不同图标绘制命令的使用方法。为了确定命令的 语法结构，可从 Commands 列表中选择命令，Simulink 会在列表框的底部显示所选命令的 语法，并在列表框的右侧预览该命令生成的图标。

### 3．Icon options

这个选项区有四个下拉列表框：**Frame**、**Transparency**、**Rotation** 和 **Units**，分别指定 模块图标的不同属性。下面以一个 AND 模块为例，说明当选择不同选项时模块图形的外观。 绘制这个模块图标的命令如下：

        t = [1:0.1:10];

        x = sin (t);

y = cos (t);

plot ([0 0]，[1 0]);

plot ([0 1]，[0 0]);

plot (x,y)

**Frame**：Simulink 中生成的图标，其边框都是矩形的，这个选项用来控制图标边框是否可见，共有两个选项：**Visible**(可见)和 **Invisible**(不可见)。缺省时的图标边框是可见的。图 10-12 显示的是由上述命令生成的 AND 模块图标。

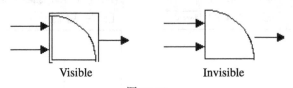

Visible                Invisible

图 10-12

**Transparency**：这个选项用来控制图标的透明度，用以隐藏或显示图标下的内容，可以选择 **Opaque**(不透明)或 **Transparent**(透明)。缺省时的图标是不透明的，它覆盖了 Simulink 的某些绘制信息，如端口标签。图 10-13 显示的是 AND 模块的透明和不透明图标，注意透明图标的端口标签是可见的。

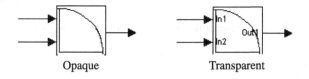

Opaque                Transparent

图 10-13

**Rotation**：这个选项用来控制图标是否旋转，可以选择 **Fixed**(固定)或 **Rotates**(旋转)，也就是说，当旋转或翻转模块时，用户可以选择是否旋转或翻转图标，或者选择使图标固定在原来的方位上，缺省时不旋转图标。图标旋转和模块端口旋转是一致的。图 10-14 显示的是选择固定和旋转图标时的 AND 模块图标。

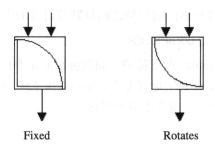

Fixed                Rotates

图 10-14

**Units**：这个选项用来控制绘制命令使用的坐标系统，它只适用于 plot 和 text 绘制命令。可以选择的参数值为：**Atuoscale**、**Normalized** 和 **Pixel**。图 10-15 说明了不同参数值定义的坐标系统。

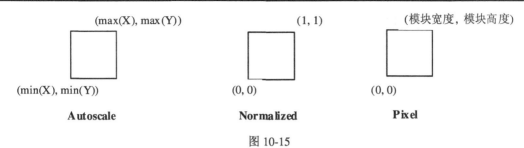

图 10-15

● **Autoscale**：这个选项会自动缩放图标以适应图标边框。当改变模块大小时，图标也相应地改变大小。例如，图 10-16 显示的是用如下向量绘制的图标：X = [0 2 3 4 9]；Y = [4 6 3 5 8]。

模块边框的左下角坐标为(0，3)，右上角坐标为(9，8)，x 轴的宽度是 9(从 0 到 9)，y 轴的宽度是 5(从 3 到 8)。

● **Normalized**：这个选项用于在模块边框内绘制图标。边框的左下角坐标为(0，0)，右上角坐标为(1，1)，X 值和 Y 值在 0～1 之间。当更改模块大小时，图标也相应更改大小。例如，图 10-17 显示的是用如下向量绘制的图标：X = [.0 .2 .3 .4 .9]；Y = [.4 .6 .3 .5 .8]。

● **Pixel**：这个选项是指用以像素为单位表达的 X 值和 Y 值绘制图标。它用于显示真实的图像尺寸，当模块改变大小时，图标并不会自动改变尺寸。为了强迫图标与模块一起更改尺寸，可以根据模块的大小定义绘制命令。

图 10-16　　　　　　　　　　　图 10-17

## 10.2.2　Parameters 选项页的设置

如果只是定义了图标，则模块还没有被真正地封装，因为在双击图标时它始终显示的是模块内的内容，而且始终直接使用来自 MATLAB 工作区的参数。真正的封装是通过 **Mask editor** 对话框的 **Parameters** 选项页来定义的。

图 10-3 是 **Parameters** 选项页，用户可以在这里创建和更改被封装子系统的参数，也就是定义被封装子系统行为的封装参数。这个选项页包含如下选项区：**Dialog parameters** 区域允许用户选择和改变封装参数的主要属性；**Options for selected parameter** 区域允许用户为 **Dialog parameters** 区域中选择的参数设置附加选项；选项页中的左侧按钮可以增加、删除和改变封装参数对话框中参数的显示顺序。

### 1．Dialog parameters

这个区域以表格形式列出了封装参数，每一行显示一个封装参数的主要属性，如图 10-18 所示。左侧的"添加"按钮用来向列表中添加一个新参数，"删除"按钮用来删除列表中选择的一个参数，"上移"按钮用来把当前选择的参数向上移动一行，"下移"按钮用来把当前选择的参数向下移动一行。这个区域中参数的排列顺序与封装后的模块参数对话框中的参数排列顺序相同，因此用户可以利用"上移"和"下移"按钮改变参数对话框中参数的显示顺序。

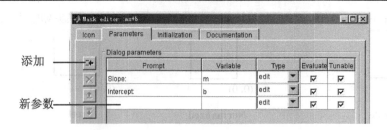

图 10-18

● **Prompt**：这个参数用来标识被封装子系统中参数的文本。

● **Variable**：这个参数用来表示在封装工作区中存储参数值的变量名称。用户可以使用这个变量作为被封装子系统内模块的参数值，因此，也就允许用户通过封装对话框来设置参数。需要注意的是，Simulink 不区分封装变量名称中的大写字母和小写字母，例如，Simulink 会把 gain、GAIN 和 Gain 作为相同的名称。

● **Type**：这个参数用来指定可编辑参数数值的控制类型。这个设置值会显示在封装参数对话框中参数的提示文本后，可以单击下拉列表中的按钮来打开 Simulink 支持的控制类型列表。对于不同的控制类型，在下面的"控制类型"中有详细的介绍。

● **Evaluate**：如果选择了这个复选框，则 Simulink 在将用户输入的表达式赋值给变量之前，会求取表达式的值，否则，Simulink 会把表达式作为字符串值赋值给变量。例如，如果用户在编辑框内输入了表达式 gain，并选择了这个选项，那么 Simulink 会求取 gain 的数值，并将结果赋值给变量，否则，Simulink 会把字符串 'gain' 赋值给变量。

如果用户既需要字符串值，又需要求取数值，那么可不选择 **Evaluate** 选项，而是在初始化命令中使用 MATLAB 的 eval 命令求取数值。例如，如果 LitVal 是字符串'gain'，那么为了求取字符串的数值，可使用命令：

    value = eval (LitVal)

● **Tunable**：选择这个选项可以使用户在仿真运行期间更改封装参数的值。

2. Options for selected parameter

这个选项区可以为用户在 **Dialog parameters** 列表中选择的参数设置附加选项，如图 10-19 所示。

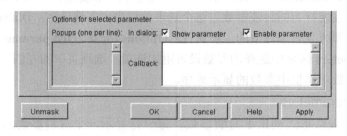

图 10-19

● **Show parameter**：如果选择了这个复选项(缺省值)，那么被选择的参数会显示在被封装模块的参数对话框中。

● **Enable parameter**：若不选择这个选项，则会使所选择参数的提示呈灰色显示，并关闭该参数的编辑控制，这就表示用户无法设置该参数的值。

● **Popups**：只有当被选择参数的控制类型是 **pop-up** 时，这个区域才会被激活，可在这个区域内输入 **pop-up** 的控制值，每行输入一个数值。

● **Callback**：当用户编辑所选参数时，可以在这个区域内输入希望 Simulink 执行的 MATLAB 代码。回调函数只能创建和引用模块基本工作区中的变量，如果回调需要封装参数的值，则可以用 get_param 命令获得这个值，例如：

```
if str2num (get_param (gcb，'g'))<0
        error ('Gain is negative.')
end
```

### 3．控制类型

Simulink 允许用户决定输入或选择参数值的方式，共有三种控制风格：**edit**(编辑框)、**checkbox**(复选框)和 **pop-up**(弹出控制)。

例如，图 10-20 显示的是用这三种控制类型创建的封装对话框，此时已打开了弹出控制。

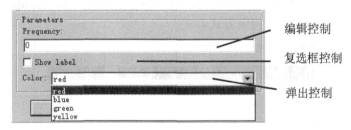

图 10-20

● **edit** 控制：该选项可以使用户在编辑框内输入参数值。图 10-21 说明了 edit 的控制方式。

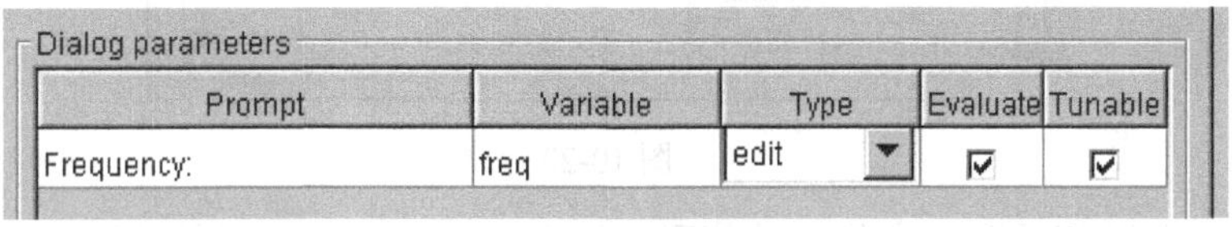

图 10-21

与 **edit** 参数相关联的变量的数值由 **Evaluate** 选项决定。表 10-1 列出了 **edit** 参数下的 **Evaluate** 选项。

表 10-1　edit 参数下的 Evaluate 选项

| Evaluate | 数　值 |
| --- | --- |
| On | 输入的是表达式的结果 |
| Off | 输入的是实际的字符串 |

● **checkbox** 控制：该选项可以使用户选择或不选择复选框。图 10-22 说明了 **checkbox** 的控制方式。

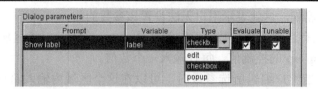

图 10-22

与 **checkbox** 参数相关联的变量的数值由 **Evaluate** 选项决定。表 10-2 列出了 **checkbox** 参数下的 **Evaluate** 选项。

表 10-2 checkbox 参数下的 Evaluate 选项

| 控制状态 | Evaluate 的值 | 文字值 |
|---|---|---|
| 选择 | 1 | 'on' |
| 未选择 | 0 | 'off' |

● **pop-up** 控制：该选项可以使用户从列表中选择参数值，在 **Popups** 区域内指定参数值。图 10-23 说明了 **pop-up** 的控制方式。

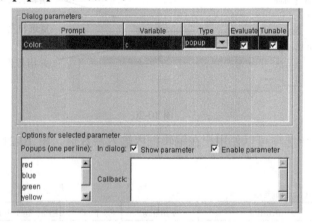

图 10-23

与 **pop-up** 参数相关联的变量的数值取决于在弹出列表中选择的参数值，以及是否选择了 **Evaluate** 选项。表 10-3 列出了 **pop-up** 参数下的 **Evaluate** 选项。

表 10-3 pop-up 参数下的 Evaluate 选项

| Evaluate | 数 值 |
|---|---|
| On | 列表中所选择数值的索引值，起始值为 1。例如，如果选择了第三个数值，则参数值为 3 |
| Off | 所选择列表中数值的字符串。例如，如果选择了第三个数值，则参数值为'green' |

## 10.2.3 Initialization 选项页的设置

用户可以在 **Initialization** 选项页内输入用于初始化被封装子系统的 MATLAB 命令。**Initialization** 选项页如图 10-24 所示。该选项页包含两个选项区：**Dialog variables** 和 **Initialization commands**。

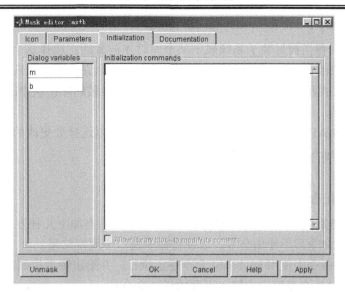

图 10-24

当用户执行下列操作时，Simulink 会执行初始化命令：

● 装载模型；

● 开始仿真或更新模型方块图；

● 用户对模型方块图进行了修改，而且这种修改影响了模块的外观，例如，旋转模块；

● 在同一个模型内或在不同的模型之间复制被封装子系统；

● 当用户对模块所做的改变影响了模块的外观或行为时，例如，改变了封装图标生成代码中依赖于初始化代码中定义的变量值。

### 1. Dialog variables

该选项区中的列表显示了与子系统封装参数相关联的变量名称，也就是在 **Parameters** 选项页内定义的参数。用户可以从这个列表中复制参数的名称，并把它粘贴到相邻的 **Initialization commands** 文本框内，用户也可以在列表中改变变量的名称。

### 2. Initialization commands

这个编辑框用来输入初始化命令，用户可以输入任何有效的 MATLAB 表达式，包括 MATLAB 函数、操作符和在封装工作区中定义的变量。初始化命令不能存取 MATLAB 工作区中的变量。为了避免在命令窗口中显示结果，可以用分号 "；" 结束初始化命令。

例如，下面的初始化命令显示的是被封装子系统 mx+b 的图标，在这个初始化命令中定义的数据可以使绘制命令在图标中绘制精确的曲线，而不管模块的形状如何，生成图标的绘制命令仍然为 plot(x，y)。

```
pos = get_param (gcb, 'Position');
width = pos (3) – pos (1)；height = pos (4) – pos (2)；
x = [0，width]；
if (m>=0)，y = [0，(m*width)]；end
if (m<0)，y = [height，(height + (m*width))]；end
```

### 3．Allow library block to modify its contents

这个复选框只有当被封装子系统属于某个库时才被激活。选择这个复选框后，允许模块的初始化代码更改被封装子系统的内容，也就是说，允许代码增加或删除模块，并设置这些模块的参数。否则，在用户想要以任何方式更改被封装的库模块中的内容时，Simulink 都会产生一个错误。

如果想要在 MATLAB 命令行中设置这个选项，则可以选择要更改的模块，并输入命令：

set_param (gcb, 'MaskSelfModifiable', 'on');

然后保存模块。

### 4．调试初始化命令

对于输入的初始化命令，用户也可以进行调试，通常有如下几种方式：

(1) 在初始化命令后不使用分号，以便在命令窗口中观察结果。

(2) 在初始化命令中使用 keyboard 命令终止执行，并给出键盘控制。

(3) 在 MATLAB 命令窗口中键入下面的任一命令：

dbstop if error

dbstop if warnign

如果在初始化命令中有错误产生，则 Simulink 会终止执行，用户可以检查封装工作区。

### 5．初始化命令约束

用户使用的封装初始化命令必须遵守下列原则：

● 不使用初始化代码创建动态封装对话框。也就是说，对话框外观或控制设置的变化依赖于其他控制设置的变化，例如，对话框的外观根据用户输入的不同而不同。用户若需要创建动态封装参数对话框，可以参看本书的第 10.3 节。

● 避免在初始化命令中使用前缀 L_和 M_，以防止产生不可预期的结果。Simulink 为自己的内部变量名保留这些特定的前缀。

● 如果一个封装子系统在被初始化的封装子系统内，也就是在这个被初始化的封装子系统的下层，那么要避免在这个底层的封装子系统内使用 set_param 命令设置封装子系统内模块的参数。如果这个底层的封装子系统引用了上层封装子系统中定义的符号，而用户又试图在这个底层的封装子系统内设置模块的参数，那么有可能会触发无法解决的符号错误。例如，假设封装子系统 A 包含了封装子系统 B，而封装子系统 B 内有 Gain 模块 C，Gain 模块的参数引用了 B 中定义的变量，再假如子系统 A 的初始化代码包含了下面的命令语句：set_param ([gcb '/B/C'], 'SampleTime', '−1');那么当仿真或更新包含 A 的模型时，Simulink 会产生无法解决的符号错误。

## 10.2.4　Documentation 选项页的设置

图 10-5 是 **Documentation** 选项页，该选项页可以定义或更改被封装模块的类型、说明和帮助文本。它共有三个选项区：**Mask type**、**Mask description** 和 **Mask help**。

### 1．Mask type

Mask type(封装类型)区域是模块的分类说明，可以定义为任何名称，它只是一个文档，显示在模块对话框的顶端。当 Simulink 创建模块对话框时，它会在封装类型后添加一个"(mask)"，表示该模块是封装模块，以区别于 Simulink 的内嵌模块。

### 2. Mask description

Mask description(封装说明)区域中的文本内容显示在封装对话框内，它可以对模块的作用和参数的设置方式进行简要的说明。对于超过封装对话框宽度的文本，Simulink 会自动对文本换行，也可以使用 **Enter** 键强制换行。

### 3. Mask help

在这个区域中可以输入被封装模块的帮助文本。当在被封装模块对话框内单击 **Help** 按钮时，用户可以在 MATLAB 的帮助窗口阅读帮助文本。如果为其他用户创建模型，则可以在这里详细说明模块的工作过程及参数的输入方式等信息，这里可以使用 HTML 编写。

用户可以用下列方式指定被封装模块的帮助文本：

- URL 说明(以 http:、www、file:、ftp:或 mailto:开头的字符串)；
- web 命令(激活浏览器)；
- eval 命令(求取 MATLAB 字符串的值)；
- 显示在 Web 浏览器的静态文本。

Simulink 会检查被封装模块帮助文本的第一行，如果检测到了 URL 说明、web 命令或 eval 命令，则它会按照说明访问帮助文本，否则，被封装模块帮助文本的全部内容将在浏览器中显示。

图 10-25 说明了 **Mask help** 参数文本框中内容的显示方式。

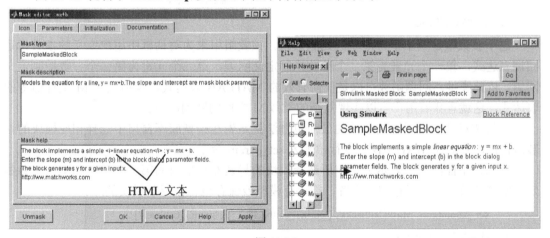

图 10-25

## 10.3　创建封装模块的动态对话框

Simulink 允许用户为被封装模块创建动态对话框，也就是被封装模块的外观可以根据用户输入的变化而变化。可以改变的模块外观特性如下：

(1) 参数的可见性控制。改变参数可以控制其他参数的可见性，当控制参数可见或不可见时，对话框分别为展开或缩小状态。

(2) 使能参数状态控制。改变参数可以控制其他参数的使能和关闭，Simulink 会使关闭的参数呈灰色显示。

(3) 参数值。改变参数可以使相关参数设置为适当的值。

创建动态封装对话框时需要使用封装编辑器，并结合 Simulink 的 set_param 命令，具体地说，就是首先用封装编辑器定义所有的对话框参数，包括静态参数和动态参数，接下来在 MATLAB 命令行中用 Simulink 的 set_param 命令指定响应用户输入的回调函数，最后保存模型或保存包含被封装子系统的库，完成动态封装对话框的创建。

## 10.3.1　设置封装模块对话框参数

Simulink 定义了一组封装模块参数，这些参数定义了被封装模块对话框的当前状态，用户可以用封装编辑器检验和设置其中的许多参数。当然，Simulink 的 get_param 和 set_param 命令也允许用户检验和设置封装对话框参数，这样做当然也有优点，因为 set_param 命令可以设置参数，因此当对话框处于打开状态时用户可以改变对话框的外观，也就可以创建动态的封装对话框。

例如，用户可以在 MATLAB 命令行中用 set_param 命令指定当用户改变用户所定义参数的数值时需要调用的回调函数。回调函数可以用 set_param 命令改变被封装对话框的预定义参数的数值，如隐藏、显示、使能或关闭用户定义的参数。

## 10.3.2　预定义封装对话框参数

Simulink 可以把下列预定义参数与被封装对话框联系起来。

### 1．MaskCallbacks

这个参数值是一个字符串型的元胞数组，该数组用来为对话框中用户定义的参数指定回调表达式。第一个元素为第一个参数控制定义回调，第二个元素为第二个参数控制定义回调，依此类推。回调函数可以是任何有效的 MATLAB 表达式，包括执行 M 文件命令的表达式，这就意味着用户可以实现复杂的类似 M 文件的回调函数。

为封装对话框设置回调函数的最简单办法就是先在模型或库窗口中选择相应模块的封装对话框，然后在 MATLAB 命令行中输入 set_param 命令。

例如，下面的代码表示为当前所选择模块的封装对话框内的第一个参数和第三个参数定义回调函数，为了保存回调设置，需保存模型或保存包含被封装模块的库。

```
set_param(gcb, 'MaskCallbacks', {'parm1_callback', '',…, 'parm3_callback'});
```

### 2．MaskDescription

这个参数值是用来指定模块说明的字符串，用户可以通过设置这个参数来动态改变被封装模块的说明。

### 3．MaskEnables

这个参数值是字符串型的元胞数组，该字符串用来控制对话框内用户所定义参数的使能状态，第一个元素定义第一个参数的使能控制状态，第二个元素定义第二个参数的使能控制状态，依此类推。数值 'on' 表示相应的控制被使能，数值'off' 表示控制被关闭。

用户可以在回调函数中通过设置这个参数来动态地使能或关闭用户输入。例如，回调函数中的下列命令将会关闭当前打开的被封装模块对话框中的第三个控制，Simulink 会将被关闭的控制呈灰色显示，以表明其已被关闭。

        set_param (gcb，'MaskEnables'，{'on'，'on'，'off '});

#### 4．MaskPrompts

这个参数值是字符串型的元胞数组，该字符串用来指定用户所定义参数的提示，第一个元素为第一个参数定义提示，第二个元素为第二个参数定义提示，依此类推。

#### 5．MaskType

这个参数值是与对话框相关联模块的封装类型。

#### 6．MaskValues

这个参数值是字符串型的元胞数组，该字符串用来为对话框指定用户所定义参数的参数值，第一个元素为第一个参数定义数值，第二个元素为第二个参数定义数值，依此类推。

#### 7．MaskVisibilities

这个参数值是字符串型的元胞数组，该字符串用来为对话框指定用户所定义参数的可见性控制，第一个元素为第一个参数定义可见性控制，第二个元素为第二个参数定义可见性控制，依此类推。数值 'on' 表示相应的控制是可见的，数值 'off ' 表示控制被隐藏。

用户可以在回调函数中通过设置这个参数来动态地隐藏或显示用户所定义的参数。例如，下面回调函数中的命令隐藏了当前被选择模块中用户定义的第二个封装参数的控制，Simulink 会展开或缩小对话框以显示或隐藏参数控制。

        set_param (gcb，'MaskVisibilities'，{'on'，'off '，'on'});

**例 10-1**　封装行驶控制器。

**要求**：打开例 6-7 中的行驶控制器模型，将文件另存为 cruise_mask，修改控制器模型，将比例、积分、微分系统改为变量表示，封装子系统，使得该模型具有下列功能：

- 用户可以输入 P、I、D 变量；
- 图标显示 P、I 和 D 的值；
- 带有帮助信息。

**解答**：

首先将模型中比例环节、积分环节和微分环节中的增益模块 Gain2、Gain 和 Gain1 的增益值参数修改为 P、I 和 D，然后用鼠标选择构成 PID 系统的所有模块(不包括 Sine Wave 模块和 Scope 模块)，并使用 **Edit** 菜单下的 **Create Subsystem** 命令创建子系统，则系统模型如图 10-26 所示。

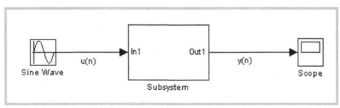

图 10-26

　　选择 **Edit** 菜单下的 **Mask Subsystem** 命令打开封装编辑器，如图 10-27(a)所示，在 **Parameters** 选项页内使用 **Add** 按钮添加新变量，如第一个变量的 **Prompt** 为 Proportional，**Variable** 为 P，**Type** 值选择为 **edit**。

　　在 **Initialization** 选项页内输入初始化命令，如图 10-27(b)所示，以便将图标中的字符串拼接起来供生成图标使用。初始化命令为：

　　　　line1= ['P = ',　num2str(P)];

　　　　line2= ['I = ',　num2str(I)];

　　　　line3= ['D = ',　num2str(D)];

　　　　icon = strvcat (line1，line2，line3);

　　在 **Icon** 选项页内输入图标绘制命令 disp(icon)。

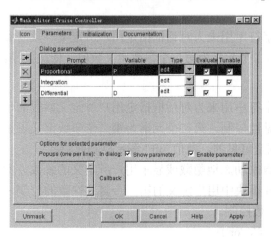 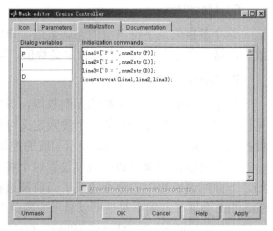

(a)　　　　　　　　　　　　　　　　　　　　(b)

图 10-27

　　在 **Documentation** 选项页内输入如下内容(如图 10-28(a)所示)：

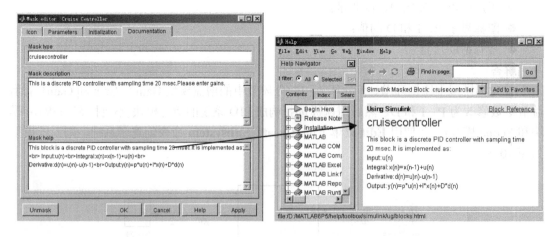

(a)　　　　　　　　　　　　　　　　　　　　(b)

图 10-28

**Mask type**：cruisecontroller

**Mask description**：This is a discrete PID controller with sampling time 20 msec. Please enter gains.

**Mask help**：This block is a discrete PID controller with sampling time 20 msec.It is implemented as:

\<br> Input:u(n)\<br>Integral:x(n)=x(n−1)+u(n)\<br>

Derivative:d(n)=u(n)-u(n−1)\<br>Output:y(n)=p*u(n)+I*x(n)+D*d(n)

最后单击该子系统对话框中的 **Help** 按钮，显示的帮助信息如图 10-28(b)所示。

完成封装后的行驶控制系统的对话框如图 10-29 所示。

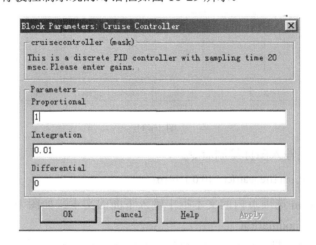

图 10-29

**例 10-2**　封装 AM 调制器。

**要求**：封装例 4-4 中的 AM 幅度调制模型 ammod，另存为 amtemp，建立 AM 调制器的子系统，修改子系统，将载波(carrier)频率和幅值、信号源(source)的频率和振幅作为用户的输入变量，封装子系统，使得封装后的模型具有如下功能：

● 用户可以通过对话框输入变量；

● 在图标上显示对应给定频率的正弦信号；

● 带有模块帮助信息。

**解答**：

首先，将信号源模块和载波信号模块的参数修改为 ampsource、freqsource 和 ampcarrier、freqcarrier。然后选中除示波器模块外的所有模块，使用 **Edit** 菜单下的 **Create Subsystem** 命令创建子系统，则系统模型如图 10-30 所示。

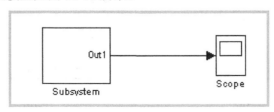

图 10-30

选择 **Edit** 菜单下的 **Mask Subsystem** 命令打开封装编辑器，在 **Parameters** 选项页内使用 **Add** 按钮添加新变量，如图 10-31 所示。

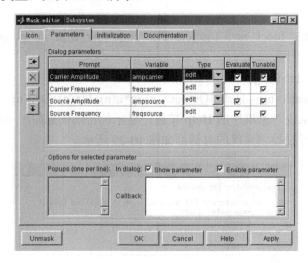

图 10-31

在 **Icon** 选项页内输入图标绘制命令：

    plot ([0:0.1:10], sin (freqcarrier * [0:0.1:10]));

在 **Documentation** 选项页内的文本框中输入下面的文本，如图 10-32(a)所示。

**Mask type**：Ammodulation

**Mask description**：This is a simple AM modulation scheme.

**Mask help**：This block performs amplitude modulation of a <b> sawtooth </b> signal of sepcified amplitude and frequency.

完成设置后，单击 **OK** 按钮关闭封装编辑器。然后双击被封装的 AM 调制器模块，打开封装后的模块的参数对话框，如图 10-32(b)所示。在对话框内输入参数值，这时的模块图标如图 10-33 所示。

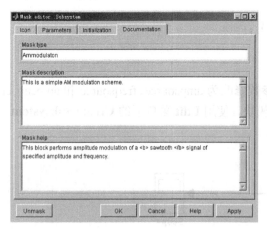

(a)

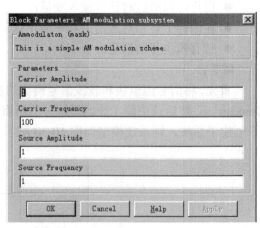

(b)

图 10-32

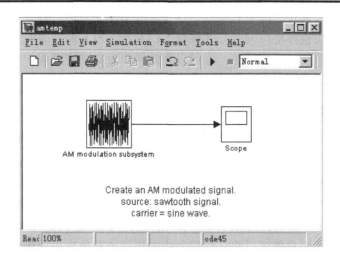

图 10-33

## 10.4 自定义库操作

用户可以将自定义模块放在自己定制的库中，库就是指具备某种属性的一类块的集合。用户可以把外部库中的模块直接拷贝到用户模型中，而且当库中的源模块(称为库属块)改变时，从库中复制的块(称为引用块)也可以自动更改。利用库的这个特性，用户可以创建自己的模块库或者使用其他用户创建的模块库，这样就可以保证用户模型始终包含这些模块的最新版本。

在此给出模块库操作的一些术语，这对于理解库的作用是非常重要的。

● 库——某些模块的集合。

● 库属块——库中的一个模块。

● 引用块——库中模块的一个拷贝。

● 关联——引用块与其库属块之间的连接，这种连接允许 Simulink 在改变库属块时也相应地更改引用块。

● 复制——复制一个库属块或引用块，也就是拷贝一个库属块或其他引用块，从而再创建一个引用块的操作。

图 10-34 说明了模块库操作中的一些概念。

图 10-34

每个引用块和库属块之间都有关联，这个关联有两个目的。首先，一旦库中的模块被修改，所有的引用块也都将按同一方式被修改；其次，没有断开关联之前不能够对引用块进行修改。当与子系统结合使用时，库可以帮助用户发布和管理用户模块，并保护模块的内容不受破坏。

## 10.4.1  建立和使用库

Simulink 带有一个标准的模块库，称为 Simulink 模块库。为了创建一个新库，可从 **File** 菜单的 **New** 子菜单下选择 **Library** 命令，Simulink 会显示一个名称为 Library：untitled 的新窗口。用户也可以使用下面的命令创建一个库：

　　new_system ('newlib', 'Library')

这个命令创建了一个名称为'newlib'的新库，用户可以用 open_system 命令显示这个库。

库创建完成后，用户就可以将任何模型中的模块或其他库中的模块移到新库中来。如果用户希望在模型和库中的模块之间建立关联，那么必须为库中的模块进行封装。用户也可以为库中的子系统进行封装，但通常没有必要这样做。当把库中的模块拖动到模型或其他库中时，Simulink 会创建一个库模块的拷贝，这个拷贝的库模块称为引用块。用户可以改变这个引用块的参数值，但不能对它进行封装，而且也不能为引用块设置回调参数。

用户在从新建的库中拷贝任何模块之前，首先必须将这个新库保存，这是因为在打开一个库时，这个库就被自动锁住了，用户不能更改库中的内容。若要解锁这个库，可选择 **Edit** 菜单下的 **Library Unlock** 命令，之后才能改变库中的内容。关闭这个库窗口也就锁住了这个库。

正因为模块库具有这样的特性，所以如果想要修改一个引用块，则可以有下面两种不同的方式：

● 用鼠标右键单击模块，在弹出的上下文菜单中选择 **Link Options** 下的 **Go To Library Block** 命令，对库进行解锁，修改库中的框图，这个操作会影响到所有的引用块。

● 用鼠标右键单击模块，选择 **Link Options** 下的 **Disable Link** 命令，断开库模块和引用块之间的关联，然后修改模型中的框图。这种改变只影响当前的模块，如果需要，与库之间的关联可以重新建立。

举例来说，以封装人口动态变化系统为例，封装后的子系统模块命名为 population dynamics，创建一个新库，把这个模块拷贝到新库当中，并将这个新库命名为 Populationlib 保存库。新建一个空白的模型窗口，把 population dynamics 模块拷贝到模型窗口中。

图 10-35 说明了库属块与引用块之间是如何关联的，打开引用块的模块对话框后，被关联的模块在其顶端的模块类型说明项后会添加"(link)"。

在这个新模型窗口中再复制一个 populaiton dynamics 模块，并断开第二个模块与库属块的关联，这时用右键单击库属块，选择弹出菜单中的 **Look Under Mask** 命令，打开被封装子系统，在模型中添加一段文本"This is the modified one."，然后在模型窗口的 **Edit** 菜单下选择 **Update Diagram** 命令，来更改引用块中的内容。可以看到，第一个引用块中的内容随着库属块的内容而改变，而第二个引用块中的内容不变，如图 10-36 所示。

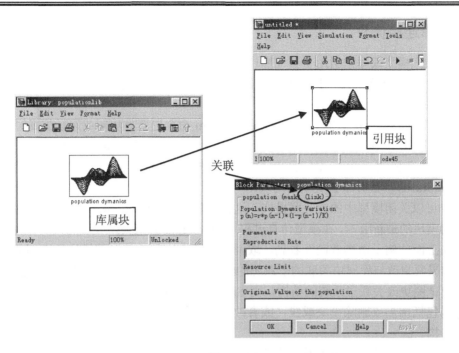

图 10-35

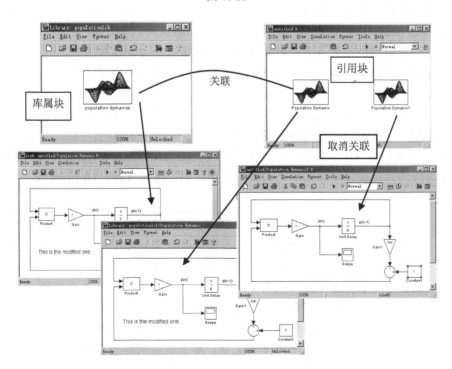

图 10-36

库属块和引用块是按照名称关联的，也就是，在拷贝模块时，与特定模块和库属块关联的引用块，它们的名称都是相同的。

## 10.4.2   库连接状态

当在用户模型或库中引用了其他库中的模块时，如果与这个引用块关联的库属块的结构已发生了改变,那么当用户执行下列操作时,Simulink 会更新模型或库中已过时的引用块：

- 当用户加载模型或库时；
- 当用户选择 **Edit** 菜单下的 **Update Diagram** 命令更新方块图或运行仿真时；
- 当用户使用 find_system 命令查找系统、模块、线、端口和注释时；
- 当用户使用 get_param 命令查询模块的 **LinkStatus** 参数时，但查询模块的 **StaticLinkStatus** 参数并不会更新引用块。

用户可以关闭模型中的被关联模块，这样在仿真前，Simulink 就无法从库中得到被断开关联的模块的最新版本，在模型仿真过程中，Simulink 会把关闭关联的模块作为常规模块对待。在上面的例子中读者已经看到，取消关联的模块和被关联的模块是不同的。对于子系统，如果要更改与库属块关联的子系统的结构，则必须断开引用块和库属块之间的关联。如果用户试图更改关联子系统的结构，则 Simulink 会提示用户关闭关联。例如，更改子系统的结构包括增加或删除模块或线，或者改变模块的端口数目，但是改变参数值不会影响到系统结构。

Simulink 可以重新建立结构未发生改变的模块之间的关联，但对于结构发生改变的模块则无法建立关联，如果想要恢复对结构已发生改变的模块之间的关联，则 Simulink 会提示用户是传递(*propagate*)这种改变还是放弃(*discard*)这种改变。如果选择传递改变，则 Simulink 会利用引用块上的改变来更新库属块；如果选择放弃这种改变，则 Simulink 会用原库属块替换被更改的引用块。无论选择哪种方式，最终的结果都是库中的库属块与引用块会保持完全一致。

但是，如果用户要对结构已发生改变的模块恢复关联，则 Simulink 可能直接关联模块而不再提示用户。如果想要传递或放弃已做的改变，则应先选择引用块，并从模型窗口的 **Edit** 菜单下选择 **Link Options** 命令，然后选择 **Propagate/Discard changes**。如果想要查看引用块和对应的库属块之间非结构上的参数差别，则应选择 **Link Options** 菜单上的 **View Changes** 命令。

---

**注意：** 断开模型中的库关联状态不能保证用户可以在单机上运行模型，尤其是模型中包含了来自第三方的模块库或者任选的 Simulink 模块组时。这是因为，一个库属块很有可能要调用库中所提供的函数，因此，只有当运行模型的系统中安装了这个库时模型才有可能运行。而且，当系统中安装了库的新版本时，断开关联可能会造成模型运行失败。例如，模块要调用库中提供的函数，假设新的库版本中删除了这个函数，如果这时运行模型，而模型中的引用块与库属块之间没有关联，那么现在的模型会调用一个不存在的函数，这就会造成仿真失败。为了避免这样的问题，通常应该避免断开与第三方库和任选的 Simulink 模块组之间的关联。

---

所有的模块都有 **LinkStatus** 参数和 **StaticLinkStatus** 参数,该些参数用来表示模块的关联状态，表示模块是否是引用块。这些参数的值见表 10-4 所示。

表 10-4　LinkStatus 参数值

| 关联状态 | 说　明 |
|---|---|
| none | 模块不是引用块 |
| resolved | 关联已确定 |
| unresolved | 关联未确定 |
| implicit | 模块在库属块中，它本身与库属块没有关联。例如，假设 A 与库中的子系统关联，而这个库中包含了一个 Gain 模块，假设用户打开了 A 模块，并且选择了 Gain 模块，然后使用 get_param(gcb, 'LinkStatus')命令获得当前选择的 Gain 模块的参数值，那么该命令返回的值是 implicit |
| inactive | 关闭关联 |
| restore | 恢复与库属块断开的关联，并取消对库属块的复制块所做的任何更改。例如，set_param (gcb, 'LinkStatus', 'restore')命令表示用相同类型的与库属块关联的模块替换用户选中的模块，并抛弃用户对库属块的复制块所做的任何改变。这个参数只适用于 set_param 命令，而不能用于 get_param 命令 |
| propagate | 恢复与库属块断开的关联，并把对库属块所做的任何改变应用到与其关联的引用块中 |

如果当 Simulink 更新引用块时，没有在 MATLAB 路径上寻找到库属块或原库，那么关联为 unresolved。Simulink 会发出一个错误消息，并用红色的短画线显示这些模块。以被封装的人口变化模块为例，这个错误消息为：

Failed to find 'Population Dynamic' in library 'populationlib' referenced by block 'untitled / population dynamic'

为了修复这个错误的连接，可以执行下面的任一操作：

● 删除未关联的引用块，并将库属块拷贝到用户模型中；

● 向 MATLAB 路径中添加包含所需要库的目录，并选择 **Edit** 菜单下的 **Update Diagram** 命令；

● 双击引用块，在显示的对话框中更改路径名，单击 **Apply** 按钮或 **OK** 按钮，然后选择 **Edit** 菜单下的 **Update Diagram** 命令。

## 10.4.3　显示库关联及信息

Simulink 可以在每个与库属块之间存在关联的模块图标的左下角显示一个箭头，以表示模型中的库关联状态，如图 10-37 所示。

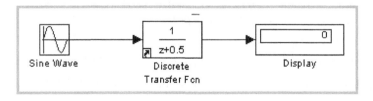

图 10-37

为了显示库关联状态,可选择模型窗口中 **Format** 菜单下的 **Library Link Display** 命令,然后选择 **User**(只显示与用户库的关联)或 **All**(显示所有的关联)命令。关联箭头的颜色表示关联的状态：黑色表示激活关联；灰色表示未激活关联；红色表示激活并更改关联。

此外,用户可以用 libinfo 命令获得被模型引用的库属块的信息。该命令的格式为：

　　　　libdata = libinfo ('sys')

这里,sys 是系统名称。该命令返回一个 n×1 的结构数组,n 是 sys 中库属块的数目。结构中的每个元素都有四个域值：

- Block：与库属块关联的路径。
- Library：包含引用块的库名称。
- ReferenceBlock：库属块路径。
- LinkStatus：与库属块关联的状态值,或者为'resolved',或者为'unresolved'。

### 10.4.4　把用户库添加到 Simulink 库浏览器中

如果用户想要把创建的用户库显示在 Simulink 的 Library Browser(库浏览器)中,则必须建立一个 slblocks.m 文件,在文件中描述所要添加的用户库的目录。最简单的建立该文件的方法就是用已存在的 slblocks.m 文件作为模板,用户可以在 MATLAB 的命令行中键入下面的命令来查找用户系统中已存在的所有 slblocks.m 文件：

　　　　>> which ('slblocks.m', '–all')

然后把显示出来的任何一个文件拷贝到用户库的目录中,打开拷贝的文件,并重新编辑文件。Simulink 的库浏览器需要知道在用户模块库中需要显示的是哪一个模块,以及模块名称。因此,用户必须提供这些信息,定义一个 Browser 数据结构和 BlocksetStruct 结构,然后把用户模块库的目录添加到 MATLAB 路径中。这样当下一次打开库浏览器时,用户的模块库就会显示在 Simulink 浏览器中。

例如,下面的语句表示在 Blocksets & Toolboxes 中显示 simulink_extras 库：

　　　　blkStruct.Name = ['Simulink'　sprintf ('\n'　Extras];

　　　　blkStruct.OpenFcn = simulink_extras;

　　　　blkStruct.MaskDisplay = disp ('Simulink\nExtras');

# 10.5　可配置子系统

有时用户模型中可能需要若干个不同的子系统,这些子系统在框图中同样的环节下可以实现同样的功能,只是参数或结构不同。例如,若干个控制器或滤波器,如果想要在它们之间频繁地更换以显示不同控制器的仿真结果,那么总是更换模型就非常麻烦,这时就可以建立一个可配置子系统。

具体做法就是建立一个包含这些模块的子系统库,然后把 Simulink 中的可配置子系统模块 Configurable Subsystem (在 Ports & Subsystems 库中)拷贝到这个库中,这样只要在这些子系统模块间进行切换就可以了。

可配置子系统模块表示的是在特定模块库中所包含的一组模块中的任一模块,利用模块的上下文菜单，用户可以选择可配置子系统表示的是哪一个模块。事实上，如果模型中包含了一组设计结构相似的系统模块，利用可配置子系统模块则可以简化模型的创建过程。例如，假设用户想要建立一个可选择不同类型发动机的汽车模型，那么首先必须创建一个发动机类型模型库，然后在汽车模型中用 Configurable Subsystem 模块表示选择不同的发动机，在进行汽车模型设计时，只需在对话框中选择不同的发动机类型即可。

## 10.5.1　创建可配置子系统

为了在模型中创建一个可配置子系统，首先必须创建一个包括主可配置子系统及其所包含模块的库，然后把主可配置子系统从库中拷贝到用户模型中。用户可以在主可配置子系统库中添加任何类型的模块，但是 Simulink 不允许用户断开在可配置子系统中的库关联，这是因为当用户选择新的配置时，Simulink 需要这个关联重新配置子系统。如果用户打算不再对子系统进行重新配置，那么可以断开这个连接。在这种情况下，用户完全可以不使用可配置子系统，只用能够完成配置的非可配置子系统就可以了。

创建主可配置子系统的步骤为：

(1) 创建一个新的模块库，这个模块库可以表示可配置子系统的不同配置。

(2) 保存这个库。

(3) 在库中建立一个 Configurable Subsystem 模块实例，也就是把 Ports & Subsystems 库中的 Configurable Subsystem 模块拷贝到先前建立的库中。

(4) 双击 Configurable Subsystem 模块显示可配置子系统模块对话框，对话框会显示库中其他模块的列表。

(5) 在对话框中的 **List of block choices** 列表中选择用户需要的表示可配置子系统中不同配置的模块。

(6) 单击 **OK** 按钮应用设置，并关闭对话框。

(7) 从 Configurable Subsystem 模块的上下文菜单(右键单击模块)中选择 **Block Choice** 命令。

(8) 选择作为缺省设置的子系统模块。

(9) 关闭对话框并保存库。

需要注意的是，如果需要在库中增加或删除模块，那么用户必须重新创建使用该库的 Configurable Subsystem 模块。

如果用户更改了作为可配置子系统中缺省选择模块的库模块，那么这种改变并不会立即传递到可配置子系统中。为了应用用户所做的改变，需要执行下面的任一操作：

● 在子系统中把设置的缺省模块选择改变到另一个模块上，然后返回到原模块。

● 重新创建可配置子系统模块，在这个子系统中更改缺省的选择模块。

主可配置子系统创建完成后，打开用户模型，将已配置好的 Configurable Subsystem 模块拷贝到模型中，当需要更换不同配置的模块时，可用鼠标右键单击 Configurable Subsystem 模块以选择 **Block Choice** 命令，在子菜单中选择不同的模块。这时再双击 Configurable Subsystem 模块时，将打开所选模块的参数对话框。

图 10-38 说明了创建并使用可配置子系统的操作过程。这个模型使用了四个参数值不同的 Transfer Fcn 模块，用户可以在这四个模块之间进行切换，并仿真和比较不同传递函数

在相同阶跃输入下的输出曲线。

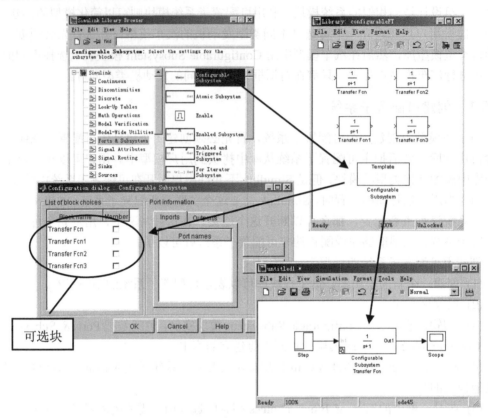

图 10-38

## 10.5.2　映射 I/O 端口

可配置子系统显示的一组输入和输出端口对应于所选择库的输入和输出端口。Simulink 通过使用下列规则将库端口映射到 Configurable Subsystem 模块的端口：

● 将库中每个由名称惟一指定的输入/输出端口映射到 Configurable Subsystem 模块中相同名称的单独的输入/输出端口；

● 将库中所有名称完全相同的输入/输出端口映射到 Configurable Subsystem 模块中的同一个输入/输出端口；

● 用 Terminator 模块或 Ground 模块终止当前所选择的库模块中未使用的任何输入/输出端口。

这个映射规则允许用户改变由 Configurable Subsystem 模块表示的库模块，而不必重新连接 Configurable Subsystem 模块。

例如，假设一个库中包含模块 A 和模块 B，模块 A 有标签为 a、b、c 的输入端口，以及标签为 d 的输出端口；模块 B 有标签为 a 和 b 的输入端口，以及标签为 e 的输出端口，那么基于这个库的 Configurable Subsystem 模块就会有标签分别为 a、b 和 c 的三个输入端口，以及标签为 d 和 e 的两个输出端口，如图 10-39 所示。

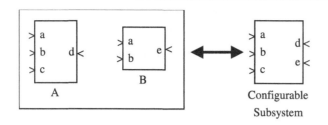

图 10-39

在这个例子中，无论选择哪一个模块，Configurable Subsystem 模块的端口 a 都会连接到所选择库模块的端口 a；另一方面，Configurable Subsystem 模块上的端口 c 只有在选择了模块 A 时才起作用，否则 MATLAB 就简单地在端口 c 终止。

**注意**：Configurable Subsystem 模块不提供对应于非 I/O 端口的端口，如 Triggered Subsystem 和 Enabled Subsystem 子系统中的触发端口和使能端口。这样，用户就不能用 Configurable Subsystem 模块直接表示具有这些端口的模块，但可以把这些模块放在子系统中间接地表示这些端口，当然，要确保子系统模块中的输入或输出端口可以连接到非 I/O 端口。

例如，图 10-40 是 Configurable Subsystem 模块的对话框。该对话框中配置了由三个不同输入波形组成的可配置子系统：**List of block choices** 区域用来选择希望包含在可配置子系统中的模块成员，也可以包含用户定义的子系统模块；**Port information** 区域列出了这些成员模块的输入和输出端口，在多端口情况下，用户可以利用 **Up** 和 **Down** 按钮重新安排所选择端口的位置。

Configurable Subsystem 模块具有它所表示的模块的所有特性，双击该模块可以打开它当前所表示模块的模块对话框。

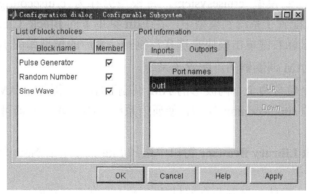

图 10-40

**例 10-3**　建立行驶控制器的可配置子系统。

**要求**：创建一个包含两个控制器的库——PID 行驶控制器和 PI 行驶控制器，修改原来的汽车行驶控制模型，使控制器部分可以选配为 PI 或 PID。

**解答**：

(1) 在 **Simulink Library Browser** 浏览器窗口中选择 **File** 菜单下的 **New** 命令，并选择

**Library** 建立一个新库。

(2) 打开 cruise_mask 文件，复制两个 PID 控制器到新库中。

(3) 右键单击第二个 PID 控制器，选择 **Look Under Mask** 命令打开控制器模型，删除 D 参数，并在封装编辑器内作适当修改。

(4) 修改两个控制器模块的名称。

(5) 从 Ports & Subsystems 库中拷贝一个 Configurable Subsystem 模块到库中，双击该模块，在弹出的对话框中选择两个控制器模块。

(6) 将库保存为 cruiselib，如图 10-41 所示。

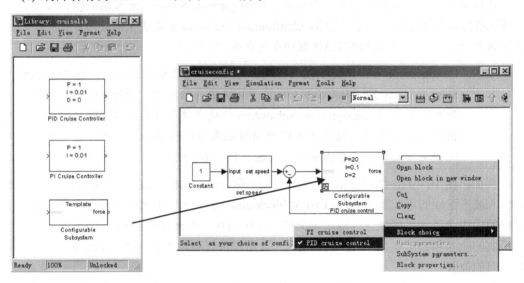

图 10-41

打开汽车行驶控制模型 cruisesystem，将模型另存为 cruiseconfig，删除控制器，从 cruiselib 库中拖动可配置子系统到模型中，在 **Edit** 菜单下的 **Block Choice** 命令中选择想要的控制器，或者用鼠标右键单击模块来选择控制器，最后的模型如图 10-41 所示。

**例 10-4** 建立 AM 调制器的可配置子系统。

要求：建立一个包含两个不同波形的 AM 调制器库——锯齿波 AM 调制器和方波 AM 调制器，修改原来的 simplecomms 模型，使通信系统中的 AM 调制器可选择锯齿波或方波。

**解答：**

(1) 在 **Simulink Library Browser** 窗口中选择 **File** 菜单下的 **New** 命令，并选择 **Library** 建立一个新库。

(2) 打开 amtemp 文件，复制两个被封装的 AM 调制器到新库中。

(3) 右键单击第二个 AM 调制器实例，选择 **Look Under Mask** 命令打开调制器模型，把 Signal Generator 模块中的波形参数选择为 **square**。

(4) 修改两个调制器模块的名称。

(5) 从 Ports & Subsystems 库中拷贝一个 Configurable Subsystem 模块到库中，双击该模块，在弹出的对话框中选择两个调制器模块。

(6) 将库保存为 amlib，如图 10-42 所示。

　　打开 simplecomms 模型，删除调制器，从 amlib 库中把可配置的 AM 调制器子系统拖到模型中，从 **Edit** 菜单下的 **Block Choice** 命令中选择想要的调节器配置。

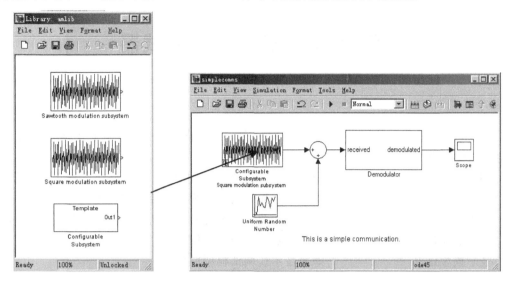

图 10-42

# 第 11 章　Simulink 调试器

调试器是查找模型仿真中的错误的重要工具。本章向读者介绍如何利用 Simulink 调试器定位和查找模型中的错误。本章的主要内容包括：

➢　调试器概述　　　　　　　介绍 Simulink 调试器的类型，如何启动不同模式的调试器
➢　调试器控制　　　　　　　如何在不同的调试器模式下控制仿真的执行
➢　设置断点　　　　　　　　如何利用调试器设置断点，包括无条件断点和有条件断点
➢　显示仿真信息　　　　　　如何显示当前的仿真信息
➢　显示模型信息　　　　　　如何显示被调试模型的信息

## 11.1　调试器概述

Simulink 调试器是用来定位和查看 Simulink 模型中的错误的工具。它允许用户利用仿真方法来仿真模型，并在每个方法结束后暂停仿真，同时可查看该方法执行后的仿真结果。通过单步运行模型仿真和交互显示模块的状态、输入和输出，用户可以用调试器查找出模型中存在的问题。

方法就是 Simulink 在仿真过程中的每个时间步上用来求解模型的函数。模块由多个方法组成，模块方块图的执行是一个多步操作，它要求在仿真过程中的每个时间步上执行方块图中所有模块的不同方法。

Simulink 调试器既有图形用户接口，也有命令行用户接口，图形用户接口允许用户访问调试器中最常用的特性，命令行接口则可以访问调试器的所有功能。

### 11.1.1　启动调试器

Simulink 调试器有两种模式：图形模式(GUI)和命令行模式。若要在 GUI 模式下启动调试器，可首先打开希望调试的模型，然后选择模型窗口中 **Tools** 菜单下的 **Simulink Debugger** 命令，即可打开调试器窗口，如图 11-1 所示。

若要从 MATLAB 命令行中启动调试器，可以利用 sldebug 命令或带有 debug 选项的 sim 命令在调试器的控制下启动模型。例如，下面的两个命令均可以将文件名为 vdp 的模型装载到内存中，同时开始仿真，并在模型执行列表中的第一个模块处停止仿真。

　　　　>> sim ('vdp', [0, 10], simset ('debug', 'on') )

或

　　　　>> sldebug　'vdp'

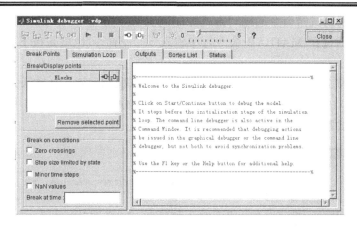

图 11-1

## 11.1.2　调试器的图形用户接口

调试器的图形用户接口包括工具栏和左、右两个选项面板，左侧的选项面板包括 **Break Points** 和 **Simulation Loop** 选项页，右侧的选项面板包括 **Outputs**、**Sorted List** 和 **Status** 选项页。

当在 GUI 模式下启动调试器时，可单击调试器工具栏中的"开始/继续"按钮 ▶ 来开始仿真，Simulink 会在执行的第一个仿真方法处停止仿真，并在 **Simulation Loop** 选项面板中显示方法的名称，同时在模型方块图中显示当前的方法标注，如图 11-2 所示。

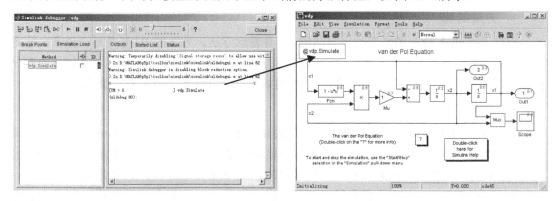

图 11-2

这时，用户可以设置断点、单步运行仿真、继续运行仿真到下一个断点或终止仿真、检验数据或执行其他的调试任务。

> **注意：** 在 GUI 模式下启动调试器时，MATLAB 命令窗口中的调试器命令行接口也将被激活。但是，用户应该避免使用命令行接口，以防止图形接口与命令行接口的同步错误。

## 11.1.3　调试器的命令行接口

在调试器的命令行模式下，用户可以在 MATLAB 命令窗口中键入调试器命令来控制调试器，也可以使用调试器命令的缩写方式控制调试器(关于命令缩写和可重复命令请参看表11-1)。用户可以通过在 MATLAB 命令行中输入一个空命令(也就是按下 **Return** 键)来重复某些命令。

当用命令行模式启动调试器时，调试器不是在调试器窗口中显示方法名称，而是在MATLAB 命令窗口中显示方法名称。图 11-3 就是在 MATLAB 命令窗口中输入 sldebug 'vdp' 命令后显示的调试器信息。

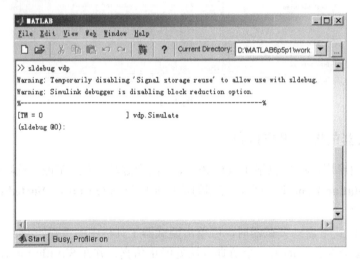

图 11-3

### 1．方法的 ID

有些 Simulink 命令和消息使用方法的 ID 号表示方法。方法的 ID 号是一个整数，它是方法的索引值。在仿真循环过程中第一次调用方法时就指定了方法的 ID 号，调试器会顺序指定方法的索引值，在调试器阶段第一次调用的方法以 0 开始，以后顺序类推。

### 2．模块的 ID

有些 Simulink 的调试器命令和消息使用模块的 ID 号表示模块。Simulink 在仿真的编译阶段就指定了模块的 ID 号，同时生成模型中模块的排序列表。模块 ID 的格式为 sid:bid，这里，sid 是一个整数，用来标识包含该模块的系统(或者是根系统，或者是非纯虚系统)；bid 是模块在系统排序列表中的位置。例如，模块索引 0:1 表示在模型根系统中的第 1 个模块。

调试器的 slist 命令可以显示被调试模型中每个模块的模块索引值。

### 3．访问 MATLAB 工作区

用户可以在 sldebug 调试命令提示中输入任何 MATLAB 表达式。例如，假设此时在断点处，用户正在把时间和模型的输出记录到 tout 和 yout 变量中，那么执行下面的命令就可以绘制变量的曲线图：

　　　(sldebug … ) plot (tout, yout)

如果用户要显示的工作区变量的名与调试器窗口中输入的调试器命令部分相同或完全相同，那么将无法显示这个变量的值，但用户可以用 eval 命令解决这个问题。例如，假设用户需要访问的变量名与 sldebug 命令中的某些字母相同,变量 s 是 step 命令名中的一部分,那么在 sldebug 命令提示中使用 eval 键入 s 时,显示的是变量 s 的值,即

(sldebug … ) eval ('s')

## 11.1.4　调试器命令

表 11-1 列出了调试器命令。表中的"重复"列表示在命令行中按下 **Return** 键时是否可以重复这个命令;"说明"列则对命令的功能进行了简短的描述。

**表 11-1　调 试 器 命 令**

| 命　令 | 缩写格式 | 重　复 | 说　明 |
|---|---|---|---|
| animate | ani | 否 | 使能/关闭动画模式 |
| ashow | as | 否 | 显示一个代数环 |
| atrace | at | 否 | 设置代数环跟踪级别 |
| bafter | ba | 否 | 在方法后插入断点 |
| break | b | 否 | 在方法前插入断点 |
| bshow | bs | 否 | 显示指定的模块 |
| clear | cl | 否 | 从模块中清除断点 |
| continue | c | 是 | 继续仿真 |
| disp | d | 是 | 当仿真结束时显示模块的 I/O |
| ebreak | eb | 否 | 在算法错误处使能或关闭断点 |
| elist | el | 否 | 显示方法执行顺序 |
| emode | em | 否 | 在加速模式和正常模式之间切换 |
| etrace | et | 否 | 使能或关闭方法跟踪 |
| help | ? 或 h | 否 | 显示调试器命令的帮助 |
| nanbreak | na | 否 | 设置或清除非限定值中断模式 |
| next | n | 是 | 至下一个时间步的起始时刻 |
| probe | p | 否 | 显示模块数据 |
| quit | q | 否 | 中断仿真 |
| rbreak | rb | 否 | 当仿真要求重置算法时中断 |
| run | r | 否 | 运行仿真至仿真结束时刻 |
| stimes | sti | 否 | 显示模型的采样时间 |
| slist | sli | 否 | 列出模型的排序列表 |
| states | state | 否 | 显示当前的状态值 |
| status | stat | 否 | 显示有效的调试选项 |
| step | s | 是 | 步进仿真一个或多个方法 |
| stop | sto | 否 | 停止仿真 |
| strace | i | 否 | 设置求解器跟踪级别 |
| systems | sys | 否 | 列出模型中的非纯虚系统 |

续表

| 命　令 | 缩写格式 | 重　复 | 说　　明 |
|---|---|---|---|
| tbreak | tb | 否 | 设置或清除时间断点 |
| trace | tr | 是 | 每次执行模块时显示模块的 I/O |
| undisp | und | 是 | 从调试器的显示列表中删除模块 |
| untrace | unt | 是 | 从调试器的跟踪列表中删除模块 |
| where | w | 否 | 显示在仿真循环中的当前位置 |
| xbreak | x | 否 | 当调试器遇到限制算法步长状态时中断仿真 |
| zcbreak | zcb | 否 | 在非采样过零事件处触发中断 |
| zclist | zcl | 否 | 列出包含非采样过零的模块 |

## 11.2　调试器控制

用户可以根据自己的需要选择不同的调试器模式，对于 Simulink 调试器来说，无论选择 GUI 模式还是命令行模式，它都可以从当前模型的任何悬挂时刻开始运行仿真至下列时刻：

- 仿真结束时刻；
- 下一个断点；
- 下一个模块；
- 下一个时间步。

### 11.2.1　连续运行仿真

调试器的 run 命令可以从仿真的当前时刻跳过插入的任何断点连续运行仿真至仿真终止时刻，在仿真结束时，调试器会返回到 MATLAB 命令行。若要继续调试模型，则必须重新启动调试器。

GUI 模式下不提供与 run 命令功能相同的图形版本，若要在 GUI 模式下连续运行仿真至仿真结束时刻，则必须首先清除所有的断点，然后单击"开始/继续"按钮 ► 。

### 11.2.2　继续仿真

在 GUI 模式下，当调试器因任何原因将仿真过程悬挂起来时，它会将"停止仿真"按钮 ■ 设置为红色，若要继续仿真，可单击"开始/继续"按钮 ► 。

在命令行模式下，需要在 MATLAB 命令窗口中输入 continue 命令继续仿真，调试器会继续仿真至下一个断点处，或至仿真结束时刻。

当选择调试器工具栏中的"动画"按钮 ※ 时，调试器会处在动画模式，此时调试器呈灰色显示，通过"开始/继续"按钮 ► 或 continue 命令会单步执行仿真方法，并在每个方法结束时暂停仿真。当在动画模式下运行仿真时，调试器会使用调试指针标识在每个时间步上执行的是方块图中的哪个模块，这个移动的指针形象地说明了模型的仿真过程。用户可以使用调试器工具栏中的滑动条来增加或减少两次方法执行中的延迟，因此也就减慢或加快了动画速率。

> **注意**：当使能动画模式时，调试器不允许用户设置断点，并在动画仿真过程中忽
> 　　　略用户设置的任何断点。

事实上，无论调试器何时在某个方法上停止仿真，它都会在被调试模型的方块图中显示调试指针，如图 11-4 所示。

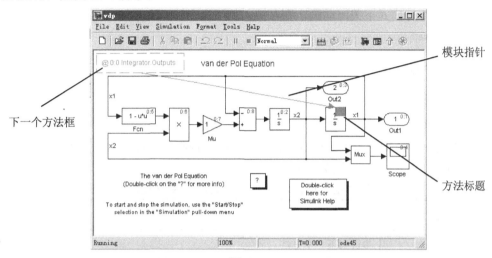

图 11-4

调试指针指示出了仿真要执行的下一个方法，它包括三个部分：

● 下一个方法框：下一个方法框出现在方块图的左上角，它指定了要执行的下一个方法的名称和 ID 号。

● 模块指针：当下一个方法是模块方法时，模块指针才出现，它表示下一个方法要操作的模块。

● 方法标题：当下一个方法是模块方法时，方法标题才会出现，它是一个彩色的矩形块，标题会部分覆盖下一个方法要执行的模块的图标，图标中标题的颜色和位置表示下一个模块方法的类型，如图 11-5 所示。

图 11-5

在动画模式下，标题会在模块上保持一段时间，停留的时间是当前最大时间步的时间长度，并在每个标题上显示一个数字，这个数字指定了在这个时间步内到目前为止模块调用相应方法的次数。

若要在调试器的命令行模式下使能动画，则可在 MATLAB 命令行中键入 animate 命令，这个命令不需要任何参数就可以使能动画模式。用户也可以使用 animate delay 命令，命令中的 delay 参数指定了两次调用方法的间隔时间，单位为秒，缺省值为 1 秒。例如，下面的命令可使动画以缺省值的两倍速率执行：

    &gt;&gt; animate 0.5

若要在命令行模式下关闭动画，则可键入如下命令：

    &gt;&gt; animate stop

### 11.2.3 单步运行仿真

用户可以在调试器的 GUI 模式和命令行模式下单步运行仿真。

#### 1. 在 GUI 模式下单步运行仿真

在 GUI 模式下，用户可以利用调试器工具栏中的选择按钮控制仿真步进的量值。表 11-2 列出了调试器工具栏中的命令按钮及作用。

**表 11-2　调试器工具栏中的命令按钮及作用**

| 按　钮 | 作　用 |
| --- | --- |
| | 步进到下一个方法 |
| | 越过下一个方法 |
| | 跳出当前方法 |
| | 在开始下一个时间步时步进到第一个方法 |
| | 步进到下一个模块方法 |
| ▶ | 开始或继续仿真 |
| ❚❚ | 暂停仿真 |
| ■ | 停止仿真 |
| | 在选择的模块前中断 |
| | 当执行所选择的模块时显示该模块的输入和输出 |
| | 显示被选择模块的当前输入和输出 |
| ※ | 切换动画模式，按钮旁的滑动条用来控制动画速率 |
| ? | 显示调试器帮助信息 |
| Close | 关闭调试器 |

在 GUI 模式下利用调试器工具栏上的按钮单步运行仿真时，在每个步进命令结束后，调试器都会在 **Simulation Loop** 选项面板中高亮显示当前方法的调用堆栈。调用堆栈由被调

用的方法组成，调试器会高亮显示调用堆栈中的方法名称。同时，调试器会在其 Outputs 选项面板中显示输出的模块数据，输出的数据包括调试器命令说明和当前暂停仿真时模块的输入、输出及状态，命令说明显示了调试器停止时的当前仿真时间和仿真方法的名称及索引，如图 11-6 所示。

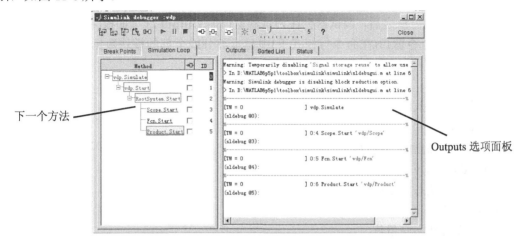

图 11-6

### 2．在命令行模式下单步运行仿真

在命令行模式下，用户需要键入适当的调试器命令来控制仿真量值。表 11-3 列出了在命令行模式下与调试器工具栏按钮功能相同的调试器命令。

表 11-3　在命令行模式下使用的调试器命令

| 命　　令 | 步　进　仿　真 |
| --- | --- |
| step[in into] | 进入下一个方法，并在下一个方法中的第一个方法停止仿真，如果下一个方法中不包含任何方法，那么在下一个方法结束时停止仿真 |
| step over | 步进到下一个方法，直接或间接调用执行所有的方法 |
| step out | 至当前方法结束，执行由当前方法调用的任何其他方法 |
| step top | 至下一个时间步的第一个方法(也就是仿真循环的起始处) |
| step blockmth | 至执行的下一个模块方法，执行所有的层级模型和系统方法 |
| next | 同 step over |

图 11-7 说明了允许用户在 GUI 模式下访问这些命令的调试器按钮，选择这些按钮与使用相应的调试器命令作用相同。

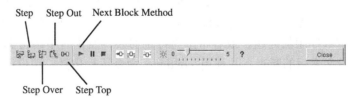

图 11-7

　　在命令行模式下，用户可以用 where 命令显示仿真方法调用堆栈。如果下一个方法是模块方法，那么调试器会把调试指针指向对应于该方法的模块；如果执行下一个方法的模块在子系统内，那么调试器会打开子系统，并将调试指针指向子系统方块图中的模块。

**3．模块数据输出**

　　在执行完模块方法之后，调试器会在调试器窗口的 **Output** 选项面板(在 GUI 模式下)或者在 MATLAB 命令窗口(在命令行模式下)中显示部分或全部的模块数据。这些模块数据如下：

　　● **Un = v**

v 是模块第 n 个输入的当前值。

　　● **Yn = v**

v 是模块第 n 个输出的当前值。

　　● **CSTATE = v**

v 是模块的连续状态向量值。

　　● **DSTATE = v**

v 是模块的离散状态向量值。

　　调试器也可以在 MATLAB 命令窗口中显示当前时间、被执行的下一个方法的 ID 号和方法名称，以及执行该方法的模块名称。图 11-8 显示的是在命令行模式下使用步进命令后的调试器输出。

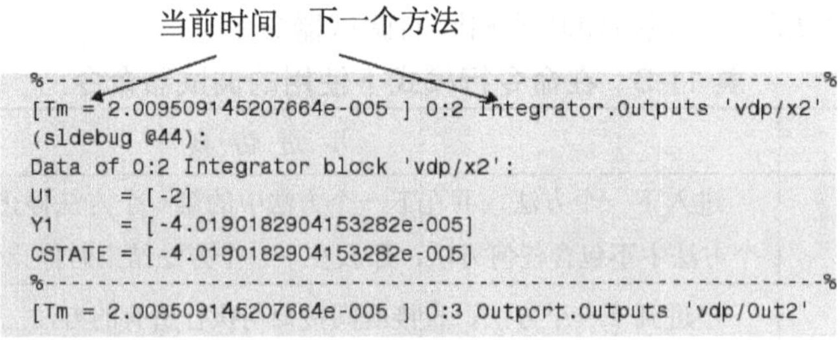

当前时间　下一个方法

```
%----------------------------------------------------------------%
[Tm = 2.009509145207664e-005 ] 0:2 Integrator.Outputs 'vdp/x2'
(sldebug @44):
Data of 0:2 Integrator block 'vdp/x2':
U1    = [-2]
Y1    = [-4.0190182904153282e-005]
CSTATE = [-4.0190182904153282e-005]
%----------------------------------------------------------------%
[Tm = 2.009509145207664e-005 ] 0:3 Outport.Outputs 'vdp/Out2'
```

图 11-8

# 11.3　设　置　断　点

　　Simulink 调试器允许用户设置仿真执行过程中的断点，然后利用调试器的 continue 命令从一个断点到下一个断点地运行仿真。调试器允许用户定义两种类型的断点：无条件断点和有条件断点。对于无条件断点，无论何时在仿真过程中到达模块或时间步时，该断点都会出现；而有条件断点只有在仿真过程中满足用户指定的条件时才会出现。

　　如果用户知道程序中的问题，或者希望当特定的条件发生时中断仿真，那么断点就非常有用了。通过定义合适的断点，并利用 continue 命令运行仿真，用户可以令仿真立即跳到程序出现问题的位置上。

## 11.3.1　设置无条件断点

用户可以通过下面的方法设置无条件断点：

- 调试器工具栏；
- **Simulation Loop** 选项面板；
- MATLAB 命令窗口(只适用于命令行模式)。

### 1．从调试器工具栏中设置断点

在 GUI 模式下，若要在模块方法上设置断点，可先选择这个模块，然后单击调试器工

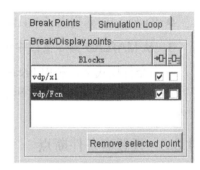

具栏上的"设置断点"按钮 ，即可设置断点，调试器
会在 **Breakpoints** 选项页下的 **Break/Display points** 面板
中显示被选择模块的名称，如图 11-9 所示。

用户可以通过不选择断点列中的复选框来临时关
闭模块中的断点，如果要清除模块中的断点或从面板中
删除某个断点，可先选择这个断点，然后单击面板中的
**Remove selected point** 按钮。

需要注意的是，用户不能在纯虚模块中设置断点，
纯虚模块的功能纯粹是图示功能，它只表示在模型计算
中模块的成组集合或模块关系。如果用户试图在纯虚模

图 11-9

块中设置断点，那么调试器会发出警告。利用 slist 命令用户可以获得模型中的一列非纯虚
模块列表。

### 2．从 Simulation Loop 选项面板中设置断点

若要在 **Simulation Loop** 选项面板中显示的特定方法中设置断点，可选择面板中断点列
表中该方法名称旁的复选框，如图 11-10 所示。若要清除断点，可不选择这个复选框。

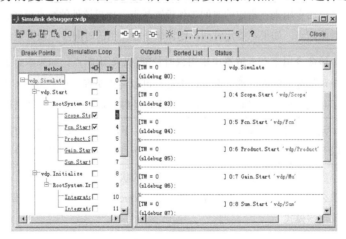

图 11-10

**Simulation Loop** 选项面板包含三列：

- **Method** 列：**Method** 列列出了在仿真过程中到目前为止已调用的方法，这些方法以

树状结构排列，用户可以单击列表中的节点展开/关闭树状排列。排列中的每个节点表示一个方法，展开这个节点就显示出它所调用的其他方法。树状结构中的模块方法名称是超链接的，名称中都标有下划线，单击模块方法名称后会在方块图中高亮显示相应的模块。

无论何时停止仿真，调试器都会高亮显示仿真终止时的方法名称，而且也会高亮显示直接或间接调用该方法的方法名称，这些被高亮显示的方法名称表示了仿真器方法调用堆栈的当前状态。

● 断点列：断点列由复选框组成，选择复选框就表示在复选框左侧显示的方法中设置了断点。当用户设置调试器为动画模式时，调试器呈灰色显示，并关闭断点列，这样可以防止用户设置断点，而且也表示动画模式忽略已存在的断点。

● ID 列：ID 列列出了 Method 列中方法的 ID 号。

### 3．从 MATLAB 命令窗口中设置断点

在命令行模式下，利用 break 或 bafter 命令可以分别在指定的方法前或方法后设置断点。clear 命令可用来清除断点。

## 11.3.2　设置有条件断点

用户可以在调试器窗口中的 **Break on conditions** 区域内设置依条件执行的断点(只在 GUI 模式下)，如图 11-11 所示。在命令行模式下，可以输入调试命令来设置适当的断点。表 11-4 列出了设置不同断点的命令格式。调试器可以设置的有条件断点包括：极值处、限步长处和过零处。

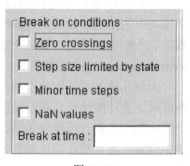

图 11-11

### 表 11-4　设置断点的调试命令

| 命　　令 | 说　　明 |
| --- | --- |
| tbreak [t] | 该命令用来在指定的时间步处设置断点，如果该处的断点已经存在，则该命令可以清除断点。如果不指定时间，则该命令会在当前时间步上设置或清除断点 |
| ebreak | 该命令用来在求解器出现错误时使能(或关闭)断点。如果求解器检测到模型中有一个可修复的错误，那么利用这个命令可以终止仿真。如果用户不设置断点，或者关闭了断点，那么求解器会修复这个错误，并继续仿真，但不会把错误通知给用户 |
| nanbreak | 无论何时当仿真过程中出现数值上溢、下溢(NaN)或无限值(Inf)时，利用这个命令可以令调试器中断仿真。如果设置了这个断点模式，则使用该命令可以清除这种设置 |
| xbreak | 当调试器遇到模型中有限制仿真步长的状态，而这个仿真步长又是求解器所需要的，那么利用这个命令可以暂停仿真。如果 xbreak 模式已经设置，再次使用该命令则可以关闭该模式 |
| zcbreak | 当在仿真时间步之间发生过零时，利用这个命令可以中断仿真。如果 zcbreak 模式已经设置，再次使用该命令则可以关闭该模式 |

### 1. 在时间步处设置断点

若要在时间步上设置断点，则可在调试器窗口的 **Break at time** 文本框(在 GUI 模式下)内输入时间，或者用 tbreak 命令输入时间，这会使调试器在模型的 Outputs.Major 方法中指定时间处的第一个时间步的起始时刻即停止仿真。例如，在调试模式下启动 vdp 模型，并输入下列命令：

> tbreak 9
>
> continue

该命令会使调试器在时间步 9.2967 处的 vdp.Outputs.Major 方法中暂停仿真。这个时间值是由 continue 命令指定的：

```
%-----------------------------------------------------------------------%
%
[Tm = 9.296715943821223          ]  vdp.Outputs.Major
(sldebug @22):
```

### 2. 在无限值处中断

当仿真的计算值是无限值或者超出了运行仿真的计算机所能表示的数值范围时，选择调试器窗口中的 **NaN values** 复选项，或者输入 nanbreak 命令都可以令调试器中断仿真。这个选项对于指出 Simulink 模型中的计算错误是非常有用的。

### 3. 在限步长处中断

当模型使用变步长求解器，而且求解器在计算时遇到了限制其步长选择的状态时，选择调试器窗口中的 **Step size limited by state** 复选项或者输入 xbreak 命令都可以使调试器中断仿真。当仿真的模型在解算时要求过多的仿真步数时，这个命令在调试模型时就非常有用了。

### 4. 在过零处中断

当模型中包含了可能产生过零的模块，而 Simulink 又检测出了非采样过零时，那么选择调试器窗口中的 **Zero crossings** 复选项或者输入 zcbreak 命令都会使调试器中断仿真。之后，Simulink 会显示出模型中出现过零的位置、时间和类型(上升沿或下降沿)。

例如，下面的语句在 zeroxing 模型执行的开始时刻设置过零中断：

```
>> sldebug zeroxing
%-------------------------------------------------------------%
[TM = 0                        ] zeroxing.Simulate
(sldebug @0):>> zcbreak
Break at zero crossing events              : enabled
```

键入 continue 命令继续仿真，则在 $T_Z = 0.4$ 时检测到上升过零：

```
(sldebug @0): continue
2 Zero crossing detected at the following locations
    6  0：5：1  Staturate    'zeroxing / Saturation'
    7  0：5：2  Staturate    'zeroxing / Sturation'
```

Zerocrossing Events detected. Interrupting model execution

%--------------------------------------------------------------%

[Tm = 0.4                                    ] zeroxing.zc.SearchLoop

(sldebug @55):>>

如果模型中不包括可以产生非采样过零的模块，那么调试器会打印出该消息。

### 5. 在求解器错误处中断

如果求解器检测到在模型中出现了可以修复的错误，那么可以选择调试器窗口中的 **Solver Errors** 复选项，或者在 MATLAB 命令行窗口中输入 ebreak 命令都可以终止仿真。如果用户不设置或者关闭了这个断点，那么求解器会修复这个错误，并继续进行仿真，但这个错误消息不会通知给用户。

## 11.4　显示仿真信息

Simulink 调试器提供了一组命令，可用来显示模块状态、模块的输入和输出，以及在模型运行时的其他信息。

### 11.4.1　显示模块 I/O

如果用户想要显示模型中的输入/输出信息，那么可以使用 Simulink 调试器工具栏上的"观察模块 I/O"按钮 🔳 和"显示模块 I/O"按钮 🔳，或者使用表 11-5 中的调试器命令来显示模块的 I/O。

表 11-5　显示模块 I/O 的调试器命令

| 命　　令 | 显示模块的 I/O |
| --- | --- |
| probe | 立即显示 |
| disp | 在每个断点处显示 |
| trace | 无论何时执行模块均显示 |

### 1. 显示被选择模块的 I/O

若要显示模块的 I/O，可先选择模块，在 GUI 模式下单击"显示模块 I/O"按钮 🔳，或者在命令行模式下输入 probe 命令。该命令的使用说明见表 11-6。

表 11-6　显示模块 I/O 的 probe 命令

| 命　　令 | 显示模块的 I/O |
| --- | --- |
| probe | 进入或退出 probe 模式。在 probe 模式下，调试器会显示用户在模型方块图中选择的任一模块的输入和输出，在键盘上输入任一命令都会使调试器退出 probe 模式 |
| probe gcb | 显示被选择模块的 I/O |
| probe s:b | 打印由系统号 s 和模块号 b 指定的模块的 I/O |

调试器会在调试器的 **Outputs** 输出面板(GUI 模式下)或 MATLAB 命令窗口中打印所选择模块的当前输入、输出和状态。

当用户需要检验模块的 I/O，而且其 I/O 没有显示时，probe 命令是非常有用的。例如，假设用户正使用 step 命令一个方法一个方法地运行模型，那么，当每次步进仿真时，调试器都会显示当前模块的输入和输出。当然，probe 命令也可以检验其他模块的 I/O。

### 2．自动在断点处显示模块的 I/O

无论何时中断仿真，利用 disp 命令都可以使调试器自动显示指定模块的输入和输出。用户可以通过输入模块的索引值来指定模块，或者通过在方块图中选择模块，并用 gcb 作为 disp 命令的变量的方式来指定模块。用户还可以利用 undisp 命令从调试器的显示列表中删除任意模块。例如，若要删除模块 0:0，可以在方块图中选择这个模块，并输入 undisp gcb 命令，或者只简单地输入 undisp 0:0 命令即可。

需要注意的是，自动在断点处显示模块的 I/O 功能在调试器的 GUI 模式下是不能使用的。

当需要在仿真过程中监视特定模块或一组模块的 I/O 时，disp 命令是非常有用的。利用 disp 命令用户可以指定需要监测的模块，那么在每一步仿真时，调试器都会重新显示这些模块的 I/O。需要说明的是，使用 step 命令，当一个模块一个模块地步进模型时，调试器总是显示当前模块的 I/O。因此，如果用户只是想观测当前模块的 I/O，则不必使用 disp 命令。

### 3．观测模块的 I/O

若要观测模块，可首先选择这个模块，然后在调试器工具栏中单击"观察模块 I/O"按钮 ⊡ 或输入 trace 命令。在 GUI 模式下，如果在模块中存在断点，那么用户也可以通过在 **Break/Display points** 面板中选择"观测列" ⊡ 中模块的复选框来观测模块。在命令行模式下，用户可以在 trace 命令中通过指定模块的索引值来指定模块，也可以用 untrace 命令从调试器的跟踪列表中删除模块。

无论何时执行模块，调试器都会显示被观测模块的 I/O，观测模块可以使用户不必终止仿真就获得完整的模块 I/O 记录。

## 11.4.2　显示代数环信息

Simulink 中的 atrace 调试命令用来设置代数环的跟踪级别，它可以使调试器在每次解算代数环时显示模型的代数环信息，这个命令只带一个变量，该变量用来指定所显示的信息量。atrace 命令的语法为 atrace level，变量 level 表示跟踪级别，0 表示没有信息，4 表示显示所有信息。表 11-7 是 atrace 命令的使用描述。

### 表 11-7　显示仿真中代数环信息的 atrace 命令

| 命　　令 | 显示的代数环信息 |
| --- | --- |
| atrace 0 | 无信息 |
| atrace 1 | 显示循环变量的结果，要求解算循环的迭代次数以及估计的求解误差 |
| atrace 2 | 与级别 1 相同 |
| atrace 3 | 与级别 2 相同，但还显示用来解算循环的雅可比矩阵 |
| atrace 4 | 与级别 3 相同，但还显示循环变量的中间结果 |

### 11.4.3 显示系统状态

Simulink 中的 states 调试命令可以在 MATLAB 命令窗口中列出系统状态的当前值。例如，下面的命令行显示的是 Simulink 中的跳跃球演示程序(bounce)在执行完第一个和第二个时间步后的系统状态。

```
>> sldebug bounce
 [Tm = 0                            ] **Start** of system 'bounce' outputs
%----------------------------------------------------------------%
(sldebug @0:0 'bounce/Position'): states
Continuous states: value index (system:block BlockName)
   10                         0 (0:0 'bounce/Position')
   15                         1 (0:3 'bounce/Velocity')
%----------------------------------------------------------------%
(sldebug @0:0 'bounce/Position'): next
[Tm = 0.01                         ] **Start** of system 'bounce' outputs
%----------------------------------------------------------------%
(sldebug @0:0 'bounce/Position'): states
Continuous states: value index (system:block BlockName)
   10.1495095                 0 (0:0 'bounce/Position')
   14.9019                    1 (0:5 'bounce/Velocity')
```

### 11.4.4 显示求解器信息

如果用户的模型中有微分方程，那么它有可能会造成仿真的性能下降，此时用户可以利用 strace 命令确定模型中产生这个问题的具体位置。用户在运行仿真或步进仿真的过程中，使用这个命令可以在 MATLAB 命令窗口中显示与求解算法相关的信息。这些信息包括求解器使用的步长，由步长带来的估算误差，步长是否满足模型指定的精度，求解器的重置时间等。事实上，这些信息对用户来说可能非常有用，因为它可以帮助用户确定其为模型选择的求解器算法是否合适，是否还有其他的能够缩短模型仿真时间的算法。

strace 命令中的参数可以设置求解器的跟踪级别，这样求解器就会根据用户设置的级别在 MATLAB 命令窗口中显示相应的诊断信息。该命令的语法格式为：

　　strace　level

其中，level 参数是跟踪级别，可以设置为 0 或 1，0 表示不显示跟踪信息，1 表示显示所有跟踪信息，包括时间步、积分步、过零以及算法重置。

当设置跟踪级别为 1 时，调试器中会显示最大步长和最小步长时间，如下：

```
[TM = 1.278784598291994       ] Start of Major Time Step
[Tm = 1.278784598291994       ] Start of Minor Time Step
```

调试器还会显示一些积分信息，包括积分方法的开始时间、步长、误差及状态索引值，如下：

```
[Tm = 1.678784598291994    ] [H   = 0.4                 ] Begin Integration Step
```

[Ts = 2.078784598291994 　　][Hs = 0.3999999999999999 　] Pass 　[Er = 3.5263e-002] [Ix = 1]

当进行过零检测时，调试器会在产生过零时显示迭代搜索算法的有关信息。这些信息包括过零时间，过零检测算法的步长，过零的时间间隔，以及过零的上升或下降标识，如下：

[Tz = 3.615333333333301 ]　　Detected 1 Zero Crossing Event 0[F]
　　　　　　　　　　　　　　Begin iterative search to bracket zero crossing event

[Tz = 3.621111157580072 ] [Hz = 0.005777824246771424 ] [Iz = 4.2222e-003] 0[F]

[Tz = 3.621116982080098 ] [Hz = 0.005783648746797265 ] [Iz = 4.2164e-003] 0[F]

[Tz = 3.621116987943544 ] [Hz = 0.005783654610242994 ] [Iz = 4.2163e-003] 0[F]

[Tz = 3.621116987943544 ] [Hz = 0.005783654610242994 ] [Iz = 1.1804e-011] 0[F]

[Tz = 3.621116987949452 ] [Hz = 0.005783654616151157 ] [Iz = 5.8962e-012] 0[F]

[Tz = 3.621116987949452 ] [Hz = 0.005783654616151157 ] [Iz = 5.1514e-014] 0[F]
　　　　　　　　　　　　　End iterative search to bracket zero crossing event

当求解器进行重置时，调试器会显示求解器重置的相关信息，如下：

[Tr = 6.246905153573676 ] Process Solver Reset

[Tr = 6.246905153573676 ] Reset Zero Crossing Cache

[Tr = 6.246905153573676 ] Reset Derivative Cache

# 11.5　显示模型信息

Simulink 调试器除了可以提供仿真信息外，还可以提供在仿真下的各种模型信息。

## 11.5.1　显示模型中模块的执行顺序

在模型初始化阶段，Simulink 在仿真开始运行时就确定了模块的执行顺序。在仿真过程中，Simulink 支持按执行顺序排列的这些模块，因此，这个列表也就被称为排序列表。

在 GUI 模式下，调试器在它的 **Sorted List** 面板中显示被排序和执行的模型主系统和每个非纯虚子系统，每个列表列出了子系统所包含的模块，这些模块根据模块的计算依赖性、字母顺序和其他模块的排序规则进行排序。这个信息对于简单系统来说可能无所谓，但它对于大型、多速率系统来说是非常重要的，如果系统中包含了代数环，那么代数环中涉及到的模块都会在这个窗口中显示出来。

图 11-12 是调试 vdp 模型时在调试器的 **Sorted List** 选项面板中显示的被排序的模块列表，列表中显示了模块的索引值。这样就可以确定模型中模块的 ID 号，用户可以用 ID 号作为某些调试器命令的参数。

在命令行模式下，用户可以用 slist 命令在 MATLAB 的命令窗口中显示模型中模块的执行顺序，这个列表包括模块的索引值。

如果模块属于一个代数环，那么 slist 命令会在排序列表中模块的记录条目上显示一个代数环标识符，标识符的格式为：

　　　algId = s # n

这里，s 是包含代数环的子系统的索引值，n 是子系统内代数环的索引值。例如，下面的 Integrator 模块的记录条目表示该模块参与了主模型中的第一个代数循环。

0:1 'test/ss/I1' (Integrator, tid = 0) [algId = 0#1, discontinuity]

用户可以用调试器中的 ashow 命令高亮显示这个模块和组成代数环的线。

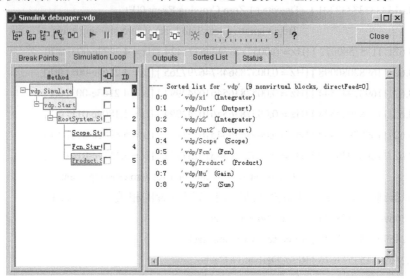

图 11-12

## 11.5.2 显示模块

为了在模型方块图中确定指定索引值的模块，可在命令提示符中输入 bshow s:b。这里，s:b 是模块的索引值，bshow 命令用来打开包含该模块的系统(如果需要)，并在系统窗口中选择模块。

### 1. 显示模型中的非纯虚系统

Simulink 中的 systems 命令用来显示一列被调试模型中的非纯虚系统。例如，Simulink 中的离合器演示模型(clutch)包含了下列系统：

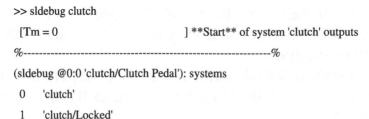

```
>> sldebug clutch
[Tm = 0                          ] **Start** of system 'clutch' outputs
%--------------------------------------------------------------------%
(sldebug @0:0 'clutch/Clutch Pedal'): systems
   0    'clutch'
   1    'clutch/Locked'
   2    'clutch/Unlocked'
```

需要注意的是，systems 命令不会列出实际为纯图形的子系统，也就是，模型图把这些子系统表示为 Subsystem 模块，而 Simulink 则把这些子系统作为父系统的一部分进行求解。在 Simulink 模型中，根系统和触发子系统或使能子系统都是实系统，而所有其他的子系统都是虚系统(即图形系统)，因此，这些系统不会出现在 systems 命令生成的列表中。

### 2．显示模型中的非纯虚模块

Simulink 中的 slist 命令用来显示一列模型中的非纯虚模块，显示列表按系统分组模块。例如，下面的命令显示的是 Van der Pol(vdp)演示模型中的非虚拟模块：

```
>> sldebug vdp
[Tm = 0                                    ] **Start** of system 'vdp' outputs
%----------------------------------------------------------------%
(sldebug @0:0 'vdp/x1'): slist

---- Sorted list for 'vdp' [9 nonvirtual blocks, directFeed=0]
    0:0      'vdp/x1' (Integrator)
    0:1      'vdp/Out1' (Outport)
    0:2      'vdp/x2' (Integrator)
    0:3      'vdp/Out2' (Outport)
    0:4      'vdp/Scope' (Scope)
    0:5      'vdp/Fcn' (Fcn)
    0:6      'vdp/Product' (Product)
    0:7      'vdp/Mu' (Gain)
    0:8      'vdp/Sum' (Sum)
%----------------------------------------------------------------%
```

需要注意的是，slist 命令不会列出事实上为纯图形系统的模块，也就是，在计算模块中表示为成组集合或模块关系的模块。

### 3．显示带有潜在过零的模块

Simulink 中的 zclist 命令用来显示在仿真过程中可能出现非采样过零的模块。例如，下面的命令显示的是 clutch 模型中可能出现过零的模块：

```
>> sldebug clutch
[Tm = 0                                    ] **Start** of system 'clutch' outputs
%----------------------------------------------------------------%
(sldebug @0:0 'clutch/Clutch Pedal'): zclist
    0:4      'clutch/Friction Mode Logic/Lockup Detection/Velocities Match' (HitCross)
    0:4      'clutch/Friction Mode Logic/Lockup Detection/Velocities Match' (HitCross)
    0:10     'clutch/Friction Mode Logic/Lockup Detection/Required Friction for Lockup/Abs' (Abs)
    0:12     'clutch/Friction Mode Logic/Lockup Detection/Required Friction for Lockup/Relational
Operator' (RelationalOperator)
    0:19     'clutch/Friction Mode Logic/Break Apart Detection/Abs' (Abs)
    0:20     'clutch/Friction Mode Logic/Break Apart Detection/Relational Operator' (RelationalOperator)
    2:3      'clutch/Unlocked/slip direction' (Signum)
```

### 4．显示代数循环

Simulink 中的 ashow 命令用来高亮显示特定的代数环或者包括指定模块的代数环。若要高亮显示特定的代数环，可输入 ashow s # n 命令，这里，s 是包含这个代数环的系统索引值，n 是系统中代数环的索引值。若要显示包含当前被选择模块的代数环，可输入 ashow gcb 命令。若要显示包含指定模块的代数环，可输入 ashow s:b 命令，这里，s:b 是模块的索引值。若要取消模型图中代数环的高亮显示，可输入 ashow clear 命令。

### 5．显示调试器状态

在 GUI 模式下，用户可以利用调试器的 **Status** 选项面板来显示调试器状态。它包括调试器的选项值和其他的状态信息，如图 11-13 所示。

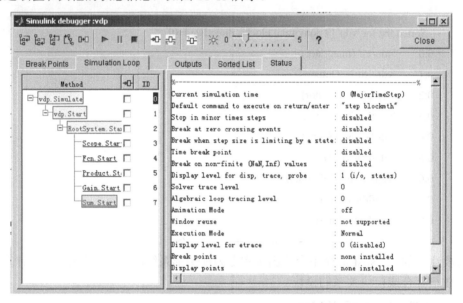

图 11-13

在命令行模式下，Simulink 中的 status 命令用来显示调试器的状态设置。例如，下面的命令显示了 vdp 模型中的初始调试设置：

```
>> sldebug vdp
[Tm = 0                          ] **Start** of system 'vdp' outputs
%--------------------------------------------------------------%
(sldebug @0:0 'vdp/x1'): status
%--------------------------------------------------------------%
```

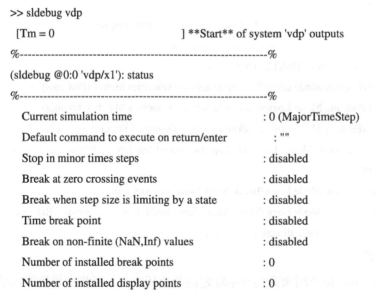

| | |
|---|---|
| Number of installed trace points | : 0 |
| Display items for disp, trace, probe | : io |
| Display of integration information | : disabled |
| Algebraic loop tracing level | : 0 |
| Window reuse | : reuse |
| Execution Mode | : Normal |

%------------------------------------------------------------------%

# 第 12 章　编写 M 语言 S-函数

S-函数(系统函数)为扩展 Simulink 的功能提供了强有力的方法。本章向读者介绍什么是 S-函数，何时使用 S-函数，为什么使用 S-函数，以及如何编写用户自己的 S-函数。本章的主要内容包括：

➤　什么是 S-函数　　　　介绍 Simulink 中 S-函数的定义
➤　S-函数的工作方式　　当仿真包含 S-函数的模型时，Simulink 是如何调用 S-函数的
➤　在模型中使用 S-函数　如何把 S-函数作为模块插入到模型中，如何向模块传递参数，
　　　　　　　　　　　　　并说明何时需要使用 S-函数
➤　S-函数概念　　　　　在编写特定类型的 S-函数时需要知道的某些关键概念
➤　编写 M 语言 S-函数　如何编写 MATLAB 语言的 S-函数
➤　S-函数范例　　　　　举例说明如何编写不同类型的 S-函数，包括编写不含状态及包
　　　　　　　　　　　　　含连续状态、离散状态和混合状态的 S-函数

## 12.1　S-函数

S-函数是 Simulink 模块的计算机语言描述，它可以用 MATLAB、C、C++、Ada 或 Fortran 语言编写。MATLAB 语言的 S-函数可以编译为 M 文件；C、C++、Ada 或 Fortran 语言的 S-函数可以用 mex 工具编译为 MEX 文件，同其他的 MEX 文件一样，在需要时这些文件可以动态链接到 MATLAB 中。

### 12.1.1　S-函数的定义

S-函数是系统函数(System Function)的简称，是指采用非图形化的方式描述一个模块。S-函数使用特定的调用语法，这种语法可以与 Simulink 中的方程求解器相互作用，S-函数中的程序从求解器中接收信息，并对求解器发出的命令做出适当的响应。这种作用方式与求解器和内嵌的 Simulink 模块之间的作用很相似。S-函数的格式是通用的，它们可以用在连续系统、离散系统和混合系统中。

完整的 S-函数结构体系包含了描述一个动态系统所需的全部能力，所有其他的使用情况(比如用于显示目的)都是这个默认体系结构的特例。S-函数允许用户向 Simulink 模型中添加用户自己的模块，它作为与其他语言相结合的接口程序，可以用 MATLAB、C、C++、Fortran 或 Ada 语言创建自己的模块，并使用这些语言提供的强大功能，用户只需要遵守一些简单的规则即可。例如，M 语言编写的 S-函数可以调用工具箱和图形函数；C 语言编写的 S-函数可以实现对操作系统的访问。

用户还可以在 S-函数中实现用户算法，编写完 S-函数之后，用户可以把 S-函数的名称

放在 S-Function 模块中，并利用 Simulink 中的封装功能自定义模块的用户接口。

## 12.1.2　S-函数的工作方式

若要创建 S-函数，则用户必须知道 S-函数的工作方式，若要理解 S-函数的工作方式，也就要求理解 Simulink 仿真模型的过程，因此也就需要理解模块的数学含义。

### 1．Simulink 模块的数学含义

Simulink 中模块的输入、状态和输出之间都存在数学关系，模块输出是采样时间、输入和模块状态的函数。图 12-1 描述了模块中输入和输出的流程关系。

下面的方程表示了模块输入、状态和输出之间的数学关系：

$$y = f_0(t, x, u) \quad （输出）$$
$$\dot{x}_c = f_d(t, x, u) \quad （微分）$$
$$x_{d_{i+1}} = f_u(t, x, u) \quad （更新）$$

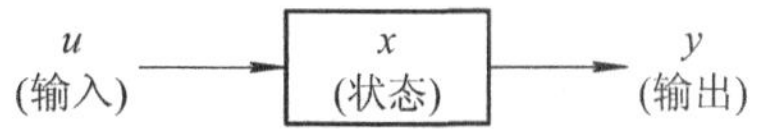

这里，$x = x_c + x_d$。

图 12-1

### 2．Simulink 仿真过程

Simulink 模型的仿真执行过程包括两个阶段。第一个阶段是初始化阶段，在这个过程中，模块的所有参数都被传递给 MATLAB 进行求值，因此所有的参数都被确定下来，并且模型的层次被展开，但是原子子系统仍被作为单独的模块进行对待。另外，Simulink 把库模块结合到模型中，并传递信号宽度、数据类型和采样时间，确定模块的执行顺序，并分配内存，最后确定状态的初值和采样时间。然后 Simulink 进入第二个阶段，仿真开始，也就是仿真循环过程。仿真是由求解器控制的，它计算模块的输出，更新模块的离散状态，计算连续状态，在采用变步长求解器时，求解器还需要确定时间步长。求解器计算连续状态时包含下面几个步骤：

(1) 每个模块按照预先确定的顺序计算输出，求解器为待更新的系统提供当前状态、时间和输出值，反过来，求解器又需要状态导数的值。

(2) 求解器对状态的导数进行积分，计算新的状态的值。

(3) 状态计算完成后，模块的输出更新再进行一次。这里，一些模块可能会发出过零警告，促使求解器探测出发生过零的准确时间。

在每个仿真时间步期间，模型中的每个模块都会重复这个循环过程，Simulink 会按照初始化过程所确定的模块执行顺序来执行模型中的模块。而对于每个模块，Simulink 都会调用函数，以计算当前采样时间中的模块状态、微分和模块输出。这个过程会一直继续下去，直到仿真结束。

这里把系统和求解器在仿真过程之间所起的作用总结一下。求解器的作用是传递模块的输出，对状态导数进行积分，并确定采样时间，求解器传递给系统的信息包括时间、输入和当前状态。系统的作用是计算模块的输出，对状态进行更新，计算状态的导数和生成过零事件，并把这些信息提供给求解器。在 S-函数中，求解器和系统之间的对话是通过不同的标志来控制的。求解器在给系统发送标志的同时也发送数据，系统使用这个标志来确定所要执行的操作，并确定所要返回的变量的值。求解器和系统之间的这种关系可以用图 12-2 描述。

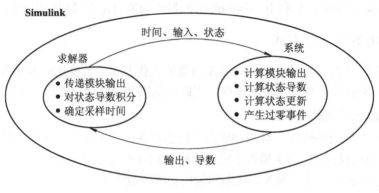

图 12-2

### 3. S-函数的控制流

S-函数的调用顺序是通过 flag 标志来控制的。在仿真初始化阶段，通过设置 flag 标志为 0 来调用 S-函数，并请求提供数量(包括连续状态、离散状态和输入、输出的个数)、初始状态和采样时间等信息。然后，仿真开始，设置 flag 标志为 4，请求 S-函数计算下一个采样时间，并提供采样时间。接下来设置 flag 标志为 3，请求 S-函数计算模块的输出。然后设置 flag 标志为 2，更新离散状态。当用户还需要计算状态导数时，可设置 flag 标志为 1，由求解器使用积分算法计算状态的值。计算出状态导数和更新离散状态之后，通过设置 flag 标志为 3 来计算模块的输出，这样就结束了一个时间步的仿真。当到达结束时间时，设置 flag 标志为 9，结束仿真。这个过程如图 12-3 所示。

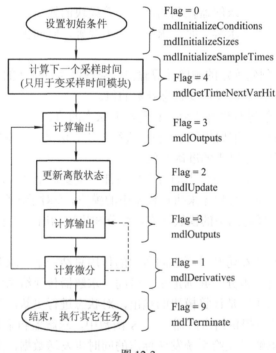

图 12-3

#### 4．S-函数回调方法

S-函数是由一组 S-函数回调方法组成的，这些回调方法在每个仿真阶段执行不同的任务。在模型仿真过程中，在每次仿真阶段，Simulink 都会为模型中的每个 S-Function 模块调用合适的方法。S-函数回调方法可以执行的任务包括：

● 初始化——在首次仿真循环开始之前，Simulink 会初始化 S-函数。在这个过程中，Simulink 会执行下面的操作：

➢ 初始化 SimStruct，这是一个包含 S-函数信息的仿真结构；

➢ 设置输入端口和输出端口的个数及维数；

➢ 设置模块采样时间；

➢ 分配空间和 sizes 数组。

● 计算下一个采样时间点——如果用户已经创建了一个变采样时间模块，那么此时会计算下一个采样点的时间，也就是计算下一个步长。

● 以最大时间步计算输出——在本次调用结束后，所有模块的输出端口在当前时间步上都是有效的。

● 以最大时间步更新离散状态——在本次调用中，所有模块都应该执行一次更新，也就是为下一次仿真循环更新一次离散状态。

● 积分——这主要应用于具有连续状态和/或非采样过零的模型。如果用户的 S-函数带有连续状态，那么 Simulink 会在最小时间步上调用 S-函数的输出和微分部分，因此 Simulink 也就可以为用户的 S-函数计算状态。如果用户的 S-函数(只是对 C MEX 文件)带有非采样的过零，那么 Simulink 会在最小时间步上调用用户 S-函数的输出和过零部分，因此也就可以确定过零产生的具体位置。

## 12.2 在模型中创建 S-函数

用户可以利用 Simulink 中 User-Define Functions 模块库中的 S-Function 模块在模型中创建 S-函数。这个模块的对话框中包含要使用的 S-函数的名称，以及一些额外的参数，额外的参数必须按照 S-函数中所确定的顺序输入，中间用逗号隔开。

用户可以利用 Simulink 的封装功能封装一个 S-Function 模块，以提供更友好的使用界面。S-Function 模块是一个单输入、单输出的模块，如果有多个输入和输出信号，则需要使用 Mux 模块和 Demux 模块将输入合并或将输出分开。如果 S-函数没有输入或输出，则在 S-Function 模块上看不到对应的端口显示。

### 12.2.1 在模型中使用 S-函数

为了在模型中加入 S-函数，应该首先从 Simulink 的 User-Defined Functions 模块库中把 S-Function 模块拖到模型窗口中，然后在 S-Function 模块对话框中的 **S-function name** 参数文本框内指定 S-函数的名称，如图 12-4 所示。

在图 12-4 中，模型包含了两个 S-Function 模块，这两个模块都引用了相同的源文件，即 myfun。这个文件可以是 C MEX 文件，也可以是 M 文件，如果 C MEX 文件和 M 文件都有相同的名称，那么 Simulink 会优先考虑 C MEX 文件。

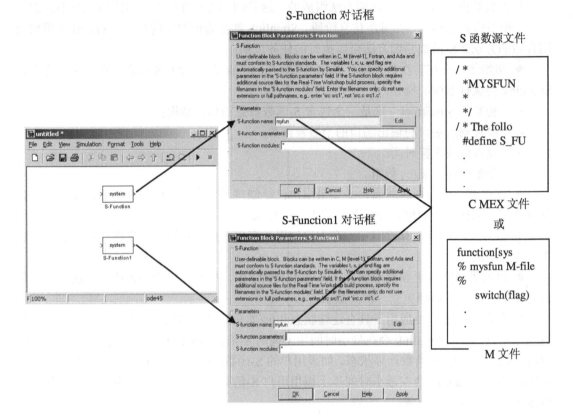

图 12-4

### 12.2.2　向 S-函数中传递参数

　　S-Function 模块参数对话框内有一个 **S-function parameters** 参数，在其下面的文本框内用户可以指定传送到相应 S-函数中的参数值。当然，用户必须知道 S-函数要求的参数和这些参数的调用顺序，然后按照 S-函数要求的顺序输入参数，并用逗号分隔，参数值可以是常数、在模型工作区中定义的变量名称或 MATLAB 表达式。

　　图 12-5 说明了如何使用 **S-function parameters** 文本框输入用户定义的参数。

　　图 12-5 中的模型调用了名称为 limintm 的采样 S-函数，函数的源代码存储在 toolbox/simulink/ blocks 目录中。limintm 函数包括三个参数：下限值、上限值和初始条件。如果时间积分在上限和下限之间，则函数输出输入信号的时间积分；如果时间积分小于下限，则输出下限值；如果时间积分大于上限，则输入上限值。从图中的 S-Function 模块对话框中可以看到，这里分别指定下限、上限和初始条件为 2、3 和 2.5。当输入信号是幅值为 1 的正弦波时，示波器的输出结果见图 12-5 所示。

　　用户利用 Simulink 中的封装功能为 S-函数模块创建用户对话框和图标后，封装后的对话框可以很容易地为 S-函数指定其他的参数。

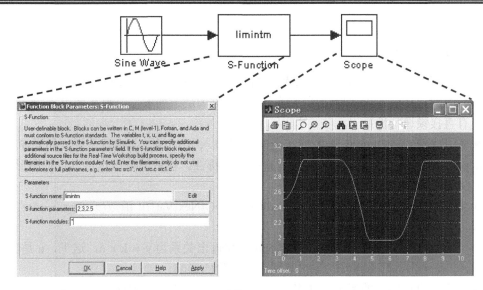

图 12-5

### 12.2.3　何时使用 S-函数

对于大多数系统来说，使用 Simulink 提供的现成模块就能够实现系统功能，而不需要借助 S-函数，但在开发一个新的通用模块时，应当使用 S-函数。S-函数会将已有的代码结合进来，而不需要在 Simulink 中重新实现算法。此外，在 S-函数中，公式是由文本输入的，当表达一个复杂系统时很适合，尤其是随时间而变化的系统。利用 S-函数用户还可以实现在仿真过程的每个阶段进行微调。

因此，如果用户想要创建自定义的 Simulink 模块，则可以考虑使用 S-函数。对于下面的应用都可以使用 S-函数，它们包括：

- 向 Simulink 中添加新的通用模块；
- 添加用来表示硬件设备驱动的模块；
- 把已有的代码合并到 Simulink 中进行仿真；
- 把一个系统描述为一组数学方程时，利用 S-函数可以采用文本方式输入复杂的方程，而不必花太多的时间绘制方程；
- 在模型中使用图形动画。

利用 S-函数用户可以创建在模型中重复使用的通用模块，而且每个模块都可以设置不同的参数值，这是一个非常有用的功能。

## 12.3　S-函数的概念

S-函数有一些非常关键的概念，理解这些概念对于正确创建 S-函数是非常重要的。这些概念包括：

- 直接馈通；
- 动态确定输入数组的维数；

● 设置采样时间和偏差值。

### 12.3.1 直接馈通

直接馈通的含义就是输出直接受输入端口值的影响，对于变采样时间模块，也可以说是变采样时间直接受输入端口值所控制。如果模块满足下列条件，那么就说 S-函数的输入端口具有直接馈通特性：

● 输出函数(mdlOutputs 函数或 flag==3)是输入 u 的函数，也就是说，如果输入 u 在 mdlOutputs 函数中被存取，则模块具有直接馈通特性。模块的输出也可以包括图形输出，如 XY Graph 示波器。

● 具有变采样时间的 S-函数中的 mdlGetTimeOfNextVarHit 函数(或 flag == 4)直接读取输入 u，则模块具有直接馈通特性。

举一个直接馈通的例子，如果系统的输入和输出关系为 $y = k \times u$，这里，u 是输入，k 是增益，y 是输出，那么系统的输出直接受输入值的影响。

举一个非直接馈通的例子，如果系统的输出和输入满足下列这个简单的积分算法：

输出： $y = x$

微分： $\dot{x} = u$

这里，x 是状态，$\dot{x}$ 是对应时刻的状态微分，u 是输入，y 是输出。需要说明的是，$\dot{x}$ 是 Simulink 积分的一个变量，它对于正确设置直接馈通标志是非常重要的，因为它影响着模型中模块的执行顺序，而且还用来检测代数环。

### 12.3.2 动态设置数组维数

用户编写的 S-函数可以支持任意维数的输入数组，既然如此，当开始仿真时，在求取驱动 S-函数的输入向量的维数时，用户可以动态确定实际输入的维数。输入维数也可以用来确定函数中连续状态的个数、离散状态的个数和输出的个数。

M 文件 S-函数只有一个输入端口，这个输入端口也只能接收一维(向量)信号，但是，这个信号的宽度可以是不同的。在 M 文件 S-函数内，为了表示输入的信号宽度是动态指定的，可以在 sizes 结构中指定属性为-1 值，这个结构在 mdlInitializeSizes 调用时被返回。例如，如果想要在仿真运行时由输入向量的维数确定输入或输出的维数，则可以指定 sizes.NumInputs = -1 或 sizes.NumOutputs = -1，也可以动态指定连续状态和离散状态的数目。如果使用 length(u)函数调用 S-函数，那么用户可以确定 S-Function 模块中实际输入的宽度，如果指定宽度值为 0，则输入端口被从 S-Function 模块中删除。

例如，图 12-6 中的模型有两个相同的 S-Function 模块，上面的 S-Function 模块由一个带有三个输出分量的 Mux 向量模块所驱动，下面的 S-Function 模块由一个带有标量输出的模块驱动。

通过动态指定 S-Function 模块的输入，相同的 S-函数可以出现在同一个环境中，Simulink 会动态调用这些带有适当维数输入向量的模块。与此相似，如果其他的模块特征也被指定为动态确定，如输出的个数离散状态或连续状态的个数，那么 Simulink 会把这些向量定义为与输入向量具有相同的长度。

因此说，M 语言 S-函数在指定输入端口和输出端口的宽度上给出了很大的灵活性。

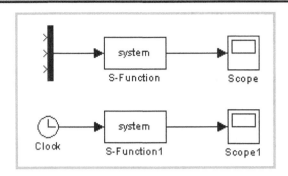

图 12-6

### 12.3.3　设置采样时间和偏移量

用户在编写 M 文件 S-函数时，可以灵活地指定执行 S-函数的时间。Simulink 在指定采样时间上给出了如下选项：

● 连续采样时间——针对具有连续状态和/或非采样过零的 S-函数，对于这种类型的 S-函数，输出以最小时间步改变。

● 连续但固定在最小时间步的采样时间——针对必须在每个最大仿真步上执行，但在最小时间步内不改变数值的 S-函数。

● 离散采样时间——如果用户的 S-Function 模块的动作带有离散时间间隔，那么用户可以定义采样时间，用以控制 Simulink 何时调用 S-Function 模块，也可以定义延迟每个采样点的偏移量，偏移量的数值不能超过所对应的采样时间。

采样时刻点的时间值由下式确定：

下一个采样时刻 = (n * 采样间隔) + 偏移量

这里，n 是整数，表示当前的仿真步，n 的第一个值总是零。

如果用户定义了一个离散采样时间，那么 Simulink 在每个采样时刻上都会调用 S-函数的 mdlOutput 函数和 mdlUpdate 函数。

● 变采样时间——离散采样时间的两次采样时间间隔是可变的，在每次仿真步开始时，带有变采样时间的 S-函数都需要计算下一个采样时刻值。

● 继承采样时间——有时，S-Function 模块不具有继承采样时间的特征，也就是说，它或者是连续采样，或者是离散采样，这取决于系统中其他模块的采样时间，用户可以指定模块的采样时间为 inherited(继承性)。举例来说，Gain 模块就可以继承驱动其模块的采样时间。对于一个模块，它可以继承下列模块的采样时间：

➢ 驱动模块；

➢ 目标模块；

➢ 系统中最快的采样时间。

若要把模块的采样时间设置为可继承的，则可在 M 文件 S-函数中设置采样时间为−1。

S-函数可以是单速率系统或多速率系统，多速率 S-函数可以有多个采样时间。采样时间对以下列形式指定：[采样时间，偏移量]。有效的采样时间对为：

[CONTINUOUS_SAMPLE_TIME, 0.0]

[CONTINUOUS_SAMPLE_TIME，FIXED_IN_MINOR_STEP_OFFSET]

[VARIABLE_SAMPLE_TIME，0.0]

[离散采样时间间隔，偏移量]

这里：

CONTINUOUS_SAMPLE_TIME = 0.0

FIXED_IN_MINOR_STEP_OFFSET = 1.0

VARIABLE_SAMPLE_TIME = –2.0

另外，用户也可以从驱动模块中指定采样时间的继承性，在这种情况下，S-函数只能有一个采样时间对，即：

[INHERITED_SAMPLE_TIME，0.0]

或者

[INHERITED_SAMPLE_TIME，固定在最小时间步的偏移量]

这里：

INHERITED_SAMPLE_TIME = –1.0

下面的说明可以帮助用户指定采样时间。

● 在最小积分步内改变的连续 S-函数应该指定采样时间为：[连续采样时间，0.0]。

● 在最小积分步内不改变的连续 S-函数应该指定采样时间为：[连续采样时间，固定在最小时间步的偏移量]。

● 以指定速率改变的离散 S-函数应该指定离散采样时间对：[离散采样时间间隔，偏移量]，这里，离散采样时间间隔>0.0，0.0≤偏移量<离散采样时间间隔。

● 以变速率改变的离散 S-函数应该指定变步长离散采样时间：[变采样时间，0.0]，调用 mdlGetTimeOfNextVarHit 函数求取变步长离散任务中的下一个采样时间。

如果用户的 S-函数中没有内在的采样时间，则用户必须指定采样时间为继承采样时间，这有两种情况：

● 随模块输入改变的 S-函数，甚至在最小积分步内也随输入改变，应该设置采样时间为：[继承采样时间，0.0]。

● 随模块输入改变的 S-函数，但是在最小积分步内不随输入改变，也就是说，在最小积分步内保持固定不变，应该设置采样时间为：[继承采样时间，固定在最小时间步的偏移量]。

## 12.4 编写 M 语言 S-函数

用户可以利用 Simulink 提供的模板文件编写 M 语言的 S-函数。

### 12.4.1 M 文件 S-函数模板

M 文件 S-函数是由如下形式的 MATLAB 函数组成的：

[sys, x0, str, ts] = f (t, x, u, flag, p1, p2, …)

S-函数包含四个输出：sys 包含某个子函数的返回值，它的含义随标志 flag 的不同而不同；x0 为所有状态的初始化向量；str 是一个空矩阵；ts 返回的是采样时间。

f 是 S-函数的名称，它的输入是 t、x、u 和 flag，后面还可以带一系列的参数。其中，t

是当前时间；x 是对应 S-函数模块的状态向量；u 是模块的输入；flag 标识要执行的任务；p1、p2 是模块的参数。在模型仿真过程中，Simulink 会反复调用 f，同时用 flag 标识需要执行的任务，每次 S-函数执行任务后会把结果返回到具有标准格式的结构中。

M 文件返回的输出向量包含下列元素：

● sys——返回变量的全称，返回的数值取决于 flag 值。例如，对于 flag = 3，sys 包含 S-函数的输出。

● x0——初始状态值(如果系统中没有状态，则是一个空向量)。除非 flag = 0，否则忽略 x0。

● str——以备将来使用，M 文件 S-函数必须把它设置为空矩阵[ ]。

● ts——包含模块采样时间和偏差值的两列矩阵。

例如，如果想要在每个时间步(连续采样时间)上都运行用户的 S-函数，则设置 ts 为[0 0]；如果想要用户的 S-函数以与被连接模块相同的速率(继承采样时间)运行，则设置 ts 为[−1 0]；如果想要用户的 S-函数在仿真开始时间之后，从 0.1 秒开始每 0.25 秒(离散采样时间)运行一次，则设置 ts 为[0.25 0.1]。

用户可以创建执行多个任务，而且每个任务以不同采样速率执行的 S-函数，也就是多速率 S-函数，这时，ts 应该以采样时间上升的顺序指定用户 S-函数中使用的所有采样速率。例如，假设用户 S-函数自仿真起始时间开始每 0.25 秒执行一个任务，而另一个任务自仿真开始后从 0.1 秒开始每 1 秒执行一次，那么用户的 S-函数应该设置 ts 为[0.25 0;1.0 0.1]。这会使 Simulink 在下列时刻执行 S-函数：[0 0.1 0.25 0.5 0.75 1.0 1.1 …]，用户的 S-函数确定在每个采样时刻执行的是哪个任务。

用户也可以创建连续执行某些任务的 S-函数(也就是在每个时间步都执行)和以离散间隔执行其他任务的 S-函数。

编写 M 文件 S-函数时，推荐使用 S-函数模板文件，即 sfuntmp1.m。这个文件存储在 matlab 根目录下的 toolbox/simulink/blocks 文件夹中，它包含了完整的 S-函数，并能够对 flag 标志进行跟踪。它由一个主函数和一组子函数组成，每个子函数对应一个特定的 flag 值。主函数由一个开关转移结构(switch-case 结构)根据标志将 Simulink 转移到相应的子函数中，这个子函数称为 S-函数调用方法，它执行仿真过程中 S-函数要求的任务。

表 12-1 列出了遵守这个标准格式的 M 文件 S-函数的内容，第二列是文件中包含的所有子函数。

**表 12-1　M 文件 S-函数模板包含的子函数**

| 仿　真　阶　段 | S-函数指令 | flag |
|---|---|---|
| 初始化，定义基本 S-Function 模块特征，包括采样时间、连续状态和离散状态的初始条件和 sizes 数组 | mdlInitializeSizes | flag = 0 |
| 计算下一个采样时间(只用于变采样时间模块) | mdlGetTimeOfNextVarHit | flag = 4 |
| 给定 t、x、u，计算 S-函数输出 | mdlOutputs | flag = 3 |
| 更新离散状态、采样时间和最大时间步 | mdlUpdate | flag = 2 |
| 给定 t、x、u，计算连续状态的导数 | mdlDerivatives | flag = 1 |
| 终止仿真 | mdlTerminate | flag = 9 |

> 注意：这里推荐读者在创建 M 文件 S-函数时使用模板中的结构和命名惯例，因
> 为这便于其他人理解用户所创建的 M 文件 S-函数，而且也便于用户维护
> S-函数。

当调用 M 文件 S-函数时，Simulink 总是把标准的模块参数 t、x、u 和 flag 传递给 S-函数作为函数变量。Simulink 也可以把用户指定的附加的模块专用参数传递给 S-函数，用户可在 S-函数的模块参数对话框中的 **S-function parameters** 文本框内指定这些参数。如果模块对话框指定了附加参数，那么 Simulink 会把这些参数作为附加的函数变量传递给 S-函数，在 S-函数变量列表中附加变量在标准变量的后面，并按照模块对话框中对应参数的显示序列排列。

## 12.4.2  定义 S-Function 模块特征

为了使 Simulink 识别 M 文件 S-函数，用户必须提供 S-函数的某些特定信息，这些信息包括输入、输出和状态的个数，以及其他的模块特征。

若要为 Simulink 提供这些信息，可在仿真的初始化阶段使用标志 0 第一次调用 S-函数，这时，mdlInitializeSizes 子函数被调用，mdlInitializeSizes 子函数开始调用 simsizes 函数：

    sizes = simsizes;

这个函数用于返回未初始化的 sizes 结构，用户必须装载包含有 S-函数信息的 sizes 结构。表 12-2 列出了 sizes 结构的属性，并说明了每个属性包含的信息。

表 12-2  sizes 结构属性

| 属　性　名 | 说　　明 |
|---|---|
| sizes.NumContStates | 连续状态的个数 |
| sizes.NumDiscStates | 离散状态的个数 |
| sizes.NumOutputs | 输出个数 |
| sizes.NumInputs | 输入个数 |
| sizes.DirFeedthrough | 直接馈通。这是一个布尔量，当输出值直接依赖于同一时刻的输入值时为 1，否则则为 0 |
| sizes.NumSampleTimes | 采样时间的个数，每个系统至少有一个采样时间 |

初始化 sizes 结构后，再调用 simsizes：

    sys = simsizes(sizes);

这样会把 sizes 结构中的信息传递到 sys。sys 是存储信息的向量，以备 Simulink 使用。

# 12.5  M 文件 S-函数范例

理解 S-函数工作方式的最简单途径就是查看例程。本节以一个编写简单的无状态的 S-函数例程(timestwo)开始，事实上，大部分的 S-函数模块都要求状态处理，不管是连续状态还是离散状态；接下来给出用户可以在 Simulink 中使用 S-函数建模的四种系统类型：连

续、离散、混合和变步长。

所有的例程都是基于 S-函数模板文件 sfuntmp1.m 编写的。

## 12.5.1　无状态 M 文件 S-函数

在开始编写 M 文件 S-函数时，需要考虑以下几个问题：

● 有多少个连续状态？

● 有多少个离散状态？

● 有多少个输入？

● 有多少个输出？

● 这个 S-函数带有直接馈通吗？

● 这个 S-函数包含多少个采样时间？

在仿真开始的初始化阶段，通过使用标志 0，S-函数被第一次调用，这里，mdlInitializeSizes 子函数被调用。这个子函数应该提供上面所提问题的信息：

```
function [sys,x0,str,ts] = mdlInitializeSizes

sizes = simsizes;

sizes.NumContStates = 0;      % 连续状态的个数

sizes.NumDiscStates = 0;      % 离散状态的个数

sizes.NumOutputs = 0;         % 输出的个数

sizes.NumInputs = 0;          % 输入的个数

sizes.DirFeedthrough = 1;     % 直接馈通。这是一个布尔量，当输出值直接依赖于同一时刻的输
                              % 入值时，为 1，否则为 0

sizes.NumSampleTimes = 1;     % 每个系统至少有一个采样时间
```

mdlInitializeSizes 还提供初始条件 x0 和采样时间 ts，ts 是一个 m×2 的矩阵，其中第 k 行包含了对应于第 k 个采样时间的采样周期值和偏移量，同时，在子系统中将 str 设置为[ ]。

**例 12-1**　不含参数的简单增益系统。

图 12-7 中的 S-Function 模块有一个输入标量信号，要求该模块将输入信号乘 2，并将结果显示在示波器中。

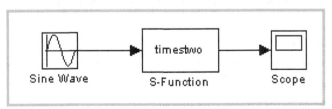

图 12-7

包含 S-函数的 M 文件代码在 S-函数模板 sfuntmp1.m 中建模，使用这个模板，用户可以创建与 C 语言 MEX S-函数类似的 M 文件 S-函数，这可以更容易地将 M 文件转换为 C MEX 文件。

若要实现不含状态不含参数的系统，则需要对模板做三处修改：

● 在主函数中，修改函数的名称，并修改文件名使其与函数名称对应。

● 初始化：在 mdlInitializeSizes 中，确定输入和输出的个数。对于带有至少一个输入和一个输出的简单系统，它总是直接馈通的。

```
function [sys,x0,str,ts] = mdlInitializeSizes
sizes = simsizes;
sizes.NumContStates = 0;
sizes.NumDiscStates = 0;
sizes.NumOutputs = 1;
sizes.NumInputs = 1;
sizes.DirFeedthrough = 1;
sizes.NumSampleTimes = 1;
```

● 输出：在 mdlOutputs 中，编写输出方程，并通过变量 sys 返回。例如，在一个将输入乘 2 的 S-函数中，输入方程为：

```
function sys = mdlOutputs(t, x, u)
sys = [2*u];
```

下面是 timestwo 函数文件完整的 M 代码：

```
function [sys, x0, str, ts] = timestwo(t, x, u, flag)
% Dispatch the flag.The switch funciton controls the calls to
% S-function routines at each simulation stage.
switch flag
    case 0
        [sys, x0, str, ts] = mdlInitializeSizes; % Initialization
    case 3
        sys = mdlOutputs(t, x, u);   % Calculate outputs
    case {1,2,4,9}
        sys = [];   % Unused flags
    otherwise
        error(['Unhandled flag = ', num2str(flag)]);   % Error handing
end;
% End of function timestwo.
%=============================================================
% Function mdlInitializeSizes initializes the states,sample times,
% state ordering strings (str),and sizes structure.
%=============================================================
function [sys,x0,str,ts] = mdlInitializeSizes
% Call funciton simsizes to create the sizes structure.
sizes = simsizes;
% Load the sizes structure with the initialization information.
```

```
sizes.NumContStates = 0;
sizes.NumDiscStates = 0;
sizes.NumOutputs = 1;
sizes.NumInputs = 1;
sizes.DirFeedthrough = 1;
sizes.NumSampleTimes = 1;
% Load the sys vector with the sizes information.
sys = simsizes(sizes);
x0 = [ ];    % No continuous states
str = [ ];    % No state ordering
ts = [-1 0];    % Inherited sample time
% End of mdlInitializeSizes.
%==============================================================
% Function mdlOutputs performs the calculations.
%==============================================================
function sys = mdlOutputs(t, x, u)
sys = 2*u;
% End of mdlOutputs.
```

为了在 Simulink 中测试这个 S-函数，可双击模型中的 S-Function 模块，打开模块参数对话框，在 S-function name 参数框内输入 timestwo。由于这个模型是不含有参数和状态的，因此可对 **S-function parameters** 参数不做修改，如图 12-8(a)所示。运行仿真，在示波器中显示的波形如图 12-8(b)所示。

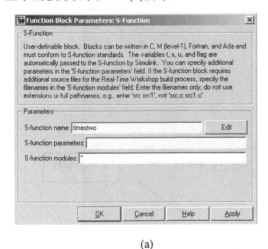 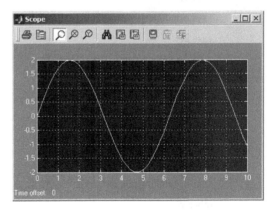

(a)                                  (b)

图 12-8

例 12-2 含参数的可变增益系统。

如果需要用户输入系统的参数，则这些参数必须在 S-函数中第一行的输入参数中列出。主函数应当做适当的修改，以便将用户参数传递到子函数中；子函数的定义也应该进行相应的修改，以便通过输入参数接收用户的参数。

现在，图 12-9 中的模型可实现一个可变增益系统，它的增益值作为 S-Function 模块中的参数由用户输入。

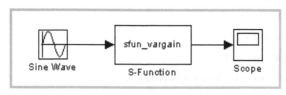

图 12-9

对 S-函数模块进行的修改包括：最顶部的函数做了改动，函数中增加了新的参数，并采用新的函数名。

function [sys, x0, str, ts] = sfun_vargain(t, x, u, flag, gain)

由于增益参数只是用来计算输出值的，因此对 mdlOutputs 的调用可修改为：

case 3,
    sys = mdlOutputs(t, x, u, gain);

对 mdlOutputs 子函数的定义也做了相应的修改，将增益作为参数输入：

function sys = mdlOutputs(t, x, u, g)

sys = g*u;

● 修改主函数

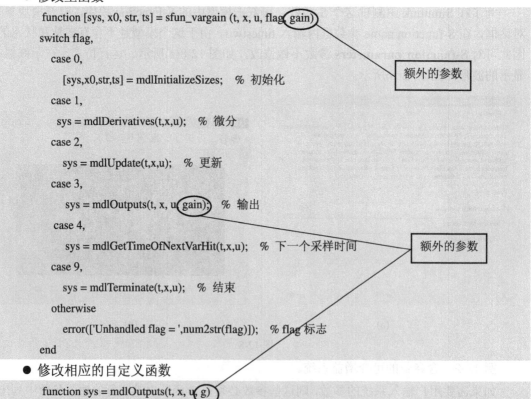

```
function [sys, x0, str, ts] = sfun_vargain (t, x, u, flag, gain)
switch flag,
    case 0,
        [sys,x0,str,ts] = mdlInitializeSizes;   % 初始化
    case 1,
        sys = mdlDerivatives(t,x,u);   % 微分
    case 2,
        sys = mdlUpdate(t,x,u);   % 更新
    case 3,
        sys = mdlOutputs(t, x, u, gain);   % 输出
    case 4,
        sys = mdlGetTimeOfNextVarHit(t,x,u);   % 下一个采样时间
    case 9,
        sys = mdlTerminate(t,x,u);   % 结束
    otherwise
        error(['Unhandled flag = ',num2str(flag)]);   % flag 标志
end
```

额外的参数

额外的参数

● 修改相应的自定义函数

```
function sys = mdlOutputs(t, x, u, g)
sys = g*u;
```

在编写 S-函数时，应该区分哪些参数会影响一个子函数的执行，然后针对这些参数做相应的改动。

注意，输出通过增益和输入的乘积得到，并通过 sys 返回。

在 S-Function 对话框内设置参数，**S-function name** 的参数名为 sfun_vargain，设置
**S-function parameters** 参数值为 10，如图 12-10(a)所示。运行仿真，得到的结果如图 12-10(b)
所示。

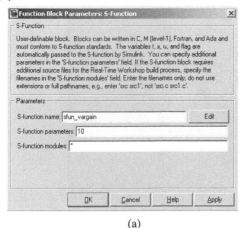

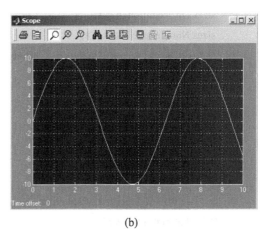

(a)                                              (b)

图 12-10

下面是 sfun_vargain 函数文件完整的 M 代码：

```
function [sys, x0, str, ts] = sfun_vargain(t, x, u, flag, gain)
% Dispatch the flag.The switch funciton controls the calls to
% S-function routines at each simulation stage.
switch flag
    case 0
        [sys, x0, str, ts] = mdlInitializeSizes; % Initialization
    case 3
        sys = mdlOutputs(t, x, u, gain);    % Calculate outputs
    case {1,2,4,9}
        sys = [ ];    % Unused flags
    otherwise
        error(['Unhandled flag = ', num2str(flag)]);    % Error handing
end;
% End of function sfun_vargain.
%=========================================================
% Function mdlInitializeSizes initializes the states,sample times,
% state ordering strings (str),and sizes structure.
%=========================================================
function [sys, x0, str, ts] = mdlInitializeSizes
% Call funciton simsizes to create the sizes structure.
```

```
sizes = simsizes;
% Load the sizes structure with the initialization information.
sizes.NumContStates = 0;
sizes.NumDiscStates = 0;
sizes.NumOutputs = 1;
sizes.NumInputs = 1;
sizes.DirFeedthrough = 1;
sizes.NumSampleTimes = 1;
% Load the sys vector with the sizes information.
sys = simsizes(sizes);
%
x0 = [ ];    % No continuous states
%
str = [ ];   % No state ordering
%
ts = [−1 0];    % Inherited sample time
% End of mdlInitializeSizes.
%===============================================================
% Function mdlOutputs performs the calculations.
%===============================================================
function sys = mdlOutputs(t, x, u, g)
sys = g*u;
% End of mdlOutputs.
```

### 12.5.2　连续状态 S-函数

在实现一个连续系统时，mdlInitializeSizes 子函数应做适当的修改，包括确定连续状态的个数、状态初始值和设置采样时间 ts 为 0，表明系统为连续采样。

**例 12-3**　积分器 S-函数。

这里建立一个简单的积分器，它的状态初始值作为用户输入，系统模型如图 12-11 所示。

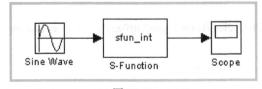

图 12-11

由于状态初始值作为输入参数，因此 S-函数中的第一行定义输入的初始状态参数为 initial_state：

```
function [sys, x0, str, ts] = sfun_int(t, x, u, flag, initial_state)
```

然后将初始状态 initial_state 传递给初始化函数 mdlInitializeSizes。

● 状态初始化

```
function[sys, x0,str, ts] = mdlInitializeSizes(initial_state)

sizes = simsizes;

sizes.NumContStates = 1;

sizes.NumDiscStates = 0;

sizes.NumOutputs = 1;

sizes.NumInputs = 1;

sizes.DirFeedthrough = 0;

sizes.NumSampleTimes = 1;

sys = simsizes(sizes);

% initialize the initial conditions %

x0 = [initial_state];
```

● 模型导数函数

对于一个积分器，状态方程为：

$$\begin{cases} \dot{x} = u \\ y = x \end{cases}$$

因此还需要编写 mdlDerivatives 子函数，将状态的导数向量通过 sys 变量返回：

```
function sys = mdlDerivatives(t, x, u)

sys = [u];
```

如果系统包含多于一个状态，则可以通过索引 x(1)，x(2)，…得到各个状态。自然地，对于多个状态，就会有多个导数与之对应，在这种情况下，sys 为一个向量，其中包含了所有连续状态的导数。与通常一样，修改后的 mdlOutputs 中应包含输出方程。

在 S-Function 对话框内设置参数，**S-function name** 的参数名为 sfun_int，设置 **S-function parameters** 参数值为 5，如图 12-12(a)所示。运行仿真，得到的结果如图 12-12(b)所示。

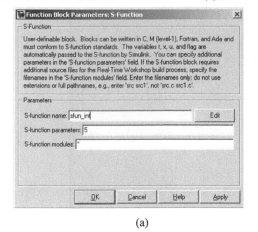
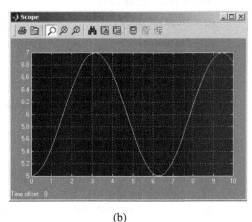

(a)　　　　　　　　　　　　　　　　　　(b)

图 12-12

下面是 sfun_int 函数文件完整的 M 代码：

```matlab
function [sys,x0,str,ts] = sfun_int(t, x, u, flag, initial_state)
% Dispatch the flag.The switch funciton controls the calls to
% S-function routines at each simulation stage.
switch flag
    case 0
        [sys, x0, str, ts] = mdlInitializeSizes(initial_state); % Initialization
    case 3
        sys = mdlOutputs(t, x, u);    % Calculate outputs
    case 1
        sys = mdlDerivatives(t, x, u)
    case {2,4,9}
        sys = [ ];    % Unused flags
    otherwise
        error(['Unhandled flag = ', num2str(flag)]);    % Error handing
end;
% End of function sfun_int.
%============================================================
% Function mdlInitializeSizes initializes the states,sample times,
% state ordering strings (str),and sizes structure.
%============================================================
function [sys, x0, str, ts] = mdlInitializeSizes(initial_state)
% Call funciton simsizes to create the sizes structure.
sizes = simsizes;
% Load the sizes structure with the initialization information.
sizes.NumContStates = 1;
sizes.NumDiscStates = 0;
sizes.NumOutputs = 1;
sizes.NumInputs = 1;
sizes.DirFeedthrough = 1;
sizes.NumSampleTimes = 1;
% Load the sys vector with the sizes information.
sys = simsizes(sizes);
%
x0 = [initial_state];    % continuous states
%
str = [ ];    % No state ordering
%
ts = [0 0];    % continuous sample time
% End of mdlInitializeSizes.
```

```
%==============================================================
% Function mdlDerivatives performs the derivative.
%==============================================================
function sys = mdlDerivatives(t, x, u)
sys = [u];
%==============================================================
% Function mdlOutputs performs the calculations.
%==============================================================
function sys = mdlOutputs(t, x, u)
sys = x;
% End of mdlOutputs.
```

**例 12-4**　蹦极 S-函数。

在这里利用 S-函数实现第 6 章中的蹦极跳系统，方程为：

$$\dot{x}_1 = x_2$$
$$\dot{x}_2 = g + \frac{1}{m} b(x_1) - \frac{a_1}{m} x_2 - \frac{a_2}{m} |x_2| x_2$$
$$y = h - x_1$$
$$b(x_1) = \begin{cases} -kx_1 & x_1 > 0 \\ 0 & x_1 \le 0 \end{cases}$$

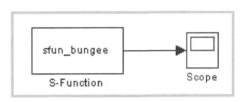

图 12-13

其中，h 为距地面的距离；方程中的常值为，弹力系数 k=5，$a_1$=1，$a_2$=1，g=10。用户可以在 S-函数中输入长度、质量和离地面的距离。系统模型如图 12-13 所示。

修改主函数中的函数名称为 sfun_bungee，系统没有输入，使用一个 if-else 结构实现 b(x) 判断选择。在 S-Function 模块对话框内输入参数值，按照 S-函数中的顺序输入 **S-function parameters** 参数值，如图 12-14(a)。设置仿真时间为 100 个时间单位，运行仿真，结果曲线如图 12-14(b)所示。

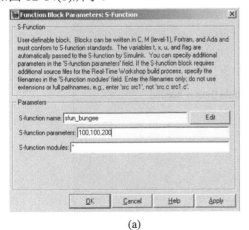

(a)

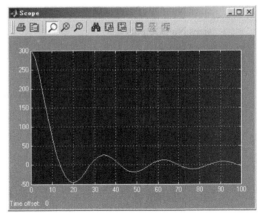

(b)

图 12-14

下面是 sfun_bungee 函数文件完整的 M 代码。

```
function [sys, x0, str, ts] = sfun_bungee(t, x, u, flag, len, weight, dist_ground)
%bungee jumping s function: k=5; a1=1; a2=1; g=10;
%length, weight, distance from ground are input parameters
k=5; a1=1; a2=1; g=10;
switch flag,
   case 0,
      [sys, x0, str, ts] = mdlInitializeSizes(len);
   case 1,
      sys = mdlDerivatives(t, x, u, weight, k, a1, a2, g);
   case 2,
      sys = mdlUpdate(t, x, u);
   case 3,
      sys = mdlOutputs(t, x, u, dist_ground);
   case 4,
      sys = mdlGetTimeOfNextVarHit(t, x, u);
   case 9,
      sys = mdlTerminate(t, x, u);
   otherwise
      error(['Unhandled flag = ', num2str(flag)]);
end


function [sys, x0, str, ts] = mdlInitializeSizes(len)
sizes = simsizes;

sizes.NumContStates = 2;
sizes.NumDiscStates = 0;
sizes.NumOutputs = 1;
sizes.NumInputs = 0;
sizes.DirFeedthrough = 0;
sizes.NumSampleTimes = 1;     % at least one sample time is needed

sys = simsizes(sizes);

% initialize the initial conditions.%
x0 = [−len;0];

% str is always an empty matrix.%
str = [ ];
```

```
% initialize the array of sample times.%
ts = [0 0];


% end mdlInitializeSizes
%===============================================================
% mdlDerivatives
% Return the derivatives for the continuous states.
%===============================================================
function sys = mdlDerivatives(t, x, u, weight, k, a1, a2, g)


if x(1)<0
      b = 0;
else
      b = -k*x(1);
end
x1dot = x(2);
x2dot = 1/weight*(weight*g+b-a1*x(2)-a2*abs(x(2))*x(2));


sys = [x1dot; x2dot];
% end mdlDerivatives
%===============================================================
% mdlUpdate
% Handle discrete state updates, sample time hits, and major time step requirements.
%===============================================================
function sys=mdlUpdate(t,x,u)
sys = [ ];


% end mdlUpdate
%===============================================================
% mdlOutputs
% Return the block outputs.
%===============================================================
function sys=mdlOutputs(t, x, u, dist_ground)
sys = dist_ground-x(1);


% end mdlOutputs
%===============================================================
% mdlGetTimeOfNextVarHit
```

% Return the time of the next hit for this block.　Note that the result is absolute time.

% Note that this function is only used when you specify a variable discrete-time

% sample time [−2 0] in the sample time array in mdlInitializeSizes.

%================================================================

function sys = mdlGetTimeOfNextVarHit(t, x, u)

sampleTime = 1;　　%　Example, set the next hit to be one second later.

sys = t + sampleTime;


% end mdlGetTimeOfNextVarHit

%================================================================

% mdlTerminate

% Perform any end of simulation tasks.

%================================================================

function sys = mdlTerminate(t, x, u)

sys = [ ];　　　% end mdlTerminate

### 12.5.3　离散状态 S-函数

在实现一个离散系统时，mdlInitializeSizes 子函数应做适当的修改，包括确定离散状态的个数、状态初始值和设置采样时间。

● 状态初始化

```
function[sys, x0, str, ts] = mdlInitializeSizes

sizes = simsizes;

sizes.NumContStates = 0;

sizes.NumDiscStates = 1;

sizes.NumOutputs = 1;

sizes.NumInputs = 1;

sizes.DirFeedthrough = 0;

sizes.NumSampleTimes = 1;

sys = simsizes(sizes);

% initialize the initial conditions. %

x0 = [0];

% str is always an empty matrix. %

str = [ ];

% initialize the array of sample times. %

ts = [1 0];
```

mdlUpdate 和 mdlOutputs 函数也要做适当的修改，最简单的例子是单位延迟，因为单位延迟的方程为 $y(n+1) = u(n)$，等价的状态方程表达式为：

$$x(n+1) = u(n)$$

$$y(n) = x(n)$$

● 模型更新

mdlUpdate 和 mdlOutputs 应当修改为：

```
function sys = mdlUpdate(t, x, u)
sys = u;
function sys = mdlOutputs(t, x, u)
sys = x;
```

**例 12-5** 单位延迟 S-函数。

编写 S-函数实现单位延迟功能，当给定正弦波输入时，观察输出波形。

模型如图 12-16(a)所示，设置 S-Function 模块参数对话框中的 S-函数的名称为 sfun_und_，模块中没有额外参数，由于这是一个含有一个离散状态的 S-函数，因此在初始化时设置 sizes.NumDiscStates = 1。若要实现延迟功能，可设置采样时间 ts，这里设置 ts = [0.1 0]，表示采样时间为 0.1 秒。如果设置 ts = [-1 0]，则表示 S-函数继承驱动模块的采样时间，那么得到的波形应该与输入的波形相同。

运行仿真，在示波器中观察结果波形，图 12-15(b)中示波器上面的窗口显示的是输入信号波形，下面的窗口显示的是 S-函数的输出波形。

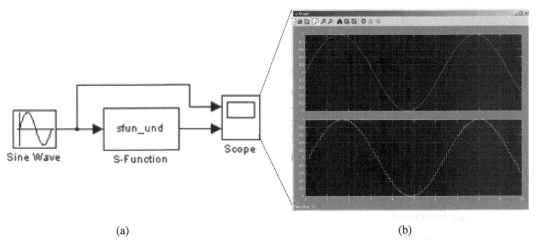

(a) 　　　　　　　　　　　　　　　　(b)

图 12-15

用户也可以封装 S-Function 模块，这样可以在模块图标上标明该函数的功能，如在封装编辑器的 Icon 选项页内输入绘制命令：disp('Unit Delay')，那么所得 S-Function 模块如图 12-16 所示。

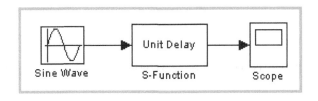

图 12-16

下面是 sfun_und 函数文件完整的 M 代码：

```
function [sys, x0, str, ts] = sfun_und(t, x, u, flag)
switch flag,
    case 0,
        [sys, x0, str, ts] = mdlInitializeSizes;        % Initialization %
    case 2,
        sys = mdlUpdate(t,x,u);            % Update %
    case 3,
        sys = mdlOutputs(t,x,u);           % Output %
    case 9,
        sys = [ ];           % Terminate %
    otherwise
        error(['unhandled flag = ',num2str(flag)]);
end


%end sfun_und
%=============================================================
% mdlInitializeSizes
% Return the sizes, initial conditions, and sample times for the S-function.
%=============================================================
function [sys, x0, str, ts] = mdlInitializeSizes

sizes = simsizes;

sizes.NumContStates = 0;
sizes.NumDiscStates = 1;
sizes.NumOutputs = 1;
sizes.NumInputs = 1;
sizes.DirFeedthrough = 0;
sizes.NumSampleTimes = 1;

sys = simsizes(sizes);

x0 = 0;
str = [ ];
ts = [0.1 0]; % Sample period of 0.1 seconds (10Hz)


% end mdlInitializeSizes
%=============================================================
% mdlUpdate
```

% Handle discrete state updates, sample time hits, and major time step requirements.

%==============================================================

function sys = mdlUpdate(t, x, u)

sys = u;


%end mdlUpdate

%==============================================================

% mdlOutputs

% Return the output vector for the S-function

%==============================================================

function sys = mdlOutputs(t, x, u)

sys = x;

%end mdlOutputs

**例 12-6**　人口系统 S-函数。

编写一个 S-函数描述人口的动态变化。设繁殖率为 r，资源为 k，初始人口数量为 init，则人口变化规律为

$$p(n) = r * p(n-1) * (1 - p(n-1)/k), \quad p(0) = init$$

系统模型如图 12-17 所示。

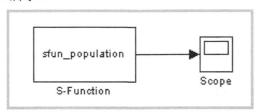

图 12-17

修改 S-函数的第一行：

function [sys, x0, str, ts] = sfun_population(t, x, u, flag, r, k, init)

对子函数的调用为：

case 0,

[sys, x0, str, ts] = mdlInitializeSizes(init);

case 2,

sys = mdlUpdate(t, x, u, r, k);

在这个例子中，p 为状态，输出等于状态，于是，更新函数和输出函数为：

function sys = mdlUpdate(t, x, u, r, k)

sys = [r*x*(1−x/k)];

function sys = mdlOutputs(t, x, u)

sys = [x];

打开 S-Function 对话框，设置 **S-function name** 参数为 sfun_population，设置 S-function parameter 参数值为 1.05、1e6、100000，如图 12-18(a)所示。选择变步长 ode45 求解器，仿

真 100 个时间单位，运行仿真后得到的结果曲线如图 12-18(b)所示。

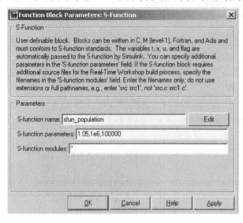
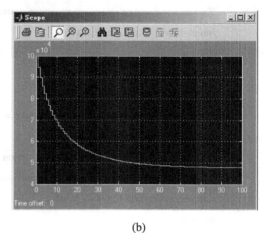

(a)                                                    (b)

图 12-18

下面是 sfun_population 函数文件完整的 M 代码：

```
function [sys,x0,str,ts] = sfun_population(t, x, u, flag, r, K, init)
%population dynamics. Rate(r), resources(K) and initial population
%(init) are user inputs.
switch flag,
    case 0,
        [sys,x0,str,ts] = mdlInitializeSizes(init);
    case 1,
        sys = mdlDerivatives(t, x, u);
    case 2,
        sys = mdlUpdate(t, x, u, r, K);
    case 3,
        sys = mdlOutputs(t, x, u);
    case 4,
        sys = mdlGetTimeOfNextVarHit(t, x, u);
    case 9,
        sys = mdlTerminate(t, x, u);
    otherwise
        error(['Unhandled flag = ', num2str(flag)]);
end

function [sys,x0,str,ts] = mdlInitializeSizes(init)
sizes = simsizes;

sizes.NumContStates = 0;
```

```
sizes.NumDiscStates = 1;
sizes.NumOutputs = 1;
sizes.NumInputs = 0;
sizes.DirFeedthrough = 1;
sizes.NumSampleTimes = 1;     % at least one sample time is needed


sys = simsizes(sizes);


% initialize the initial conditions.%
x0   = [init];


% str is always an empty matrix.%
str = [ ];


% initialize the array of sample times.%
ts   = [1 0];
% end mdlInitializeSizes
%===============================================================
% mdlDerivatives
% Return the derivatives for the continuous states.
%===============================================================
function sys=mdlDerivatives(t,x,u)
sys = [ ];
% end mdlDerivatives
%===============================================================
% mdlUpdate
% Handle discrete state updates, sample time hits, and major time step requirements.
%===============================================================
function sys=mdlUpdate(t,x,u,r,K)
sys = [r*x*(1−x/K)];
% end mdlUpdate
%===============================================================
% mdlOutputs
% Return the block outputs.
%===============================================================
function sys=mdlOutputs(t,x,u)
sys = [x];
% end mdlOutputs
%===============================================================
```

```
% mdlGetTimeOfNextVarHit
% Return the time of the next hit for this block.   Note that the result is absolute time.
% Note that this function is only used when you specify a variable discrete-time sample
% time [-2 0] in the sample time array in mdlInitializeSizes.
%===============================================================
function sys = mdlGetTimeOfNextVarHit(t, x, u)
sampleTime = 1;      %   Example, set the next hit to be one second later.
sys = t + sampleTime;
% end mdlGetTimeOfNextVarHit
%===============================================================
% mdlTerminate
% Perform any end of simulation tasks.
%===============================================================
function sys = mdlTerminate(t, x, u)
sys = [ ];
% end mdlTerminate
```

## 12.5.4   混合系统 S-函数

混合系统是包含连续状态和离散状态的系统，在实现混合系统时，mdlInitializeSizes 子函数应做适当的修改，用户需要在子系统中指定连续状态和离散状态的个数、状态初始值和设置采样时间。

在处理混合系统时，用户应明确指定 flag 参数值，以便正确调用系统中连续部分和离散部分的子函数。对于混合 S-函数，或者对于任何一个多速率 S-函数，Simulink 在所有的采样时刻都需要调用 mdlUpdate、mdlOutputs 和 mdlGetTifeOfNextVarHit 函数，这就意味着用户必须知道所处理的采样时刻，并执行对应时刻的更新函数。

**例 12-7**   混合系统 S-函数。

图 12-19 是一个由连续积分器和离散单位延迟模块组成的混合系统。

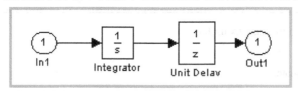

图 12-19

这里用 S-函数实现图 12-19 的功能，S-函数的名称为 sfun_mix。

下面是 sfun_mix 函数文件完整的 M 代码：

```
function [sys, x0, str, ts] = sfun_mix(t, x, u, flag)
% Sampling period and offset for unit delay.
dperiod = 1;
doffset = 0;
```

```
switch flag
  case 0
    [sys, x0, str, ts] = mdlInitializeSizes(dperiod, doffset); % Initialization %
  case 1
    sys = mdlDerivatives(t, x, u); % Derivatives %
  case 2,
    sys = mdlUpdate(t, x, u, dperiod, doffset);    % Update %
  case 3
    sys = mdlOutputs(t, x, u, doffset, dperiod);    % Output %
  case 9
    sys = [ ];          %    Terminate. do nothing
  otherwise
    error(['unhandled flag = ', num2str(flag)]);
end


% end sfun_mix
%================================================================
% mdlInitializeSizes
% Return the sizes, initial conditions, and sample times for the S-function.
%================================================================
function [sys, x0, str, ts] = mdlInitializeSizes(dperiod, doffset)

sizes = simsizes;
sizes.NumContStates = 1;
sizes.NumDiscStates = 1;
sizes.NumOutputs = 1;
sizes.NumInputs = 1;
sizes.DirFeedthrough = 0;
sizes.NumSampleTimes = 2;

sys = simsizes(sizes);
x0 = [0 ];
str = [ ];
ts  = [0 0; dperiod doffset];        % sample time of continuous states is [0 0]

% end mdlInitializeSizes
%================================================================
% mdlDerivatives
```

```
% Compute derivatives for continuous states.
%===============================================================
function sys = mdlDerivatives(t, x, u)
sys = u;


% end mdlDerivatives
%===============================================================
% mdlUpdate
% Handle discrete state updates, sample time hits, and major time step requirements.
%===============================================================
function sys = mdlUpdate(t, x, u, dperiod, doffset)


% next discrete state is output of the integrator
if abs(round((t − doffset)/dperiod) − (t − doffset)/dperiod) < 1e−8
    sys = x(1);
else
    sys = [];
end


% end mdlUpdate
%===============================================================
% mdlOutputs
% Return the output vector for the S−function
%===============================================================
function sys = mdlOutputs(t, x, u, doffset, dperiod)


% Return output of the unit delay if we have a sample hit within a tolerance of 1e−8.
% If we don't have a sample hit then return [] indicating that the output shouldn't change.
if abs(round((t − doffset)/dperiod) − (t − doffset)/dperiod) < 1e−8
    sys = x(2);
else
    sys = [];
end
% end mdlOutputs
```

# 附　　录

## 附录 A　模型和模块参数

本附录列出了用户可以用 set_param 命令设置的参数。

### A.1　模型参数

表 A-1 列出了描述模型的参数，并对这些参数进行了说明。这些参数依据它们在模型文件中的定义顺序排列。其中，第二列说明了在 **Simulation Parameters** 对话框内设置这些值的变量位置，实际上，模型参数就是 **Simulation Parameters** 对话框内的仿真参数。参数值必须指定为引用字符串，字符串的内容依赖于参数，可以为数值(标量、向量或矩阵)、变量名、文件名或特定值。第三列显示的是所要求的数值类型及其可选值(以"|"分隔)，缺省值在大括号{ }内指定。

**表 A-1　模 型 参 数**

| 参　　数 | 说　　　　明 | 数　　值 |
|---|---|---|
| AbsTol | 绝对误差容限。由 **Configuration Parameters** 对话框中 **Solver** 选项区中的 **Absolute tolerance** 选项设置 | 标量 {'auto'} |
| AccelMakeCommand | 为模型创建 Simulink Accelerator 的程序文件 | {'make_rtw'} |
| AccelSystemTargetFile | 为模型创建 Simulink Accelerator 的 TLC 文件 | {'accel.tlc'} |
| AccelTemplateMakefile | 用于为模型创建 Simulink Accelerator 的 make 文件模板 | {'accel_default_tmf'} |
| AccelVerboseBuild | 确定在代码生成过程中 Simulink Accelerator 是否显示进展信息 | {'off'} | 'on' |
| AlgebraicLoopMsg | 代数环诊断。由 **Configuration Parameters** 对话框中 **Diagnostics** 选项区中的 **Algebraic loop** 选项设置 | 'none' | {'warning'} | 'error' |
| ArrayBoundsChecking | 数组边界检验。由 **Configuration Parameters** 对话框中 **Diagnostics Data Validity** 选项区中的 **Array bounds exceeded** 选项设置 | {'none'} | 'warning' | 'error' |
| ArtificialAlgebraicLoopMsg | 由 **Configuration Parameters** 对话框中 **Diagnostics** 选项区中的 **Minimize algebraic loop** 选项设置 | {'none'} | 'warning' | 'error' |
| AssertControl | 参考 AssertionControl 参数 | |
| AssertionControl | 由 **Configuration Parameters** 对话框中 **Diagnostics Data Validity** 选项区中的 **Model Verification block enabling** 选项设置 | {'UseLocalSettings'} | 'EnableAll'| 'DisableAll' |

| 参　　数 | 说　　明 | 数　　值 |
|---|---|---|
| BlockDescriptionStringDataTip | 指定是否在数据提示中显示用户对模块的描述文本。由模型编辑器窗口中 **View->Block Data Tips Options** 菜单下的 **User Description String** 命令设置 | 'on'\| {'off '} |
| BlockDiagramType | 模块方块图类型(只读) | 'model' \| 'library' |
| BlockNameDataTip | 指定在数据提示中是否显示模块名称。由模型编辑器窗口中 **View -> Block Data Tips Options** 菜单下的 **Block Name** 命令设置 | 'on' \| {'off '} |
| BlockParametersDataTip | 指定在数据提示中是否显示模块参数。由模型编辑器窗口中 **View  -> Block Data Tips Options** 菜单下的 **Parameter Names and Values** 命令设置 | 'on' \| {'off '} |
| BlockPriorityViolationMsg | 由 **Configuration Parameters** 对话框中 **Diagnostics** 选项区中的 **Block priority violation** 选项设置 | ' none' \| {'warning'} \| 'error' |
| BlockReduction | 由 **Configuration Parameters** 对话框中 **Optimization** 选项区中的 **Block reduction** 选项设置 | 'on' \| {'off '} |
| BlockReductionOpt | 参考 BlockReduction | |
| Blocks | 模型中包含的所有模块的名称 | 元胞数组 {{}} |
| BooleanDataType | 使能布尔模式。由 **Configuration Parameters** 对话框中 **Optimization** 选项区中的 **Implement logic signals as Boolean data (vs. double)**选项设置 | {'on'} \| 'off ' |
| BrowserLoopUnderMasks | 在模型浏览器中显示封装的子系统。由模型编辑器窗口中 **View -> Model Browser Options** 菜单下的 **Show Maskd Subsystems** 命令设置 | 'on' \| {'off '} |
| BrowserShowLibraryLinks | 在模型浏览器中显示库关联。由模型编辑器窗口中 **View -> Model Browser Options** 菜单下的 **Show Library Links** 命令设置 | 'on' \| {'off '} |
| BusObjectLabelMismatch | 由 **Configuration Parameters** 对话框中 **Diagnostics** 选项区中 **Connectivity** 选项面板中的 **Element name mismatch** 选项设置 | {'none'} \| 'warning' \| 'error' |
| BufferReuse | 使能模块 I/O 缓存的再使用。由 **Configuration Parameters** 对话框中 **Optimization** 选项区中 **Reuse block outputs** 选项设置 | {'on'} \| 'off ' |
| CheckExecutionContextRuntime OutputMsg | 由 **Configuration Parameters** 对话框中 **Compatibility Diagnostics** 选项区中的 **Check runtime output of execution context** 选项设置 | {'on'} \| 'off ' |
| CheckExecutionContextPreStart OutputMsg | 由 **Configuration Parameters** 对话框中 **Compatibility Diagnostics** 选项区中的 **Check preactivation output of execution context** 选项设置 | {'on'} \| 'off ' |
| CheckForMatrixSingulrity | 参考 CheckMatrixSingularity Msg 参数 | |

| 参　数 | 说　明 | 数　值 |
|---|---|---|
| CheckMatrixSingularityMsg | 由 **Configuration Parameters** 对话框中 **Data Validity** 选项区中的 **Division by singular matrix** 选项设置 | {'none'} \| 'warning' \| 'error' |
| CheckModelReferenceTarget Message | 由 **Configuration Parameters** 对话框中 **Model Referencing** 选项区中的 **Never rebuild targets diagnostic** 选项设置 | 'none' \| 'warning' \| {'error'} |
| CheckSSInitialOutputMsg | 使能对未定义初始化的子系统输出进行检测。由 **Configuration Parameters** 对话框中 **Compatibility Diagnostics** 选项区中的 **Check undefined subsystem initial output** 选项设置 | {'on'} \| 'off ' |
| CloseFcn | 关闭回调。在模型属性对话框中的 **Callbacks** 选项页内设置 | 命令或变量 |
| ConditionallyExecuteInputs | 使能条件输入分支执行优化。由 **Configuration Parameters** 对话框中 **Optimization** 选项区中的 **Conditional input branch execution** 选项设置 | {'on'} \| 'off ' |
| ConfigurationManager | 模型的配置管理器 | 字符串 {'None'} |
| ConsecutiveZCsStepRelTol | 在过零事件之间与时间差有关的相对误差容限。由 **Configuration Parameters** 对话框中 **Solver** 选项区中的 **Consecutive zero crossing relative tolerance** 选项设置 | 字符串{' 10*128*eps'} |
| ConsistencyChecking | 一致性检验。由 **Configuration Parameters** 对话框中的 **Diagnostics** 选项区中的 **Solver data inconsistency** 选项设置 | {'none'} \| 'warning' \| 'error' |
| CovCompData | 如果将 **CovHTMLOptions** 设置为 **off**，**CovCumulativeReport** 设置为 **on**，则这个参数指定了包含其他模型覆盖度数据的 cvdata 对象。由 **Coverage** Setting 对话框中 **Report** 选项区中的 **Additional data to include in report (cvdata objects)** 参数设置 | 字符串 |
| CovCumulativeReport | 如果将 **CovHTMLReporting** 设置为 **on**，则允许使用 **CovCumulativeReport** 和 **CovCompData** 参数指定显示在模型覆盖报告中的覆盖结果数目。<br><br>如果设置为 **on**，则在报告中显示最后仿真中的覆盖结果；如果设置为 **off**，则在报告中显示连续仿真过程中的覆盖结果。由 **Coverage Settings** 对话框中 **Report** 选项面板中的 **Cumulative runs**(on)/**Last runs**(off)单选按钮设置 | ' on' \| {'off '} |

| 参　数 | 说　　明 | 数　值 |
|---|---|---|
| CovCumulative VarName | 如果将 **covSaveCumulativeToWorkSpace Var** 设置为 **on**，则模型覆盖工具会在工作区变量中保存连续仿真结果。在 **Coverage Settings** 对话框中 **Results** 选项面板中选择 **Save cumulative results in workspace variable** 复选框，在复选框下方的编辑框内输入参数值 | 字符串<br>{'covCumulaiveData'} |
| CovHTMLOptions | 如果将 **CovHTMLReporting** 设置为 **on**，则使用这个参数为最终的模型覆盖报告选择一组显示选项。在 **Coverage Settings** 对话框中的 **Results** 选项面板中选择 **Settings** 选项以接受这些选项 | 由空隔分开的附加字符集的字符串。HTML 选项分别用 1 或 0 使能或关闭，下面的字符集是缺省值：<br>♦ '-aTS=1'：在模型摘要中包括每次测试；<br>♦ '-bRG=1'：在模型摘要中生成条状图；<br>♦ '-bTC=0'：使用两种颜色的条状图(红、蓝)<br>♦ '-hTR=0'：在模型摘要中显示 hit/count 比率；<br>♦ '-nFC=0'：不完全报告隐藏的模型对象；<br>♦ '-scm=1'：在概要中包括秩数；<br>♦ '-bcm=1'：在模块详细描述中包括秩数 |
| CovHtmlReporting | 设置为 **on**，表示让 Simulink 在仿真结束时在 MATLAB 帮助浏览器中创建包含覆盖数据的 HTML 报告。在 **Coverage Settings** 对话框中的 **Report** 选项面板中选择 **Generate HTML report** 复选项中设置 | {'on'} \| 'off ' |
| CovMetricSettings | 为覆盖报告选择覆盖度量。在 **Coverage Settings** 对话框中 **Coverage** 选项面板中的 **Coverage Metrics** 选项区中为每个覆盖选择复选框，从而使能覆盖度量。在对话框中的 **Options** 选项面板中，通过分别选择 **Treat Simulink logic blocks as short-circuited** 和 **Warn when unsupported blocks exist in model** 复选框使能选项's'和'w'。在 **Coverage Settings** 对话框中的 Results 选项面板中通过选择 **Display coverage results using model coloring** 复选框来关闭选项'e' | 字符串 {'dw '}。<br>♦ ' d'：使能决策覆盖；<br>♦ 'c'：使能条件覆盖；<br>♦ 'm'：使能 MCDC 覆盖；<br>♦ 't'：使能查表覆盖；<br>♦ 'r'：使能信号范围覆盖；<br>♦ 's'：把 Simulink 逻辑模块作为简化途径；<br>♦ 'w'：当模型中存在不支持的模块时，显示警告；<br>♦ 'e'：为覆盖结果取消模型颜色 |

续表四

| 参　　数 | 说　　明 | 数　值 |
|---|---|---|
| CovNameIncrementing | 在将 **CovSaveCumulativeToWorkspace Var** 设置为 **on** 时，如果把该参数设置为 **on**，则选择模型覆盖工具增加在 **CovSaveName** 中指定的用来存储随后仿真结果的工作区变量。在 **Coverage Settings** 对话框中 **Results** 选项面板中选择 **Save last run in workspace variable** 复选框，再选择 **Increment variable name with each simulation** 复选框 | 'on' \| {'off '} |
| CovPath | Simulink 收集和报告覆盖数据的子系统模型路径。在 **Coverage Settings** 对话框中 **Coverage** 选项面板中的 **Coverage Instrumentation Path** 选项区中选择 **Browse** 按钮设置路径 | 字符串　{'/'} |
| CovReportOnPause | 在 **Coverage Settings** 对话框中 **Results** 选项面板中选择 **Update results on pause** 复选框进行设置 | {'on'} \| 'off ' |
| CovSaveCumulative ToWorkspace Var | 如 果 设 置 为 on，则 模 型 覆 盖 度 工 具 在 **CovCumulativeVarName** 工作区变量中累积保存连续仿真结果。在 **Coverage Settings** 对话框中 **Results** 选项面板中选择 **Save cumulative results in workspace variable** 复选框进行设置 | {'on'} \| 'off ' |
| CovSaveName | 如果将 **CovSaveCumulativeToWorkspace Var** 设置为 **on**，则模型覆盖度工具按照这个属性指定的工作区变量保存最后一次仿真运行结果。在 **Coverage Settings** 对话框中 **Results** 选项面板中选择 **Save last run in workspace variable** 复选框，在复选框下方的文本框内输入变量 | 字符串 {'covdata'} |
| CovSaveSingleToWorkspace Var | 如果使能，则模型覆盖度工具按照 **CovsaveName** 属性指定的工作区变量保存最后一次仿真运行结果。在 **Coverage Settings** 对话框中 **Results** 选项面板中选择 **Save last run in workspace variable** 复选框 | { 'on'} \| 'off ' |
| Created | 创建数据和时间模型 | 字符串 |
| Creator | 模型创建器名称 | 字符串 {''} |
| DataTypeOverride | 指定用于替代定点数据类型的数据类型。在 **Fixed-Point** 工具中的 **Data type override** 控件中设置 | {'UseLocalSettings'}\|'Scaled Doubles'\|'TrueDoubles'\|'True Singles'\|'ForceOff' |
| Decimation | 倍数因子。由 **Configuration Parameters** 对话框中 **Data Import/Export** 选项面板中的 **Decimation** 文本框设置 | 字符串　{'1'} |
| DeleteChildFcn | 删除子回调 | 字符串 {''} |
| Description | 模型描述。在 **Model Properties** 对话框中的 **Description** 选项页中设置 | 字符串 |
| Dirty | 如果该参数值为 **on**，则模型有未保存的改变 | 'on' \| {'off '} |

续表五

| 参　　数 | 说　　明 | 数　　值 |
|---|---|---|
| DiscreteInheritContinuousMsg | 当检测到 Unit Delay 模块继承了连续采样时间时，模型采取何种处理方式。由 **Configuration Parameters** 对话框中 **Sample Time Diagnostics** 选项面板中的 **Discrete used as continuous** 选项设置 | 'none'\|{'warning'}\| 'error' |
| ExecutionContextIcon | 在模型方块图中显示执行上下文图标 | 'on' \| {'off '} |
| ExpressionFolding | 由 **Configuration Parameters** 对话框中 **Optimization** 选项面板中的 **Eliminate superfluous temporary variables** 选项设置 | {'on'} \| 'off ' |
| ExternalInput | 用来从工作间中装载数据和时间的 MATLAB 工作间变量名。在 **Configuration Parameters** 对话框中 **Data Import/Export** 选项面板中的 **Input** 文本框内设置 | 标量或向量 {' [t, u] '} |
| ExtMode… | 参数的名称以 ExtMode 开头，应用于 Simulink 外部模式 | |
| ExtrapolationOrder | ode14x 定步长算法的外推阶数。由 **Configuration Parameters** 对话框中 **Solver** 选项面板中的 **Extrapolation order** 选项设置 | 1 \| 2 \| 3 \| {4} |
| FcnCallInpInsideContextMsg | 由 **Configuration Parameters** 对话框中 **Connectivity Diagnostics** 选项面板中的 **Context-dependent inputs** 选项设置 | {'Use local settings'} \| 'Enable All' \| 'Disable All' |
| FinalStateName | 保存到工作区中的最终状态名。在 **Configuration Parameters** 对话框中 **Data Import/Export** 选项面板中的 **Final states** 文本框内设置 | 字符串 {xFinal} |
| FixedStep | 固定步长。由 **Configuration Parameters** 对话框中 **Solver** 选项面板中的 **Fixed step size (fundamental sample time)** 选项设置 | 字符串{'auto'} |
| FollowLinksWhenOpeningFromGotoBlocks | 当打开 From 模块对话框时，该参数指定是否在模型引用的库中搜索 Goto 标记 | 'on' \| {'off'} |
| ForwardingTable | 为库应用前向表。如果模型中引用的库中的模块的名称或位置发生了改变，则 Simulink 可以用前向表更新模型 | {{'old_path_1', 'new_path_1'} … {'old_path_n', 'new_path_n'}} |
| GridSpacing | 模型编辑器网格的间隙，单位为像素 | 整数 {20} |
| Handle | 模型方块图的句柄 | double |
| HiliteFcnCallInpInsideContext | 当有一个或多个输入依赖于源模块时，高亮显示 Function-Call Subsystems | 'on' \| {'off '} |
| InheritedTsInSrcMsg | 当采样时间被继承时的消息行为。由 **Configuration Parameters** 对话框中 **Sample Time Diagnostics** 选项面板中的 **Discrete used as continuous** 选项设置 | 'none'\|{'warning'}\| 'error' |
| InitFcn | 当模型在仿真过程中第一次编译时调用此函数 | 字符串 {''} |

| 参　　数 | 说　　明 | 数　　值 |
|---|---|---|
| InitialState | 初始状态的名称或数值。在 **Configuration Parameters** 对话框中 **Data Import/Export** 选项面板中的 **Initial state** 文本框内设置 | 变量或向量 {xInitial} |
| InitialStep | 初始步长。在 **Configuration Parameters** 对话框中 **Solver** 选项面板中的 **Initial step size** 文本框内设置 | 字符串 {'auto'} |
| InlineParams | 在生成代码时使能在线参数。由 **Configuration Parameters** 对话框中 **Optimization** 选项面板中的 **Inline parameters** 复选框设置 | 'on' \| {'off '} |
| InspectSignalLogs | 在仿真结束或暂停仿真时，在 MATLAB 的 Time Series Tools 查看器中显示记录的信号。由 **Configuration Parameters** 对话框中 **Data Import/Export** 选项面板中的 **Inspect signal logs when simulation is paused/stopped** 复选框设置 | 'on' \| {'off '} |
| Int32ToFloatConvMsg | 将 32 位整数转换为单精度浮点数时的消息动作。由 **Configuration Parameters** 对话框中 **Type Conversion** 选项面板中的 **32-bit integer to single precision float** 选项设置 | 'none'\|{'warning'} |
| IntegerOverflowMsg | 当有整数溢出时的消息动作。由 **Configuration Parameters** 对话框中 **Diagnostics Data Validity** 选项面板中的 **Data overflow** 选项设置 | 'none' \| 'warning' \| {'error'} |
| InvalidFcnCallConnMsg | 当有无效的函数调用连接时的消息动作。由 **Configuration Parameters** 对话框中 **Connectivity Diagnostics** 选项面板中的 **Invalid function call connection** 选项设置 | 'none' \| 'warning' \| {'error'} |
| LastModifiedBy | 上一次修改模型的用户名 | 字符串 |
| LastModifiedDate | 用于控制版本的数据 | 字符串 |
| LibraryLinkDisplay | 显示模型中的哪些模块被连接，或者已关闭，或者已更改连接。由 **Format** 菜单下的 **Library Link Display** 命令设置 | {'none'}\|'user'\|'all' |
| LimitDataPoints | 限制输出。由 **Configuration Parameters** 对话框中 **Data Import/Export** 选项面板中的 **Limit data points to last** 复选框设置 | 'on' \| {'off '} |
| LoadExternalInput | 从工作间中装载输入。由 **Configuration Parameters** 对话框中 **Data Import/Export** 选项面板中的 **Input** 文本框设置 | 'on' \| {'off '} |
| LoadInitialState | 从工作间中装载初始状态。由 **Configuration Parameters** 对话框中 **Data Import/Export** 选项面板中的 **Initial state** 文本框设置 | 'on' \| {'off '} |
| Lock | 锁定/解锁库模块 | 'on' \| {'off '} |
| MaxConsectiveMinStep | 在仿真过程中允许与最小步长冲突的最大数目。由 **Configuration Parameters** 对话框中 **Solver** 选项面板中的 **Number of consecutive min step size violations allowed** 选项设置 | 字符串 {'1'} |
| MaxConsecutiveZCs | 在仿真过程中允许的连续过零的最大数目。由 **Configuration Parameters** 对话框中 **Solver** 选项面板中的 **Number of consecutive zero crossings allowed** 选项设置 | 字符串 {'1000'} |

续表七

| 参 数 | 说 明 | 数 值 |
|---|---|---|
| MaxConsecutiveZCsMsg | 当 Simulink 检测到连续过零的数目达到了允许的最大限制时的诊断动作。由 **Configuration Parameters** 对话框中 **Diagnostics** 选项面板中的 **Consecutive zero crossings violation** 选项设置 | 'warning'\|{'error'} |
| MaxDataPoints | 保存的输出数据点的最大数目。由 **Configuration Parameters** 对话框中 **Data Import/Export** 选项面板中的 **Limit data points to last** 文本框设置 | 字符串 {'1000'} |
| MaxNumMinSteps | 求解器使用最小步长的最大次数 | 字符串 {'-1'} |
| MaxOrder | ode15s 算法的最大阶数。由 **Configuration Parameters** 对话框中 **Solver** 选项面板中的 **Maximum order** 选项设置 | 1\|2\|3\|4\|{5} |
| MaxStep | 最大步长。在 **Configuration Parameters** 对话框中 **Solver** 选项面板中的 **Max step size** 文本框内设置 | 字符串 {'auto'} |
| MinMaxOverflowArchiveMode | 定点记录的记录类型。由 **Fixed-Point Tool** 中的 **Overwrite or merg result** 选项设置 | {'Overwrite'}\|'Merge' |
| MinMaxOverflowLogging | 设置定点记录。由 **Fixed-Point Tool** 中的 **Logging mode** 选项设置 | {'UseLocalSettings'}\|'MinMaxAndOverflow'\|'OverflowOnly'\|'ForceOff' |
| MinStep | 求解器的最小步长。在 **Configuration Parameters** 对话框中 **Solver** 选项面板中的 **Min step size** 文本框内设置 | 字符串 {'auto'} |
| MinStepSizeMsg | 当最小步长冲突时的诊断消息。在 **Configuration Parameters** 对话框中 **Diagnostics** 选项面板中的 **Min step size violaton** 文本框内设置 | {'warning'}\|'error' |
| ModelBrowserVisibility | 显示模型浏览器。由模型窗口中 **View->Model Browser Options** 菜单下的 **Model Browser** 命令设置 | 'on' \| {'off'} |
| ModelBrowserWidth | 模型窗口中 Model Browser 面板的宽度 | 整数 {200} |
| ModelDependencies | 模型从属列表。在 **Configuration Parameters** 对话框中 **Model Referencing** 选项面板中的 **Model dependencies** 文本框内设置 | 字符串 {''} |
| ModelReferenceCSMismatchMssage | 当出现模型配置不匹配时的显示消息。由 **Configuration Parameters** 对话框中 **Model Referencing Diagnostics** 选项面板中的 **Model configuration mismatch** 选项设置 | {'none'} \| 'warning' \| 'error' |
| ModelReferenceDataLogginMessage | 当有不支持的数据记录出现时的显示消息。由 **Configuration Parameters** 对话框中 **Model Referencing Diagnostics** 选项面板中的 **Unsupported data logging** 选项设置 | 'none' \| {'warning'} \| 'error' |

| 参　数 | 说　明 | 数　值 |
|---|---|---|
| ModelReferenceExtrNoncontSigs | 当模型中的离散信号通过 Model 模块传递到带有连续状态的模块的输入端时的诊断动作。由 **Configuration Parameters** 对话框中 **Diagnostics** 选项面板中的 **Extraneous discrete derivative signals** 选项设置 | 'none' \| 'warning' \| {'error'} |
| ModelReferenceIOMismatchMessage | 当端口与参数不匹配时显示的诊断消息。由 **Configuration Parameters** 对话框中 **Model Referencing Diagnostics** 选项面板中的 **Port and parameter mismatch** 选项设置 | {'none'} \| 'warning' \| 'error' |
| ModelReferenceIOMsg | 当出现无效的 Inport/Outport 模块连接时的诊断消息。由 **Configuration Parameters** 对话框中 **Model Referencing Diagnostics** 选项面板中的 **Invalid root Inport/Outport block connection** 选项设置 | {'none'} \| 'warning' \| 'error' |
| ModelReferenceMinAlgLoopOccurences | 参考 ModelrefMinAlgLoopOccurrences 参数 | |
| ModelReferenceNum InstancesAllowed | 每个顶层模型允许的模块实例总数。由 **Configuration Parameters** 对话框中 **Model Referencing** 选项面板中的 **Total number of instances allowed per top model** 选项设置 | 'Zero' \| 'Single ' \|{'Multi'} |
| ModelReferencePassRootInputsByReference | 参考 ModelrefPassRootInputsByReference 参数 | |
| ModelReferencesSimTargetVerbose | 打印详细信息 | 'on' \| {'off '} |
| ModelReferenceVersionMismatchMessage | 当模型中模块版本不匹配时显示的诊断消息。由 **Configuration Parameters** 对话框中 **Model Referencing Diagnostics** 选项面板中的 **Model block version mismatch** 选项设置 | {'none'} \| 'warning' \| 'error' |
| ModelrefMinAlgLoopOccurrences | 最小代数环。由 **Configuration Parameters** 对话框中 **Model Referencing** 选项面板中的 **Minimize algebraic loop occurrences** 复选项设置 | 'on' \| {'off '} |
| ModelrefPassRootInputs ByReference | 由 **Configuration Parameters** 对话框中 **Model Referencing** 选项面板中的 **Pass scalar root inputs by value** 复选项设置 | {'on'} \| 'off ' |
| ModelVersion | 模型版本号 | 字符串 {'1.1'} |
| ModelVersionFormat | 模型版本号的格式 | 字符串 {'1.%<AutoIncrement：0>'} |

| 参 数 | 说 明 | 数 值 |
|---|---|---|
| ModelWorkspace | 引用模型的模型工作间对象 | Simulink.ModelWorkspace 类的一个实例 |
| ModifiedBy | 模型最后一次的修改 | 字符串 |
| ModifiedByFormat | 最后修改的显示格式。由 **Model Properties** 对话框中 **History** 选项页中的 **Last saved by** 参数设置 | 字符串{'%<Auto>'} |
| ModifiedComment | 用户注释 | 字符串 {''} |
| ModifiedDate | 模型最后修改的数据 | 字符串 |
| ModifiedDateFormat | 被更改数据的格式 | 字符串{'%<Auto>'} |
| ModifiedHistory | 由 **Model Properties** 对话框中 **History** 选项页设置 | 字符串 {''} |
| MultiTaskDSMMsg | 当一个任务从 Data Store Memory 模块读数据，而另一个任务写数据时的诊断动作。由 **Configuration Parameters** 对话框中 **Diagnostics Data Validity** 选项面板中的 **Multitask data store** 选项设置 | 'none'\|{'warning}'\|'error' |
| MultiTaskRateTransMsg | 在单任务模式下，当两个模块之间出现了无效的速率传输时的诊断动作。由 **Configuration Parameters** 对话框中 **Sample Time Diagnostics** 选项面板中的 **Multitask rate transition** 选项设置 | 'warning'\|{'error'} |
| Name | 模型名称 | 字符串 |
| NumberNewtowIterations | ode14x 算法在定步长下执行的牛顿迭代次数。由 **Configuration Parameters** 对话框中 **Solver** 选项面板中的 **Number Newton's iterations** 选项设置 | 整数 {1} |
| ObjectParameters | 模型参数的名称/属性 | 结构 |
| OptimizeBlockIOStorage | 使能信号存储的重用优化。由 **Configuration Parameters** 对话框中 **Optimization** 选项面板中的 **Signal storage reuse** 选项设置 | {'on'} \| 'off ' |
| OutputOption | 变步长算法的时间步输出选项。由 **Configuration Parameters** 对话框中 **Data Import/Export** 选项面板中的 **Output options** 选项设置 | 'AdditionalOutputTimes' \|'SpecifiedOutputTimes' \| {' 'RefineOutputTimes'} |
| OutputSaveName | 存储模型输出的工作间变量。由 **Configuration Parameters** 对话框中 **Data Import/Export** 选项面板中的 **Output** 选项设置 | 变量 {'yout'} |
| OutputTimes | 当 **Configuration Parameters** 对话框中 **Data Import/Export** 选项面板中的 **Output options** 设置为 **Produce additional output** 时的输出时间设置 | 字符串 {[ ]} |
| PaperOrientation | 打印纸的方向 | 'portrait' \| {'landscape'} \| 'rotated' |
| PaperPosition | 当将 **PaperPositionMode** 设置为 **manual** 时，该参数确定了方块图在打印纸上的位置和大小 | [left，bottom，width，height] |

| 参　　数 | 说　　明 | 数　　值 |
|---|---|---|
| PaperPositionMode | 打印纸的位置模式 | {'auto'}\|'manual'\|'tiled' |
| PaperSize | **PaperUnits** 上 **PaperType** 的大小 | [width height] (只读) |
| PaperType | 打印纸张的类型 | 'usletter'\|'uslegal'\|'a0'\|'a1'\|<br>'a2'\|'a3'\|'a4'\|'a5'\|'b0'\|'b1'\|'b2'\|'b3'\|<br>b4'\|'b5'\|'arch-A'\|'arch-B'\|'arch-C'\|<br>'arch-D'\|'arch-E'\|'A'\|'B'\|'C'\|'D'\|'E'\|<br>'tabloid' |
| PaperUnits | 打印纸张的大小单位 | 'normalized'\|{'inches}\|<br>'centi'meters'\|'points' |
| ParameterArgumentNames | 在 **Model Explorer** 中的 **Model Workspace** 选项区中的 **Model arguments (for referencing this model)** 文本框内设置 | 字符串 {''} |
| ParameterDowncastMsg | 当出现参数由指定的数据类型转换到更小范围的数据类型时的诊断动作。由 **Configuration Parameters** 对话框中 **Diagnostics Data Validity** 选项面板中的 **Detect downcast** 选项设置 | 'none'\|'warning'\|{'error'} |
| ParameterOverflowMsg | 在仿真过程中出现参数溢出时的诊断动作。由 **Configuration Parameters** 对话框中 **Diagnostics Data Validity** 选项面板中的 **Detect overflow** 选项设置 | 'none'\|'warning'\|{'error'} |
| ParameterPrecisionLossMsg | 在仿真过程中出现参数精度降低时的诊断动作。由 **Configuration Parameters** 对话框中 **Diagnostics Data Validity** 选项面板中的 **Detect precision loss** 选项设置 | 'none'\|{'warning'}\|'error' |
| ParameterTunabilityLossMsg | 由于参数使用了不支持的函数或操作符而造成参数不可调时的处理方式。由 **Configuration Parameters** 对话框中 **Diagnostics Data Validity** 选项区中的 **Detect loss of tunability** 选项设置 | 'none'\|{'warning'}\|'error' |
| ParameterUnderflowMsg | 在仿真过程中出现参数下溢时的诊断动作。由 **Configuration Parameters** 对话框中 **Diagnostics Data Validity** 选项区中的 **Detect underflow** 选项设置 | {'none'}\|'warning'\|'error' |
| Parent | 拥有这个对象的模型名或子系统名。模型的该参数值是空字符串 | 字符串 {''} |
| PositivePriorityOrder | 为实时系统选择合适的优先级次序。Real-Time Workshop 使用这个信息进行异步数据传输。在 **Configuration Parameters** 对话框中的 **Solver** 选项区 ->**Solver Options**->**Higher priority value indicates higher task priority** 设置 | 'on' \| {'off'} |

| 参　数 | 说　明 | 数　值 |
|---|---|---|
| ParameterOverflowMsg | 在仿真过程中出现参数溢出时的诊断动作。由 **Configuration Parameters** 对话框中 **Diagnostics Data Validity** 选项面板中的 **Detect overflow** 选项设置 | 'none'\|'warning'\|{'error'} |
| PostLoadFcn | 在模型加载后调用函数。在模型属性对话框中的 **Callbacks** 面板中创建 | 字符串 {''} |
| PostSaveFcn | 在模型被保存到磁盘后调用函数 | 字符串 {''} |
| PreLoadFcn | 预加载回调。在模型属性对话框中的 **Callbacks** 面板中创建 | 命令或变量 {''} |
| PreSaveFcn | 在模型被保存到磁盘前调用函数。在模型属性对话框中的 **Callbacks** 面板中创建 | 字符串 {''} |
| ProdBitPerChar | 指定 char 数据类型的位长度。由 **Configuration Parameters** 对话框中 **Hardware Implementation** 选项区中 **Embedded Hardware** 面板上的 **char** 选项设置 | 整数 {8} |
| ProdBitPerInt | 指定 int 数据类型的位长度。由 **Configuration Parameters** 对话框中 **Hardware Implementation** 选项区中 **Embedded Hardware** 面板上的 **int** 选项设置 | 整数 {32} |
| ProdBitPerLong | 指定 long 数据类型的位长度。由 **Configuration Parameters** 对话框中 **Hardware Implementation** 选项区中 **Embedded Hardware** 面板上的 **long** 选项设置 | 整数 {32} |
| ProdBitPerShort | 指定 short 数据类型的位长度。由 **Configuration Parameters** 对话框中 **Hardware Implementation** 选项区中 **Embedded Hardware** 面板上的 **short** 选项设置 | 整数 {16} |
| ProdEndianess | 指定目标硬件中数据第一个字节的重要性。由 **Configuration Parameters** 对话框中 **Hardware Implementation** 选项区中 **Embedded Hardware** 面板上的 **Byte ordering** 选项设置 | {'Unspecified'}\|'LittleEndian '\|'BigEndian' |
| ProdEqTarget | 指定用来测试从模型中生成代码的硬件与产品硬件相同，或者有相同的特性。由 **Configuration Parameters** 对话框中 **Hardware Implementaiton** 选项区中 **Emulaiton Hardware** 面板上的 **None** 选项设置 | {'on'}\|'off ' |
| ProdHWDeviceType | 为用户微处理器指定 C 语言约束的预定义硬件设备。由 **Configuration Parameters** 对话框中 **Hardware Implementation** 选项区中的 **Device type** 选项设置 | 字符串 {'32-bit Generic'} |
| ProdHWWordLengths | 分别用于 char、short、int 和 long 数据的数据位数(由硬件设备类型设置) | 字符串 {'8,16,32,32'} |
| ProdIntDivRoundTo | 由 **Configuration Parameters** 对话框中 **Hardware Implementation** 选项区中 **Embeded Hardware** 面板上的 **Signed integer division rounds to** 选项设置 | 'Floor'\|'Zero'\|{'Undefined'} |

| 参　数 | 说　明 | 数　值 |
|---|---|---|
| ProdShiftRightIntArith | 由 **Configuration Parameters** 对话框中 **Hardware Implementation** 选项区中 **Embedded Hardware** 面板上的 **Shift right on a signed integer as arithmetic shift** 选项设置 | {'on'}\|'off ' |
| ProdWordSize | 由 **Configuration Parameters** 对话框中 **Hardware Implementation** 选项区中 **Embedded Hardware** 面板上的 **naive word size** 选项设置 | 整数 {32} |
| Profile | 为模型使能仿真剖析器 | {'on'}\|'off ' |
| ReadBeforeWriteMsg | 模型在当前时间步存储区保存数据前试图从数据存储区中读取数据时的诊断动作。由 **Configuration Parameters** 对话框中 **Diagnostics Data Validity** 选项区中的 **Detect read before write** 选项设置 | {' UseLocalSettings'} \| 'DisbleAll ' \| 'EnbleAllAsWarning' \| 'EnableAllError' |
| RecordCoverage | **on** 值使 Simulink 在仿真过程中收集并报告模型覆盖数据，报告的格式由下列参数控制：CovCompData\CovCumulativeReport\CovCumulativeVarName\CovHTMLOptions\CovHTMLReporting\CovMetricSettings\CovNameIncrementing\CovPath\CovReportOnPause\CovSaveCumulativeToWorkSpaceVar\CovSaveName\CovSaeSingleToWorkspaceVar。如果值为 off，则不收集和报告模型覆盖数据 | 'on'\|{'off '} |
| Refine | 精细因子。在 **Configuration Parameters** 对话框中 **Data Import/Export** 选项面板中的 **Refine factor** 文本框内设置 | 字符串 {'1'} |
| RelTol | 相对误差容限。在 **Configuration Parameters** 对话框中 **Solver** 选项面板中的 **Relative tolerance** 文本框内设置 | 字符串 {'1e-3'} |
| ReportName | 与报告生成器关联的文件名 | 字符串 {'simulink- default.rpt' |
| ReqHilite | 把 Simulink 方块图中要求关联的所有模块高亮显示。由模型窗口中 **Tools->Requirements** 菜单下的 **Highlight model** 命令设置 | 'on'\|{'off'} |
| RootOutportRequireBusObject | 当总线与底层模型的 **Outport** 模块连接，而总线对象未指定该模块时的诊断消息。由 **Configuration Parameters** 对话框中 **Connectivity Diagnostics** 选项区中的 **Unspecified bus object at root Ouport block** 选项设置 | 'none'\|{'warning'}\|'error' |

| 参　数 | 说　明 | 数　值 |
|---|---|---|
| RTPrefix | 当 Simulink 中有以 rt 开关的对象名称时的诊断消息。由 **Configuration Parameters** 对话框中 **Diagnostics Data Validity** 选项区中的"**rt**" **prefix for identifiers** 选项设置 | 'none'\|'warning'\|{'error'} |
| RTW… | 参看 Simulink 帮助中的 Real-Time Workshop 文档 | |
| SampleTimeColors | 采样时间的颜色。由模型窗口中 **Format -> Port/ Signal Displays** 菜单下的 **Sample Time Colors** 命令设置 | on \| {off} |
| SampleTimeConstraint | 由 **Configuration Parameters** 对话框中的 **Periodic Sample Time Constraint** 选项设置 | {'unconstrained'}    \| 'STIndependent' \| 'Specified' |
| SavedCharacterEncoding | 指定用来编码模型的字符集 | 字符串 |
| SaveFinalState | 把最终状态保存到工作间。由 **Configuration Parameters** 对话框中 **Data Import/Export** 选项面板中的 **Final states** 复选框设置 | 'on'\| {'off '} |
| SaveFormat | 把数据保存到 MATLAB 工作间的格式。由 **Configuration Parameters** 对话框中 **Data Import/Export** 选项面板中的 **Format** 选项设置 | {'Array'}  \|  'Structure'  \| 'StructureWithTime' |
| SaveOutput | 把仿真输出保存到工作间。由 **Configuration Parameters** 对话框中 **Data Import/Export** 选项面板中的 **Output** 复选框设置 | {'on'} \| 'off ' |
| SaveState | 把状态保存到工作间。由 **Configuration Parameters** 对话框中 **Data Import/Export** 选项面板中的 **States** 复选框设置 | 'on' \| {'off '} |
| SaveTime | 把仿真时间保存到工作间。由 **Configuration Parameters** 对话框中 **Data Import/Export** 选项面板中的 **Time** 复选框设置 | {'on'} \| 'off ' |
| ScreenColor | 模型窗口的背景色。由模型窗口中 **Format** 菜单下的 **Screen Color** 命令设置 | 'black ' \| {'white'} \| 'red' \| 'green' \| 'blue' \| 'cyan' \| 'magenta' \| 'yellow' \| 'gray' \| 'lightBlue'  \|  'orange'  \| 'darkGreen' \| [r,g,b,a] |
| SFcnCompatibilityMsg | 参考 SfunCompatibilityCheckMsg 参数 | |
| SfunCompatibilityCheckMsg | 当需要升级 S- 函数时的诊断消息。由 **Configuration Parameters** 对话框中 **Compatibility Diagnostics** 选项面板中的 **S-function upgrades needed** 选项设置 | {'none'} \| 'warning' \| 'error' |
| ShowGrid | 显示模型编辑器网格 | 'on'\|{'off '} |
| ShowLinearizationAnnotations | 在模型中显示线性化图标 | {'on'} \| 'off ' |
| ShowLineDimensions | 在模型方块图中显示信号维数。由模型窗口中 **Format -> Port/Signal Displays** 菜单下的 **Signal Dimensions** 命令设置 | 'on'\|{'off '} |

| 参　　数 | 说　　明 | 数　　值 |
|---|---|---|
| ShowLineWidths | 不赞成使用。用 ShowLineDimensions 代替 | |
| ShowLoopsOnError | 高亮无效循环 | {'on'} \| 'off ' |
| ShowModelReferenceBlockIO | 在模块上显示 I/O 不匹配。由模型窗口中 **Format-> Block Displays** 菜单下的 **Model Block I/O Mismatch** 命令设置 | 'on' \| {'off '} |
| ShowModelReferenceBlockVersion | 在模块上显示版本号。由模型窗口中 **Format-> Block Displays** 菜单下的 **Model Block Version** 命令设置 | 'on' \| {'off '} |
| ShowPageBoundaries | 在模型编辑器画布上显示页边界。选择模型窗口的 **View** 菜单下的 **Show Page Boundaries** 命令 | 'on' \| {'off '} |
| ShowPortDataTypes | 在模式的模块图上显示端口的数据类型。由模型窗口中 **Format-> Port/Signal Displays** 菜单下的 **Port Data Types** 命令设置 | 'on' \| {'off '} |
| ShowStorageClass | 在模型方块图上显示信号的存储类型。由模型窗口中 **Format-> Port/Signal Displays** 菜单下的 **Storage Class** 命令设置 | 'on' \| {'off '} |
| ShowTestPointIcons | 在模型方块图上显示测试点图标。由模型窗口中 **Format-> Port/Signal Displays** 菜单下的 **Testpoint indicators** 命令设置 | 'on' \| {'off '} |
| ShowViewerIcons | 在模型方块图上显示观察器图标。由模型窗口中 **Format-> Port/Signal Displays** 菜单下的 **Viewer indicators** 命令设置。 | 'on' \| {'off '} |
| SignalInfNanChecking | 在当前时间步上模块输出值是 Inf 或 NaN 时的诊断消息。由 **Configuration Parameters** 对话框中 **Diagnostics Data Validity** 选项面板中的 **Inf or NaN block output** 选项设置 | {'none'} \| 'warning' \| 'error' |
| SignalLableMismatchMsg | 信号标签不匹配时的诊断消息。由 **Configuration Parameters** 对话框中 **Connectivity Diagnostics** 选项面板中的 **Signal label mismatch** 选项设置 | {'none'} \| 'warning' \| 'error' |
| SignalLogging | 为模型开启全部信号记录。由 **Configuration Parameters** 对话框中 **Data Import/Export** 选项面板中的 **Signal logging** 复选项设置 | {'on'} \| 'off ' |
| SignalLoggingName | 把信号记录数据保存到 MATLAB 工作间的名称。在 **Configuration Parameters** 对话框中 **Data Import/Export** 选项面板中的 **Signal logging** 文本框中设置 | 字符串{'logsOut'} |

续表十五

| 参　　数 | 说　　明 | 数　　值 |
|---|---|---|
| SignalResolutionControl | 控制哪一个命名的状态和信号解析为 Simulink 信号对象。由 **Configuration Parameters** 对话框中 **Diagnostics Data Validity** 选项面板中的 **Signal resolution** 选项设置 | {'UseLocalSettings'} \| 'TryResolveAll' \| 'TryResolveAllWithWarning' |
| SigSpecEnsureSampleTimeMsg | 由 Signal Specification 模块指定的信号源端口的采样时间与信号目的端口的采样时间不同时的诊断消息。由 **Configuration Parameters** 对话框中 **Sample Time Diagnostics** 选项面板中的 **Enforce sample times specified by Signal Specification blocks** 选项设置 | 'none' \| {'warning'} \| 'error' |
| SimulationCommand | 执行仿真命令 | 'start' \| 'stop' \| 'pause' \| 'continue' \| 'step' \| 'update' \| 'WriteDataLogs' \| 'SimParam Dialog' \| 'connect' \| 'disconnect' \| 'WriteExtMode ParamVect' \| 'AccelBuild' |
| SimulationMode | 表示 Simulink 是否应该在正常、加速或外部模式下运行模型 | {'normal'} \| 'accelerator' \| 'external' |
| SimulationStatus | 表示仿真状态 | {'stopped'} \| 'updating' \| 'initializing' \| 'running' \| 'paused' \| 'terminating' \| 'external' |
| SimulationTime | 仿真的当前时间值 | double {0} |
| SingleTaskRateTransMsg | 在单任务模式下，两个模块之间发生速率转换时的诊断消息。由 **Configuration Parameters** 对话框中 **Sample Time Diagnostics** 选项面板中的 **Single task rate transition** 选项设置 | {'none'} \| 'warning' \| 'error' |
| Solver | 仿真算法。在 **Configuration Parameters** 对话框中 **Solver** 选项面板中的 **Solver** 下列列表中设置 | 'VariableStepDiscrete' \| {'ode45'} \| 'ode23' \| 'ode113' \| 'ode15s' \| 'ode23s' \| 'ode23t' \| 'ode23tb' \| 'FixedStepDiscrete' \| 'ode5' \| 'ode4' \| 'ode3' \| 'ode2' \| 'ode1' \| 'ode14x' |
| SolverMode | 模型的求解器模式。由 **Configuration Parameters** 对话框中 **Solver** 选项面板中的 **Tasking mode for periodic sample times** 选项设置 | {'Auto'} \| 'SingleTasking' \| 'MultiTasking' |
| SolverName | 用于仿真的求解器，参考 Solver 参数 | |

续表十六

| 参　　数 | 说　　明 | 数　　值 |
|---|---|---|
| SolverPrmCheckMsg | 当 Simulink 自动选择求解器参数时使能诊断控制。由 **Configuration Parameters** 对话框中 **Configuration** 选项面板中的 **Automatic solver parameter selection** 选项设置。如果出现下列情况，该选项会通知用户：<br>◆ Simulink 改变了用户修改的参数以使该参数与其他的模型设置保持一致；<br>◆ Simulink 自动为模型选择求解器参数，如 FixedStepSize | 'none' \| {'warning'} \| 'error' |
| SolverResetMethod | 由 **Configuration Parameters** 对话框中 **Solver** 选项面板中的 **Solver reset method** 选项设置 | {'Fast'} \| 'Robust' |
| SolverType | 用于仿真的算法类型。由 **Configuration Parameters** 对话框中 **Solver** 选项面板中的 **Type** 下拉列表中选项设置 | {'Variable-step'} \| 'Fixed-step' |
| SortedOrder | 显示模型方块图中模块的排列次序。由模型编辑窗口中 **Format->Block Displays** 菜单下的 **Sorted Order** 命令设置 | 'on' \| {'off '} |
| StartFcn | 开始仿真回调。在模型属性对话框中 Callbacks 选项页创建 | 命令或变量 {''} |
| StartTime | 仿真起始时间。由 **Configuration Parameters** 对话框中 **Solver** 选项面板中的 **Start time** 选项设置 | 字符串 {'0.0'} |
| StateSaveName | 保存到工作间中的状态输出时的名称。由 **Configuration Parameters** 对话框中 **Data Import/Export** 选项面板中的 **States** 选项设置 | 变量 {'xout'} |
| StatusBar | 在模型编辑窗口中显示/隐藏状态条。由模型窗口中 **View** 菜单下的 **Status Bar** 命令设置 | {'on'} \| 'off ' |
| StopFcn | 结束仿真回调。在模型属性对话框中的 **Callbacks** 选项区中创建 | 命令或变量 {''} |
| StopTime | 仿真结束时间。由 **Configuration Parameters** 对话框中 **Solver** 选项面板中的 **Stop time** 选项设置 | 字符串{10.0} |
| StrictBusMsg | 当 Simulink 检测到某些模块把信号作为混合/向量信号，而其他模块则把信号作为总线信号时的诊断消息。由 **Configuration Parameters** 对话框中 **Connectivity Diagnostics** 选项面板中的 **Mux blocks used to create bus signals** 和 **Bus signal treated as vector** 选项设置 | {'None'} \| 'Warning' \| 'ErrorLevel' \| 'WarnOnBusInputToNonBusBlock' \| 'ErrorOnBusInputToNonBusBlock' |
| Tag | 赋值给模型 **Tag** 参数的用户指定的文本 | 字符串{''} |
| TargetBitPerChar | 指定 char 数据类型的位长度。由 **Configuration Parameters** 对话框中 **Hardware Implementation** 选项页的 **Emulation Hardware->char** 选项设置 | 整数 {8} |

| 参　　数 | 说　　明 | 数　　值 |
|---|---|---|
| TargetBitPerInt | 指定 int 数据类型的位长度。由 **Configuration Parameters** 对话框中 **Hardware Implementation** 选项页的 **Emulation Hardware->int** 选项设置 | 整数 {32} |
| TargetBitPerLong | 指定 long 数据类型的位长度。由 **Configuration Parameters** 对话框中 **Hardware Implementation** 选项页的 **Emulation Hardware->long** 选项设置 | 整数 {32} |
| TargetBitPerShort | 指定 short 数据类型的位长度。由 **Configuration Parameters** 对话框中 **Hardware Implementation** 选项页的 **Emulation Hardware->short** 选项设置 | 整数 {16} |
| TargetEndianess | 指定目标硬件数据中第一个字节的重要性。由 **Configuration Parameters** 对话框中 **Hardware Implementation** 选项页的 **Emulation Hardware ->Byte ordering** 选项设置 | {'Unspecified'} \| 'LittleEndian' \| 'BigEndian' |
| TargetHWDeviceType | 指定用来仿真产品硬件的硬件特性。由 **Configuration Parameters** 对话框中 **Hardware Implementation** 选项页的 **Emulation Hardware ->Device type** 选项设置 | 字符串 {'32-bit Generic'} |
| TargetIntDivRoundTo | 由 **Configuration Parameters** 对话框中 **Hardware Implementation** 选项页的 **Emulation Hardware ->Signed integer division rounds to** 选项设置 | 'Floor' \| 'Zero' \| {'Undefined'} |
| TargetShiftRightIntArith | 由 **Configuration Parameters** 对话框中 **Hardware Implementation** 选项页的 **Emulation Hardware ->Shift right on a signed integer as arithmetic shift** 选项设置 | {'on'} \| 'off ' |
| TargetTypeEmulation WarnSuppressLevel | 在快速原型环境中仿真整数时，指定 Real- TimeWorkshop 是否显示警告消息 | 整数 {0} |
| TargetWordSize | 指定仿真硬件设备类型中的字长度，由 **Configuration Parameters** 对话框中 **Hardware Implementation** 选项页的 **Emulation Hardware ->native word size** 选项设置 | 整数 {32} |
| TasksWithSamePriorityMsg | 当任务有相同优先级时的诊断消息。由 **Configuration Parameters** 对话框中 **Sample Time Diagnostics** 选项面板中的 **Tasks with equal priority** 选项设置 | 'none' \| {'warning'} \| 'error' |
| TargetHWDeviceType | 指定用来仿真产品硬件的硬件特性。由 **Configuration Parameters** 对话框中 **Hardware Implementation** 选项页的 **Emulation Hardware ->Device type** 选项设置 | 字符串 {'32-bit Generic'} |
| TiledPageScale | 相对于模型缩放页面大小 | 字符串{'1'} |
| TiledPaperMargins | 控制每页的页边界。向量中的每个元素表示各边的边界大小 | [left,top,right,bottom] |

| 参　数 | 说　明 | 数　值 |
|---|---|---|
| TimeAdjustmentMsg | 在运行仿真过程中 Simulink 对采样时间进行了较小调整时的诊断消息。由 **Configuration Parameters** 对话框中 **Diagnostics** 选项面板中的 **Sample hit time adjusting** 选项设置 | {'none'} \| 'warning' \| 'error' |
| TimeSaveName | 仿真时间名。在 **Configuration Parameters** 对话框中 **Data Import/Export** 选项面板中的 **Time** 文本框中设置 | 变量 {'xout'} |
| TCL… | 用于代码生成的参数的名称以 TLC 开头 | |
| Toolbar | 在模型编辑器窗口中显示/隐藏工具条。由模型窗口中 **View** 菜单下的 **Toolbar** 命令设置 | {'on'} \| 'off' |
| TryForcingSFcnDF | 该标识用于向后兼容用户在 R12 版本之前编写的 S-函数 | 'on' \| {'off'} |
| TunableVars | 全局(可调)参数列表。在 **Model Parameter Configuration** 对话框中设置 | 字符串{''} |
| TunableVarsStorageClass | 可调参数的存储类列表。在 **Model Parameter Configuration** 对话框中设置 | 字符串{''} |
| TunableVarsTypeQualifier | 可调参数存储类型限定符列表。在 **Model Parameter Configuration** 对话框中设置 | 字符串{''} |
| Type | Simulink 对象类型(只读) | 'block_diagram' |
| UnconnectedInputMsg | 未连接的输入端口诊断设置。由 **Configuration Parameters** 对话框中 Connectivity　Diagnostics 选项区中的 **Unconnected block input ports** 选项设置 | 'none' \| {'warning'} \| 'error' |
| UnconnectedLineMsg | 未连接的线诊断设置。由 **Configuration Parameters** 对话框中 **Connectivity　Diagnostics** 选项区中的 **Unconnected line** 选项设置 | 'none' \| {'warning'} \| 'error' |
| UnconnectedOutputMsg | 未连接的输出端口诊断设置。由 **Configuration Parameters** 对话框中 **Connectivity　Diagnostics** 选项区中的 **Unconnected block output ports** 选项设置 | 'none' \| {'warning'} \| 'error' |
| UnderSpecifiedDataTypeMsg | 由 **Configuration Parameters** 对话框中 Diagnostics Data Validity 选项区中的 **Underspecified data types** 选项设置 | {'none'} \| 'warning' \| 'error' |
| UniqueDataStoreMsg | 当模型中包含的多个 Data Store Memory 模块都指定了相同的数据存储名称时的诊断消息。由 **Configuration Parameters** 对话框中 **Diagnostics Data Validity** 选项区中的 **Duplicate data store names** 选项设置 | {'none'} \| 'warning' \| 'error' |
| UnknownTsInhSupMsg | 由 **Configuration Parameters** 对话框中 **Diagnostics** 选项区中的 **Unspecified inheritability of sample time** 选项设置 | 'none' \| {'warning'} \| 'error' |
| UnnecessryDatatypeConvMsg | 检测非必要的数据类型转换模块。由 **Configuration Parameters** 对话框中 **Diagnostics** 选项区中的 **Unspecified inheritability of sample time** 选项设置 | {'none'} \| 'warning' |

续表十九

| 参　数 | 说　明 | 数　值 |
|---|---|---|
| UpdateHistory | 指定何时提示用户更新模型的历史记录。在 **Model Properties** 对话框中的 **Prompt to update model history** 参数中设置<br><br>也可以由 **Model Explorer** 对话框中的 **History** 选项区右下角的 **Prompt to update model history** 参数设置 | {'UpdateHistoryNever'} ｜ 'UpdateHistoryWhenSave' |
| UpdateModelReferenceTargets | 重新链接选项。在 **Configuration Parameters** 对话框中的 **Model Referencing** 选项区中设置 | 'IfOutOfDate' ｜ Force' ｜ 'AssumeUpToDate' ｜ {'IfOutOfDateOrStructural Change'} |
| VectorMatrixConversionMsg | 检测向量到矩阵或矩阵到向量的转换。由 **Configuration Parameters** 对话框中 **Type Conversion Diagnostics** 选项区中的 **Vector/matrix block input conversion** 选项设置 | {'none'} ｜ 'warning' ｜ 'error' |
| Version | 用来更改模型的 Simulink 版本(只读) | (release 版本号) |
| WideLines | 把向量信号或矩阵信号线加宽显示。由模型编辑窗口中 **Format -> Port/Signal Displays** 子菜单下的 **Wide Nonscalar Lines** 命令设置 | 'on' ｜ {'off '} |
| WideVectorLines | 不推荐使用，可用 **WideLines** 代替 | |
| WriteAfterReadMsg | 如果模型当前时间步上对从存储区中读取数据后试图把数据再存储到该存储区，则指定对此事件的处理方式。由 **Configuration Parameters** 对话框中 **Diagostics Data Validity** 选项区中的 **Detect write after read** 选项设置 | {' UseLocalSettings'} ｜ 'DisableAll' ｜ 'EnableAllAsWarning' ｜ 'EnableAllAsError' |
| WriteAfterWriteMsg | 如果模型试图在当前时间步上对数据连续存储两次，则设置诊断消息。由 **Configuration Parameters** 对话框中 **Diagnostics Data Validity** 选项区中的 **Detect write after write** 选项设置 | {'UseLocalSettings'} ｜ 'DisableAll' ｜ 'EnableAllAsWarning' ｜ 'EnableAllAsError' |
| ZeroCrossControl | 使能过零检测。由 **Configuration Parameters** 对话框中 **Solver** 选项区中的 **Zero crossing control** 选项设置 | {'UseLocalSettings'} ｜ 'EnableAll' ｜ 'DisableAll' |
| ZoomFactor | 模型编辑窗口的缩放因子，可以表示为百分数(100%)，或者为 **Fitsystem**，或者为 **Fitselection**。由模型编辑器中 **View** 菜单下的缩放命令设置 | 字 符 串　{'100'} ｜ 'FitSystem' ｜ 'FitSelection' |

下面的例子说明了如何使用 set_param 命令设置 mymodel 系统中的模型参数参数。

设置仿真的起始时间和终止时间：

    set_param ('mymodel', 'StartTime', '5', 'StopTime', '100');

设置 ode15s 算法，并改变了最大阶数：

    set_param ('mymodel', 'Solver', 'ode15s', 'MaxOrder', '3');

关联 SaveFcn 回调参数：

set_pram ('mymodel', 'SaveFcn', 'my_save_cb');

## A.2　共用模块参数

表 A-2 列出了所有 Simulink 模块共用的模块参数，包括模块回调用参数。

### 表 A-2　共用模块参数

| 参　　数 | 说　　明 | 数　　值 |
|---|---|---|
| AncestorBlock | 被关联的库模块的名称 | 字符串 |
| AttributesFormatString | 在 Block Parameters 对话框中指定的模块注释的字符串格式 | 字符串 |
| BackgroundColor | 模块的背景色 | 'black' \| 'white'\|'red' \| 'green' \| 'blue' \| 'cyan' \| 'magenta' \| 'yellow' \| 'gray' \| 'lightBlue' \| 'orange'\|'darkGreen'\| [r,g,b,a] |
| BlockDescription | 显示在 Block Properties 对话框中的模块说明 | 字符串 |
| BlockType | 模块类型(只读) | 字符串 |
| ClipbordFcn | 当把模块拷贝到剪贴板(**Ctrl+C**)或者选择 **Copy** 菜单命令时调用的函数 | 字符串 |
| CloseFcn | 在模块上运行 close_system 命令时调用的函数 | 字符串 |
| CompiledPortComplexSignals | 更新方块图之后端口信号的复杂度 | 结构数组 |
| CompiledPortDataTypes | 更新方块图之后端口信号的数据类型 | 结构数组 |
| CompiledPortDimensions | 更新方块图之后端口信号的维数 | 结构数组 |
| CompiledPortFrameData | 更新方块图之后端口信号的框架模式 | 结构数组 |
| CompiledPortWidths | 更新方块图之后端口宽度的结构 | 结构数组 |
| CompiledSampleTime | 更新方块图之后模块的采样时间 | 向量[采样时间，偏移时间] |
| CopyFcn | 当模块被复制时调用的函数 | 字符串 |
| DeleteFcn | 当模块被删除时调用的函数 | MATLAB 表达式 |
| DestroyFcn | 当模块被消除时调用的函数 | MATLAB 表达式 |
| Description | 模块说明。在 **Block Properties** 对话框中 **General** 选项页中的 **Description** 文本框内输入 | 文本和标记 |
| DialogParameters | 模块参数对话框中参数的名称/属性 | 结构 |
| DropShadow | 显示阴影 | {'off '} \| 'on' |
| ExtModeLoggingSupported | 在外部模式下，使能模块支持由外部传递信号数据，例如，Scope 模块 | {'off '} \| 'on' |
| ExtModeLoggingTrig | 对于信号由外部输入的模块，把模块作为触发模块 | {'off '} \| 'on' |

| 参　　数 | 说　　明 | 数　　值 |
|---|---|---|
| FontAngle | 字体角度 | 'normal' ｜ 'italic' ｜ 'oblique' ｜ {'auto'} |
| FontName | 字体名称 | 字符串 |
| FontSize | 字体大小。-1 表示该模块继承了由 **DefaultBlockFontSize** 模型参数指定的字体大小 | 实数 {'-1'} |
| FontWeight | 字体加权 | 'light' ｜ {'norma'} ｜ 'demi' ｜ 'bold' ｜ {'auto'} |
| ForegroundColor | 模块图标的背景色 | 'black' ｜ 'white' ｜ 'red'｜'green' ｜ 'blue' ｜ 'cyan' ｜ 'magenta' ｜ 'yellow' ｜ 'gray' ｜ 'lightBlue' ｜ 'orange'｜'darkGreen' ｜[r,g,b,a] |
| Handle | 模块句柄 | 实数 |
| InitFcn | 模块的初始化函数。在 **Model Properties** 对话框中的 **Callbacks** 选项页中创建 | MATLAB 表达式 |
| InputSignalNames | 输入信号的名称 | 元胞数组 |
| IOSignalStrings | 连接到 **Signal & Scope Manager** 中对象的模块路径，当保存模型时，Simulink 会保存这些路径 | 列表 |
| IOType | **Signal & Scope Manager** 类型 | {'none'} ｜ 'viewer' ｜ 'siggen' |
| LineHandles | 与模块连接的线的句柄 | 结构 |
| LinkStatus | 模块的连接状况。当使用 get_param 命令查询模块时，更新引用模块，使其与库属块保持一致 | {'none'}｜'resolved'｜ 'unresolved' ｜ 'implicit' ｜ 'inactive' ｜ 'restore' ｜ 'propagate' |
| LoadFcn | 当加载模块时调用的函数 | MATLAB 表达式 |
| ModelCloseFcn | 当模型关闭时调用的函数。ModelCloseFcn 函数会在调用模块的 DeleteFcn 和 DestroyFcn 回调函数之前调用 | MATLAB 表达式 |
| MoveFcn | 当模块被移动时调用的函数 | MATLAB 表达式 |
| Name | 模块名称 | 字符串 |
| NameChangeFcn | 当模块名称改变时调用的函数 | MATLAB 表达式 |
| NamePlacement | 模块名称的位置 | {'normal'} ｜ 'alternate' |
| ObjectParameters | 模块参数的名称/属性 | 结构 |
| OpenFcn | 当打开模块的 **Block Parameters** 对话框时调用的函数 | MATLAB 表达式 |
| Orientation | 模块的方位 | {right} ｜ left ｜ down ｜ up |
| OutputSignalNames | 输出信号的名称 | 元胞数组 |

| 参　数 | 说　明 | 数　值 |
|---|---|---|
| Parent | 包含该模块的系统名称 | 字符串 {'untitled'} |
| ParentCloseFcn | 当父子系统关闭时调用的函数。当模型关闭时不调用底层模型的 ParentCloseFcn 模块 | MATLAB 表达式 |
| PortConnectivity | 参数值是结构数组，每个数组表示一个模块的输入或输出端口，每个端口结构有下列字段：<br>♦ Type：指定端口类型和/或个数。每个端口结构有下列字段：<br>　n,n 是数据端口的端口号；<br>　'enable'，如果端口是使能端口；<br>　'trigger'，如果端口是触发端口；<br>　'state'，如果端口是状态端口；<br>　'ifaction'，如果端口是 for action 端口；<br>　'LConn#'，左连接端口，#是端口号；<br>　'RConn#'，右连接端口，#是端口号；<br>♦ Position：是一个两元素向量，[x,y]，指定端口位置；<br>♦ SrcBlock：与端口连接的模块句柄，对输出端口为空，对未连接的输入端口为-1；<br>♦ SrcPort：与端口连接的模块号，对输出端口和未连接的输入端口，该值都为空；<br>♦ DstBlock：与端口连接的模块句柄，对输入端口为空，对未连接的输入端口为空矩阵；<br>♦ DstPort：与端口连接的模块号，以零开始，对输入端口该值为空，对未连接的输入端口为空矩阵 | 结构数组 |
| PortHandles | 参数值是一个结构，指定了模块的端口句柄。结构中包含下列字段：<br>♦ Inport：模块输入端口的句柄；<br>♦ Outport：模块输出端口的句柄；<br>♦ Enable：模块使能端口的句柄；<br>♦ Trigger：模块触发端口的句柄；<br>♦ State：模块状态端口的句柄；<br>♦ LConn：模块左连接端口的句柄；<br>♦ RConn：模块右连接端口的句柄；<br>♦ Ifaction：模块 action 端口的句柄 | 结构数组 |

续表三

| 参　数 | 说　明 | 数　值 |
|---|---|---|
| Port | 参数值是一个向量，指定了每种端口的个数，向量中元素的顺序对应于下面的端口类型：Inport;Outport;Enable;Trigger;State;LConn;RConn;Ifaction | 向量 |
| Position | 模块在模型窗口中的位置 | 向量[left top right bottom]不用放在引号内,坐标的最大值为 32767 |
| PostSaveFcn | 在模块被保存后调用的函数 | MATLAB 表达式 |
| PreCopyFcn | 在模块被拷贝前调用的函数 | MATLAB 表达式 |
| PreDeleteFcn | 在模块被删除前调用的函数 | MATLAB 表达式 |
| PreSaveFcn | 指定模块在同一个模型中相对于其他模块的执行顺序。在 **Block Properties** 对话框中 **General** 选项页中的 **Priority** 文本框内设置 | 字符串{'} |
| Priority | 与模块连接的库属块的名称 | 字符串{'} |
| RequirementInfo | 用户指定的数据，用于 Real-Time Workshop | |
| SampleTime | 采样时间参数值 | 字符串 |
| Selected | 是否选择了模块 | {'on'} | 'off ' |
| ShowName | 显示模块名称 | {'on'} | 'off ' |
| StartFcn | 在仿真开始时的调用函数 | MATLAB 表达式 |
| StatePerturbationFor Jacobian | 描述在线性化过程中的干扰大小 | 字符串 |
| StaticLinkStatus | 模块的连接状况，当使用 get_param 命令查询时不更新以前的引用模块 | {'none'}|'resolved'| 'unresolved' | 'implicit' | 'inactive' | 'restore' | 'propagate' |
| StopFcn | 在仿真终止时的调用函数 | MATLAB 表达式 |
| Tag | 在 Simulink 生成的模块标签中显示文本。在 **Block Properties** 对话框中的 **General** 选项页中的 **Tag** 文本框中设置 | 字符串{"} |
| Type | Simulink 对象类型(只读) | 'block' |
| UndoDeleteFcn | 当模块删除未完成时调用函数 | MATLAB 表达式 |
| UserData | 用户指定的数据，可以使用任何 MATLAB 数据类型 | {' [ ] '} |
| UserDataPersistent | 是否在模型文件中保存 UserData 状态 | 'on' | {'off'} |

下面的例子说明了如何使用 set_param 命令改变模块的共用参数。

下面的命令改变了方向，使它朝着相反的方向(由右到左)：

set_param ('mymodel/Gain', 'Orientation', 'left');

下面的命令把 OpenFcn 回调函数与 mymodel 系统中的 Gain 模块关联：

set_param ('mymodel/Gain', 'OpenFcn', 'my_open_cb');

下面的命令设置 mymodel 系统中 Gain 模块的 Position 参数，模块是 75 个像素宽，25 个像素高：

set_param ('mymodel/Gain', 'Position', [50 250 125 275]);

## A.3　专用模块参数

表 A-3～表 A-5 列出了 Continuous 库模块、Discontinuous 库模块和 Discrete 库模块的专用模块参数。

第一列为模块(**类型**)/**参数**，每个模块名称后的括弧内说明了模块类型，其下的各行则列出了该模块的参数。例如：**Integrator** 模块**(Integrator)**表示的是 Integrator 模块，模块类型为 Integrator，由 **Integrator** 模块**(Integrator)**至 **State-Space** 模块**(StateSpace)**之间各行的第一列给出了 Integrator 模块的参数；对于没有专用参数的模块，在模块名称(类型)后的括弧内进行说明。

需要说明的是，有些 Simulink 模块是以封装子系统的形式出现的，对于这样的模块，在模块名称(类型)后的双引号内注明"封装"，以表示该模块为被封装模块。这些被封装模块有的带有专用参数，有的则没有专用参数。未封装的模块的类型实际是模块的 BlockType 参数值(参看 A.2)；已封装的模块的类型是模块的 MaskType 参数值(参看 A.4)，即该模块封装编辑器 **Mask Editor** 中的 **Mask type** 文本框内输入的数值。

第二列为对话框提示，给出了该参数在相应模块对话框内的提示文本。

第三列为数值，说明了参数的数值类型(标量、向量或变量)和可选的参数值(用"|"分隔)，缺省值列在大括弧{}内。

### 表 A-3　Continuous 库模块参数

| 模块(类型)/参数 | 对话框提示 | 数　　值 |
| --- | --- | --- |
| **Derivative 模块(Derivative)** | | |
| LinearizePole | Linearization Time Constant s/(Ns+1) | 字符串　{'inf '} |
| **Integrator 模块(Integrator)** | | |
| ExternalReset | External reset | {'none'} | 'rising' | 'falling' | 'either' | 'level' |
| InitialConditionSource | Initial condition source | {'internal'} | 'external' |
| InitialCondition | Initial condition | 标量或向量　{'0'} |
| LimitOutput | Limit output | {'off '} | 'on' |
| UpperSaturationLimit | Upper saturation limit | 标量或向量　{'inf '} |
| LowerSaturationLimit | Lower saturation limit | 标量或向量　{'−inf '} |
| ShowSaturationPort | Show saturation port | {'off '} | 'on' |
| ShowStatePort | Show state port | {'off '} | 'on' |

| 模块(类型)/参数 | 对话框提示 | 数　　值 |
|---|---|---|
| AbsoluteTolerance | Absolute tolerance | 字符串{'auto'} |
| ZeroCross | Enable zero-crossing detection | 'off ' \| {'on'} |
| ContinuousStateAttributes | State Name | 字符串 {''} \| 变量 |
| **State-Space 模块(StateSpace)** | | |
| A | A | 矩阵 {'1'} |
| B | B | 矩阵 {'1'} |
| C | C | 矩阵 {'1'} |
| D | D | 矩阵 {'1'} |
| X0 | Initial conditions | 向量 {'0'} |
| AbsoluteTolerance | Absolute tolerance | 字符串{'auto'} |
| ContinuousStateAttributes | State Name | 字符串 {''} \| 变量 |
| **Transfer Fcn 模块(TransferFcn)** | | |
| Numerator | Numerator | 向量或矩阵 {[1]} |
| Denominator | Denominator | 向量 {[1 1]} |
| AbsoluteTolerance | Absolute tolerance | 字符串{'auto'} |
| ContinuousStateAttributes | State Name | 字符串 {''} \| 变量 |
| **Transport Delay 模块(TransportDelay)** | | |
| DelayTime | Time delay | 标量或向量 {'1'} |
| InitialOutput | Initial output | 标量或向量 {'0'} |
| BufferSize | Initial buffer size | 标量 {'1024'} |
| FixedBuffer | Use fixed buffer size | {'off '} \| 'on' |
| PadeOrder | Pade order(for linearization) | 字符串{'0} |
| TransDelayFeedthrough | Direct feedthrough of input during linearization | {'off '} \| 'on' |
| **Variable Time Delay 模块(VariableTimeDelay)** | | |
| VariableDelayType | Select delay type | {'Variable transport delay'} \| 'Variable time delay' |
| MaximumDelay | Maximum delay | 标量或向量 {'10'} |
| InitialOutput | Initial output | 标量或向量 {'0'} |
| MaximumPoints | Initial buffer size | 标量 {'1024'} |
| FixedBuffer | Use fixed buffer size | {'off '} \| 'on' |
| ZeroDelay | Handle zero delay | {'off '} \| 'on' |
| TransDelayFeedthrough | Direct feedthrough of input during linearization | {'off '} \| 'on' |
| PadeOrder | Pade order(for linearization) | 字符串{'0 '} |

| 模块(类型)/参数 | 对话框提示 | 数　值 |
|---|---|---|
| ContinuousStateAttributes | State Name | 字符串 {''} | 变量 |
| **Variable Transport Delay 模块(VariableTransportDelay)** | | |
| VariableDelayType | Select delay type | {'Variable transport delay'} | 'Variable time delay' |
| MaximumDelay | Maximum delay | 标量或向量 {'10'} |
| InitialOutput | Initial output | 标量或向量 {'0'} |
| MaximumPoints | Initial buffer size | 标量 {' 1024'} |
| FixedBuffer | Use fixed buffer size | {'off '} | 'on' |
| PadeOrder | Pade order(for linearization) | 字符串{'0'} |
| TransDelayFeedthrough | Direct feedthrough of input during linearization | {'off '} | 'on' |
| AbsoluteTolerance | Absolute tolerance | 字符串{'auto'} |
| ContinuousStateAttributes | State Name | 字符串 {''} | 变量 |
| **Zero-Pole 模块(ZeroPole)** | | |
| Zeros | Zeros | 向量 {' [1']} |
| Poles | Poles | 向量 {' [0 −1] '} |
| Gain | Gain | 向量 {' [1] '} |
| AbsoluteTolerance | Absolute tolerance | 字符串{'auto'} |
| ContinuousStateAttributes | State Name | 字符串 {''} | 变量 |

### 表 A-4　Discontinuous 库模块参数

| 模块(类型)/参数 | 对话框提示 | 数　值 |
|---|---|---|
| **Backlash 模块(Backlash)** | | |
| BacklashWidth | Deadband width | 标量或向量 {1} |
| InitialOutput | InitialOutput | 标量或向量 {0} |
| ZeroCross | Enable zero crossing detection | 'off' | {'on'} |
| SampleTime | Sample time(-1 for inherited) | 字符串 {'−1'} |
| **Coulomb & Viscous Friction 模块(Coulombic and Viscous Friction)**　　"封装" | | |
| offset | Coulomb friction value(Offset) | 字符串 {' [1 3 2 0] '} |
| gain | Coefficient of viscous friction(Gain) | 字符串 {'1'} |
| **Dead Zone 模块(DeadZone)** | | |
| LowerValue | Start of dead zone | 标量或向量 {−0.5} |
| UpperValue | End of dead zone | 标量或向量 {0.5} |
| SaturateOnInteger Overflow | Saturate on integer overflow | 'off ' | {'on'} |

续表一

| 模块(类型)/参数 | 对话框提示 | 数 值 |
|---|---|---|
| LinearizeAsGain | Treat as gain when linearizing | 'off ' \| {'on'} |
| ZeroCross | Enable zero crossing detection | 'off ' \| {'on'} |
| SampleTime | Sample time(−1 for inherited) | 字符串 {'−1'} |
| **Dead Zone Dynamic 模块(Dead Zone Dynamic)"封装"** | | |
| **Hit Crossing 模块 (HitCross)** | | |
| HitCrossingOffset | Hit Crossing Offset | 标量或向量 {0} |
| HitCrossingDirection | Hit Crossing Direction | rising \| falling \| {either} |
| ShowOutputPort | Show Output Port | {on} \| off |
| ZeroCross | Enable zero crossing detection | 'off ' \| {'on'} |
| SampleTime | Sample time(−1 for inherited) | 字符串 {'−1'} |
| **Quantizer 模块 (Quantizer)** | | |
| QuantizationInterval | Quantization interval | 标量或向量 {0.5} |
| LinearizeAsGain | Treat as gain when linearizing | 'off ' \| {'on'} |
| SampleTime | Sample time(−1 for inherited) | 字符串 {'−1'} |
| **Rate Limiter 模块 (RateLimiter)** | | |
| RisingSlewLimit | Rising Slew Limit | 标量或向量 {1.} |
| FallingSlewLimit | Falling Slew Limit | 标量或向量 {−1.} |
| SampleTimeMode | Sample time mode | 'continuous' \| {'inherited'} |
| InitialCondition | Initial condition | 字符串 {'0'} |
| LinearizeAsGain | Treat as gain when linearizing | 'off ' \| {'on'} |
| **Relay Limiter Dynamic 模块 (Relay Limiter Dynamic)"封装"** | | |
| **Relay 模块 (Relay)** | | |
| OnSwitchValue | Switch on point | 字符串{'eps'} |
| OffSwitchValue | Switch off point | 字符串{'eps'} |
| OnOutputValue | Output when on | 字符串{'1'} |
| OffOutputValue | Output when off | 字符串{'0'} |
| OutputDataTypeScallingMode | Output data type mode | 'Specify via dialog' \| 'Inherit via back propagation' \| {'All ports same datatype'} |
| OutDataType | Output data type (e.g.,sfix(16), uint(8), float('single')) | 字符串{'sfi(16) '} |
| OutScaling | Output scaling value (Slope, e.g., 2 ^ −9 or [Slope Bias],e.g.,[1.25 3]) | 字符串 {'2^0'} |
| ConRadixGroup | Parameter scaling mode | {'Use specified scaling'} \| 'Best Precision: Vector-wise' |

| 模块(类型)/参数 | 对话框提示 | 数　值 |
|---|---|---|
| ZeroCross | Enable zero crossing detection | 'off '丨{'on'} |
| SampleTime | Sample time(−1 for inherited) | 字符串 {'−1'} |
| **Saturation 模块 (Saturate)** | | |
| UpperLimit | UpperLimit | 标量或向量 {'0.5'} |
| LowerLimit | LowerLimit | 标量或向量 {'−0.5'} |
| LinearizeAsGain | Treat as gain when linearizing | 'off '丨{'on'} |
| ZeroCross | Enable zero crossing detection | 'off '丨{'on'} |
| SampleTime | Sample time(−1 for inherited) | 字符串 {'−1'} |
| **Saturtion Dynamic 模块 (Saturation Dynamic) "封装"** | | |
| **Wrap To Zero 模块 (Wrap To Zero) "封装"** | | |
| Threshold | Threshold | 字符串 {'255'} |

## 表 A-5　Discrete 库模块参数

| 模块(类型)/参数 | 对话框提示 | 数　值 |
|---|---|---|
| **Difference 模块 (Difference) "封装"** | | |
| ICPrevInput | Initial condition for previous input | 字符串 {'0.0'} |
| OutputDataTypeScalling Mode | Output data type and scaling | 'Specify via dialog' 丨{'Inherit via internal rule'} 丨 'Inherit via back propagation' |
| OutDataType | Output data type:ex. sfix(16) uint(8),float('single') | 字符串 {'sfix(16)} |
| OutScaling | Output scaling:Slope or [Slope Bias] ex. 2^−9 | 字符串 {'2^−10'} |
| LockScale | Lock output scaling against changes by the autoscaling tool | {'off '} 丨'on' |
| RndMeth | Round toward | 'Zero' 丨 'Nearest' 丨 Ceiling' 丨{'Floor'} |
| DoSatur | Saturate to max or min when overflow occur | {'off '} 丨'on' |
| **Discrete Derivative 模块 (Discrete Derivative) "封装"** | | |
| gainval | Gain value | 字符串 {'1.0'} |
| ICPrevScaledInput | Initial condition for previous weighted input K*u/Ts | 字符串 {'0.0'} |
| OutputDataTypeScalling Mode | Output data type and scaling | 'Specify via dialog' 丨{'Inherit via internal rule'} 丨 'Inherit via back propagation' |

续表一

| 模块(类型)/参数 | 对话框提示 | 数　值 |
|---|---|---|
| OutDataType | Output data type:ex. sfix(16) uint(8),float('single') | 字符串 {' sfix(16)'} |
| OutScaling | Output scaling:Slope or [Slope Bias] ex. 2^-9 | 字符串 {'2^-10'} |
| LockScale | Lock output scaling against changes by the autoscaling tool | {'off '} \| 'on' |
| RndMeth | Round toward | 'Zero' \| 'Nearest' \| 'Ceiling' \|{'Floor'} |
| DoSatur | Saturate to max or min when overflow occur | {'off '} \| 'on' |
| **Discrete Filter 模块 (DiscreteFilter)** | | |
| Numerator | Numerator | 向量 {[1]} |
| Denominator | Denominator | 向量 {[1 2]} |
| SampleTime | Sample Time | 标量(采样间隔) {1}或者向量[采样间隔偏移量] |
| StateIdentifier | State name | 字符串 {} |
| StateMustResolveTo SignalObject | State name must resolve to Simulink signal object | {'off'} \| 'on' |
| RTWStateStorageClass | RTW storage class | {'Auto'} \| 'ExportedGlobal' \| 'ImportedExtern'\|'ImportedExternPointer' |
| RTWStateStorageType Qualifier | RTW storage type qualifier | 字符串 {} |
| **Discrete State-Space 模块 (DiscreteStateSpace)** | | |
| A | A | 字符串{'1'} |
| B | B | 字符串{'1'} |
| C | C | 字符串{'1'} |
| D | D | 字符串{'1'} |
| X0 | Initial conditions | 字符串{'0'} |
| SampleTime | Sample Time | 字符串{'1'} |
| StateIdentifier | State name | 字符串 {} |
| StateMustResolveTo SignalObject | State name must resolve to Simulink signal object | {'off '} \| 'on' |
| RTWStateStorageClass | RTW storage class | {'Auto'} \| 'ExportedGlobal' \| 'ImportedExtern'\|'ImportedExternPointer' |
| RTWStateStorageType Qualifier | RTW storage type qualifier | 字符串 {} |

| 模块(类型)/参数 | 对话框提示 | 数　值 |
|---|---|---|
| **Discrete Transfer Fcn 模块 (DiscreteTransferFcn)** | | |
| Numerator | Numerator | 向量 {'[]'} |
| Denominator | Denominator | 向量 {' [1 0.5] '} |
| SampleTime | Sample Time(−1 for inherited) | 字符串{'1'} |
| StateIdentifier | State name | 字符串 {} |
| StateMustResolveTo SignalObject | State name must resolve to Simulink signal object | {'off'} | 'on' |
| RTWStateStorageClass | RTW storage class | {'Auto'} | 'ExportedGlobal' | 'ImportedExtern'|'ImportedExternPointer' |
| RTWStateStorageType Qualifier | RTW storage type qualifier | 字符串 {} |
| **Discrete Zero-Pole 模块 (DiscreteZeroPole)** | | |
| Zeros | Zeros | 向量 {' [1] '} |
| Poles | Poles | 向量 {' [1 0.5] '} |
| Gain | Gain | 字符串{'1'} |
| SampleTime | Sample Time(−1 for inherited) | 字符串{'1'} |
| StateIdentifier | State name | 字符串 {} |
| StateMustResolveTo SignalObject | State name must resolve to Simulink signal object | {'off'} | 'on' |
| RTWStateStorageClass | RTW storage class | {'Auto'} | 'ExportedGlobal' | 'ImportedExtern'| 'ImportedExternPointer' |
| RTWStateStorageType Qualifier | RTW storage type qualifier | 字符串 {} |
| **Discrete-Time Integrator 模块 (DiscreteIntegrator)** | | |
| IntegratorMethod | Integrator method | {'Integration: Forward Euler'} | 'Integration: Backward Euler' | 'Integration: Trapezoidal' | 'Accumulation: Forward Euler' | 'Accumulation: Backward Euler' | 'Accumulation: Trapezoidal' |
| gainval | Gain value | 字符串 {'1.0'} |
| ExternalReset | External reset | {'none'} | 'rising' | 'falling' | 'either' | 'level' |
| InitialConditionSource | Initial condition source | {'internal'} | 'external' |
| InitialCondition | Initial condition | 标量或向量 {'0'} |
| InitialConditonMode | Use initial condition as initial and reset value for | 'State only (most efficient) ' | {'State and output'} |
| SampleTime | Sample Time | 字符串 {' −1'} |

| 模块(类型)/参数 | 对话框提示 | 数 值 |
|---|---|---|
| OutDataTypeMode | Output data type | 'double' \| 'single' \| 'int8' \| 'uint8' \| 'int16' \| 'uint16' \| 'int32' \| 'uint32' \| 'Specify via dialog' \| {'Inherit via internal rule'} \| 'Inherit via back propagation' |
| OutDataType | Output data type:e.g. sfix(16) uint(8),float('single') | 字符串 {'sfix(16)'} |
| OutScaling | Output scaling value (Slope e.g., 2^-9 or [Slope Bias] e.g,[1.25 3]. | 字符串 {'2^−10'} |
| LockScale | Lock output scaling against changes by the autoscaling tool | {'off '} \| 'on' |
| RndMeth | Round integer calculations toward | 'Zero' \| 'Nearest' \| 'Ceiling' \| {'Floor'} |
| SaturateOnInteger Overflow | Saturate on integer overflow | {'off '} \| 'on' |
| LimitOutput | Limit Output | {'off '} \| 'on' |
| UpperSaturationLimit | Upper saturation limit | 标量或向量 {inf} |
| LowerSaturationLimit | Lower saturation limit | 标量或向量 {−inf} |
| ShowSaturationPort | Show saturation port | {'off '} \| 'on' |
| ShowStatePort | Show state port | {'off '} \| 'on' |
| StateIndentifier | State name | 字符串 {} |
| StateMustResolveTo SignalObject | State name must resolve to Simulink signal object | {'off '} \| 'on' |
| RTWStateStorageClass | RTW storage class | {'Auto'} \| 'ExportedGlobal' \| 'ImportedExtern' \| 'ImportedExternPointer' |
| RTWStateStorageType Qualifier | RTW storage type qualifier | 字符串 {} |
| **First-Order Hold 模块(First Order Hold) "封装"** | | |
| Ts | Sample time | 字符串 {'1'} |
| **Integer Delay (S-Function)模块 (Integer Delay) "封装"** | | |
| vinit | Initial condition | 字符串 {'0.0'} |
| SampleTime | Sample Time | 字符串 {'−1'} |
| NumDelays | Number of delays | 字符串 {'4'} |
| **Memory 模块 (Memory)** | | |
| X0 | Initial condition | 标量或向量 {'0'} |
| InheritSampleTime | Inherit sample time | {'off '} \| 'on' |

| 模块(类型)/参数 | 对话框提示 | 数　值 |
|---|---|---|
| LinearizeMemory | Direct feedthrough of input during linearization | {'off"} \| 'on' |
| StateIdentifier | State name | 字符串 {"} |
| StateMustResolveTo SignalObject | State name must resolve to Simulink signal object | {'off'} \| 'on' |
| RTWStateStorageClass | RTW storage class | {'Auto'} \| 'ExportedGlobal' \| 'ImportedExtern' \| 'ImportedExternPointer' |
| RTWStateStorageType Qualifier | RTW storage type qualifier | 字符串 {} |
| **Tapped Delay (S-Function) 模块(Tapped Delay Line)　"封装"** | | |
| vinit | Initial condition | 字符串 {'0.0'} |
| SampleTime | Sample Time | 字符串 {'-1'} |
| NumDelays | Number of delays | 字符串 {'4'} |
| DelayOrder | Order output vector starting with | {'Oldest'} \| 'Newest' |
| includeCurrent | Include current input in output vector | {'off '} \| 'on' |
| **Transfer Fcn 模块(First Order Transfer Fcn)　"封装"** | | |
| PoleZ | Pole (in Z plane) | 字符串 {'0.95'} |
| ICPrevOutput | Initial condition for previous output | 字符串 {'0.0'} |
| RndMeth | Round toward | 'Zero' \| 'Nearest' \| Ceiling' \| {'Floor'} |
| DoSatur | Saturate to max or min when overflow occur | {'off'} \| 'on' |
| **Transfer Fcn Lead or Lag 模块(Lead or Lag Compensator)　"封装"** | | |
| PoleZ | Pole of compensator (in Z plane) | 字符串 {'0.95'} |
| ZeroZ | Zero of compensator (in Z plane) | 字符串 {'0.75'} |
| ICPrevOutput | Initial condition for previous output | 字符串 {'0.0'} |
| ICPrevInput | Initial condition for previous input | 字符串 {'0.0'} |
| RndMeth | Round toward | 'Zero' \| 'Nearest' \| Ceiling' \| {'Floor'} |
| DoSatur | Saturate to max or min when overflow occur | {'off '} \| 'on' |

| 模块(类型)/参数 | 对话框提示 | 数 值 |
|---|---|---|
| **Transfer Fcn Real Zero 模块(Transfer Fcn Real Zero) "封装"** | | |
| ZeroZ | Zero (in Z plane) | 字符串 {'0.75'} |
| ICPrevOutput | Initial condition for previous output | 字符串 {'0.0'} |
| RndMeth | Round toward | 'Zero' \| 'Nearest' \| Ceiling' \| {'Floor'} |
| DoSatur | Saturate to max or min when overflow occur | {'off '} \| 'on' |
| **Unit Delay 模块 (UnitDelay)** | | |
| x0 | Initial condition | 标量或向量 {'0'} |
| SampleTime | Sample Time(−1 for inherited) | 字符串{'1'} |
| StateIdentifier | State name | 字符串 {} |
| StateMustResolveTo SignalObject | State name must resolve to Simulink signal object | {'off '} \| 'on' |
| RTWStateStorageClass | RTW storage class | {'Auto'} \| 'ExportedGlobal' \| 'ImportedExtern' \| 'Imported ExternPointer' |
| **Weighted Moving Average (S-Function) 模块 (Weighted Moving Average) "封装"** | | |
| mgainval | Weights | 字符串 {' [0.1:0.1:1 0.9:−0.1:0.1] '} |
| vinit | Initial condition | 字符串 {'0.0'} |
| SampleTime | Sample Time | 字符串 {'−1'} |
| GainDataTypeScalingMode | Gain data type and scaling | 'Specify via dialog' \| {'Inherit via internal rule'} |
| GainDataType | Parameter data type: ex. sfix(16), uint(8), float('single') | 字符串{'sfix( 16 ) '} |
| MatRadixGroup | Parameter scaling mode | 'Use Specified Scaling' \| 'Best Precision: Element-wise' \| 'Best Precision: Row-wise' \| 'Best Precision: Column-wise' \| {'Best Precision: Matrix-wise'} |
| GainScaling | Parameter scaling:Slope ex. 2^−9 | 字符串{'2^−10'} |
| OutputDataTypeScaling Mode | Output data type and scaling | 'Specify via dialog' \| {'Inherit via internal rule'} \| 'Inherit via back propagation' |
| OutDataType | Output data type:ex. sfix(16), uint(8), float ('single') | 字符串{'sfix(16) '} |

| 模块(类型)/参数 | 对话框提示 | 数　值 |
|---|---|---|
| OutScaling | Output scaling:Slope or [Slope Bias] ex. 2^-9 | 字符串{'2^-10'} |
| LockScale | Lock output scaling against changes by the autoscaling tool | {'off '} \| 'on' |
| RndMeth | Round toward | 'Zero' \| 'Nearest' \| 'Ceiling' \| {'Floor'} |
| DoSatur | Saturate to max or min when overflow occur | {'off'} \| 'on' |
| **Zero-Order Hold 模块(ZeroOrderHold)　"封装"** | | |
| SampleTime | Sample Time(-1 for inherited) | 字符串　{'1'} |

## A.4　封装参数

　　表 A-6 列出了被封装模块的参数，表中的封装参数对应于 **Mask Editor** 对话框中的参数。

### 表A-6　封　装　参　数

| 参　　数 | 说明/提示 | 数　值 |
|---|---|---|
| Mask | 打开或关闭封装 | {'on'} \| 'off ' |
| MaskCallbackString | 封装参数回调。在 **Mask Editor** 对话框中 **Parameters** 选项页中的 **Dialog callback** 文本框内设置 | 字符串　{''} |
| MaskCallbacks | MaskCallbackString 参数的元胞数组形式 | 元胞数组{'[ ] '} |
| MaskDescription | 模块说明。在 **Mask Editor** 对话框中 **Documentation** 选项页中的 **Mask description** 文本框内设置 | 字符串{''} |
| MaskDisplay | 模块图标的绘制命令。在 **Mask Editor** 对话框中 **Icon** 选项页中的 **Drawing commands** 文本框内设置 | 字符串{''} |
| MaskEnableString | 确定对话框中的参数是否灰色显示。在 **Mask Editor** 对话框中 **Parameters** 选项页中的 **Enable parameter** 复选框内设置 | 字符串{''} |
| MaskEnables | MaskEnableString 参数的元胞数组形式 | 字符串元胞数组，每个元素为 'on'或'off ' |
| MaskHelp | 模块帮助。在 **Mask Editor** 对话框中 **Documentation** 选项页中的 **Mask help** 文本框内设置 | 字符串{''} |
| MaskIconFrame | 设置图标边框是否见性(可见为 on，不可见为 off)。由 **Mask Editor** 对话框中 **Icon** 选项页中的 **Frame** 选项设置 | {'on'} \| 'off ' |

| 参　数 | 说明/提示 | 数　值 |
|---|---|---|
| MaskIconOpaque | 设置图标透明度(不透明为 on,透明为 off)。由 **Mask Editor** 对话框中 **Icon** 选项页中的 **Transparency** 选项设置 | {'on'} \| 'off' |
| MaskIconRotate | 设置图标旋转(旋转为 on，固定为 off)。由 **Mask Editor** 对话框中 **Icon** 选项页中的 **Rotation** 选项设置 | 'on' \| {'off'} |
| MaskIconUnits | 设置绘制坐标的单位。由 **Mask Editor** 对话框中 **Icon** 选项页中的 **Units** 选项设置 | 'pixel' \| {'autoscale'} \| 'normalized' |
| MaskInitialization | 初始化命令。在 **Mask Editor** 对话框中 **Initialization** 选项页中 **Commads->Initialization** 文本框内设置 | MATLAB 命令{'' } |
| MaskNames | 封装对话框参数名的元胞数组。在 **Mask Editor** 对话框中 **Parameters** 选项页中的 **Variable** 列内设置 | 矩阵{' [ ] '} |
| MaskPrompts | 提示(即 **Mask Editor** 中 **Prompt** 文本框中的内容)。在 **Mask Editor** 对话框中 **Parameters** 选项页中的 **Dialog parameters** 区域内设置 | 字符串元胞数组{'[ ]'} |
| MaskPromptString | 提示(即 **Mask Editor** 中 **Prompt** 文本框中的内容)。在 **Mask Editor** 对话框中 **Parameters** 选项页中的 **Dialog parameters** 区域内设置 | 字符串{' [ ]'} |
| MaskPropertyNameString | MaskNames 参数的界定符形式 | 字符串{''} |
| MaskSelfModifiable | 表示模块自身可更改。由 **Mask Editor** 对话框中 **Initialization** 选项页中的 **Allow library block to modify its contents** 复选项设置 | 'on' \| {'off '} |
| MaskStyles | 控制类型,即确定参数是复选框、编辑框或列表框。在 **Mask Editor** 对话框中 **Parameters** 选项页中的 **Type** 列区域内设置 | 元胞数组 {'[ ]'} |
| MaskStyleString | MaskStyles 参数的逗号分隔形式 | 字符串{''} |
| MaskToolTipsDisplay | 确定在被封装模块中显示哪些封装参数。指定为由 'on'或'off '组成的元胞数组,每个元胞数组中以确定是否显示在元胞数组对应位置命名的参数,参数名由 MaskNames 返回 | 元胞数组,每个元素为'on'或'off'或{''} |
| MaskToolTipString | MaskToolTipsDisplay 参数的逗号分隔形式 | 字符串{''} |
| MaskTunableValues | 允许在仿真过程中改变封装对话框中的参数值。由 **Mask Editor** 对话框中 **Parameters** 选项页中的 **Tunable** 列设置 | 字符串元胞数组{'[ ]'} |
| MaskTunableValueString | MaskTunableValues 参数的逗号分隔形式 | 被界定的字符串{''} |

| 参　　数 | 说明/提示 | 数　　值 |
|---|---|---|
| MaskType | 封装类型。在 **Mask Editor** 对话框中 **Documentation** 选项页中的 **Mask type** 文本框内设置 | 字符串{'Stateflow'} |
| MaskValues | 对话框参数值 | 元胞数组{'[ ]'} |
| MaskValueString | **MaskValues** 参数的界定字符串形式 | 被界定的字符串{''} |
| MaskVarAliases | 指定模块封装参数的别名。指定别名的顺序与模块 **MaskValues** 参数中对应参数的顺序相同 | 元胞数组{'[ ]'} |
| MaskVariables | 对话框中参数的变量列表。在 **Mask Editor** 对话框中 **Parameters** 选项页中的 **Dialog parameters** 区域设置 | 字符串{''} |
| MaskVisibilities | 指定参数的可见性。由 **Mask Editor** 对话框中 **Parameters** 选项页中的 **Options for selected parameter** 区域中的 **Show parameter** 复选项设置 | 矩阵{'[ ]'} |
| MaskVisibilityString | **MaskVisibilities** 参数的界定字符串形式 | 字符串{''} |
| MaskWSVariables | 在封装工作间中定义的变量列表(只读) | 矩阵{'[ ]'} |

　　当用户使用封装编辑器 **Mask Editor** 为被封装模块重新创建对话框时，应该在对话框中提供下列信息：

● 在 **Prompt** 文本框内输入的参数说明；

● 保存参数值的变量，即用户在 **Variable** 文本框内输入的变量名；

● 用户通过选择控制类型，即 **Control type** 所指定的文本框类型；

● 通过选择 Assignment 类型指定文本框内输入的数值是需要求值还是以文本形式存储。

　　表 A-6 中的封装参数是以下列方式存储 **Mask Editor** 对话框中指定的参数值的：

● 对话框中 **Prompt** 文本框内的数值以字符串的形式存储在 MaskPromptString 参数中，各数值以"|"分隔，例如：

　　　　"Slope:|Intercept:"

● 对话框中 Variable 文本框内的数值以字符串的形式存储在 MaskVariables 参数中，各数值以分号分隔，序列号表示该数值与 **Prompt** 文本框列表中的第几个提示文本相关，序列号前的特定符号表示 **Assignment** 类型，即@表示 **Evaluate**，&表示 **Literal**。

　　例如："a=@1;b=&2"表示在第一个文本框内输入的数值被赋给参数 a，在赋值前由 MATLAB 进行求值；在第二个文本框内输入的数值被赋给参数 b，并存储为文本，即表示该参数值为字符串。

● 对话框中 Control **type** 列表框内的数值以字符串的形式存储在 MaskStyleString 参数中，各数值以逗号分隔，对于 **Popup** 类型，弹出序列则保存在 **PopupStrings** 数值中，例如：

　　　　"edit, checkbox, popup(red | green | blue)"

● MaskValueString 封装参数以字符串的形式存储参数值，各数值以"|"分隔，数值排列的顺序与对话框中输入的顺序相同。例如，下列语句为对话框中的 **Prompt** 文本框定义了

提示说明并给出了参数值(如图 A-1 所示)：

| MaskPromptString | "Slope: \|Intercept:" |
| --- | --- |
| MaskValueString | "2 \| 5" |

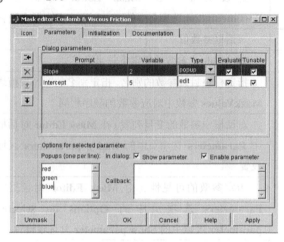

图 A-1

# 附录 B　模型和模块回调函数

## B.1　模型回调函数

表 B-1 列出了用来指定模型回调函数的参数，并给出了相应回调函数的执行时间。

表 B-1　模型回调函数

| 参　　数 | 执　行　时　间 |
|---|---|
| CloseFcn | 在方块图关闭之前执行。Simulink 在调用模型的 CloseFcn 函数之前会调用模型中所有模块的 ModelCloseFcn 和 DeleteFcn 回调函数，在调用完模型的 CloseFcn 函数之后，会调用模型中所有模块的 DestroyFcn 回调函数 |
| PostLoadFcn | 模型加载完后执行。在编写一个要求模型完全加载后方能启动的界面程序时非常有用 |
| InitFcn | 在模型仿真开始的时候调用 |
| PostSaveFcn | 在模型保存之后执行 |
| PreLoadFcn | 在模型加载之前执行，为了加载模型中用到的变量，可以为这个参数定义回调子程序。需要注意的是：在 PreLoadFcn 回调子程序中，get_prarm 命令无法返回模型的参数值，因为此时模型还没有加载。get_prarm 命令返回的数值如下：<br>● 标准模型参数的缺省值，如 solver 的值；<br>● 使用 add_param 命令定义的模型参数的 error 消息；<br>但是在 PostLaodFcn 回调子程序中，get_prarm 命令可以返回模型的参数值，因为此时已经加载了模型 |
| PreSaveFcn | 在模型保存之前执行 |
| StartFcn | 在仿真开始之前执行 |
| StopFcn | 在仿真结束之后执行。在 StopFcn 执行之前输出已经被写入到工作间或文件中了 |

## B.2　模块回调函数

表 B-2 列出了用来指定模块回调函数的参数，并给出了相应回调函数的执行时间。

表 B-2　模块回调函数

| 参　　数 | 执　行　时　间 |
|---|---|
| ClipboardFcn | 当把模块复制或剪切到系统剪贴板时执行 |
| CloseFcn | 当使用 close_system 命令关闭模块时执行 |
| CopyFcn | 当复制一个模块后执行。这个回调函数对于一个 Subsystem 模块是递归执行的(也就是说，如果拷贝的子系统模块中含有定义了 CopyFcn 参数的模块，则执行这个程序)。当用 add_block 命令复制模块时也执行这个程序 |

| 参　　数 | 执　行　时　间 |
|---|---|
| DeleteChildFcn | 当删除子系统中的模块或线之后执行该函数。如果模块有 DeleteFcn 或 DestroyFcn 函数，那么这些函数在 DeleteChildFcn 函数之前执行，只有子系统模块才有 DeleteChildFcn 回调函数 |
| DeleteFcn | 在模块被删除之前执行。这个函数对 Subsystem 中的模块是递归调用的 |
| DestroyFcn | 当模块被清除之后执行 |
| InitFcn | 在编译方块图和求取参数值之前执行 |
| ErrorFcn | 当子系统中有错误时执行该函数。只有子系统模块才有 ErrorFcn 回调函数，该回调函数的执行方式如下：<br><br>　　errorMsg = errorHandler(subsys,errorType)<br><br>errorHandler 是回调函数的名称；subsys 是指向产生错误的子系统的句柄；errorType 表示错误类型的 Simulink 字符串；errorMsg 是显示给用户的描述错误消息的文本字符串。下面的命令用来设置 subsys 子系统中的 ErrorFcn 函数调用 errorHandler 回调函数：<br><br>　　set_param(sbsys, 'ErrorFcn', 'errorHandler')<br><br>set_param 命令中未包含回调函数的输入参数，Simulink 会显示由回调函数返回的错误消息 errorMsg |
| LoadFcn | 在加载方块图之后执行。这个回调对于 Subsystem 中的模块是递归调用的 |
| ModelCloseFcn | 在关闭方块图之前执行。这个回调对于 Subsystem 中的模块是递归调用的 |
| MoveFcn | 当移动模块或改变模块尺寸时执行 |
| NameChangeFcn | 当改变一个模块的名称和/或路径时执行。当改变 Subsystem 模块中的路径时，在调用自身的 NameChangeFcn 程序后会为子系统包含的所有模块递归调用这个函数 |
| OpenFcn | 当打开模块时执行。这个回调函数通常与 Subsystem 结合使用。当双击一个模块，或者用模块作为变量调用 open_system 命令时执行。OpenFcn 回调函数改变了通常打开模块的方式，通常在打开模块时都显示模块的对话框或者打开一个子系统 |
| ParentCloseFcn | 在关闭包含此模块的子系统之前，或者当模块用 new_system 命令做为新建子系统的一部分时执行 |
| PostSaveFcn | 在保存方块图后执行。这个回调函数对 Subsystem 中的模块也是递归调用执行的 |
| PreCopyFcn | 在复制模块前调用该函数。对于 Subsystem 模块，这个函数是递归调用的，也就是说，如果用户复制的 Subsystem 模块中包含了已经定义了 PreCopyFcn 函数的模块，那么 Simulink 在执行时是递归调用该函数的。在复制模块时，除非 PreCopyFcn 函数显式或隐式地执行了 error 命令，否则所有的 PreCopyFcn 回调函数都执行完之后才会调用模块的 CopyFcn 函数 |

| 参　　数 | 执　行　时　间 |
| --- | --- |
| PreDeleteFcn | 在模型图中删除模块前调用该函数。例如，用户在图中删除模块或在模块中直接执行 delete_block 命令。当用户关闭包含模块的模型时并不会调用 PreDeleteFcn 模块，除非 PreDeleteFcn 函数显示或隐式地执行了 error 命令，否则在 PreDeleteFcn 回调函数都执行完之后才会调用模块的 DeleteFcn 函数 |
| PreSaveFcn | 在保存方块图前执行。这个回调函数对 Subsystem 中的模块也是递归调用执行的 |
| StartFcn | 在编译方块图之后和仿真开始之前执行。对于 S-函数块，StartFcn 回调函数恰好在第一次执行模块的 mdlProcessParameters 函数前执行 |
| StopFcn | 在任何终止仿真的时候执行。对于 S-函数块，StopFcn 在模块的 mdlTerminate 函数执行后执行 |
| UndoDeleteFcn | 当恢复删除的模块时执行 |

# 附录 C   Simulink 模块简介

Simulink 模块库中提供了大量用于各种应用范畴的模块，但各类模块的基本类型是一样的。这里介绍 Simulink 模块库(即模块浏览器中的 Simulink 子模块库)中的模块。

运行 Simulink，在打开的 Simulink 库浏览器中用鼠标右键单击 Simulink，打开 Simulink 6.6 模块库，如图 C-1 所示。

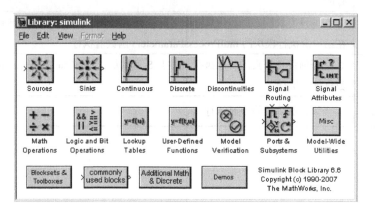

图 C-1

## C.1   输入源模块库(Sources)

双击 Sources 模块库图标，打开输入源模块库，如图 C-2 所示。该模块库共有两类模块：**Model & Subsystem Inputs**(模型与子系统输入)模块和 **Signal Generators**(信号发生器)模块，具体说明见表 C-1。

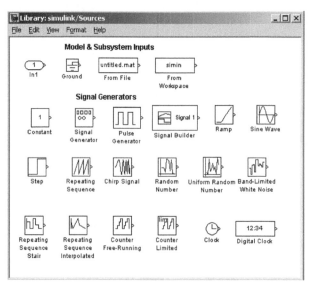

图 C-2

表 C-1　输入源模块简介

| 模 块 名 | 功 能 简 介 |
|---|---|
| In1 | 为子系统或外部输入生成一个输入端口 |
| Ground | 用来连接输入端口与其他模块相连的模块 |
| From File | 从文件读数据 |
| From Workspace | 从当前工作空间定义的矩阵读数据 |
| Constant | 生成一个常值 |
| Signal Generator | 信号发生器，生成不同的波形 |
| Pulse Generator | 脉冲发生器，生成规律间隔的脉冲 |
| Signal Builder | 生成任意分段的线性信号 |
| Ramp | 生成以常值增加或减小的信号 |
| Sine Wave | 生成正弦波 |
| Step | 生成阶跃信号 |
| Repeating Sequence | 生成重复的任意信号 |
| Chirp Signal | 生成频率不断增加的正弦信号 |
| Random Number | 生成高斯分布的随机信号 |
| Uniform Random Number | 生成平均分布的随机信号 |
| Band-Limited White Noise | 生成白噪声 |
| Repeating Sequence Stair | 输出并重复离散时间序列 |
| Repeating Sequence Interpolated | 输出并重复离散时间序列，同时在两个数据点之间进行插值 |
| Counter Free-Running | 累加计数，当数值达到指定的最大值时返回 0，重新计数 |
| Counter Limited | 累加计数，直至达到指定的上限，然后计数器返回 0，重新计数 |
| Clock | 显示并输出当前的仿真时间 |
| Digital Clock | 按指定采样间隔生成仿真时间 |

## C.2　接收模块库(Sinks)

双击打开 Sinks 模块库，如图 C-3 所示，该模块库包含显示模块输出或写模块输出的模块。模块库中共有三类模块：**Model & Subsystem Outputs**(模型和子系统输出)模块、**Data Viewers**(数据查看)模块和 **Simulation Control**(仿真控制)模块，具体说明见表 C-2。

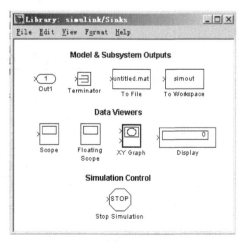

图 C-3

表 C-2　接收模块简介

| 模块名 | 功能简介 |
|---|---|
| Out1 | 为子系统或外部输出创建一个输出端口 |
| Terminator | 终止一个未连接的输出端口 |
| To File | 将数据写入到文件 |
| To Workspace | 将数据写入到工作空间中的变量 |
| Scope | 示波器，显示仿真期间生成的信号 |
| Floationg Scope | 浮动示波器，显示仿真期间生成的信号 |
| XY Graph | 使用 MATLAB 图形窗口显示信号的 X-Y 图 |
| Display | 显示输入值 |
| Stop Simulation | 当输入为非零时停止仿真 |

## C.3　连续系统模块库(Continuous)

双击 Continuous 模块库，打开连续系统模块库，如图 C-4 所示，该模块库包含用来创建线性函数模型的模块。模块库中共有两类模块：**Continuous-Time Linear Systems**(连续时间线性系统)模块和 **Continuous-Time Delays**(连续时间延迟)模块，具体说明见表 C-3。

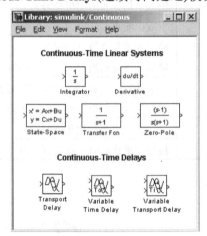

图 C-4

表 C-3　连续系统模块简介

| 模块名 | 功能简介 |
|---|---|
| Integrator | 输出对输入的时间积分 |
| Derivative | 输出对输入的时间微分 |
| State-Space | 实现线性状态空间系统 |
| Transfer Fcn | 实现线性传递函数 |
| Zero-Pole | 实现零极点方式指定传递函数 |
| Transport Delay | 信号传输延时，即以给定的时间量延迟输入 |
| Transport Time Delay | 延迟输入，可以在模块中设置输入延迟的最大时间 |
| Variable Transport Delay | 延迟输入，可以在模块中设置输入延迟的最大时间 |

## C.4　离散系统模块库(Discretes)

双击 Discrete 模块库，打开离散系统模块库，如图 C-5 所示，该模块库包含描述离散时间函数的模块。模块库中共有两类模块：**Discrete-time Linear Systems**(离散时间线性系统)模块和 **Samples & Hold Delays**(采样和延迟)模块，具体说明见表 C-4。

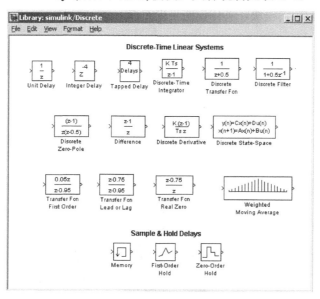

图 C-5

### 表 C-4　离散系统模块简介

| 模 块 名 | 功 能 简 介 |
| --- | --- |
| Unit Delay | 单位延迟，延迟信号一个采样周期 |
| Integer Delay | 延迟输入信号 N 个采样周期 |
| Tapped Delay | 延迟输入信号指定的采样周期 |
| Discrete-Time Integrator | 执行信号的离散时间积分 |
| Discrete Filter | 实现 IIR 和 FIR 离散滤波器 |
| Difference | 模块输出的是当前输入值减去上一个时间步时的输入值 |
| Discrete Derivative | 计算离散时间导数 |
| Discrete Transfer Fcn | 实现离散传递函数 |
| Discrete Zero-Pole | 实现离散零极点模型 |
| Discrete State-Space | 实现离散状态空间系统 |
| Transfer Fcn Lead or Lag | 实现输入的离散超前或滞后补偿器 |
| Transfer Fcn Real Zero | 实现有实数零点，但没有极点的离散传递函数 |
| Weighted Moving Average | 实现加权移动平均值 |
| Memory | 输出前一个时间段内的模块输入 |
| First-Order Hold | 实现一阶采样保持器 |
| Zero-Order Hold | 实现零阶保持器 |

## C.5　数学运算模块库(Math Operations)

单击 Math Operations 模块库，打开数学运算模块库，如图 C-6 所示。该模块库包含模拟常规数学函数运算的模块，有四类模块：**Math Operations**(数学操作)模块、**Vector Operations**(向量操作)模块、**Logic Operations**(逻辑操作)模块和 **Complex Vector Conversions**(复向量操作)模块，具体说明见表 C-5。

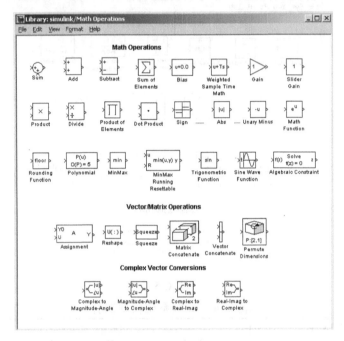

图 C-6

### 表 C-5　数学运算模块简介

| 模 块 名 | 功 能 简 介 |
|---|---|
| Sum | 对输入执行加法或减法运算，可以加或减标量、向量或矩阵输入 |
| Add | 对输入执行加法运算，可以加标量、向量或矩阵输入 |
| Subtract | 对输入执行减法运算，可以减标量、向量或矩阵输入 |
| Sum of Elements | 对输入执行加法或减法运算，可以加或减标量、向量或矩阵输入 |
| Bias | 在输入信号上加入偏差值，因此输出等于输入加上偏差 |
| Weighted Sample Time Math | 用加权采样时间 Ts 加、减、乘或除模块的输入信号。如果输入信号是连续信号，则 Ts 是 Simulink 模型的采样时间；否则 Ts 是离散输入信号的采样时间 |
| Product | 对输入求积或商 |
| Divide | 对输入求积或商 |
| Product of Elements | 对输入求积或商 |
| Dot Product | 生成两个输入向量的点积(内积) |

续表

| 模　块　名 | 功　能　简　介 |
|---|---|
| Abs | 对输入求绝对值 |
| Sign | 标示输入符号，当输入大于零时，输出是 1；当输入等于零时，输出是 0；当输入小于零时，输出是−1 |
| Unary Minus | 对输入求反，该模块只接受有符号的数据类型 |
| MinMax | 输出输入的最小值或最大值 |
| MinMax Running Resettable | 输出已过去时间段内输入的最小值或最大值 |
| Gain | 常量增益(输入乘以一个常数) |
| Slider Gain | 可以用滑动条来改变的增益 |
| Math Function | 数学运算函数 |
| Rounding Function | 取整函数 |
| Trigonometric Function | 三角函数 |
| Sine Save Function | 生成正弦波信号，使用外部信号输入时间 |
| Algebraic Constraint | 强制输入信号为零 |
| Polynomial | 求取多项式的值，多项式的系数为模块参数 |
| Assignment | 为指定的信号赋值 |
| Matrix Concatenation | 水平或垂直连接输入，即沿着行或列的方向连接输入矩阵 |
| Reshape | 将输入信号的维数改变到指定的维数 |
| Squeeze | 该模块从多维输入信号中删除一个维数，删除的维数只含有一个元素 |
| Vector Concatenate | 把相同数据类型的输入信号连接为连续的输出信号 |
| Permute Dimensions | 重新安排多维数组的维数，即重新排列输入信号中元素的顺序 |
| Complex to Magnitude-Angle | 输出复数输入的相位和幅值 |
| Magnitude-Angle to Complex | 根据幅值和相位输入输出一个复数信号 |
| Complex to Real-Imag | 输出复数输入信号的实数和虚数部分 |
| Real-Imag to Complex | 根据实数和虚数输入输出一个复数信号 |

## C.6　信号路由模块库(Signal Routing)

　　点击 Signal Routing 模块库，打开信号路由模块库，如图 C-7 所示。该模块库中包含将信号从模块图中的一点发送到另一点的模块，模块库中有两类模块：**Signal Routing**(信号路由)模块和 **Signal Storage & Access**(信号存储及访问)模块，具体说明见表 C-6。

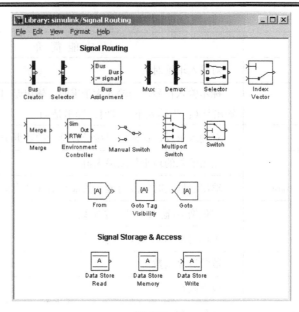

图 C-7

表 C-6　信号路由模块简介

| 模 块 名 | 功 能 简 介 |
|---|---|
| Bus Creator | 创建一个信号总线 |
| Bus Selector | 输出从输入总线中选择的信号 |
| Bus Assignment | 为指定的总线信号中的信号元素赋值 |
| Mux | 将几个输入信号组合为向量或总线输出信号 |
| Demux | 将向量信号分离为输出信号 |
| Selector | 从向量或矩阵信号中选择输入分量 |
| Index Vector | 依据第一个输入值选择不同的输入，切换输入得到不同的模块输出 |
| Merge | 将几个输入信号组合为单个输出信号 |
| Environment Controller | 创建只用于仿真或只用于代码生成的模块图分支。如果包含这个模块的模型用于仿真，则模块输出 Sim 端口的信号；如果是从模型中生成代码，则输出 RTW 端口的信号 |
| Manual Switch | 在两个输入之间切换，并把选择的输入信号传递到输出 |
| Multiport Switch | 在多个模块输入之间进行选择 |
| Switch | 依据第二个输入值，在第一个输入和第三个输入之间切换输出 |
| From | 接受来自于 Goto 模块的输入信号 |
| Goto Tag Visibility | 定义 Goto 模块标识的示波器 |
| Goto | 将模块的输入传递到 From 模块 |
| Data Store Read | 从共享的数据存储区读取数据 |
| Data Store Memory | 定义共享数据存储区 |
| Data Store Write | 将数据写入共享数据存储区 |

## C.7　信号属性模块库(Signal Attributes)

　　点击 Signal Attributes 模块库，打开信号属性模块库，如图 C-8 所示。该模块库包含更改信号属性或输出信号属性的模块，共有两类模块：**Signal Attribute Manipulation**(信号属性操作)模块和 **Signal Attribute Detection**(信号属性检测)模块，具体说明见表 C-7。

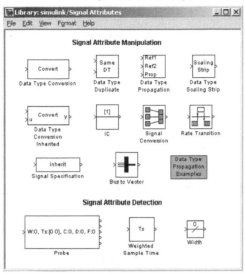

图 C-8

### 表 C-7　信号属性模块简介

| 模　块　名 | 功　能　简　介 |
|---|---|
| Data Type Conversion | 将输入信号转换为模块中参数指定的数据类型 |
| Data Type Duplicate | 把所有输入信号强制转换为完全相同的数据类型，而输入信号的其他属性则是不同的 |
| Data Type Propagation | 可以控制模型中信号的数据类型和缩放比例 |
| Data Type Scaling Strip | 把输入数据类型映射到 Simulink 支持的占位最少的内嵌的数据类型，并保证数据位数足够存储输入数据 |
| Data Type Conversion inherited | 通过继承数据类型和比例信息把不同的数据类型转换为相同的数据类型 |
| IC | 设置信号的初始值 |
| Signal Conversion | 把信号从一种数据类型转换为另一种数据类型，而不改变信号值。模块的 **Output** 参数可以选择转换的数据类型 |
| Rate Transition | 处理以不同速率操作的模块之间的数据传送 |
| Signal Specification | 指定信号的属性，包括希望的维数、采样时间、数据类型、数值类型等 |
| Bus to Vector | 把纯虚总线信号转换为向量信号 |
| Probe | 输出输入信号的某些属性，包括输入信号的宽度、维数、采样时间，和(或)表示该输入是否是复数的标志 |
| Weighted Sample Time | 使用加权采样时间 Ts 加、减、乘或除输入信号。如果输入信号是连续信号，则 Ts 是 Simulink 模型的采样时间；否则，Ts 是离散输入信号的采样时间 |
| Width | 输出输入向量的宽度 |

## C.8 非线性模块库(Discontinuous)

点击 Discontinuous 模块库，打开非线性模块库，如图 C-9 所示。该模块库包含非线性模块，具体说明见表 C-8。

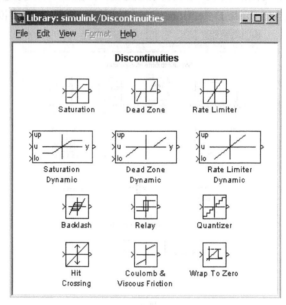

图 C-9

表 C-8 非线性模块简介

| 模 块 名 | 功 能 简 介 |
| --- | --- |
| Saturation | 将输入信号限制在上饱和值与下饱和值之间 |
| Dead Zone | 对于死区范围内的输入，输出为零值 |
| Rate Limiter | 限制信号的上升率和下降率 |
| Saturation Dynamic | 限制输入信号在上限饱和值和下限饱和值之间 |
| Dead Zone Dynamic | 动态限制输入信号的范围 |
| Rate Limiter Dynamic | 限制信号的上升速率和下降速率 |
| Backlash | 建立间隙模型，指定参数值的死区 |
| Relay | 在两个常值之间切换输出 |
| Quantizer | 以给定的间隔离散化输入，以便把输入轴上的邻近点映射到输出轴上的一点，这样就把平滑的输入信号离散化为阶梯输出信号 |
| Hit Crossing | 检测过零点 |
| Coulomb & Viscous Friction | 在零值为不连续点，其他值则为线性增益 |
| Wrap to Zero | 如果输入值超过了 Threshold 参数的设置值，那么该模块把输出设置为零；如果输入值小于或等于 Threshold 参数的设置值，那么就输出模块的输入值 |

## C.9　查询表模块库(Look-Up Tables)

点击 Look-Up Tables 模块库，打开查询表模块库，如图 C-10 所示，具体说明见表 C-9。

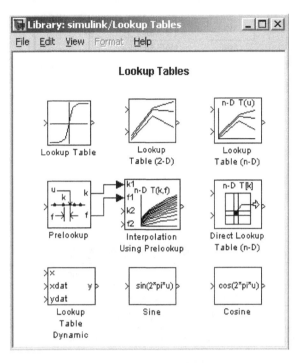

图 C-10

### 表 C-9　查询表模块简介

| 模 块 名 | 功 能 简 介 |
| --- | --- |
| Look-Up Table | 使用指定的查表方法近似一维函数 |
| Look-Up Table(2-D) | 使用指定的查表方法近似二维函数 |
| Look-Up Table(n-D) | 执行 N 个输入的常数、线性或样条插值映射 |
| Prelookup | 该模块计算索引和时间间隔 |
| Interpolation(n-D) using PreLook-Up | 执行高精确度的常值或线性插值 |
| Direct Look-Up Table(n-D) | 检索 N 维表以重新得到标量、向量或二维矩阵 |
| Lookup Table Dynamic | 该模块在已知 x、y 数据向量的情况下，对于某个给定的 x 值，利用 y=f(x)函数关系计算 y 的近似值,查表方法使用输入的内插、外插或原值法 |
| Sine | 使用查表法实现固定点处的正弦波 |
| Cosine | 使用查表法实现固定点处的余弦波 |

## C.10　用户定义函数模块库(User-Defined Functions)

点击 User-Defined Functions 模块库，打开用户定义函数模块库，如图 C-11 所示，具体说明见表 C-10。

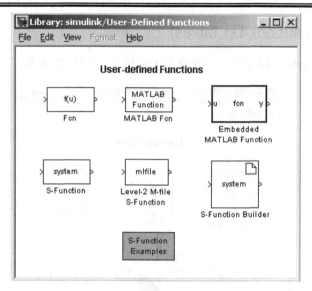

图 C-11

**表 C-10　用户定义函数的模块简介**

| 模 块 名 | 功 能 简 介 |
|---|---|
| Fcn | 为输入应用一个指定的表达式 |
| MATLAB Fcn | 为输入应用一个 MATLAB 函数或表达式 |
| Embedded MATLAB Function | 在模型中包含可以生成内嵌 C 代码的 MATLAB 代码 |
| S-Function | 访问 S-函数 |
| Level-2 M-file S-Function | 允许用户在模型中使用 Level-2 M-文件的 S-函数 |
| S-Function Builder | 从用户提供的描述和 C 语言源代码中构造一个 C 语言 MEX S-function |

## C.11　模型验证模块库(Model Verification)

　　点击 Model Verification 模块库,打开模型验证模块,如图 C-12 所示。该模块库包含使用户创建自检验模型的模块,具体说明见表 C-11。

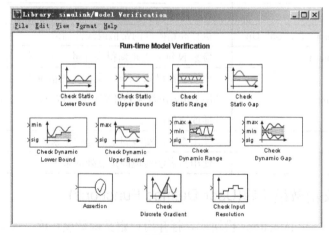

图 C-12

表 C-11　模型验证模块简介

| 模　块　名 | 功　能　简　介 |
|---|---|
| Check Static Lower Bound | 检验信号是否大于(或等于)指定的下限 |
| Check Static Upper Bound | 检验信号是否小于(或等于)指定的上限 |
| Check Static Range | 检验输入信号是否在相同的幅值范围内 |
| Check Static Gap | 检验信号的幅值范围内是否存在间隙 |
| Check Dynamic Lower Bound | 检验一个信号是否总是小于另一个信号 |
| Check Dynamic Upper Bound | 检验一个信号是否总是大于另一个信号 |
| Check Dynamic Range | 检验信号是否总是位于变化的幅值范围内 |
| Check Dynamic Gap | 检验信号的幅值范围内是否存在不同宽度的间隙 |
| Assertion | 检验输入信号是否为非零 |
| Check Discrete Gradient | 检验连续采样的离散信号的微分绝对值是否小于上限 |
| Check Input Resolution | 检验输入信号是否有指定的标量或向量精度 |

## C.12　端口和子系统模块库(Ports & Subsystems)

　　点击 Ports & Subsystems 模块库，打开端口和子系统模块库，如图 C-13 所示。该模块库包含创建各种子系统类型的模块，具体说明见表 C-12。

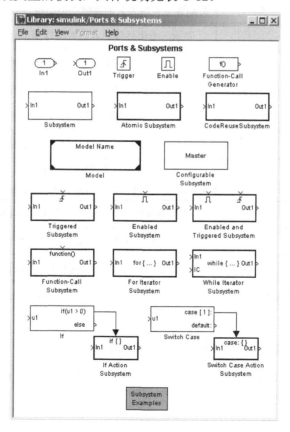

图 C-13

## 表 C-12  端口和子系统模块简介

| 模 块 名 | 功 能 简 介 |
|---|---|
| In1 | 为子系统或外部输入创建一个输入端口 |
| Out1 | 为子系统或外部输入创建一个输出端口 |
| Trigger | 为子系统添加一个触发端口 |
| Enable | 为子系统添加一个使能端口 |
| Function-Call Generator | 以指定的速率和指定的时间执行函数调用子系统 |
| Atomic Subsystem | 表示系统中包含的子系统。Subsystem 模块根据 **Treat as atomic unit** 参数值表示一个纯虚子系统或原子子系统 |
| Subsystem | 表示系统中包含的子系统。Subsystem 模块根据 **Treat as atomic unit** 参数值表示一个纯虚子系统或原子子系统 |
| CodeReuse Subsystem | 表示系统中包含的子系统。Subsystem 模块根据 **Treat as atomic unit** 参数值表示一个纯虚子系统或原子子系统 |
| Model | 该模块允许用户把模型作为模块包含在另一个模型中 |
| Configurable Subsystem | 该模块表示由一组模块组成的可配置子系统，用户可以选择可配置子系统表示的是哪一个模块 |
| Triggered Subsystem | 表示一个由外部输入触发执行的子系统 |
| Enabled Subsystem | 表示一个由外部输入使能执行的子系统 |
| Enabled and Triggered Subsystem | 表示一个由外部输入使能和触发执行的子系统 |
| Function-Call Subsystem | 表示可以被其他模块作为函数调用的子系统 |
| For Iterator Subsystem | 表示在仿真时间步内反复执行的子系统 |
| While Iterator Subsystem | 当该模块放在子系统内时，该模块作为 While 子系统实现 Simulink 中与 C 语言类似的 while 或 do-while 控制流语句 |
| If | 实现 Simulink 中与 C 语言类似的 if-else 控制流语句 |
| If Action Subsystem | 表示一个由 If 模块触发执行的子系统 |
| Switch Case | 实现与 C 语言类似的 Switch 控制流语句 |
| Switch Case Action Subsystem | 表示一个由 Switch Case 模块触发执行的子系统 |

## C.13  模型实用模块库(Model-Wide Utilities)

点击 Model-Wide Utilities 模块库，打开模型实用模块库，如图 C-14 所示。该模块库包含各种不同的实用模块，具体说明见表 C-13。

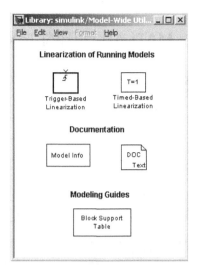

图 C-14

### 表 C-13　模型实用模块简介

| 模　块　名 | 功　能　简　介 |
|---|---|
| Trigger-Based Linearization | 当触发时，模块调用 linmod 或 dlinmod 命令在当前操作点为系统在基本工作间中生成线性模型 |
| Timed-Based Linearization | 当仿真模块到达 **Linearization time** 参数指定的时间时，模块调用 linmod 或 dlinmod 命令在基本工作间中生成线性模型 |
| Model Info | 在模型中显示修订控制信息 |
| Doc Block | 创建和编辑描述模型的文本，并保存文本 |
| Block Support Table | 查看 Simulink 库中模块支持的数据类型 |

# 附录 D　MATLAB 可用的 TeX 字符集

| 标识符 | 符　号 | 标识符 | 符　号 | 标识符 | 符　号 |
|---|---|---|---|---|---|
| \ alpha | α | \ upsilon | υ | \ sin | ∼ |
| \ beta | β | \ phi | φ | \ leq | ⩽ |
| \ gamma | γ | \ chi | χ | \ infty | ∞ |
| \ delta | δ | \ psi | ψ | \ clubsuit | ♣ |
| \ epsilon | ε | \ omega | ω | \ dianondsuit | ♦ |
| \ zeta | ζ | \ Gamma | Γ | \ heartsuit | ♥ |
| \ eta | η | \ Delta | Δ | \ spadesuit | ♠ |
| \ theta | θ | \ Theta | Θ | \ leftrightarrow | ↔ |
| \ vartheta | φ | \ Lambda | Λ | \ leftarrow | ← |
| \ iota | ι | \ Xi | Ξ | \ uparrow | ↑ |
| \kappa | κ | \ Pi | Π | \ rightarrow | → |
| \ lambda | λ | \ Sigma | Σ | \downarrow | ↓ |
| \ mu | μ | \Upsilon | Υ | \ circ | ° |
| \ nu | ν | \ Phi | Φ | \ pn | ± |
| \ xi | ξ | \ Psi | Ψ | \ geq | ⩾ |
| \ pi | π | \ Onega | Ω | \ propto | ∝ |
| \ rho | ρ | \ forall | ∀ | \ partial | ∂ |
| \ sigma | σ | \ exists | ∃ | \ bullet | ∗ |
| \ varsigma | ς | \ ni | ϶ | \ div | ÷ |
| \ tau | τ | \ cong | ≅ | \ neq | ≠ |
| \ equiv | ≡ | \ approx | ≈ | \ aleph | ℵ |
| \ In | ℑ | \ Re | ℜ | \ wp | ℘ |
| \ otimes | ⊗ | \ oplus | ⊕ | \ oslash | ⊘ |
| \ cap | ∩ | \ cup | ∪ | \ supseteq | ⊇ |
| \ supset | ⊃ | \ subseteq | ⊆ | \ subset | ⊂ |
| \ int | ∫ | \ in | ∈ | \ o | ο |
| \ rfloor | ⌋ | \ lceil | ⌈ | \ nabla | ∇ |
| \ lfloor | ⌊ | \ cdot | · | \ ldots | … |
| \ perp | ⊥ | \ neg | ¬ | \ prime | . |
| \ wedge | ∧ | \ times | × | \ 0 |  |
| \ rceil | ⌉ | \ surd | √ | \ mid | ∣ |
| \ vee | ∨ | \ varpi | ϖ | \ copyright | © |
| \ langle | ⟨ | \ vangle | ⟩ |  |  |